华章数学译丛

1

Principles of Mathematical Analysis

数学分析原理

（原书第3版）

（美）Walter Rudin 著

赵慈庚 蒋铎 译

机械工业出版社
China Machine Press

本书是根据 W. Rudin 所著 *Principles of Mathematical Analysis* 译出的。原书是为数学专业的高年级本科生和一年级研究生写的数学分析教材。本书可供数学专业高年级学生、研究生和教师参考。

图书在版编目（CIP）数据

数学分析原理（原书第 3 版）/（美）卢丁（Rudin, W.）著；赵慈庚，蒋铎译.
—北京：机械工业出版社，2004. 1（2024. 10 重印）
（华章数学译丛）
书名原文：Principles of Mathematical Analysis
ISBN 978-7-111-13417-6

Ⅰ. 数…　Ⅱ. ①卢…　②赵…　③蒋…　Ⅲ. 数学分析-教材　Ⅳ. O17

中国版本图书馆 CIP 数据核字（2003）第 104980 号

机械工业出版社（北京市西城区百万庄大街 22 号　邮政编码　100037）
责任编辑：迟振春
河北宝昌佳彩印刷有限公司印刷
2024 年 10 月第 1 版第 29 次印刷
186mm × 240mm · 19.75 印张
定价：75.00 元

客服电话：（010）88361066　68326294

前　言

本书是为大学数学专业高年级学生或一年级研究生编写的，可作为分析课程的教科书.

这一版包含的主题本质上与第 2 版相同，内容有增有减，也有修订. 我希望这些变动能使这本教材更易于接受，也更能吸引学习这门课程的学生.

经验表明，一开始就从有理数建立实数，从教学法上说并不妥当(虽然逻辑上正确)，许多学生在初学之时完全体会不了这样做的必要性. 因此，本书将实数系作为具有最小上界性的有序域而引入，并且很快就对这个性质做了一些有益的应用. 但是 Dedekind 结构并没有略去，现在把它放在第 1 章的附录中，在适当时读者可以深入学习.

多元函数的内容差不多完全重写了，补充了许多细节，还添了不少例题和启示. 反函数定理(第 9 章的关键主题)的证明，用压缩映像的不动点定理化简了. 微分形式的讨论更加详细，加入了 Stokes 定理的一些应用.

其他的改变是：把 Riemann-Stieltjes 积分这一章做了一点调整，关于 Γ 函数，把读者自证的那一小段加到第 8 章里了，并且有许多新的习题，其中大多数都给出了十分详细的提示.

我还在文中几处参考引用了美国《数学月刊》或《数学杂志》上出现的作品，以期学生逐渐养成查阅期刊文献的习惯，参考引用的这些作品多半是由 R. B. Burckel 提供的.

在过去几年里，许多学生和教师及其他读者针对本书的前两版提出了更正、评论和其他注释. 对此，我都非常尊重. 借此机会对所有给我写信的各位致以真诚的谢意.

Walter Rudin

重要符号表

下面所列符号附以简短说明及其定义所在页码.

$\in$	属于	2
$\notin$	不属于	2
$\subset,\supset$	包含符号	2
Q	有理数域	2
$<,\leqslant,>,\geqslant$	不等符号	2
sup	最小上界	3
inf	最大下界	3
R	实数域	7
$+\infty,-\infty,\infty$	无穷大	10,23
$\bar{Z}$	复共轭	12
$\mathrm{Re}(z)$	实部	12
$\mathrm{Im}(z)$	虚部	12
$\lvert z\rvert$	绝对值	12
$\sum$	求和符号	13,49
R^k	k 维欧氏空间	13
$\mathbf{0}$	零向量	14
$\mathbf{x}\cdot\mathbf{y}$	内积	14
$\lvert\mathbf{x}\rvert$	向量 $\mathbf{x}$ 的模	14
$\{x_n\}$	序列	22
$\bigcup,\cup$	并	23
$\bigcap,\cap$	交	23
(a,b)	开区间	26
$[a,b]$	闭区间	26
E^c	E 的余集	27
E'	E 的极限点的集	30
$\bar{E}$	E 的闭包	30
lim	极限	41

目　　录

第1章　实数系和复数系

导引

分析学的主要概念(如收敛、连续、微分法和积分法)，必须有精确定义的数的概念作为根据才能讨论得满意．然而，我们并不讨论那些约束整数算术的公理，但假定读者已熟悉了有理数(即形如 m/n 的数，这里 m 和 n 都是整数且 $n\neq0$)．

有理数系不论作为一个域来说，还是作为一个有序集(这些术语将在定义1.6与定义1.12中给出)来说，对于很多意图殊感不足．例如，没有有理数 p 能满足 $p^2=2$(我们马上就要证明这点)．这就势必引进所谓“无理数”，它们时常被写成无穷十进小数的展开式，而认为相应的有限十进小数是“逼近”它们的．例如序列

$$1,1.4,1.41,1.414,1.4142,\cdots$$

“趋于$\sqrt{2}$”．但是，若不先明确地规定无理数$\sqrt{2}$，必将发生疑问：上面这个序列“趋于”的是什么呢?

所谓的“实数系”建立起来以后，这类的问题马上就得到回答．

1.1　例　我们现在证明方程

$$p^2=2 \tag{1}$$

不能被任何有理数 p 满足．倘若有那样一个 p，我们可以把它写成$p=m/n$，其中 m 及 n 都是整数，而且可以选得不都是偶数．假定我们这样做了．于是由(1)式得出

$$m^2=2n^2, \tag{2}$$

这表明 m^2 是偶数，因此 m 是偶数(如果 m 是奇数，那么 m^2 将是奇数)，因而 m^2 能被4整除．于是(2)的右边能被4整除，因而 n^2 是偶数，这又说明 n 是偶数．

假定(1)式成立，就导致 m 及 n 都是偶数的结论，这与 m 及 n 的选择相矛盾．因此，对于有理数 p，(1)式不能成立．

现在我们把这种情况考察得再稍微严密一些．令 A 是使 $p^2<2$ 的一切正有理数 p 的集，B 是使 $p^2>2$ 的一切正有理数 p 的集．我们来证明 A 里没有最大数，B 里没有最小数．

更明确地说，对于 A 中的每个 p，能在 A 中找到一个有理数 q，而 $p<q$，并且对于 B 中的每个 p，能在 B 中找到一个有理数 q，而 $q<p$．

为了做这件事，给每个有理数 $p>0$，配置一个数

$$q = p - \frac{p^2 - 2}{p + 2} = \frac{2p + 2}{p + 2}. \tag{3}$$

于是

$$q^2 - 2 = \frac{2(p^2 - 2)}{(p + 2)^2}. \tag{4}$$

如果 p 在 A 中，那么 $p^2-2<0$，(3)式说明 $q>p$，而(4)式说明 $q^2<2$，因而 q 在 A 中.

如果 p 在 B 中，那么 $p^2-2>0$，(3)式说明 $0<q<p$，而(4)式说明 $q^2>2$，因而 q 在 B 中.

1.2 评注 上面这番讨论的目的就是说明：尽管两个有理数之间还有另外的有理数(因为，如果 $r<s$，那么 $r<\frac{r+s}{2}<s$)，有理数系还是有某些空隙. 而实数系填满了这些空隙. 这就是实数系在分析学中能起基础作用的主要原因.

为了说明它和复数系的结构，我们先简单地讨论一下有序集和域的一般概念.

这里有一些在全书中要用的标准的集论的术语.

1.3 定义 若 A 是任意集(它的元素可以是数，也可以是其他物件)，我们用 $x\in A$ 表示 x 是 A 的一个元素(或元).

如果 x 不是 A 的元素，就写成 $x\notin A$.

不包含元素的集称为空集. 至少包含一个元素的集，叫作非空集.

如果 A、B 都是集，并且如果 A 的每个元素是 B 的元素，就说 A 是 B 的子集，记作 $A\subset B$ 或 $B\supset A$. 此外，如果 B 中有一个元素不在 A 中，就说 A 是 B 的真子集. 注意，对于每个集 A，有 $A\subset A$.

如果 $A\subset B$，并且 $B\subset A$，就写成 $A=B$. 不然就写成 $A\neq B$.

1.4 定义 在第1章，自始至终用 Q 表示所有有理数构成的集.

有序集

1.5 定义 设 S 是一个集. S 上的序是一种关系，记作 $<$，它有下面的两个性质：

(i) 如果 $x\in S$ 并且 $y\in S$，那么在

$$x < y, \quad x = y, \quad y < x$$

三种陈述之中，有一种且只有一种成立.

(ii) 如果 x，y，$z\in S$，又如果 $x<y$ 且 $y<z$，那么 $x<z$.

“$x<y$”可以读作“x 少于 y”或“x 小于 y”或“x 先于 y”.

用 $y>x$ 代替 $x<y$，时常是方便的.

记号 $x \leqslant y$ 指的是 $x<y$ 或 $x=y$，而不细说二者之中谁能成立．或换句话说，$x \leqslant y$ 是 $x>y$ 的否定．

1.6 定义 在集 S 里定义了一种序，便是一个有序集．

例如，如果对于任意两个有理数 r、s，规定当 $s-r$ 是正有理数时表示 $r<s$，Q 就是一个有序集．

1.7 定义 设 S 是有序集，而 $E \subset S$．如果存在 $\beta \in S$，而每个 $x \in E$ 满足 $x \leqslant \beta$，我们就说 E 上有界，并称 β 为 E 的一个上界．

用类似的方法可以定义下界(把 $\leqslant$ 换成 $\geqslant$ 就行了)．

1.8 定义 设 S 是有序集，$E \subset S$，且 E 上有界．设存在一个 $\alpha \in S$，它具有以下性质：

(i) α 是 E 的上界．

(ii) 如果 $\gamma<\alpha$，γ 就不是 E 的上界．

便把 α 叫作 E 的最小上界[由(ii)来看，显然最多有一个这样的 α]或 E 的上确界，而记作

$$\alpha = \sup E.$$

可类似地定义下有界集 E 的最大下界或下确界．述语

$$\alpha = \inf E$$

表示 α 是 E 的一个下界，而任何合于 $\beta>\alpha$ 的 β，不能是 E 的下界．

1.9 例

(a) 把例 1.1 中的集 A 与 B 看作有序集 Q 的子集．集 A 上有界．实际上，A 的那些上界，刚好就是 B 的那些元．因为 B 没有最小的元，所以 A 在 Q 中没有最小上界．

类似地，B 下有界：B 的所有下界的集，由 A 和所有合于 $r \in Q$ 并且 $r \leqslant 0$ 的 r 组成．因为 A 没有最大的元，所以 B 在 Q 中没有最大下界．

(b) 如果 $\alpha=\sup E$ 存在．该 α 可以是 E 的元，也可以不是 E 的元．例如，假设 E_1 是所有合于 $r \in Q$ 及 $r<0$ 的集．假设 E_2 是所有合于 $r \in Q$ 及 $r \leqslant 0$ 的集．于是

$$\sup E_1 = \sup E_2 = 0,$$

而 $0 \notin E_1$，$0 \in E_2$．

(c) 假设 $n=1, 2, 3, \cdots$，E 由所有数 $1/n$ 组成，那么，$\sup E=1$，它在 E 中，但 $\inf E=0$ 不在 E 中．

1.10 定义 有序集 S 如果具有性质：

若 $E \subset S$，E 不空，且 E 上有界时，$\sup E$ 便在 S 里．就说 S 有最小上界性．

例 1.9(a)说明 Q 没有最小上界性．

我们现在来证明，在最大下界与最小上界之间有密切的关系，也就是有最小上界性的每个有序集，一定也有最大下界性.

1.11 定理 设 S 是具有最小上界性的有序集，$B\subset S$，B 不空且 B 下有界. 令 L 是 B 的所有下界的集. 那么

$$\alpha=\sup L$$

在 S 存在，并且 $\alpha=\inf B$.

特别地说就是 $\inf B$ 在 S 存在.

证 因 B 下有界，L 不空. L 刚好由这样一些 $y\in S$ 组成，它们对于每个 $x\in B$，满足不等式 $y\leqslant x$. 可见每个 $x\in B$ 是 L 的上界. 于是 L 上有界，因而我们对 S 的假定意味着 S 里有 L 的上确界——把它叫作 α.

如果 $\gamma<\alpha$，那么 γ 不是 L 的上界(参看定义 1.8)，因此 $\gamma\notin B$. 由此对于每个 $x\in B$，$\alpha\leqslant x$. 所以 $\alpha\in L$.

如果 $\alpha<\beta$，由于 α 是 L 的上界，必然 $\beta\notin L$.

我们已证明了：$\alpha\in L$. 而当 $\beta>\alpha$ 时，就有 $\beta\notin L$. 换句话说，α 是 B 的下界，但若 $\beta>\alpha$，β 就不是 B 的下界. 这就是说 $\alpha=\inf B$.

域

1.12 定义 域是一个集 F，它具有两种运算——加法和乘法，这些运算满足所谓域的公理(A)，(M)，(D)：

(A) 加法公理

(A1) 如果 $x\in F$，$y\in F$，它们的和 $x+y$ 在 F 中.

(A2) 加法是可交换的：对于所有 x，$y\in F$，

$$x+y=y+x.$$

(A3) 加法是可结合的：对于所有 x，y，$z\in F$，

$$(x+y)+z=x+(y+z).$$

(A4) F 含有元素 0，对于每个 $x\in F$，有

$$0+x=x.$$

(A5) 对应于每个 $x\in F$，有一元素 $-x\in F$，合于

$$x+(-x)=0.$$

(M) 乘法公理

(M1) 如果 $x\in F$，$y\in F$，它们的乘积 xy 在 F 中.

(M2) 乘法是可交换的：对于所有的 x，$y\in F$，

$$xy=yx.$$

(M3) 乘法是可结合的：对于所有的 x，y，$z\in F$，

$$(xy)z = x(yz).$$

(M4) F 含有元素 $1\neq 0$，对于每个 $x\in F$，

$$1x = x.$$

(M5) 如果 $x\in F$ 且 $x\neq 0$，存在元素 $1/x$，合于

$$x\cdot(1/x) = 1.$$

(D) 分配律

$$x(y+z) = xy + xz$$

对于所有 x，y，$z\in F$ 成立.

1.13 评注

(a) 人们经常(在域中)用

$$x-y,\frac{x}{y},x+y+z,xyz,x^2,x^3,2x,3x,\cdots$$

代替

$$x+(-y),x\cdot\left(\frac{1}{y}\right),(x+y)+z,(xy)z,$$
$$xx,xxx,x+x,x+x+x,\cdots.$$

(b) 如果在所有有理数的集 Q 里，使加法与乘法采取通常的意义，域的公理显然适用. 因此，Q 是一个域.

(c) 虽然详细地研究域(或其他的代数结构)并不是我们的目的，但是证明 Q 的某些众所周知的性质是域公理的推论，还是值得一做的；一旦这样做了，就不需要对实数和复数再去证明这些性质了.

1.14 命题 加法公理包含着以下几个陈述：

(a) 如果 $x+y=x+z$，就有 $y=z$；

(b) 如果 $x+y=x$，就有 $y=0$；

(c) 如果 $x+y=0$，就有 $y=-x$；

(d) $-(-x)=x$.

(a)是消去律. (b)中 y 的存在由(A4)假定，(b)断定它的唯一性；(c)中 y 的存在由(A5)假定，(c)断定其唯一性.

证 $x+y=x+z$ 时，由加法公理可以给出

$$y=0+y=(-x+x)+y=-x+(x+y)$$
$$=-x+(x+z)=(-x+x)+z=0+z=z.$$

(a)得证．在(a)中取 $z=0$ 就是(b)．在(a)中取 $z=-x$ 就是(c)．

因 $-x+x=0$，(c)(用 $-x$ 代替 x，x 代替 y)就能产生出(d)．

1.15 命题 乘法公理包含着以下几个陈述：

(a) 如果 $x\neq 0$，并且 $xy=xz$，就有 $y=z$；

(b) 如果 $x\neq 0$，并且 $xy=x$，就有 $y=1$；

(c) 如果 $x\neq 0$，并且 $xy=1$，就有 $y=1/x$；

(d) 如果 $x\neq 0$，就有 $1/(1/x)=x$.

证明与命题 1.14 的证明类似，所以从略．

1.16 命题 对于任何 x，y，$z\in F$，域公理包含着以下的陈述：

(a) $0x=0$

(b) 如果 $x\neq 0$，且 $y\neq 0$，那么 $xy\neq 0$.

(c) $(-x)y=-(xy)=x(-y)$.

(d) $(-x)(-y)=xy$.

证 $0x+0x=(0+0)x=0x$．因此，由命题 1.14(b)有 $0x=0$，而(a)成立．次设 $x\neq 0$，$y\neq 0$ 而 $xy=0$．于是由(a)能推出

$$1=\left(\frac{1}{y}\right)\left(\frac{1}{x}\right)xy=\left(\frac{1}{y}\right)\left(\frac{1}{x}\right)0=0$$

矛盾．于是(b)成立．

(c) 的前半可由

$$(-x)y+xy=(-x+x)y=0y=0$$

结合 1.14(c)得来；(c)的后半可用同样方法证明．最后，由(c)及 1.14(d)得

$$(-x)(-y)=-[x(-y)]=-[-(xy)]=xy.$$

1.17 定义 有序域是一个域 F，又是合于下列两条件的有序集：

(i) 当 x，y，$z\in F$ 且 $y<z$ 时，$x+y<x+z$；

(ii) 如果 x，$y\in F$，$x>0$ 且 $y>0$，那么 $xy>0$.

如果 $x>0$，就说 x 是正的；如果 $x<0$，就说 x 是负的．

例如，Q 是有序域．

凡属研究不等式关系时所施行的一切熟知的规则，可以用到任何有序域上：用正(负)量乘时，保留(逆转)不等式的方向，平方不为负数，等等．下面的命题罗列了其中的一些．

1.18 命题 在每个有序域中，下面几条陈述都正确：

(a) 如果 $x>0$，那么 $-x<0$；反过来也对．

(b) 如果 $x>0$ 而 $y<z$，那么 $xy<xz$.

(c) 如果 $x<0$ 而 $y<z$，那么 $xy>xz$.

(d) 如果 $x\neq 0$，那么 $x^2>0$．特别有 $1>0$.

(e) 如果 $0<x<y$，那么 $0<1/y<1/x$.

证

(a) 如果 $x>0$，那么 $0=-x+x>-x+0=-x$，因此 $-x<0$. 如果 $x<0$，那么 $0=-x+x<-x+0$，因此 $-x>0$. 这就证明了(a).

(b) 由 $z>y$，就有 $z-y>y-y=0$，因此，$x(z-y)>0$，所以

$$xz = x(z-y) + xy > 0 + xy = xy.$$

(c) 由(a)，(b)及命题 1.16(c)有

$$-[x(z-y)] = (-x)(z-y) > 0,$$

因此 $x(z-y)<0$，而得 $xz<xy$.

(d) 如果 $x>0$，由定义 1.17 的第(ii)部分就得出 $x^2>0$. 如果 $x<0$，那么 $-x>0$，因此 $(-x)^2>0$. 但是根据命题 1.16(d)，$x^2=(-x)^2$. 因为 $1=1^2$，$1>0$.

(e) 如果 $y>0$，而 $v\leqslant 0$，那么 $yv\leqslant 0$. 但 $y\cdot(1/y)=1>0$. 因此 $1/y>0$. 类似地可得 $1/x>0$. 如果把不等式 $x<y$ 两端乘以正量 $(1/x)(1/y)$，就得到 $1/y<1/x$.

实数域

现在叙述存在定理，这是本章的核心.

1.19 定理 具有最小上界性的有序域 R 存在.

此外，R 包容着 Q 作为其子域.

第二句话表示 $Q\subset R$ 而且把 R 中的加法与乘法运算用于 Q 的元时，与有理数的普通运算相一致；又正有理数是 R 中的正元素.

R 的元叫作实数.

定理 1.19 的证明相当长，而且有些烦琐，所以把它放在第 1 章的附录中了. 这证明实际是从 Q 来构造 R.

不用费多大劲，就能从这种构造法提炼出下一定理来. 但是我们宁愿从定理 1.19 来推导它，因为这样可以对于人们怎样运用最小上界性提供一个很好的范例.

1.20 定理

(a) 如果 $x\in R$，$y\in R$ 且 $x>0$，那么，必定存在正整数 n，使得

$$nx > y.$$

(b) 如果 $x\in R$，$y\in R$ 且 $x<y$，那么一定存在 $p\in Q$ 合于

$$x < p < y.$$

(a)时常被称为 R 的阿基米德性. (b)可以用 Q 在 R 中稠密的说法来陈述，意思是说：任何两实数之间总有有理数.

证

(a) 设 A 是所有 nx 组成的集，这里 n 遍历正整数. 如果(a)不成立，那么 y 将是 A 的一个上界. 但是这样的话 R 里就有 A 的最小上界. 令 $\alpha=\sup A$. 因为 $x>0$，于是 $\alpha-x<\alpha$，并且 $\alpha-x$ 不是 A 的上界. 因此，对某个正整数 m，$\alpha-x<mx$. 但是这样的话就该 $\alpha<(m+1)x\in A$，然而这是不可能的，因为 α 是 A 的上界.

(b) 由 $x<y$，得 $y-x>0$；于是(a)提供一个正整数 n 使得

$$n(y-x)>1.$$

再应用(a)，可以得到正整数 m_1 及 m_2 合于 $m_1>nx$，$m_2>-nx$. 于是

$$-m_2<nx<m_1.$$

因此有正整数 $m(-m_2\leqslant m\leqslant m_1)$ 使得

$$m-1\leqslant nx<m.$$

将这些不等式联系起来就得到

$$nx<m\leqslant 1+nx<ny.$$

因为 $n>0$，从而

$$x<\frac{m}{n}<y.$$

这就证明了(b)，而 $p=m/n$.

现在证明正实数的 n 次方根存在. 这个证明说明，在导引中所指出的困难($\sqrt{2}$的无理性)是如何能在 R 里处理的.

1.21 定理 对于每个实数 $x>0$ 及每个整数 $n>0$，有一个且仅有一个实数 $y>0$，使得 $y^n=x$.

此数 y 记作$\sqrt[n]{x}$或 $x^{\frac{1}{n}}$.

证 这样的 y 最多有一个：这是显然的，因为由 $0<y_1<y_2$ 就有 $y_1^n<y_2^n$.

设由满足 $t^n<x$ 的所有正实数 t 组成集 E.

如果 $t=x/(1+x)$，那么 $0<t<1$. 由此 $t^n<t<x$. 所以 $t\in E$ 而 E 不空.

如果 $t>1+x$，那么 $t^n<t>x$，因此 $t\notin E$. 所以 $1+x$ 是 E 的上界.

于是，定理 1.19 保证

$$y=\sup E$$

存在. 为了证明 $y^n=x$，我们证明无论是 $y^n<x$ 或是 $y^n>x$ 都会导致矛盾.

恒等式 $b^n-a^n=(b-a)(b^{n-1}+b^{n-2}a+\cdots+a^{n-1})$ 当 $0<a<b$ 时，能产生不等式

$$b^n-a^n<(b-a)nb^{n-1}.$$

假如 $y^n<x$，选一个 h，要它满足 $0<h<1$ 和

$$h<\frac{x-y^n}{n(y+1)^{n-1}}.$$

置 $a=y$，$b=y+h$，就得

$$(y+h)^n-y^n<hn(y+h)^{n-1}<hn(y+1)^{n-1}<x-y^n.$$

于是 $(y+h)^n<x$ 而 $y+h\in E$. 因 $y+h>y$，这与 y 是 E 的上界这一事实矛盾.

假如 $y^n>x$. 置

$$k=\frac{y^n-x}{ny^{n-1}}.$$

于是 $0<k<y$. 如果 $t\geqslant y-k$，便可以推知

$$y^n-t^n\leqslant y^n-(y-k)^n<kny^{n-1}=y^n-x.$$

所以 $t^n>x$. 于是 $t\notin E$. 因之 $y-k$ 是 E 的上界.

但 $y-k<y$，这与 y 是 E 的最小上界的事实矛盾.

由此 $y^n=x$. 证明完毕.

推论 如果 a，b 是正实数，而 n 是正整数，那么

$$(ab)^{\frac{1}{n}}=a^{\frac{1}{n}}b^{\frac{1}{n}}.$$

证 命 $\alpha=a^{1/n}$，$\beta=b^{1/n}$. 由于乘法可以交换[定义 1.12 中之公理(M2)]，所以

$$ab=\alpha^n\beta^n=(\alpha\beta)^n,$$

由定理 1.21 所说的唯一性可以断定：$(ab)^{1/n}=\alpha\beta=a^{1/n}b^{1/n}$.

1.22 十进小数 我们指出实数和十进小数之间的关系作为本节的结束.

设 $x>0$ 是实数，令 n_0 是合于 $n_0\leqslant x$ 的最大整数.（注意，n_0 的存在性依赖于 R 的阿基米德性.）在取定 n_0，n_1，…，n_{k-1} 之后，令 n_k 是合于

$$n_0+\frac{n_1}{10}+\cdots+\frac{n_k}{10^k}\leqslant x$$

的最大整数. 令 E 是由数

$$n_0+\frac{n_1}{10}+\cdots+\frac{n_k}{10^k}\quad(k=0,1,2,\cdots)\tag{5}$$

组成的集，于是 $x=\sup E$. x 的十进小数展开式是

$$n_0 \cdot n_1 n_2 n_3 \cdots. \tag{6}$$

反之，对于任何无穷十进小数(6)来说，(5)中诸数组成的集上有界，并且(6)是 $\sup E$ 的十进小数展开式.

因为我们将永远不用小数，所以不作详细讨论.

广义实数系

1.23 定义 广义实数系由实数域 R 及两个符号 $+\infty$ 与 $-\infty$ 组成. 我们保留 R 中原来的顺序，并对任何 $x\in R$ 规定

$$-\infty < x < +\infty.$$

显然，$+\infty$ 是广义实数系的每个子集的上界，且每个不空子集有最小上界. 例如，如果 E 是一个不空实数集，它在 R 中不上有界，那么在广义实数系中 $\sup E=+\infty$.

对于下界可完全一样地进行讨论.

广义实数系不成域，但习惯上作如下的约定：

(a) 如果 x 是实数，那么

$$x+\infty=+\infty, x-\infty=-\infty \quad \frac{x}{+\infty}=\frac{x}{-\infty}=0.$$

(b) 如果 $x>0$，那么 $x\cdot(+\infty)=+\infty$，$x\cdot(-\infty)=-\infty$.

(c) 如果 $x<0$，那么 $x\cdot(+\infty)=-\infty$，$x\cdot(-\infty)=+\infty$.

当希望十分清楚地区别实数及符号 $+\infty$ 和 $-\infty$ 时，便称前者为有限数.

复数域

1.24 定义 一复数是个有序的实数对(简称序对)(a, b). "有序"的意思是，如果 $a\neq b$，那么 (a, b) 和 (b, a) 就认为是不同的.

设 $x=(a, b)$，$y=(c, d)$ 是两个复数. 当且仅当 $a=c$ 并且 $b=d$ 时，我们写成 $x=y$. (注意，这个定义并不完全是多余的，想想表示成整数之商的有理数的相等.)我们定义：

$$x+y=(a+c, b+d),$$

$$xy=(ac-bd, ad+bc).$$

1.25 定理 加法与乘法的这两个定义，把所有复数的集变成了一个域，其 $(0, 0)$ 与 $(1, 0)$ 起着域中 0 与 1 的作用.

证 我们只需验证定义 1.12 中所列的域的公理. 当然我们要用 R 的域结构.

设 $x=(a,\ b)$，$y=(c,\ d)$，$z=(e,\ f)$.

(A1) 显然.

(A2) $x+y=(a+c,\ b+d)=(c+a,\ d+b)=y+x$.

(A3) $$\begin{aligned}(x+y)+z&=(a+c,\ b+d)+(e,\ f)\\&=(a+c+e,\ b+d+f)\\&=(a,\ b)+(c+e,\ d+f)=x+(y+z).\end{aligned}$$

(A4) $x+0=(a,\ b)+(0,\ 0)=(a,\ b)=x$.

(A5) 命 $-x=(-a,\ -b)$，则 $x+(-x)=(0,\ 0)=0$

(M1) 显然.

(M2) $xy=(ac-bd,\ ad+bc)=(ca-db,\ da+cb)=yx$.

(M3) $$\begin{aligned}(xy)z&=(ac-bd,\ ad+bc)(e,\ f)\\&=(ace-bde-adf-bcf,\ acf-bdf+ade+bce)\\&=(a,\ b)(ce-df,\ cf+de)=x(yz).\end{aligned}$$

(M4) $1\cdot x=(1,\ 0)(a,\ b)=(a,\ b)=x$.

(M5) 如果 $x\neq 0$，就是$(a,\ b)\neq(0,\ 0)$，这表示实数 a，b 中至少有一个不是 0，因此，由命题 1.18(d)有 $a^2+b^2>0$. 而我们能够定义

$$\frac{1}{x}=\left(\frac{a}{a^2+b^2},\frac{-b}{a^2+b^2}\right).$$

于是

$$x\cdot\frac{1}{x}=(a,b)\left(\frac{a}{a^2+b^2},\frac{-b}{a^2+b^2}\right)=(1,0)=1.$$

(D) $$\begin{aligned}x(y+z)&=(a,\ b)(c+e,\ d+f)\\&=(ac+ae-bd-bf,\ ad+af+bc+be)\\&=(ac-bd,\ ad+bc)+(ae-bf,\ af+be)\\&=xy+xz.\end{aligned}$$

1.26 定理 对于任何实数 a，b，有

$$(a,0)+(b,0)=(a+b,0),(a,0)(b,0)=(ab,0).$$

证明显然.

定理 1.26 说明，形如$(a,\ 0)$的复数与对应的实数 a 有同样的算术性质. 所以我们可以把$(a,\ 0)$与 a 等同起来. 这个等同关系使实数域成了复数域的一个子域.

读者可能已经察觉，这里定义复数时没有涉及 -1 的神秘的平方根. 现在证明记号$(a,\ b)$与较惯用的 $a+bi$ 是等价的.

1.27 定义 $i=(0, 1)$.

1.28 定理 $i^2=-1$.

证 $i^2=(0, 1)(0, 1)=(-1, 0)=-1$.

1.29 定理 如果a，b都是实数，那么$(a, b)=a+bi$.

证

$$a+bi=(a, 0)+(b, 0)(0, 1)$$
$$=(a, 0)+(0, b)=(a, b).$$

1.30 定义 如果a，b是实数，而$z=a+bi$，就把复数$\bar{z}=a-bi$叫作z的共轭数. 数a，b分别叫作z的实部和虚部.

有时写成

$$a=\mathrm{Re}(z),\quad b=\mathrm{Im}(z).$$

1.31 定理 如果z及w是复数，那么

(a) $\overline{z+w}=\bar{z}+\bar{w}$,

(b) $\overline{zw}=\bar{z}\cdot\bar{w}$,

(c) $z+\bar{z}=2\mathrm{Re}(z)$，$z-\bar{z}=2i\mathrm{Im}(z)$.

(d) $z\bar{z}$是实数且是正数(除了$z=0$时).

证 (a)，(b)，(c)都十分明显，今证(d). 将z写成$z=a+bi$，并注意$z\bar{z}=a^2+b^2$. 得证.

1.32 定义 如果z是一复数，它的绝对值$|z|$是$z\bar{z}$的非负平方根；即$|z|=(z\bar{z})^{1/2}$.

$|z|$的存在性(及唯一性)由定理1.21及定理1.31的(d)得来.

注意，当x是实数时$\bar{x}=x$，因此，$|x|=\sqrt{x^2}$. 于是，如果$x\geqslant 0$，$|x|=x$；如果$x<0$，$|x|=-x$.

1.33 定理 设z和w都是复数，那么

(a) $|z|>0$除非$z=0$，$|0|=0$,

(b) $|\bar{z}|=|z|$,

(c) $|zw|=|z|\,|w|$,

(d) $|\mathrm{Re}(z)|\leqslant|z|$,

(e) $|z+w|\leqslant|z|+|w|$.

证 (a)及(b)是显然的. 设$z=a+bi$，$w=c+di$，a，b，c，d为实数. 于是

$$|zw|^2=(ac-bd)^2+(ad+bc)^2$$
$$=(a^2+b^2)(c^2+d^2)=|z|^2\,|w|^2$$

或$|zw|^2=(|z|\,|w|)^2$. 由定理1.21所说的唯一性，便能推得(c).

今证(d)，注意$a^2\leqslant a^2+b^2$，由此，

$$|a|=\sqrt{a^2}\leqslant\sqrt{a^2+b^2}.$$

今证(e)，注意 $\bar{z}w$ 是 $z\bar{w}$ 的共轭数，所以 $z\bar{w}+\bar{z}w=2\mathrm{Re}(z\bar{w})$. 由此，

$$\begin{aligned}|z+w|^2&=(z+w)(\bar{z}+\bar{w})=z\bar{z}+z\bar{w}+\bar{z}w+w\bar{w}\\&=|z|^2+2\mathrm{Re}(z\bar{w})+|w|^2\\&\leqslant|z|^2+2|z\bar{w}|+|w|^2\\&=|z|^2+2|z||w|+|w|^2=(|z|+|w|)^2.\end{aligned}$$

两端开平方即得(e).

1.34 记号 如果 x_1，…，x_n 都是复数，把它们的和写成

$$x_1+x_2+\cdots+x_n=\sum_{j=1}^{n}x_j.$$

我们用一重要不等式来结束本节，它通常被称为 Schwarz 不等式.

1.35 定理 *如果 a_1，a_2，…，a_n 及 b_1，b_2，…，b_n 都是复数，那么*

$$\left|\sum_{j=1}^{n}a_j\bar{b}_j\right|^2\leqslant\sum_{j=1}^{n}|a_j|^2\sum_{j=1}^{n}|b_j|^2.$$

证 设 $A=\sum|a_j|^2$，$B=\sum|b_j|^2$，$C=\sum a_j\bar{b}_j$(在本证明的所有和中，j 遍历 1，…，n 诸值). 如果 $B=0$，那么 $b_1=\cdots=b_n=0$，而定理的结论是明显的. 因此，可假定 $B>0$. 由定理 1.31，有

$$\begin{aligned}\sum|Ba_j-Cb_j|^2&=\sum(Ba_j-Cb_j)(B\bar{a}_j-\overline{Cb_j})\\&=B^2\sum|a_j|^2-B\bar{C}\sum a_j\bar{b}_j-BC\sum\bar{a}_jb_j+|C|^2\sum|b_j|^2\\&=B^2A-B|C|^2\\&=B(AB-|C|^2).\end{aligned}$$

因第一个和中的每一项非负，而知

$$B(AB-|C|^2)\geqslant0.$$

由 $B>0$ 推得 $AB-|C|^2\geqslant0$. 这就是要证的不等式.

欧氏空间

1.36 定义 对于每个正整数 k，设 R^k 是一切 k 元有序组

$$\mathbf{x}=(x_1,x_2,\cdots,x_k)$$

的集，其中 x_1，x_2，…，x_k 都是实数，称为 $\mathbf{x}$ 的坐标. R^k 中的元素称为点或向量(特别当 $k>1$ 时是这样). 我们用粗体字表示向量. 如果 $\mathbf{y}=(y_1，\cdots，y_k)$而 α

是实数，令

$$x + y = (x_1 + y_1, x_2 + y_2, \cdots, x_k + y_k),$$

$$\alpha x = (\alpha x_1, \alpha x_2, \cdots, \alpha x_k).$$

于是 $x+y \in R^k$，$\alpha x \in R^k$. 这就规定了向量的加法及向量的数(标量)乘法. 这两种运算满足交换律、结合律和分配律(由实数的类似运算法则来看，这不难证明)，而使 R^k 成为实数域上的向量空间. R^k 的零元(有时称为原点或零向量)是一切坐标都是 0 的点 $\mathbf{0}$.

定义 x 与 y 的"内积"(或标量积)为

$$x \cdot y = \sum_{i=1}^{k} x_i y_i.$$

又定义 x 的范数为

$$|x| = (x \cdot x)^{1/2} = \left(\sum_{i=1}^{k} x_i^2\right)^{1/2}.$$

现在所规定的结构(具有上述的内积和范数的向量空间 R^k)称为 k 维欧氏空间.

1.37 定理 设 x，y，$z \in R^k$，而 α 是实数. 那么

(a) $|x| \geqslant 0$；

(b) $|x| = 0$ 当且仅当 $x = \mathbf{0}$；

(c) $|\alpha x| = |\alpha||x|$；

(d) $|x \cdot y| \leqslant |x||y|$；

(e) $|x+y| \leqslant |x| + |y|$；

(f) $|x-z| \leqslant |x-y| + |y-z|$.

证 (a)，(b)，(c)都显然成立. (d)是 Schwarz 不等式的直接结果. 由(d)

$$\begin{aligned} |x + y|^2 &= (x + y) \cdot (x + y) \\ &= x \cdot x + 2x \cdot y + y \cdot y \\ &\leqslant |x|^2 + 2|x||y| + |y|^2 \\ &= (|x| + |y|)^2. \end{aligned}$$

因而(e)获证. 最后，在(e)中用 $x-y$ 代 x，用 $y-z$ 代 y 就得到(f).

1.38 评注 定理 1.37(a)，(b)及(f)，使我们可以把 R^k 看成一个度量空间(看第 2 章).

R^1(全体实数的集)通常称为直线或实直线. 同样，R^2 称为平面或复平面(比较定义 1.24 及 1.36). 在这两种情形下，范数恰好是相应实数或复数的绝对值.

附录

这个附录将要从 Q 去创造出 R，借以证明定理 1.19. 我们把这个创造过程分为几步.

第一步 R 的元是 Q 的确定的子集，称为分划. 规定分划是具有以下三种性质的任意集 $\alpha\subset Q$.

（Ⅰ）α 不空，$\alpha\neq Q$.

（Ⅱ）如果 $p\in\alpha$，$q\in Q$ 且 $q<p$，那么 $q\in\alpha$.

（Ⅲ）如果 $p\in\alpha$，那么必有某个 $r\in\alpha$ 使得 $p<r$.

字母 p，q，r 将总是表示有理数，而 α，β，γ 将总是表示分划.

注意，(Ⅲ)是说 α 没有最大化；(Ⅱ)暗含着两个可以直接运用的事实：

如果 $p\in\alpha$ 而 $q\notin\alpha$，那么 $p<q$.

如果 $r\notin\alpha$ 而 $r<s$，那么 $s\notin\alpha$.

第二步 规定用“$\alpha<\beta$”表示“α 是 β 的真子集”.

我们来验证这符合定义 1.5 的要求.

如果 $\alpha<\beta$ 且 $\beta<\gamma$，那么显然 $\alpha<\gamma$(真子集的真子集还是真子集). 对于任何一对 α，β，显然三种关系

$$\alpha<\beta,\quad \alpha=\beta,\quad \beta<\alpha$$

之中最多有一种成立. 为了证明至少有一种成立，假定前两种不成立. 于是 α 不是 β 的子集. 由此存在一个 $p\in\alpha$，但 $p\notin\beta$. 如果 $q\in\beta$，那么(因为 $p\notin\beta$)$q<p$，因而由(Ⅱ)$q\in\alpha$. 如此就有 $\beta\subset\alpha$. 因为 $\beta\neq\alpha$，所以可以断定 $\beta<\alpha$.

于是，现在 R 是有序集了.

第三步 有序集 R 有最小上界性.

证 令 A 是 R 的不空子集，且假定 $\beta\in R$ 是 A 的上界. 规定 γ 为所有 $\alpha\in A$ 的并. 换言之，$p\in\gamma$ 当且仅当对某个 $\alpha\in A$ 有 $p\in\alpha$. 今证 $\gamma\in R$，且 $\gamma=\sup A$.

因 A 不空，存在 $\alpha_0\in A$. 这个 α_0 不空. 因为 $\alpha_0\subset\gamma$，γ 也就不空. 此外，$\gamma\subset\beta$(因为每当 $\alpha\in A$，必然 $\alpha\subset\beta$). 所以 $\gamma\neq Q$. 于是 γ 满足性质(Ⅰ). 为了证明(Ⅱ)和(Ⅲ)，取 $p\in\gamma$. 于是有某个 $\alpha_1\in A$ 使 $p\in\alpha_1$. 如果 $q<p$，那么 $q\in\alpha_1$，由此 $q\in\gamma$；这就证明了(Ⅱ). 如果选得 $r\in\alpha_1$ 并且 $r>p$，就知道 $r\in\gamma$(因为 $\alpha_1\subset\gamma$)，所以 γ 满足(Ⅲ).

于是 $\gamma\in R$.

显然只要 $\alpha\in A$，必然 $\alpha\leqslant\gamma$.

假定 $\delta<\gamma$，便有 $s\in\gamma$ 而 $s\notin\delta$. 既然 $s\in\gamma$，便有某个 $\alpha\in A$ 使得 $s\in\alpha$. 因此 $\delta<\alpha$，而且 δ 不是 A 的上界.

这就得到了所期望的结果：$\gamma=\sup A$.

第四步 如果 $\alpha\in R$ 且 $\beta\in R$，规定 $\alpha+\beta$ 为由所有和 $r+s$ 组成的集，这里

$r\in\alpha$而$s\in\beta$.

规定0^*为所有负有理数组成的集. 显然0^*是一个分划. 我们把0^*当作0,证明加法公理(见定义1.12)在R中成立.

(A1) 需要证明$\alpha+\beta$是分划,显然$\alpha+\beta$是Q的不空子集. 取$r'\notin\alpha$, $s'\notin\beta$,那么对所有$r\in\alpha$, $s\in\beta$来说,$r'+s'>r+s$. 所以$r'+s'\notin\alpha+\beta$. 因此$\alpha+\beta$具备性质(Ⅰ).

取$p\in\alpha+\beta$,则$p=r+s$,这里$r\in\alpha$, $s\in\beta$. 如果$q<p$,那么$q-s<r$,所以$q-s\in\alpha$,而$q=(q-s)+s\in\alpha+\beta$,所以(Ⅱ)成立. 选$t\in\alpha$使$t>r$. 于是$p<t+s$并且$t+s\in\alpha+\beta$. 所以(Ⅲ)成立.

(A2) $\alpha+\beta$是所有$r+s$的集,其中$r\in\alpha$, $s\in\beta$. 据同一定义,$\beta+\alpha$是所有$s+r$的集. 因$r+s=s+r$对所有$r\in Q$及$s\in Q$成立,所以$\alpha+\beta=\beta+\alpha$.

(A3) 与上面一样,由Q内的结合律可以推得本条.

(A4) 如果$r\in\alpha$, $s\in 0^*$,那么$r+s<r$,因此$r+s\in\alpha$. 如此就有$\alpha+0^*\subset\alpha$.

为了得到相反的包含式,取$p\in\alpha$及$r\in\alpha$,使$r>p$. 就有$p-r\in 0^*$而$p=r+(p-r)\in\alpha+0^*$. 所以$\alpha\subset\alpha+0^*$. 于是断定$\alpha+0^*=\alpha$.

(A5) 固定了$\alpha\in R$. 令β是具有以下性质的所有p的集:

存在$r>0$使$-p-r\notin\alpha$.

换句话说,有比$-p$小一点的有理数不在α内.

今证$\beta\in R$并且$\alpha+\beta=0^*$.

如果$s\notin\alpha$而$p=-s-1$,那么$-p-1\notin\alpha$,由此$p\in\beta$. 所以β不空. 如果$q\in\alpha$,那么$-q\notin\beta$. 所以$\beta\neq Q$. 因此β满足(Ⅰ).

取$p\in\beta$及$r>0$,使$-p-r\notin\alpha$. 若$q<p$,则$-q-r>-p-r$,从而$-q-r\notin\alpha$. 于是$q\in\beta$,而(Ⅱ)成立. 令$t=p+(r/2)$,就有$t>p$且$-t-(r/2)=-p-r\notin\alpha$. 所以$t\in\beta$. 因此$\beta$满足(Ⅲ).

已经证明了$\beta\in R$.

如果$r\in\alpha$并且$s\in\beta$,那么$-s\notin\alpha$,因之$r<-s$, $r+s<0$. 于是$\alpha+\beta\subset 0^*$.

为了证明反向包含式,取$v\in 0^*$,令$w=-v/2$. 于是$w>0$,必有整数n使得$nw\in\alpha$但$(n+1)w\notin\alpha$. (注意,这由于Q有阿基米德性!)命$p=-(n+2)w$,则由$-p-w\notin\alpha$有$p\in\beta$,也就有

$$v = nw + p \in \alpha+\beta.$$

于是$0^*\subset\alpha+\beta$.

我们断定了$\alpha+\beta=0^*$.

这个β自然该用$-\alpha$来记它.

第五步 既然证明了第四步中所定义的加法满足定义1.12的公理(A),那么命题1.14必然在R中成立,并且能够证明定义1.17的两个要求之一:

如果$\alpha, \beta, \gamma\in R$,并且$\beta<\gamma$,那么$\alpha+\beta<\alpha+\gamma$.

实际上,从R中+的定义显然有$\alpha+\beta\subset\alpha+\gamma$;倘若$\alpha+\beta=\alpha+\gamma$,消去律(命

题 1.14)便暗含有 $\beta=\gamma$.

又随之有，$\alpha>0^*$ 当且仅当 $-\alpha<0^*$.

第六步 在这一段文字里，乘法比加法更麻烦一点，这是因为负有理数的乘积是正有理数. 因此，我们首先限于在 R^+ 里来讨论，R^+ 是所有 $\alpha\in R$ 之合于 $\alpha>0^*$ 的集.

如果 $\alpha\in R^+$ 且 $\beta\in R^+$，定义 $\alpha\beta$ 为所有 p 组成的集，$p\leqslant rs$，而这里 $r\in\alpha$，$s\in\beta$，$r>0$，$s>0$ 是随意选定的.

定义 1^* 为所有 $q<1$ 组成的集.

于是在定义 1.12 中，把 F 换成 R^+，再把 1^* 当作 1 用时，公理(M)及(D)都成立.

证法与第四步中详细给出的十分相似，因此从略.

注意，特别是定义 1.17 的第二个要求成立：如果 $\alpha>0^*$，$\beta>0^*$，那么 $\alpha\beta>0^*$.

第七步 令 $\alpha 0^*=0^*\alpha=0^*$ 且令

$$\alpha\beta=\begin{cases}(-\alpha)(-\beta) & \text{如果 } \alpha<0^*,\quad \beta<0^*,\\ -[(-\alpha)\beta] & \text{如果 } \alpha<0^*,\quad \beta>0^*,\\ -[\alpha\cdot(-\beta)] & \text{如果 } \alpha>0^*,\quad \beta<0^*.\end{cases}$$

就使乘法定义完全了. 上式右端的乘积，是在第六步里定义了的.

既然(在第六步中)证了公理(M)在 R^+ 中成立，再证它们在 R 中成立就十分简单了，只要重复应用恒等式 $\gamma=-(-\gamma)$ 就行了，该恒等式是命题 1.14 的一部分(见第五步).

分配律

$$\alpha(\beta+\gamma)=\alpha\beta+\alpha\gamma$$

的证明要分情况. 例如，设 $\alpha>0^*$，$\beta<0^*$，$\beta+\gamma>0^*$，那么 $\gamma=(\beta+\gamma)+(-\beta)$ 且(因已知分配律在 R^+ 成立)

$$\alpha\gamma=\alpha(\beta+\gamma)+\alpha\cdot(-\beta),$$

但 $\alpha\cdot(-\beta)=-(\alpha\beta)$. 于是

$$\alpha\beta+\alpha\gamma=\alpha(\beta+\gamma).$$

其他情形用类似的方法处理.

现在，R 是具有最小上界性的有序域的证明全部完成.

第八步 给每个 $r\in Q$ 配备一个集 r^*，它由一切合于 $p<r$ 的 $p\in Q$ 组成. 显然每个 r^* 是一个分划，即是 $r^*\in R$. 这些分划满足下列关系.

(a) $r^*+s^*=(r+s)^*$，

(b) $r^*s^*=(rs)^*$，

(c) $r^* < s^*$ 当且仅当 $r < s$.

为了证(a)，选 $p \in r^* + s^*$，于是 $p = u + v$，这里 $u < r$，$v < s$. 因此 $p < r + s$，这就是说 $p \in (r+s)^*$.

反之，假定 $p \in (r+s)^*$，那么 $p < r+s$. 选 t 使 $2t = r+s-p$. 令

$$r' = r - t, \quad s' = s - t,$$

就有 $r' \in r^*$，$s' \in s^*$ 且 $p = r' + s'$，所以 $p \in r^* + s^*$.

(a)获证. (b)的证明与此类似.

如果 $r < s$，那么 $r \in s^*$，但 $r \notin r^*$；因之 $r^* < s^*$.

如果 $r^* < s^*$，那么存在一数 $p \in s^*$ 但 $p \notin r^*$. 因之，$r \leqslant p < s$. 所以 $r < s$.

(c)获证.

第九步 在第八步中已经知道，把有理数 r 换作相应的有理分划 $r^* \in R$ 时，和、积及顺序不变，表达这事实的术语是：有序域 Q 与有序域 Q^* 同构，Q^* 的元素是有理分划. 当然，r^* 绝不同于 r，但我们所涉及的性质(算术的及顺序)在这两个域里是一样的.

正是 Q 与 Q^* 的这个一致性，才使我们把 Q 看成 R 的子域.

定理 1.19 的第二部分(即第二句话)就按这种一致性来理解. 注意，当把实数域看成复数域的子域时，还会出现同样的现象，当把整数集等同于 Q 的一个子集时，这个现象也在较为初等的水平上出现.

任何两个具有最小上界性的有序域同构，这是一个事实(我们不打算在这里证明). 所以定理 1.19 的第一部分(即第一句话)完全刻画了实数域 R.

参考书目给出的 Landau 和 Thurston 的书是完全讨论数系的. Knopp 的书的第 1 章轻松地描述了如何从 Q 得到 R. 在 Hewitt 及 Stromberg 书的第 5 节中用的是另一种构造法，其中定义实数是有理数 Cauchy 序列的等价类(见第 3 章).

我们这里所用的 Q 中的分划是 Dedekind 发明的. 从 Q 利用 Cauchy 序列来构造 R 归功于 Cantor. Cantor 及 Dedekind 都是在 1872 年发表其构造法的.

习题

除去有明确相反的说明以外，本习题中所提到的数都理解为实数.

1. 如果 $r(r \neq 0)$ 是有理数而 x 是无理数，证明 $r+x$ 及 rx 是无理数.

2. 证明不存在平方为 12 的有理数.

3. 证明命题 1.15.

4. 设 E 是某有序集的非空子集；又设 α 是 E 的下界，而 β 是 E 的上界. 证明 $\alpha \leqslant \beta$.

5. 设 A 是非空实数集，下有界. 令 $-A$ 是所有 $-x$ 的集，$x \in A$. 证明

$$\inf A = -\sup(-A).$$

6. 固定 $b>1$.

(a) 如果 m, n, p, q 是整数，$n>0$，$q>0$，且 $r=m/n=p/q$. 证明

$$(b^m)^{\frac{1}{n}} = (b^p)^{\frac{1}{q}}.$$

因此，定义 $b^r=(b^m)^{\frac{1}{n}}$ 有意义.

(b) 证明，如果 r 与 s 是有理数，那么 $b^{r+s}=b^r \cdot b^s$.

(c) 如果 x 是实数. 定义 $B(x)$ 为所有数 b^t 的集，这里 t 是有理数并且 $t\leqslant x$. 证明

$$b^r = \sup B(r).$$

这里 r 是有理数. 由此，对于每个实数 x，定义

$$b^x = \sup B(x)$$

是合理的.

(d) 证明，对于一切实数 x 及 y，$b^{x+y}=b^x b^y$.

7. 固定 $b>1$，$y>0$，按照下面的提纲来证明，存在唯一的实数 x 使 $b^x=y$（这个 x 叫作以 b 为底 y 的对数）：

(a) 对每个正整数 n，$b^n-1\geqslant n(b-1)$.

(b) 因之 $b-1\geqslant n(b^{\frac{1}{n}}-1)$.

(c) 如果 $t>1$ 且 $n>(b-1)/(t-1)$，那么 $b^{1/n}<t$.

(d) 如果 w 使 $b^w<y$，那么对于足够大的 n，$b^{w+(1/n)}<y$. 为了证明这一点，应用(c) 而取 $t=y\cdot b^{-w}$.

(e) 如果 $b^w>y$，那么对于足够大的 n，$b^{w-(1/n)}>y$.

(f) 设 A 是所有使 $b^w<y$ 成立的 w 的集，证明 $x=\sup A$ 满足方程 $b^x=y$.

(g) 证明这个 x 是唯一的.

8. 证明在复数域中不能定义顺序关系以使其变成有序域.

提示：-1 是平方数.

9. 设 $z=a+bi$，$w=c+di$. 若 $a<c$，或者 $a=c$ 但 $b<d$，就规定 $z<w$. 证明这能使得所有复数的集变成有序集(这种顺序关系叫作字典顺序或辞典编纂顺序，其理由是明显的). 这种顺序关系有没有最小上界性呢?

10. 设 $z=a+bi$，$w=u+vi$，而

$$a=\left(\frac{|w|+u}{2}\right)^{\frac{1}{2}},\quad b=\left(\frac{|w|-u}{2}\right)^{\frac{1}{2}}.$$

证明：如果 $v\geqslant 0$，那么 $z^2=w$，而若 $v\leqslant 0$ 那么 $(\bar{z})^2=w$. 由此断定每个复数(只有一个例外)有两个复平方根.

11. 如果 z 是复数. 证明存在 $r\geqslant 0$ 及复数 w，$|w|=1$，使 $z=rw$. 是否 w 及 r 永远由 z 唯一确定?

12. 如果 z_1，z_2，…，z_n 是复数，试证

$$|z_1+z_2+\cdots+z_n|\leqslant|z_1|+|z_2|+\cdots+|z_n|.$$

13. 如果 x，y 是复数，试证

$$\Big||x|-|y|\Big|\leqslant|x-y|.$$

14. 如果 z 是复数且 $|z|=1$，即 $z\bar{z}=1$，计算

$$|1+z|^2+|1-z|^2.$$

15. 在什么条件下 Schwarz 不等式中的等式成立？

16. 设 $k\geqslant 3$，$\mathbf{x}$，$\mathbf{y}\in R^k$，$|\mathbf{x}-\mathbf{y}|=d>0$ 且 $r>0$. 试证：

(a) 如果 $2r>d$，就有无穷多个 $\mathbf{z}\in R^k$ 使

$$|\mathbf{z}-\mathbf{x}|=|\mathbf{z}-\mathbf{y}|=r.$$

(b) 如果 $2r=d$，就恰好有一个这样的 $\mathbf{z}$.

(c) 如果 $2r<d$，就没有这样的 $\mathbf{z}$.

如果 k 是 2 或 1，这些命题应怎样修正？

17. 如果 $\mathbf{x}\in R^k$，$\mathbf{y}\in R^k$. 试证：

$$|\mathbf{x}+\mathbf{y}|^2+|\mathbf{x}-\mathbf{y}|^2=2|\mathbf{x}|^2+2|\mathbf{y}|^2.$$

用几何的说法，把它解释成平行四边形的命题.

18. 如果 $k\geqslant 2$，且 $\mathbf{x}\in R^k$，证明存在 $\mathbf{y}\in R^k$，使得 $\mathbf{y}\neq\mathbf{0}$，但 $\mathbf{x}\cdot\mathbf{y}=0$. 如果 $k=1$，这还对不对？

19. 设 $\mathbf{a}\in R^k$，$\mathbf{b}\in R^k$，求 $\mathbf{c}\in R^k$ 和 $r>0$ 使得

$$|\mathbf{x}-\mathbf{a}|=2|\mathbf{x}-\mathbf{b}|$$

当且仅当 $|\mathbf{x}-\mathbf{c}|=r$.

（答案：$3\mathbf{c}=4\mathbf{b}-\mathbf{a}$，　$3r=2|\mathbf{b}-\mathbf{a}|$.）

20. 关于附录，设把性质(Ⅲ)从分划的定义中删去，保留顺序及加法的原来定义. 证明所得的有序集有最小上界性，加法满足公理(A1)到(A4)(零元稍有不同!)但(A5)不成立.

第2章　基础拓扑

有限集、可数集和不可数集

这一节我们从函数概念的定义开始.

2.1　定义　考虑两个集 A 和 B，它们的元素可以是任何东西. 假定对于 A 的每个元素 x，按照某种方式与集 B 的一个元素联系着，这个元素记作 $f(x)$；那么，就说 f 是从 A 到 B 的一个*函数*(或将 A 映入 B 内的一个*映射*). 集 A 叫作 f 的*定义域*(或者说 f 定义在 A 上)，而元素 $f(x)$ 叫作 f 的值. f 的一切值的集叫作 f 的*值域*.

2.2　定义　设 A 和 B 是两个集，f 是 A 到 B 内的一个映射. 如果 $E\subset A$，对于一切 $x\in E$，元素 $f(x)$ 所成的集定义为 $f(E)$. 我们称 $f(E)$ 为 E 在 f 之下的象. 按这个记法来说，$f(A)$ 就是 f 的值域. 显然 $f(A)\subset B$. 如果 $f(A)=B$，就说 f 将 A *映满* B. (注意，按照这个用法，"映满……"比"映入……内"更特别些.)

$E\subset B$ 时，$f^{-1}(E)$ 表示一切合于 $f(x)\in E$ 的 $x\in A$ 所成的集. 称 $f^{-1}(E)$ 为 E 在 f 之下的*逆象*. $y\in B$ 时，$f^{-1}(y)$ 是 A 中一切合于 $f(x)=y$ 的元素 x 所成的集. 如果 $f^{-1}(y)$ 对于每个 $y\in B$ 至多含有 A 中的一个元素，那么就称 f 是 A 到 B 内的 *1-1(一对一的)映射*. 这句话也可以表述如下：如果对于 $x_1\in A$，$x_2\in A$，当 $x_1\neq x_2$ 时，$f(x_1)\neq f(x_2)$，那么 f 就是 A 到 B 内的一个 1-1 映射.

($x_1\neq x_2$ 表示 x_1 和 x_2 是不同的元素；否则就记作 $x_1=x_2$.)

2.3　定义　如果存在 A 到 B 上的一个 1-1 映射，那么就说 A 和 B 可以建立 1-1 对应，或者说 A 和 B 具有相同的*基数*，或者就简单地说 A 和 B 等价，并且记作 $A\sim B$. 这个关系显然具有下列性质：

自反性：$A\sim A$.

对称性：如有 $A\sim B$，就有 $B\sim A$.

传递性：如果 $A\sim B$，并且 $B\sim C$，那么 $A\sim C$.

任何具有这三个性质的关系都叫作*等价关系*.

2.4　定义　对于任意正整数 n，令 J_n 表示 1，2，…，n 所成的集，令 J 表示全体正整数所成的集. 设 A 是任意一个集. 我们说：

(a) A 是*有限的*，如果对于某个 n，$A\sim J_n$(空集也认为是有限集).

(b) A 是*无限的*，如果 A 不是有限的.

(c) A 是*可数的*，如果 $A\sim J$.

(d) A 是*不可数的*，如果 A 既不是有限的，也不是可数的.

(e) A 是*至多可数的*，如果 A 或为有限或为可数的.

可数集有时也叫作可枚举集或可列集.

对于两个有限集 A 和 B 来说，显然 $A \sim B$ 当且仅当 A 和 B 含有同样多个元素. 然而对于无限集来说，“含有同样多个元素”的概念就变得含糊不清了. 但是，1-1 对应的概念仍然是清楚的.

2.5 例 令 A 是一切整数的集，那么 A 是可数的. 这是因为我们可以如下地排列 A 和 J：

A： 0，1，-1，2，-2，3，-3，…

J： 1，2，3，4，5，6，7，…

在这个例子里，我们甚至可以把提供 1-1 对应的，从 J 到 A 的函数 f 的显式写出来：

$$f(n)=\begin{cases}\dfrac{n}{2} & (\text{当 } n \text{ 是偶数}),\\ -\dfrac{n-1}{2} & (\text{当 } n \text{ 是奇数}).\end{cases}$$

2.6 评注 一个有限集不能与它的一个真子集等价. 然而对于无限集来说，这却是可能的. 这一点已经由例 2.5 指明了，在这里 J 是 A 的一个真子集.

事实上，定义 2.4(b)的陈述，可以代之以“A 是无限的，如果 A 与它的一个真子集等价”.

2.7 定义 定义在一切正整数的集 J 上的函数叫作一个序列，如果对于 $n \in J$，$f(n)=x_n$，习惯上就把序列 f 用符号 $\{x_n\}$ 来表示，或者用 x_1，x_2，x_3，…来表示. f 的值，即元素 x_n，叫作这个序列的项. 设 A 是一个集并且对一切 $n \in J$，$x_n \in A$，那么 $\{x_n\}$ 就叫作 A 里的一个序列，或者叫作 A 的元素的一个序列.

注意，一个序列的项 x_1，x_2，x_3，…不一定各不相同.

因为每个可数集是定义在 J 上的一个 1-1 函数的值域，所以每个可数集总可以看成一个各项都不同的序列的值域，说得随便一点，可以说每个可数集的元素，总可以“排成一个序列”.

有时在定义里用一切非负整数的集来代替 J 是方便的，这就是说，不从 1 开始，而从 0 开始.

2.8 定理 可数集 A 的每个无限子集也是可数集.

证 设 $E \subset A$ 并且 E 是无限集. 把 A 的元素 x 排成一个不同元素的序列 $\{x_n\}$. 按以下方式构造序列 $\{n_k\}$：

令 n_1 是使 $x_{n_1} \in E$ 的最小正整数. 当 n_1，…，n_{k-1}($k=2$，3，4，…)选定以后，令 n_k 是大于 n_{k-1} 并且使 $x_{n_k} \in E$ 的最小正整数.

令 $f(k)=x_{n_k}$($k=1$，2，3，…)，我们便得到了 E 和 J 之间的一个 1-1 对应.

粗略地说，这个定理告诉我们，可数集表示“最小的”无限性：没有不可数集能够是可数集的子集的.

2.9 定义 设 A 和 Ω 都是集. 假定对于 A 的每个元素 α，与 Ω 的一个子集

联系着，这个子集记作 E_α.

用$\{E_\alpha\}$来表示以集 E_α 为元素的集. 我们有时不说集的集，而说一组集或一族集.

许多集 E_α 的并指的是这样的集 S：$x\in S$ 当且仅当至少对于一个$\alpha\in A$，有 $x\in E_\alpha$，表示并的记号是

$$S=\bigcup_{\alpha\in A}E_\alpha. \tag{1}$$

如果 A 由整数 1，2，…，n 组成，又往往写作：

$$S=\bigcup_{m=1}^{n}E_m. \tag{2}$$

或

$$S=E_1\cup E_1\cup\cdots\cup E_n. \tag{3}$$

如果 A 是一切正整数的集，通常的记号是

$$S=\bigcup_{m=1}^{\infty}E_m. \tag{4}$$

(4)里的符号∞仅仅表示对于集的可数组来取并，不要与定义 1.23 里所引入的符号$+\infty$和$-\infty$混淆了.

许多集 E_α 的交指的是这样的集 P：$x\in P$ 当且仅当对一切$\alpha\in A$，有 $x\in E_\alpha$. 如同对于并那样，采用的记号是

$$P=\bigcap_{\alpha\in A}E_\alpha, \tag{5}$$

或

$$P=\bigcap_{m=1}^{n}E_m=E_1\cap E_2\cap\cdots\cap E_n, \tag{6}$$

或

$$P=\bigcap_{m=1}^{\infty}E_m. \tag{7}$$

如果 $A\cap B$ 不空，就说 A 与 B 相交，否则就说它们不相交.

2.10 例

(a) 设 E_1 由 1，2，3 组成，E_2 由 2，3，4 组成，那么 $E_1\cup E_2$ 由 1，2，3，4 组成，而 $E_1\cap E_2$ 由 2，3 组成.

(b) 令 A 是适合 $0<x\leqslant 1$ 的实数 x 所成的集. 对于每一个 $x\in A$，令 E_x 是适合 $0<y<x$ 的实数 y 所成的集. 那么

(i) $E_x\subset E_z$ 当且仅当 $0<x\leqslant z\leqslant 1$；

(ii) $\bigcup_{x\in A}E_x=E_1$；

(iii) $\bigcap_{x\in A}E_x$ 是空集.

(i)和(ii)是明显的. 为了证明(iii)，我们注意，对于每个 $y>0$，总还有 $x<y$，所以 $y\notin E_x$. 因此 $y\notin\bigcap_{x\in A}E_x$.

2.11 评注 并与交的许多性质都非常类似于和与积的性质；实际上，有时也把和与积这两个词用于这两个关系．并用符号Σ及Π来代替$\cup$及$\cap$．

交换律与结合律是明显的：

$$A \cup B = B \cup A; \quad A \cap B = B \cap A. \tag{8}$$

$$(A \cup B) \cup C = A \cup (B \cup C); \quad (A \cap B) \cap C = A \cap (B \cap C). \tag{9}$$

因此在(3)与(6)中，不写括号是合理的．

分配律也成立：

$$A \cap (B \cup C) = (A \cap B) \cup (A \cap C). \tag{10}$$

为了证明这一事实，将(10)的左端和右端分别记作E和F．

设$x\in E$，那么$x\in A$且$x\in B\cup C$，即$x\in B$或$x\in C$(也可能同时属于二者)．因此$x\in A\cap B$或$x\in A\cap C$，从而$x\in F$．于是$E\subset F$．

现在设$x\in F$，那么$x\in A\cap B$或$x\in A\cap C$．这就是说，$x\in A$且$x\in B\cup C$．因此$x\in A\cap(B\cup C)$．从而$F\subset E$．

因此，就得$E=F$．

我们再列出几个关系式，这些关系式都容易证明：

$$A \subset A \cup B, \tag{11}$$

$$A \cap B \subset A. \tag{12}$$

用 0 表示空集，那么

$$A \cup 0 = A, \quad A \cap 0 = 0. \tag{13}$$

如果$A\subset B$，那么

$$A \cup B = B, \quad A \cap B = A. \tag{14}$$

2.12 定理 设$\{E_n\}n=1，2，3，\cdots$是可数集组成的序列，令

$$S = \bigcup_{n=1}^{\infty} E_n, \tag{15}$$

那么S是可数的．

证 把每个集E_n排成一个序列$\{x_{nk}\}$，$k=1，2，3，\cdots$，考虑无限阵列

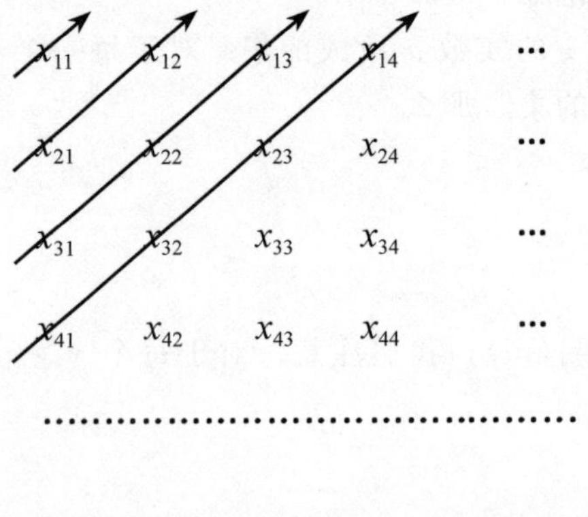

(16)

在这个阵列里，E_n 的元素构成第 n 行．这个阵列含有 S 的一切元素．这些元素可以按照箭头所指出的顺序排成一个序列

$$x_{11};x_{21},x_{12};x_{31},x_{22},x_{13};x_{41},x_{32},x_{23},x_{14};\cdots \tag{17}$$

这些集 E_n 的任何两个如果有公共元素，那么这些公共元素将在(17)中不止出现一次．因此一切正整数的集里有一个子集 T 使得 $S\sim T$，这就证明了 S 是至多可数的(定理 2.8)．因为 $E_1\subset S$，而 E_1 是无限的，所以 S 也是无限的，从而是可数的．

推论 *假定 A 是至多可数的，并且对应于每个 $\alpha\in A$ 的 B_α 是至多可数的．令*

$$T=\bigcup_{\alpha\in A}B_\alpha.$$

那么 T 是至多可数的．

这是因为 T 与(15)的一个子集等价．

2.13 定理 *设 A 是可数集．又假设 B_n 是一切 n 元素组(a_1，a_2，…，a_n)的集，这里 $a_k\in A(k=1，\cdots，n)$，并且元素 a_1，a_2，…，a_n 不一定不相同，那么 B_n 是可数的．*

证 B_1 显然是可数的，因为 $B_1=A$．假设 $B_{n-1}(n=2，3，4，\cdots)$是可数的．那么，B_n 的元素具有形式

$$(b,a)\quad(b\in B_{n-1},a\in A). \tag{18}$$

对于每个固定的 b，元素对(b，a)的集与 A 等价，因而是可数的．于是 B_n 是可数个可数集的并．由定理 2.12，B_n 是可数的．

于是由归纳法证明了这个定理．

推论 *一切有理数的集是可数的．*

证 应用定理 2.13 中 $n=2$ 的情形．注意每个有理数 r 是 b/a 形式的数，这里 a 和 b 是整数，一切数对(b，a)的集是可数的．从而一切分数 b/a 的集是可数的．

实际上，甚至一切代数数的集也是可数的(见习题 2)．

然而下面的定理告诉我们，并不是所有的无限集都是可数的．

2.14 定理 *设 A 是由数码 0 和 1 构成的一切序列的集，这个集 A 是不可数的．*

A 的元素都是像 1，0，0，1，0，1，1，1，…这样的序列．

证 设 E 是 A 的一个可数子集，并且设 E 由一列元素 s_1，s_2，s_3，…组成．现在构造一个序列 s 如下．如果在 s_n 里，第 n 个数码是 1，就令 s 的第 n 个数码取 0，如果 s_n 中第 n 个数码是 0，就令 s 的第 n 个数码取 1．于是序列 s 与 E 里的每个序列至少有一位不同．从而 $s\notin E$．然而显然 $s\in A$．所以 E 是 A 的真子集．

这就证明了 A 的每个可数子集是 A 的真子集. 因此 A 是不可数集(否则 A 将是它自己的一个真子集，这不可能).

以上证法的思想是 Cantor 首先使用的，并且称为 Cantor 的对角线手法；因为如果把序列 s_1，s_2，s_3，…排成(16)那样一个阵列，那么在构造新序列时，涉及的就是对角线上的元素.

熟悉实数的二进位表示法(以 2 代替 10 为基)的读者会注意到，定理 2.14 暗示着一切实数的集是不可数的. 在定理 2.43 里，还要对这个事实做另外的证明.

度量空间

2.15 定义 设 X 是一个集. 它的元素叫作*点*，如果 X 的任意两点 p 和 q，联系于一个实数 $d(p, q)$，叫作从 p 到 q 的*距离*，它合乎条件：

(a) 如果 $p\neq q$，那么 $d(p, q)>0$，$d(p, p)=0$；

(b) $d(p, q)=d(q, p)$；

(c) 对于任意 $r\in X$，$d(p, q)\leqslant d(p, r)+d(r, q)$.

就称 X 是一个*度量空间*.

具有这三条性质的函数叫作*距离函数*或*度量*.

2.16 例 从我们的论点来说，最重要的度量空间是欧氏空间 R^k，特别是 R^1(实数轴)和 R^2(复平面)；在 R^k 中，距离定义为

$$d(\mathbf{x},\mathbf{y}) = |\mathbf{x}-\mathbf{y}| \quad (\mathbf{x},\mathbf{y}\in R^k). \tag{19}$$

由定理 1.37，这样定义的距离满足定义 2.15 的条件.

重要的是应该注意：一个度量空间 X 的每个子集 Y，对于同一个距离函数来说，Y 本身也是一个度量空间. 因为定义 2.15 里的条件(a)到(c)如果对于 p，q，$r\in X$ 成立，那么显然把 p，q，r 都限制在 Y 里的时候，这些条件自然也成立.

这样一来，凡欧氏空间的子集都是度量空间. 空间 $\mathscr{C}(K)$ 和 $\mathscr{L}^2(\mu)$ 是度量空间的其他例子，这二者将分别在第 7 章和第 11 章里讨论.

2.17 定义 满足条件 $a<x<b$ 的一切实数 x 的集叫作*开区间*，记作(a, b).

满足条件 $a\leqslant x\leqslant b$ 的一切实数 x 的集叫作*闭区间*，记作$[a, b]$.

有时我们还会遇到半开区间$[a, b)$和$(a, b]$：第一个由满足条件 $a\leqslant x<b$ 的一切 x 组成；第二个由满足条件 $a<x\leqslant b$ 的一切 x 组成.

设 $a_i<b_i$，$i=1, 2, \cdots, k$，R^k 中坐标满足不等式 $a_i\leqslant x_i\leqslant b_i\,(1\leqslant i\leqslant k)$的一切 $\mathbf{x}=(x_1, x_2, \cdots, x_k)$所成的集叫作一个 *$k$-方格*. 1-方格就是闭区间，2-方格就是矩形，等等.

设 $\mathbf{x}\in R^k$ 而 $r>0$. R^k 中满足条件$|\mathbf{y}-\mathbf{x}|<r$(或$|\mathbf{y}-\mathbf{x}|\leqslant r$)的一切点 $\mathbf{y}$ 的集

$\boldsymbol{B}$，叫作中心在 $\boldsymbol{x}$ 点、半径为 r 的开(或闭)球.

集 $E\subset R^k$ 叫作凸的，如果每当 $\boldsymbol{x}\in E$，$\boldsymbol{y}\in E$，而且 $0<\lambda<1$ 时，就有

$$\lambda\boldsymbol{x}+(1-\lambda)\boldsymbol{y}\in E.$$

例如，球都是凸集. 因为，如果 $|\boldsymbol{y}-\boldsymbol{x}|<r$，$|\boldsymbol{z}-\boldsymbol{x}|<r$，又 $0<\lambda<1$，那么

$$\begin{aligned}|\lambda\boldsymbol{y}+(1-\lambda)\boldsymbol{z}-\boldsymbol{x}| &= |\lambda(\boldsymbol{y}-\boldsymbol{x})+(1-\lambda)(\boldsymbol{z}-\boldsymbol{x})| \\ &\leqslant \lambda|\boldsymbol{y}-\boldsymbol{x}|+(1-\lambda)|\boldsymbol{z}-\boldsymbol{x}|<\lambda r+(1-\lambda)r=r.\end{aligned}$$

这个证法也可以用于闭球. 容易知道 k-方格也是凸集.

2.18 定义 设 X 是一个度量空间，下面提到的一切点和一切集，都理解为 X 的点和集.

(a) 点 p 的邻域 $N_r(p)$ 指的是满足条件 $d(p,q)<r$ 的一切点 q 所成的集. 数 r 叫作 $N_r(p)$ 的半径.

(b) 点 p 叫作集 E 的极限点，如果 p 的每个邻域都含有一点 $q\in E$ 而 $q\neq p$.

(c) 如果 $p\in E$ 并且 p 不是 E 的极限点，那么 p 就叫作 E 的孤立点.

(d) E 叫作闭的，如果 E 的每个极限点都是 E 的点.

(e) 点 p 叫作 E 的一个内点，如果存在 p 的一个邻域 N，有 $N\subset E$.

(f) E 叫作开的，如果 E 的每个点都是 E 的内点.

(g) E 的余集(记作 E^c)指的是一切合于 $p\in X$ 及 $p\notin E$ 的点 p 的集.

(h) E 叫作完全的，如果 E 是闭集，并且 E 的每个点都是 E 的极限点.

(i) E 叫作有界的，如果有一个实数 M 和一个点 $q\in X$，使得一切 $p\in E$ 都满足 $d(p,q)<M$.

(j) E 叫作在 X 中稠密，如果 X 的每个点或是 E 的极限点，或是 E 的点(或兼此二者).

我们注意，在 R^1 里，邻域就是开区间，而在 R^2 里，邻域就是圆的内部.

2.19 定理 邻域必是开集.

证 试看一个邻域 $E=N_r(p)$，令 q 是 E 的任意一点. 于是有一正实数 h，使得

$$d(p,q)=r-h.$$

对于一切适合条件 $d(q,s)<h$ 的点 s，我们有

$$d(p,s)\leqslant d(p,q)+d(q,s)<r-h+h=r,$$

所以 $s\in E$. 因此，q 是 E 的内点.

2.20 定理 如果 p 是集 E 的一个极限点，那么 p 的每个邻域含有 E 的无限多个点.

证 假设有 p 的某个邻域 N 只含有 E 的有限多个点. 令 q_1，…，q_n 是 $N\cap E$ 中这有限个异于 p 的点.

又令

$$r = \min_{1 \leqslant m \leqslant n} d(p, q_m)$$

[我们用这个记号表示 $d(p, q_1)$，…，$d(p, q_n)$中最小的那个数]. 有限个正数中的最小数显然是正的，所以 $r>0$.

领域 $N_r(p)$不能再含有 E 的点 q 而 $q \neq p$ 了. 所以 p 不是 E 的极限点. 这是个矛盾. 定理得证.

推论 有限的点集没有极限点.

2.21 例 我们考虑下列 R^2 的子集：

(a) 满足条件 $|z|<1$ 的一切复数 z 的集.

(b) 满足条件 $|z| \leqslant 1$ 的一切复数 z 的集.

(c) 一个有限集.

(d) 一切整数的集.

(e) 由数 $1/n(n=1, 2, 3, \cdots)$所组成的集. 我们注意这个集 E 有一个极限点(即 $z=0$)，然而 E 中没有一个点是 E 的极限点：我们应当重视“有极限点”和“含有极限点”的不同.

(f) 一切复数的集(即 R^2).

(g) 开区间(a, b).

注意(d)，(e)，(g)还可以看作 R^1 的子集.

这些集的某些性质如下所示：

	闭	开	完全	有界
(a)	否	是	否	是
(b)	是	否	是	是
(c)	是	否	否	是
(d)	是	否	否	否
(e)	否	否	否	是
(f)	是	是	是	否
(g)	否		否	是

在(g)里，我们把第二栏空了起来. 这是因为如果认为开区间(a, b)是 R^2 的子集，便不是开集，然而它是 R^1 的开子集.

2.22 定理 设$\{E_\alpha\}$是若干(有限个或无限多个)集 E_α 的一个组. 那么

$$\left(\bigcup_\alpha E_\alpha\right)^c = \bigcap_\alpha (E_\alpha^c). \tag{20}$$

证 令 A 和 B 分别表示(20)的左端和右端. 如果 $x\in A$，那么 $x\notin \bigcup_\alpha E_\alpha$. 因此对于任意 α，$x\notin E_\alpha$，从而对任意 α，$x\in E_\alpha^c$，所以 $x\in \bigcap_\alpha E_\alpha^c$. 即 $A\subset B$.

反过来，如果 $x\in B$，那么对于每个 α，$x\in E_\alpha^c$，从而对每个 α，$x\notin E_\alpha$. 因此，$x\notin \bigcup_\alpha E_\alpha$. 即 $x\in (\bigcup_\alpha E_\alpha)^c$. 于是 $B\subset A$.

这就证明了 $A=B$.

2.23 定理 E 是开集当且仅当它的余集是闭集.

证 首先设 E^c 是闭集. 取 $x\in E$. 那么 $x\notin E^c$. x 也不能是 E^c 的极限点. 于是 x 有一个邻域 N 使得 $E^c\cap N$ 是空集. 这就是说，$N\subset E$. 所以 x 是 E 的内点，从而 E 是开的.

其次，设 E 是开集. 令 x 是 E^c 的一个极限点. 那么 x 的每个邻域含有 E^c 的点. 所以 x 不是 E 的内点. 因为 E 是开集，这就是说 $x\in E^c$. 因此，E^c 是闭集.

推论 F 是闭集当且仅当 F 的余集是开集.

2.24 定理

(a) 任意一组开集 $\{G_\alpha\}$ 的并 $\bigcup_\alpha G_\alpha$ 是开集.

(b) 任意一组闭集 $\{F_\alpha\}$ 的交 $\bigcap_\alpha F_\alpha$ 是闭集.

(c) 任意一组有限个开集 G_1，…，G_n 的交 $\bigcap_{i=1}^n G_i$ 是开集.

(d) 任意一组有限个闭集 F_1，…，F_n 的并 $\bigcup_{i=1}^n F_i$ 是闭集.

证 令 $G=\bigcup_\alpha G_\alpha$. 如果 $x\in G$，就有某个 α，使得 $x\in G_\alpha$. 因为 x 是 G_α 的一个内点，所以 x 也是 G 的内点，从而 G 是开集. 这就证明了(a).

根据定理 2.22

$$(\bigcap_\alpha F_\alpha)^c=\bigcup_\alpha (F_\alpha^c), \tag{21}$$

而由定理 2.23，F_α^c 是开集. 因此由(a)知道(21)是开集，从而 $\bigcap_\alpha F_\alpha$ 是闭集.

其次，设 $H=\bigcap_{i=1}^n G_i$，对于任意 $x\in H$，存在 x 的邻域 N_i，其半径为 r_i，使得 $N_i\subset G_i$ ($i=1$，2，…，n). 令

$$r=\min(r_1,\cdots,r_n),$$

又令 N 是 x 的以 r 为半径的邻域. 于是对于 $i=1$，…，n，$N\subset G_i$，从而 $N\subset H$，所以 H 是开集.

通过取余集，就可以由(c)得出(d)来：

$$(\bigcup_{i=1}^n F_i)^c=\bigcap_{i=1}^n (F_i^c).$$

2.25 例 在前面定理的(c)和(d)里，两个组的有限性是必不可少的. 例如

令 G_n 是开区间 $\left(-\frac{1}{n}, \frac{1}{n}\right)$ $(n=1, 2, 3, \cdots)$，那么 G_n 是 R^1 的开子集. 令 $G=\bigcap_{n=1}^{\infty} G_n$，那么 G 仅由一点(即 $x=0$)组成，因而不是 R^1 的开子集.

因此，一组无限多个开集的交不一定是开集. 同理，一组无限多个闭集的并不一定是闭集.

2.26 定义 设 X 是度量空间，如果 $E\subset X$，E'表示 E 在 X 中所有极限点组成的集. 那么，把 $\bar{E}=E\cup E'$叫作 E 的闭包.

2.27 定理 *设 X 是度量空间，而 $E\subset X$，那么*

(a) $\bar{E}$ 闭；

(b) $E=\bar{E}$ 当且仅当 E 闭；

(c) 如果闭集 $F\subset X$ 且 $E\subset F$，那么 $\bar{E}\subset F$.

由(a)和(c)，$\bar{E}$ 是 X 中包含 E 的最小闭子集.

证

(a) 如果 $p\in X$ 而 $p\notin \bar{E}$，那么 p 既不是 E 的点，又不是 E 的极限点. 因此，p 有某邻域与 E 不交. 所以 $\bar{E}$ 的余集是开集. 由此，$\bar{E}$ 闭.

(b) 如果 $E=\bar{E}$，(a)就表明 E 闭. 如果 E 闭，那么 $E'\subset E$(据定义 2.18(d)及 2.26)，由此，$\bar{E}=E$.

(c) 如果 F 闭且 $F\supset E$，那么 $F\supset F'$，因此 $F\supset E'$. 于是 $F\supset \bar{E}$.

2.28 定理 *设 E 是一个不空实数集，上有界，令 $y=\sup E$，那么 $y\in \bar{E}$. 因此，如果 E 闭，那么，$y\in E$.*

请与例 1.9 比较.

证 如果 $y\in E$，那么 $y\in \bar{E}$. 设 $y\notin E$，于是对于每个 $h>0$，存在 $x\in E$，使得 $y-h<x<y$. 因若不然，$y-h$ 就是 E 的上界了. 所以 y 是 E 的极限点，因此 $y\in \bar{E}$.

2.29 评注 设 $E\subset Y\subset X$，这里 X 是度量空间. 凡当说 E 是 X 的开子集时，就是说能给每个点 $p\in E$ 配备一个正数 r，使得 $d(p, q)<r$ 和 $q\in X$ 能保证 $q\in E$. 然而我们已经看到(例 2.16)Y 也是度量空间，所以我们可以照样地在 Y 里做这些规定. 十分明白地说，如果能给每个 $p\in E$ 配备一个 $r>0$，凡当 $d(p, q)<r$且 $q\in Y$ 时，就有 $q\in E$，我们就说 E 关于 Y 是开的. 例 2.21(g)告诉我们，一个集可以关于 Y 是开的，然而却不是 X 的开子集. 但是在这两个概念之间有一简单关系，现在我们就来阐述.

2.30 定理 *设 $Y\subset X$，Y 的子集 E 关于 Y 是开的，当且仅当 X 有某个开子集 G，使 $E=Y\cap G$.*

证 设 E 关于 Y 是开的. 那么对于每个 $p\in E$，有正数 r_p 使得条件 $d(p, q)<r_p$ 与 $q\in Y$ 保证 $q\in E$. 令 V_p 是一切合于 $d(p, q)<r_p$ 的 $q\in X$ 的集，并定义

$$G=\bigcup_{p\in E} V_p.$$

那么根据定理 2.19 和 2.24，G 是 X 的开子集.

因为一切 $p\in E$ 都有 $p\in V_p$，显然 $E\subset G\cap Y$.

按照 V_p 的选取，对于每个 $p\in E$，我们有 $V_p\cap Y\subset E$，从而 $G\cap Y\subset E$. 这样一来，$E=G\cap Y$，而定理的一半就被证明了.

反过来，如果 G 是 X 的一个开集，而 $E=G\cap Y$，那么每个 $p\in E$ 有一个邻域 $V_p\subset G$. 于是 $V_p\cap Y\subset E$，所以 E 关于 Y 是开的.

紧集

2.31 定义 设 E 是度量空间 X 里的一个集，E 的*开覆盖*指的是 X 的一组开子集 $\{G_\alpha\}$，使得 $E\subset\bigcup_\alpha G_\alpha$.

2.32 定义 度量空间 X 的子集 K 叫作*紧的*，如果 K 的每个开覆盖总含有一个有限子覆盖.

说得更明确一些，这个要求就是，如果 $\{G_\alpha\}$ 是 K 的一个开覆盖，那么总有有限多个指标 α_1，…，α_n 使得

$$K\subset G_{\alpha_1}\cup\cdots\cup G_{\alpha_n}.$$

在分析学里，特别是牵涉到连续性时(第 4 章)，紧性的概念是极为重要的.

每个有限集显然是紧集. 在 R^k 中存在很大一类无限的紧集. 这一点将见于定理 2.41.

先前(在评注 2.29 中)我们说过，如果 $E\subset Y\subset X$，那么 E 可能关于 Y 是开的，而关于 X 不是开的. 因此，集的开与不开全在于被安置的空间. 同样地，集的闭与不闭也是如此.

然而我们即将看到，紧性表现得较好. 为了叙述下一个定理，我们暂时说，如果符合了定义 2.32 的要求，K 就关于 X 是紧的.

2.33 定理 *设 $K\subset Y\subset X$. 那么 K 关于 X 是紧的当且仅当 K 关于 Y 是紧的.*

根据这个定理，在许多场合，我们可以认为紧集本身就是紧度量空间，而不必考虑它是被安置在什么空间内的. 特别是谈论开空间或闭空间尽管没什么意义(每个度量空间 X 是它自身的开子集，也是它自身的闭子集). 但是谈论紧度量空间却有意义.

证 设 K 关于 X 是紧的，并且设 $\{V_\alpha\}$ 是一组关于 Y 是开的集，使得 $K\subset\bigcup_\alpha V_\alpha$. 由定理 2.30，对一切 α，各有关于 X 是开的集 G_α，使得 $V_\alpha=Y\cap G_\alpha$. 又因为 K 关于 X 是紧的，我们可以选出有限多个指标 α_1，…，α_n 使得

$$K\subset G_{\alpha_1}\cup\cdots\cup G_{\alpha_n}. \tag{22}$$

因为 $K\subset Y$，那么(22)意味着

$$K \subset V_{\alpha_1} \cup \cdots \cup V_{\alpha_n}. \tag{23}$$

这就证明了 K 关于 Y 是紧的.

反过来，设 K 关于 Y 是紧的. 令 $\{G_\alpha\}$ 是 X 的一组开子集，并且能覆盖 K. 令 $V_\alpha = Y \cap G_\alpha$. 那么便能选出若干 α，比如 α_1，…，α_n，使得(23)成立；又因为 $V_\alpha \subset G_\alpha$，所以(23)成立又意味着(22)成立.

证毕.

2.34 定理 凡度量空间的紧子集都是闭集.

证 设 K 是度量空间 X 的紧子集. 我们来证明，K 的余集是 X 的一个开子集.

设 $p \in X$，$p \notin K$. 如果 $q \in K$，令 V_q 和 W_q 分别是 p 和 q 的邻域，它们的半径小于 $\frac{1}{2}d(p, q)$［参看定义 2.18(a)］. 因为 K 是紧的. 所以在 K 中有有限多个点 q_1，q_2，…，q_n 使得

$$K \subset W_{q_1} \cup \cdots \cup W_{q_n} = W.$$

如果令 $V = V_{q_1} \cap \cdots \cap V_{q_n}$，那么 V 是 p 的一个与 W 不相交的邻域. 因此 $V \subset K^c$，从而 p 是 K^c 的一个内点. 于是定理被证明了.

2.35 定理 凡紧集的闭子集都是紧集.

证 设 $F \subset K \subset X$，F 是闭的(关于 X)，而 K 是紧的. 要证明 F 是紧的. 令 $\{V_\alpha\}$ 是 F 的一个开覆盖. 如果将 F^c 添加到 $\{V_\alpha\}$ 里，我们就得到 K 的一个开覆盖 Ω. 因为 K 是紧的，所以有 Ω 的一个有限子组 Φ 能盖住 K，从而也能盖住 F. 如果 F^c 是 Φ 里的成员，我们把它从 Φ 里去掉，剩下的仍是 F 的一个开覆盖. 这就证明了存在 $\{V_\alpha\}$ 的一个有限子组盖住了 F.

推论 如果 F 是闭的而 K 是紧的，那么 $F \cap K$ 是紧的.

证 定理 2.24(b)与 2.34 表明 $F \cap K$ 是闭的，因 $F \cap K \subset K$，由定理 2.35，$F \cap K$ 是紧集.

2.36 定理 如果 $\{K_\alpha\}$ 是度量空间 X 的一组紧子集，并且 $\{K_\alpha\}$ 中任意有限个集的交都不是空集，那么 $\bigcap K_\alpha$ 也不是空集.

证 取定 $\{K_\alpha\}$ 的一个集 K_1，令 $G_\alpha = K_\alpha^c$. 假定 K_1 中没有同时属于每个 K_α 的点，那么集 G_α 便形成 K_1 的一个开覆盖. 因为 K_1 是紧的，所以有有限多个指标 α_1，…，α_n，使 $K_1 \subset G_{\alpha_1} \cup \cdots \cup G_{\alpha_n}$，然而这意味着

$$K_1 \cap K_{\alpha_1} \cap \cdots \cap K_{\alpha_n}$$

是空集. 与题设矛盾.

推论 设 $\{K_n\}$ 是非空紧集的序列并且 $K_n \supset K_{n+1}$ ($n = 1, 2, 3, \cdots$)，那么 $\bigcap\limits_{n=1}^{\infty} K_n$ 是非空的.

2.37 定理 设 E 是紧集 K 的无限子集. 那么 E 在 K 中有极限点.

证 如果 K 里没有 E 的极限点，那么每个 $q\in K$ 将有一个邻域 V_q，它最多含有 E 的一个点(如果 $q\in E$，这就是 q). 显然，没有 $\{V_q\}$ 的有限子组能够盖住 E；对于 K 也一样，这因为 $E\subset K$. 这与 K 的紧性矛盾.

2.38 定理 设 $\{I_n\}$ 是 R^1 中的闭区间序列，并且 $I_n\supset I_{n+1}$ ($n=1, 2, 3, \cdots$). 那么 $\bigcap_1^\infty I_n$ 不是空集.

证 设 $I_n=[a_n, b_n]$. 令 E 是一切 a_n 所成的集. 那么 E 是非空的且上有界(b_1 是一个上界). 令 $x=\sup E$. 如果 m 和 n 是正整数，那么

$$a_n\leqslant a_{m+n}\leqslant b_{m+n}\leqslant b_m,$$

从而对于每个 m，$x\leqslant b_m$. 因为显然 $a_m\leqslant x$，所以 $x\in I_m$，这里 $m=1, 2, 3, \cdots$.

2.39 定理 设 k 是正整数. 如果 $\{I_n\}$ 是 k-方格的序列，并且 $I_n\supset I_{n+1}$ ($n=1, 2, 3, \cdots$)，那么 $\bigcap_1^\infty I_n$ 不是空集.

证 设 I_n 由一切满足条件

$$a_{n,j}\leqslant x_j\leqslant b_{n,j}\quad (1\leqslant j\leqslant k;\quad n=1,2,3,\cdots)$$

的点 $\mathbf{x}=(x_1, \cdots, x_k)$ 组成. 又令 $I_{n,j}=[a_{n,j}, b_{n,j}]$. 对于每个 j，序列 $\{I_{n,j}\}$ 满足定理 2.38 的题设条件. 因此存在实数 x_j^* ($1\leqslant j\leqslant k$) 使得

$$a_{n,j}\leqslant x_j^*\leqslant b_{n,j}\quad (1\leqslant j\leqslant k;\quad n=1,2,3,\cdots).$$

令 $\mathbf{x}^*=(x_1^*, \cdots, x_k^*)$，那么 $\mathbf{x}^*\in I_n$，这里 $n=1, 2, 3, \cdots$. 定理被证明了.

2.40 定理 每个 k-方格是紧集.

证 令 I 是 k-方格，它由一切满足条件 $a_j\leqslant x_j\leqslant b_j$ ($1\leqslant j\leqslant k$) 的点 $\mathbf{x}=(x_1, \cdots, x_k)$ 组成. 令

$$\delta=\left\{\sum_1^k (b_j-a_j)^2\right\}^{\frac{1}{2}}.$$

于是当 $\mathbf{x}\in I$，$\mathbf{y}\in I$ 时，$|\mathbf{x}-\mathbf{y}|\leqslant\delta$.

为了得出矛盾，假定存在 I 的一个开覆盖 $\{G_\alpha\}$，它不含 I 的任何有限子覆盖. 令 $c_j=(a_j+b_j)/2$. 那么闭区间 $[a_j, c_j]$ 和 $[c_j, b_j]$ 确定 2^k 个 k-方格 Q_i，这些方格的并就是 I. 集 Q_i 中至少有一个 I_1，不能被 $\{G_\alpha\}$ 的任何子组盖住(否则 I 也将被 $\{G_\alpha\}$ 的一个子组所盖住). 再分 I_1，并且继续这样分下去，我们得到一个序列 $\{I_n\}$，它具有以下的性质：

(a) $I\supset I_1\supset I_2\supset I_3\supset\cdots$；

(b) I_n 不能被 $\{G_\alpha\}$ 的任何子组盖住；

(c) 如果 $\mathbf{x}\in I_n$，$\mathbf{y}\in I_n$，那么 $|\mathbf{x}-\mathbf{y}|\leqslant 2^{-n}\delta$.

根据(a)和定理 2.39，存在一点 $\mathbf{x}^*$，它在每个 I_n 之内. 对于某个 α，$\mathbf{x}^*\in G_\alpha$.

因为 G_α 是开的，所以存在着一个 $r>0$，使得由 $|\mathbf{y}-\mathbf{x}^*|<r$ 可推出 $\mathbf{y}\in G_\alpha$. 如果 n 大到了出现 $2^{-n}\delta<r$ 的时候(这样的 n 一定存在，否则将对一切正整数 n，$2^n\leqslant\delta/r$. 由 R 的阿基米德性，这是不可能的)，因此，(c)就暗示着 $I_n\subset G_\alpha$. 这与(b)矛盾.

证毕.

下一定理中(a)和(b)的等价性就是有名的 Heine-Borel 定理.

2.41　定理　*如果 R^k 中一个集 E 具有下列三个性质之一，那么它也具有其他两个性质.*

(a) E 是闭且有界的.

(b) E 是紧的.

(c) E 的每个无限子集在 E 内有极限点.

证　如果(a)成立，这时有某个 k-方格 I 使 $E\subset I$. 于是由定理 2.40 和 2.35 推得(b)成立. 根据定理 2.37，由(b)即得(c). 剩下要证明的是由(c)可得出(a).

如果 E 不是有界的，那么 E 会有一些点 $\mathbf{x}_n$ 合于

$$|\mathbf{x}_n|>n\quad(n=1,2,3,\cdots).$$

由这些 $\mathbf{x}_n$ 所组成的集 S 是一个无限集，并且显然在 R^k 中没有极限点，因而在 E 中没有极限点. 于是由(c)就得出 E 是有界的.

如果 E 不是闭集，那么存在一点 $\mathbf{x}_0\in R^k$，它是 E 的极限点，但不在 E 内. 对于 $n=1, 2, 3, \cdots$，存在点 $\mathbf{x}_n\in E$，使得 $|\mathbf{x}_n-\mathbf{x}_0|<\frac{1}{n}$. 令 S 是这些 $\mathbf{x}_n$ 所成的集. 那么 S 是无限集(不然的话，$|\mathbf{x}_n-\mathbf{x}_0|$ 将要对于无限多个 n 取一个固定的正值). S 以 $\mathbf{x}_0$ 为极限点并且 S 在 R^k 中没有其他的极限点. 事实上，如果 $\mathbf{y}\in R^k$，$\mathbf{y}\neq\mathbf{x}_0$，那么除了有限几个 n 以外，

$$\begin{aligned}|\mathbf{x}_n-\mathbf{y}|&\geqslant|\mathbf{x}_0-\mathbf{y}|-|\mathbf{x}_n-\mathbf{x}_0|\\&\geqslant|\mathbf{x}_0-\mathbf{y}|-\frac{1}{n}\geqslant\frac{1}{2}|\mathbf{x}_0-\mathbf{y}|.\end{aligned}$$

这就证明了 $\mathbf{y}$ 不是 S 的极限点(定理 2.20).

这样一来，S 在 E 里没有极限点. 因此，如果(c)成立，那么 E 一定是闭集.

在这一点上我们应当注意，在任何度量空间里，(b)和(c)是等价的(习题 26). 然而一般说来，(a)不能推出(b)和(c)来. 习题 16 和第 11 章讨论的空间 $\mathscr{L}^2$ 将提供这样的例子.

2.42　定理(Weierstrass)　*R^k 中每个有界无限子集在 R^k 中有极限点.*

证　所说的这个集 E 既然有界，必是一个 k-方格 $I\subset R^k$ 的子集. 由定理 2.40，I 是紧集. 从而由定理 2.37，E 在 I 里有极限点.

完全集

2.43 定理 令 P 是 R^k 中的非空完全集. 那么 P 是不可数的.

证 因为 P 有极限点，所以 P 是无限集. 如果 P 是可数的，将 P 的点记作 $\mathbf{x}_1$，$\mathbf{x}_2$，$\mathbf{x}_3$，…. 我们按下面的方式构造一个邻域序列 $\{V_n\}$.

令 V_1 是 $\mathbf{x}_1$ 的任意一个邻域. 如果 V_1 由能使 $|\mathbf{y}-\mathbf{x}_1|<r$ 的一切 $\mathbf{y}\in R^k$ 组成，V_1 的闭包 $\bar{V}_1$ 就是由 $|\mathbf{y}-\mathbf{x}_1|\leqslant r$ 的一切 $\mathbf{y}$ 组成的集.

假定已经构造出了 V_n，那么 $V_n\cap P$ 非空. 因为 P 的每个点都是 P 的极限点，所以存在一个邻域 V_{n+1}，使得：(i) $\bar{V}_{n+1}\subset V_n$；(ii) $\mathbf{x}_n\notin\bar{V}_{n+1}$；(iii) $V_{n+1}\cap P$ 非空. 由(iii)来看，V_{n+1} 满足归纳法的假设，因此，这种构造法可以继续进行.

令 $K_n=\bar{V}_n\cap P$. 因为 $\bar{V}_n$ 是有界闭集，所以 $\bar{V}_n$ 是紧集. 因为 $\mathbf{x}_n\notin K_{n+1}$，所以 $\bigcap_1^\infty K_n$ 里没有 P 的点. 因为 $K_n\subset P$，这意味着 $\bigcap_1^\infty K_n$ 是空集. 然而由(iii)，每个 K_n 不空，并且由(i)，$K_n\supset K_{n+1}$；这与定理 2.36 的推论相矛盾.

推论 每个闭区间 $[a, b]$ $(a<b)$ 是不可数的. 特别地，一切实数的集是不可数的.

2.44 Cantor 集 我们将要构造出的这个集表明，在 R^1 中确有不包含开区间的完全集.

令 E_0 是闭区间 $[0, 1]$. 去掉开区间 $\left(\frac{1}{3}, \frac{2}{3}\right)$，并令 E_1 是闭区间

$$\left[0,\frac{1}{3}\right],\quad \left[\frac{2}{3},1\right]$$

的并. 将这两个闭区间都三等分，并去掉中间的那个开区间. 令 E_2 是闭区间

$$\left[0,\frac{1}{9}\right],\quad \left[\frac{2}{9},\frac{3}{9}\right],\quad \left[\frac{6}{9},\frac{7}{9}\right],\quad \left[\frac{8}{9},1\right]$$

的并. 按照这个方式进行下去，就得到紧集 E_n 的一个序列，显然

(a) $E_1\supset E_2\supset E_3\supset\cdots$；

(b) E_n 是 2^n 个闭区间的并. 每个闭区间的长度是 3^{-n}.

集

$$P=\bigcap_{n=1}^\infty E_n$$

叫作 Cantor 集. P 显然是紧的，并且定理 2.36 表明，P 不是空集.

如果 k 和 m 都是正整数，那么没有一个形式为

$$\left(\frac{3k+1}{3^m},\frac{3k+2}{3^m}\right) \tag{24}$$

的开区间能够和 P 有公共点. 因为每个开区间 (α, β)，一定含有(24)那样的开区间，只要

$$3^{-m} < \frac{\beta - \alpha}{6},$$

所以 P 不能含开区间.

要想证明 P 完全，只要证明 P 里没有孤立点就行了. 令 $x \in P$，而 S 是包含 x 的任意一个开区间. 令 I_n 是 E_n 中包含 x 的那个闭区间，选择足够大的 n，使得 $I_n \subset S$. 令 x_n 是 I_n 的那个不等于 x 的端点.

从构造 P 的方法知道 $x_n \in P$. 因此 x 是 P 的一个极限点，从而 P 是完全的.

Cantor 集的一个非常有趣的性质是，它给我们提供了一个测度为零的不可数集的例子(测度的概念将在第 11 章里讨论).

连通集

2.45 定义 设 A，B 是度量空间 X 的两个子集. 如果 $A \cap \bar{B}$ 及 $\bar{A} \cap B$ 都是空集，即如果 A 的点不在 B 的闭包中，B 的点也不在 A 的闭包中，就说 A 和 B 是分离的.

如果集 $E \subset X$ 不是两个不空分离集的并，就说 E 是连通集.

2.46 评注 分离的两个集当然是不相交的，但不相交的集不一定是分离的. 例如闭区间[0，1]与开区间(1，2)不是分离的，因为 1 是(1，2)的极限点，然而，开区间(0，1)与开区间(1，2)是分离的.

直线的连通子集的结构特别简单.

2.47 定理 *实数轴 R^1 的子集 E 是连通的，当且仅当它有以下的性质：如果 $x \in E$，$y \in E$，并且 $x < z < y$，那么 $z \in E$.*

证 假如存在 $x \in E$，$y \in E$，及某个 $z \in (x, y)$ 而 $z \notin E$，那么 $E = A_z \cup B_z$，这里

$$A_z = E \cap (-\infty, z), \quad B_z = E \cap (z, \infty).$$

因 $x \in A_z$，$y \in B_z$，A，B 都不空. 因 $A_z \subset (-\infty, z)$，$B_z \subset (z, \infty)$，它们是分离的. 由此，E 不是连通的.

反过来，假设 E 不连通，那么，E 就等于某两个不空分离集 A，B 的并：$E = A \cup B$. 取 $x \in A$，$y \in B$，假定 $x < y$(这不失一般性). 定义

$$z = \sup(A \cap [x, y]).$$

据定理 2.28，$z \in \bar{A}$；因之 $z \notin B$. 特别有 $x \leqslant z < y$.

如果 $z \not\ni A$，那么 $x < z < y$ 而 $z \not\ni E$.

如果 $z \in A$，那么 $z \not\ni \bar{B}$，因之存在 z_1 使 $z < z_1 < y$ 且 $z_1 \notin B$. 于是 $x < z_1 < y$ 而 $z_1 \notin E$.

习题

1. 证明空集是任何集的子集.

2. 如果存在不全是零的整数 a_0，a_1，…，a_n，而复数 z 满足

$$a_0 z^n + a_1 z^{n-1} + \cdots + a_{n-1} z + a_n = 0.$$

就说 z 是一个代数数. 证明，所有代数数构成可数集.

提示：对于每个正整数 N，满足条件

$$n + |a_0| + |a_1| + \cdots + |a_n| = N$$

的方程，只有有限个.

3. 证明：存在不是代数数的实数.

4. 问：所有无理实数组成的集是否可数？

5. 构造一个实数的有界集，使它有三个极限点.

6. 令 E' 是集 E 的一切极限点的集. 证明 E' 是闭集. 证明 E 与 $\bar{E}$ 有相同的极限点(回想 $\bar{E}=E\cup E'$). E 与 E' 是否总有相同的极限点呢？

7. 令 A_1，A_2，A_3，…是某度量空间的子集.

(a) 如果 $B_n=\bigcup_{i=1}^{n} A_i$，证明 $\bar{B}_n=\bigcup_{i=1}^{n}\bar{A}_i$，$n=1$，2，3，….

(b) 如果 $B=\bigcup_{i=1}^{\infty} A_i$，证明 $\bar{B}\supset\bigcup_{i=1}^{\infty}\bar{A}_i$.

举例表明这个包含号能够是真正的包含.

8. 是否每个开集 $E\subset R^2$ 的每个点一定是 E 的极限点？对 R^2 中的闭集如何呢？

9. 令 E° 表示集 E 的所有内点组成的集[看定义 2.18(e)，E° 叫作 E 的内部].

(a) 证明 E° 是开集.

(b) 证明 E 是开集当且仅当 $E^\circ=E$.

(c) 如果 $G\subset E$ 且 G 开，证明 $G\subset E^\circ$.

(d) 证明 E° 的余集是 E 的余集的闭包.

(e) E 的内部与 $\bar{E}$ 的内部是否总一样？

(f) E 的闭包与 E° 的闭包是否总一样？

10. 设 X 是无穷集. 对于 $p\in X$，$q\in X$，定义

$$d(p,q)=\begin{cases}1 & (\text{如果 } p\neq q)\\ 0 & (\text{如果 } p=q).\end{cases}$$

证明这是一个度量. 由此所得的度量空间的哪些子集是开集？哪些是闭集？哪些是紧集？

11. 对 $x\in R^1$ 及 $y\in R^1$，定义

$$d_1(x,y)=(x-y)^2,$$

$$d_2(x,y)=\sqrt{|x-y|},$$

$$d_3(x,y)=|x^2-y^2|,$$
$$d_4(x,y)=|x-2y|,$$
$$d_5(x,y)=\frac{|x-y|}{1+|x-y|}.$$

其中哪些是度量？哪些不是？

12. 设 $K\subset R^1$ 是由 0 及诸数 $1/n(n=1, 2, 3, \cdots)$ 组成的集．由定义直接证明(不用 Heine-Borel 定理)K 是紧集．

13. 构造一个实数的紧集，使它的极限点构成一个可数集．

14. 给开区间(0，1)造一个没有有限子覆盖的开覆盖的实例．

15. 证明：如果把“紧的”这个词换成“闭的”或“有界的”，那么定理 2.36 和它的推论都不成立(例如，在 R^1 里)．

16. 把所有有理数组成的集 Q 看成度量空间，且 $d(p, q)=|p-q|$．令 E 是所有满足 $2<p^2<3$ 的 $p\in Q$ 组成的集，证明 E 是 Q 中的有界闭集，但 E 不是紧集．E 是否为 Q 中的开集？

17. 令 E 是所有 $x\in[0, 1]$，其十进小数展开式中只有数码 4 和 7 者．E 是否可数？E 是否在[0，1]稠密？E 是否紧？E 是否完全？

18. R^1 中是否存在不含有理数的不空完全集？

19. (a) 令 A 及 B 是某度量空间 X 中的不交闭集，证明它们是分离的．

(b) 证明不交开集也是分离的．

(c) 固定 $p\in X$，$\delta>0$，定义 A 为由满足 $d(p, q)<\delta$ 的一切 $q\in X$ 组成的集，而 B 为满足 $d(p, q)>\delta$ 的一切 $q\in X$ 组成的集．证明 A 与 B 是分离的．

(d) 证明至少含有两个点的连通度量空间是不可数的．提示：用(c)．

20. 连通集的闭包和连通集的内部是否总是连通集？(考察 R^2 的子集．)

21. 令 A 及 B 是某个 R^k 的分离子集，设 $\mathbf{a}\in A$，$\mathbf{b}\in B$，且对 $t\in R^1$ 定义

$$\mathbf{p}(t)=(1-t)\mathbf{a}+t\mathbf{b}.$$

命 $A_0=\mathbf{p}^{-1}(A)$，$B_0=\mathbf{p}^{-1}(B)$[于是，$t\in A_0$ 当且仅当 $\mathbf{p}(t)\in A$]．

(a) 证明 A_0 与 B_0 是 R^1 中的分离子集．

(b) 证明存在 $t_0\in(0, 1)$使得 $\mathbf{p}(t_0)\notin A\cup B$．

(c) 证明 R^k 的凸子集是连通集．

22. 含有可数稠密子集的度量空间叫作可分的．证明 R^k 是可分的空间．提示：考虑坐标都是有理数的点组成的集．

23. X 的一组开子集$\{V_\alpha\}$叫作 X 的一个基，如果以下的事实成立：对于每个 $x\in X$ 和 X 的每个含 x 的开集 G，总有某个 α 使得 $x\in V_\alpha\subset G$．换句话说，X 的每个开集必是$\{V_\alpha\}$中某些集的并．

证明每个可分度量空间有可数基．提示：取一切这样的邻域，它的中心在 X

的某个可数稠密集内，而它的半径是有理数.

24. 令 X 是个度量空间，其中每个无限子集有极限点. 证明 X 是可分的. 提示：固定 $\delta>0$，再取 $x_1\in X$. 如果 x_1，…，$x_j\in X$ 都已选定，假如可能的话，就选取 $x_{j+1}\in X$，使得 $d(x_i, x_{j+1})\geqslant\delta$，这里的 $i=1$，…，j. 证明这种过程进行有限多次后必然终止，因而 X 能被有限多个半径为 δ 的邻域盖住. 取 $\delta=1/n$（$n=1$，2，3…），并考虑相应的邻域的中心.

25. 证明紧度量空间 K 有可数基，因此 K 必是可分的. 提示：对于每个正整数 n，存在着有限个半径为 $1/n$ 的邻域，它们的并覆盖了 K.

26. 设 X 是这样一个度量空间，其中每个无限子集有极限点. 证明 X 是紧的. 提示：由习题 23 及 24，X 有可数基. 因此 X 的每个开覆盖必有可数子覆盖 $\{G_n\}$，$n=1$，2，3，…. 如果没有 $\{G_n\}$ 的有限子组能够覆盖 X，那么 $G_1\cup\cdots\cup G_n$ 的余集 F_n 不空. 然而 $\bigcap F_n$ 是空集. 如果 E 是这样的集，它含有每个 F_n 的一个点，考察 E 的一个极限点，就得出了矛盾.

27. 度量空间 X 中的点 p 叫作 $E\subset X$ 的*凝点*，假如 p 的每个邻域含有 E 的不可数无穷多个点.

设 $E\subset R^k$ 且 E 不可数. 命 P 为 E 的所有凝点的集. 证明 P 完全，并且 E 中最多有可数多个点不在 P 中. 换句话说，证明 $P^c\cap E$ 最多可数. 提示：令 $\{V_n\}$ 是 R^k 的可数基，而令 W 是这样一些 V_n 的并：对于它们，$E\cap V_n$ 至多可数，并证明 $P=W^c$.

28. 证明可分度量空间里的每个闭子集是一个完全集（也可能是空集）和一个至多可数集的并.（推论：R^k 中每个可数闭集必有孤立点.）提示：用习题 27.

29. 证明 R^1 中的每个开集是至多可数个不相交的开区间的并. 提示：用习题 22.

30. 仿照定理 2.43 的证明推出以下结果：

如果 $R^k=\bigcup_1^\infty F_n$，这里 F_n 是 R^k 的闭子集，那么，至少有一个 F_n 具有非空的内部.

等价的表述：如果 G_n 是 R^k 的稠密开子集，$n=1$，2，3，…，那么 $\bigcap_1^\infty G_n$ 不空（实际上它在 R^k 中稠密）.

（这是 Baire 定理的一个特殊情形；关于一般情形，参看第 3 章习题 22）.

第3章 数列与级数

本章的标题说明，这里将要初步地讨论复数的序列和级数. 然而关于收敛性的基本事实，即使在更一般的情况下阐述，也同样容易. 所以前三节就在欧几里得空间甚至在度量空间里讲了.

收敛序列

3.1 定义 度量空间 X 中的序列$\{p_n\}$叫作收敛的，如果有一个有下述性质的点 $p\in X$：对于每个 $\varepsilon>0$，有一个正整数 N，使得 $n\geqslant N$ 时，$d(p_n, p)<\varepsilon$(这里 d 表示 X 中的距离).

这时候，我们也说$\{p_n\}$收敛于 p，或者说 p 是$\{p_n\}$的极限[参看定理 3.2(b)]，并且写作 $p_n\to p$，或

$$\lim_{n\to\infty} p_n = p.$$

如果$\{p_n\}$不收敛，便说它发散.

这个“收敛序列”的定义不仅依赖于$\{p_n\}$，而且依赖于 X，指明这一点很有好处. 例如，序列$\left\{\dfrac{1}{n}\right\}$在 R^1 里收敛(于 0)，而在一切正实数的集里(取 $d(x, y)=|x-y|$)不收敛. 在可能发生怀疑的时候，我们宁愿明确而详细地说“在 X 中收敛”而不说“收敛”.

我们记得，一切点 $p_n(n=1, 2, 3, \cdots)$的集是$\{p_n\}$的值域，序列的值域可以是有限的，也可以是无限的. 如果它的值域是有界的，就说序列$\{p_n\}$是有界的.

作为例题，我们来考虑下面的复数序列(即 $X=R^2$).

(a) 如果 $s_n=1/n$，那么$\lim\limits_{n\to\infty}s_n=0$，值域是无限的，但序列是有界的.

(b) 如果 $s_n=n^2$，那么序列$\{s_n\}$无界、发散，而值域是无限的.

(c) 如果 $s_n=1+[(-1)^n/n]$，那么序列$\{s_n\}$收敛于 1，有界而且值域是无限的.

(d) 如果 $s_n=i^n$，那么序列$\{s_n\}$发散、有界，而值域是有限的.

(e) 如果 $s_n=1(n=1, 2, 3, \cdots)$，那么$\{s_n\}$收敛于 1，有界而且值域是有限的.

现在，把度量空间中收敛序列的一些重要性质汇集起来.

3.2 定理 设$\{p_n\}$是度量空间 X 中的序列.

(a) $\{p_n\}$收敛于 $p\in X$，当且仅当 p 点的每个邻域能包含$\{p_n\}$的除有限项以外的一切项.

(b) 如果 $p\in X$，$p'\in X$，$\{p_n\}$收敛于 p 又收敛于 p'，那么 $p'=p$.

(c) 如果$\{p_n\}$收敛，$\{p_n\}$必有界.

(d) 如果 $E\subset X$，而 p 是 E 的极限点，那么在 E 中有一个序列$\{p_n\}$，使$p=\lim\limits_{n\to\infty}p_n$.

证 (a) 假定 $p_n\to p$，并设 V 是 p 点的邻域，对于某个 $\varepsilon>0$，条件 $d(q,p)<\varepsilon$，$q\in X$ 意味着 $q\in V$. 对应于这个 ε，存在着 N，使得当 $n\geqslant N$ 时有 $d(p_n,p)<\varepsilon$. 所以 $n\geqslant N$ 就得出 $p_n\in V$.

反过来，假定 p 点的每个邻域除有限个点外包含一切点 p_n. 固定 $\varepsilon>0$，并设 V 是满足 $d(p,q)<\varepsilon$ 的 $q\in X$ 的集. 根据假定，(对应于这个邻域)存在一个 N，使得 $n\geqslant N$ 时 $p_n\in V$，所以 $n\geqslant N$ 时，$d(p_n,p)<\varepsilon$，这就是说 $p_n\to p$.

(b) 设 $\varepsilon>0$ 已给定，那么存在正整数 N，N'，使得

$$n\geqslant N \text{ 时有 } d(p_n,p)<\frac{\varepsilon}{2},$$

$$n\geqslant N' \text{ 时有 } d(p_n,p')<\frac{\varepsilon}{2}.$$

因此，如果 $n\geqslant\max(N,N')$，就有

$$d(p,p')\leqslant d(p,p_n)+d(p_n,p')<\varepsilon.$$

由于数 ε 是任意的，可以断定 $d(p,p')=0$.

(c) 假定 $p_n\to p$. 那么存在着正整数 N，使得当 $n>N$ 时有 $d(p_n,p)<1$. 令

$$r=\max\{1,d(p_1,p),\cdots,d(p_N,p)\},$$

那么，当 $n=1,2,3,\cdots$时，$d(p_n,p)\leqslant r$.

(d) 对于每个正整数 n，有点 $p_n\in E$，使 $d(p_n,p)<1/n$. 给定 $\varepsilon>0$，选取 N，使得 $N\varepsilon>1$. 如果 $n>N$，就得 $d(p_n,p)<\varepsilon$. 因此 $p_n\to p$.

证毕.

对于 R^k 中的序列，我们可以研究收敛性与代数运算之间的关系. 首先考虑复数序列.

3.3 定理 假定$\{s_n\}$，$\{t_n\}$是复数序列，而且$\lim\limits_{n\to\infty}s_n=s$，$\lim\limits_{n\to\infty}t_n=t$. 那么

(a) $\lim\limits_{n\to\infty}(s_n+t_n)=s+t$；

(b) 对于任何数 c，$\lim\limits_{n\to\infty}cs_n=cs$，$\lim\limits_{n\to\infty}(c+s_n)=c+s$；

(c) $\lim\limits_{n\to\infty}s_nt_n=st$；

(d) 只要 $s_n\neq0(n=1,2,3,\cdots)$且 $s\neq0$，就有$\lim\limits_{n\to\infty}\frac{1}{s_n}=\frac{1}{s}$.

证 (a) 给定 $\varepsilon>0$，存在正整数 N_1，N_2 使得

$$n\geqslant N_1 \text{ 时}，\quad |s_n-s|<\frac{\varepsilon}{2},$$

$$n \geqslant N_2 \text{ 时}, \quad |t_n - t| < \frac{\varepsilon}{2}.$$

如果 $N=\max(N_1, N_2)$，那么 $n \geqslant N$ 时，便有

$$|(s_n + t_n) - (s + t)| \leqslant |s_n - s| + |t_n - t| < \varepsilon.$$

这就证明了(a). 至于(b)的证明则很容易.

(c) 我们用恒等式

$$s_n t_n - st = (s_n - s)(t_n - t) + s(t_n - t) + t(s_n - s). \tag{1}$$

给定 $\varepsilon>0$，存在正整数 N_1，N_2，使得

$$n \geqslant N_1 \text{ 时}, \quad |s_n - s| < \sqrt{\varepsilon},$$
$$n \geqslant N_2 \text{ 时}, \quad |t_n - t| < \sqrt{\varepsilon}.$$

如果取 $N=\max(N_1, N_2)$，那么 $n \geqslant N$ 时就有

$$|(s_n - s)(t_n - t)| < \varepsilon,$$

由此

$$\lim_{n\to\infty}(s_n - s)(t_n - t) = 0.$$

现把(a)和(b)用于恒等式(1)，就可以断定

$$\lim_{n\to\infty}(s_n t_n - st) = 0.$$

(d) 选一个 m，使得 $n \geqslant m$ 时，$|s_n - s| < \frac{1}{2}|s|$，可知

$$|s_n| > \frac{1}{2}|s| \quad (n \geqslant m).$$

给定 $\varepsilon>0$，存在正整数 N，$N>m$，使得 $n \geqslant N$ 时

$$|s_n - s| < \frac{1}{2}|s|^2 \varepsilon.$$

因此，当 $n \geqslant N$ 时，

$$\left|\frac{1}{s_n} - \frac{1}{s}\right| = \left|\frac{s_n - s}{s_n s}\right| < \frac{2}{|s|^2}|s_n - s| < \varepsilon.$$

3.4 定理

(a) 假定 $\mathbf{x}_n \in R^k (n=1, 2, 3, \cdots)$ 而

$$\mathbf{x}_n = (\alpha_{1,n}, \cdots, \alpha_{k,n}).$$

那么序列 $\{\mathbf{x}_n\}$ 收敛于 $\mathbf{x}=(\alpha_1, \cdots, \alpha_k)$，当且仅当

$$\lim_{n\to\infty}\alpha_{j,n}=\alpha_j \quad (1\leqslant j\leqslant k). \tag{2}$$

(b) 假定$\{\mathbf{x}_n\}$，$\{\mathbf{y}_n\}$是 R^k 中的序列，$\{\beta_n\}$是实数序列，并且 $\mathbf{x}_n\to\mathbf{x}$，$\mathbf{y}_n\to\mathbf{y}$，$\beta_n\to\beta$. 那么

$$\lim_{n\to\infty}(\mathbf{x}_n+\mathbf{y}_n)=\mathbf{x}+\mathbf{y},\quad \lim_{n\to\infty}\mathbf{x}_n\cdot\mathbf{y}_n=\mathbf{x}\cdot\mathbf{y},\quad \lim_{n\to\infty}\beta_n\mathbf{x}_n=\beta\mathbf{x}.$$

证

(a) 如果 $\mathbf{x}_n\to\mathbf{x}$，那么，从 R^k 中范数的定义马上可以推得不等式

$$|\alpha_{j,n}-\alpha_j|\leqslant|\mathbf{x}_n-\mathbf{x}|,$$

这说明等式(2)成立.

反之，如果(2)成立，对应于每个 $\varepsilon>0$，有一个正整数 N，使得 $n\geqslant N$ 时，

$$|\alpha_{j,n}-\alpha_j|<\frac{\varepsilon}{\sqrt{k}}\quad(1\leqslant j\leqslant k).$$

因此，$n\geqslant N$ 时

$$|\mathbf{x}_n-\mathbf{x}|=\left\{\sum_{j=1}^{k}|\alpha_{j,n}-\alpha_j|^2\right\}^{\frac{1}{2}}<\varepsilon,$$

所以 $\mathbf{x}_n\to\mathbf{x}$. 这就证明了(a).

(b) 可以由(a)和定理 3.3 推出来.

子序列

3.5 定义 设有序列$\{p_n\}$，取正整数序列$\{n_k\}$，使 $n_1<n_2<n_3<\cdots$，那么序列$\{p_{n_i}\}$便叫作$\{p_n\}$的子序列，如果$\{p_{n_i}\}$收敛，就把它的极限叫作$\{p_n\}$的部分极限.

显然，序列$\{p_n\}$收敛于 p，当且仅当它的任何子序列收敛于 p. 我们把证明的细节留给读者.

3.6 定理

(a) 如果$\{p_n\}$是紧度量空间 X 中的序列，那么$\{p_n\}$有某个子序列，收敛到 X 中的某个点.

(b) R^k 中的每个有界序列含有收敛的子序列.

证

(a) 设 E 是$\{p_n\}$的值域. 如果 E 有限，那么必有 p 及序列$\{n_i\}$($n_1<n_2<n_3<\cdots$)，使得

$$p_{n_1}=p_{n_2}=\cdots=p.$$

显然，这样得到的子序列$\{p_{n_i}\}$收敛于 p.

如果 E 是无限的，定理 2.37 说明 E 有极限点 $p\in X$. 选取 n_1 使 $d(p, p_{n_1})<1$. 选定 n_1，n_2，…，n_{i-1} 以后，据定理 2.20 知道一定有正整数 $n_i>n_{i-1}$，使得 $d(p, p_{n_i})<\frac{1}{i}$. 于是子序列 $\{p_{n_i}\}$ 收敛于 p.

(b) 由(a)即可得到. 因为定理 2.41 说明 R^k 的每个有界子集必含于 R^k 的一个紧子集中.

3.7 定理 度量空间 X 中的序列 $\{p_n\}$ 的部分极限组成 X 的闭子集.

证 设 E^* 是 $\{p_n\}$ 的所有部分极限组成的集，q 是 E^* 的极限点. 现在需要证明 $q\in E^*$.

选 n_1，使 $p_{n_1}\neq q$(如果没有这样的 n_1，那么 E^* 只有一个点，那就没有什么要证的了). 令 $\delta=d(q, p_{n_1})$. 假设已经选好了 n_1，…，n_{i-1}，因为 q 是 E^* 的极限点，必有 $x\in E^*$，使 $d(x, q)<2^{-i}\delta$. 由于 $x\in E^*$，必有 $n_i>n_{i-1}$，使得 $d(x, p_{n_i})<2^{-i}\delta$. 于是，对于 $i=1$，2，3，…，

$$d(q,p_{n_i})\leqslant 2^{1-i}\delta.$$

这就是说 $\{p_{n_i}\}$ 收敛于 q. 因此 $q\in E^*$.

Cauchy 序列

3.8 定义 度量空间 X 中的序列 $\{p_n\}$ 叫作 Cauchy 序列，如果对于任何 $\varepsilon>0$，存在正整数 N，只要 $n\geqslant N$ 和 $m\geqslant N$ 便有 $d(p_n, p_m)<\varepsilon$.

在 Cauchy 序列的讨论中以及在今后出现的其他情况下，下述几何概念是有用的.

3.9 定义 设 E 是度量空间 X 的子集，又设 S 是一切形式为 $d(p, q)$ 的实数的集，这里 $p\in E$，$q\in E$. 数 $\sup S$ 叫作 E 的直径，记作 $\operatorname{diam} E$.

如果 $\{p_n\}$ 是 X 中的序列，而 E_N 由点 p_N，p_{N+1}，p_{N+2}，…组成，那么，从上面的两个定义来看，显然可以说 $\{p_n\}$ 是 Cauchy 序列，当且仅当

$$\lim_{N\to\infty}\operatorname{diam} E_N=0.$$

3.10 定理

(a) 如果 E 是度量空间 X 中的集，$\bar{E}$ 是 E 的闭包，那么

$$\operatorname{diam}\bar{E}=\operatorname{diam}E.$$

(b) 如果 $\{K_n\}$ 是 X 中的紧集的序列，并且 $K_n\supset K_{n+1}$ $(n=1, 2, 3, \cdots)$，又若

$$\lim_{n\to\infty}\operatorname{diam}K_n=0,$$

那么 $\bigcap_1^\infty K_n$ 由一个点组成.

证

(a) 因为 $E\subset\bar{E}$，显然

$$\operatorname{diam}E \leqslant \operatorname{diam}\bar{E}.$$

固定 $\varepsilon>0$，再取 $p\in\bar{E}$，$q\in\bar{E}$. 根据 $\bar{E}$ 的定义，在 E 中必然有两点 p'，q' 使得 $d(p, p')<\varepsilon$，$d(q, q')<\varepsilon$. 因此

$$\begin{aligned} d(p,q) &\leqslant d(p,p') + d(p',q') + d(q',q) \\ &< 2\varepsilon + d(p',q') \leqslant 2\varepsilon + \operatorname{diam}E. \end{aligned}$$

可见 $\operatorname{diam}\bar{E}\leqslant 2\varepsilon+\operatorname{diam}E$，又因为 ε 是任意的，所以(a)得到证明.

(b) 令 $K=\bigcap_{n=1}^{\infty} K_n$. 根据定理 2.36，$K$ 不空. 如果 K 不止包含一个点，那就得 $\operatorname{diam}K>0$. 然而对于每个 n，有 $K_n\supset K$，从而 $\operatorname{diam}K_n\geqslant\operatorname{diam}K$. 这与假设条件 $\operatorname{diam}K_n\to 0$ 矛盾.

3.11 定理

(a) 在度量空间中，收敛序列是 Cauchy 序列.

(b) 如果 X 是紧度量空间，并且 $\{p_n\}$ 是 X 中的 Cauchy 序列，那么 $\{p_n\}$ 收敛于 X 的某个点.

(c) 在 R^k 中，每个 Cauchy 序列收敛.

注：收敛的定义与 Cauchy 序列的定义之间的差别是，前者明显地含有极限，而后者则不然. 于是定理 3.11(b)可以使我们断定已知序列是否收敛，而不需要知道它要收敛的极限.

定理 3.11(c)即是 R^k 中的序列收敛，当且仅当它是 Cauchy 序列，通常称之为判断收敛的 Cauchy 准则.

证

(a) 若 $p_n\to p$ 且 $\varepsilon>0$，有正整数 N，保证只要 $n\geqslant N$，便有 $d(p, p_n)<\varepsilon$. 因此，只要 $n\geqslant N$ 且 $m\geqslant N$，

$$d(p_n,p_m) \leqslant d(p_n,p) + d(p,p_m) < 2\varepsilon.$$

于是 $\{p_n\}$ 是 Cauchy 序列.

(b) 设 $\{p_n\}$ 是紧空间 X 中的 Cauchy 序列，对于 $N=1, 2, 3, \cdots$，令 E_N 是由 p_N，p_{N+1}，p_{N+2}，…组成的集. 那么，按定义 3.9 及定理 3.10(a)，

$$\lim_{N\to\infty} \operatorname{diam}\bar{E}_N = 0, \tag{3}$$

每个 $\bar{E}_N$ 是紧空间的闭子集，因而必是紧集(定理 2.35). 又因为 $E_N\supset E_{N+1}$，所以 $\bar{E}_N\supset\bar{E}_{N+1}$.

根据定理 3.10(b)，在 X 中有唯一的 p 在每个 $\bar{E}_N$ 中.

给定 $\varepsilon>0$. 据(3)，有整数 N_0，当 $N\geqslant N_0$ 时有 $\operatorname{diam}\bar{E}_N<\varepsilon$. 由于 $p\in\bar{E}_N$，所以对每个 $q\in\bar{E}_N$，$d(p,q)<\varepsilon$，当然对每个 $q\in\bar{E}_N$ 也有 $d(p,q)<\varepsilon$. 换句话说，只要 $n\geqslant N_0$，就有 $d(p,p_n)<\varepsilon$. 这正说明了 $p_n\to p$.

(c) 设 $\{\mathbf{x}_n\}$ 是 R^k 中的 Cauchy 序列. 像在(b)中那样定义 E_N，但要把 p_i 换成 $\mathbf{x}_i$. 有某个 N，$\operatorname{diam}E_N<1$. $\{\mathbf{x}_n\}$ 的值域是 E_N 与有限集 $\{\mathbf{x}_1,\cdots,\mathbf{x}_{N-1}\}$ 的并. 所以 $\{\mathbf{x}_n\}$ 有界. 由于 R^k 的每个有界子集在 R^k 中有紧闭包(定理 2.41)，由(b)即得(c).

3.12 定义 如果度量空间 X 中的每个 Cauchy 序列在 X 中收敛，就说它是完备的.

因此，定理 3.11 是说，所有紧度量空间及所有欧氏空间是完备的. 定理 3.11 还说明，完备度量空间 X 的闭子集 E 是完备的. (E 中的每个 Cauchy 序列是 X 中的 Cauchy 序列，因此它收敛于某 $p\in X$，但因为 E 是闭集，所以实际上 $p\in E$.)以 $d(x,y)=|x-y|$ 为距离，一切有理数组成的空间是不完备度量空间的一个例子.

定理 3.2(c)及定义 3.1 的例(d)说明，收敛序列是有界的. 但 R^k 中的有界序列不一定收敛. 然而，还有收敛性就等价于有界性这样一种重要情况，对于 R^1 中的单调序列就是这样.

3.13 定义 称实数序列 $\{s_n\}$ 为

(a) 单调递增的，如果 $s_n\leqslant s_{n+1}$ $(n=1,2,3,\cdots)$；

(b) 单调递减的，如果 $s_n\geqslant s_{n+1}$ $(n=1,2,3,\cdots)$.

单调递增和单调递减序列组成单调序列类.

3.14 定理 单调序列 $\{s_n\}$ 收敛，当且仅当它是有界的.

证 假定 $s_n\leqslant s_{n+1}$(另一种情形的证明与此类似). 设 E 是 $\{s_n\}$ 的值域，如果 $\{s_n\}$ 有界，设 s 是 E 的最小上界，那么

$$s_n\leqslant s\quad(n=1,2,3,\cdots).$$

对于每个 $\varepsilon>0$，一定有一个正整数 N，使 $s-\varepsilon<s_N\leqslant s$，不然的话，$s-\varepsilon$ 将是 E 的上界. 因为 $\{s_n\}$ 递增，所以 $n\geqslant N$ 时有

$$s-\varepsilon<s_n\leqslant s.$$

这说明 $\{s_n\}$ 收敛(于 s).

逆命题可以从定理 3.2(c)推出来.

上极限和下极限

3.15 定义 设 $\{s_n\}$ 是有下列性质的实数序列：对于任意的实数 M，有一个正整数 N，而 $n\geqslant N$ 时有 $s_n\geqslant M$，我们将之写作

$$s_n\to+\infty.$$

类似地，如果对于任意的实数 M，有一个正整数 N，而 $n \geqslant N$ 时有 $s_n \leqslant M$，我们将之写作

$$s_n \to -\infty.$$

应当注意，我们现在对某些类型的发散序列也像对收敛序列一样使用了定义 3.1 中引进的符号→，但是，在定义 3.1 中讲的收敛和极限的定义毫不改变.

3.16 定义 设 $\{s_n\}$ 是实数序列. E 是所有可能的子序列 $\{s_{n_k}\}$ 的极限 x(在扩大了的实数系里，$s_{n_k} \to x$)组成的集. E 含有定义 3.5 所规定的部分极限，可能还有 $+\infty$，$-\infty$ 两数.

回想一下定义 1.8 和 1.23，令

$$s^* = \sup E,$$
$$s_* = \inf E.$$

s^* 和 s_* 分别叫作序列 $\{s_n\}$ 的上极限和下极限. 采用的记号是

$$\limsup_{n \to \infty} s_n = s^*, \quad \liminf_{n \to \infty} s_n = s_*.$$

3.17 定理 设 $\{s_n\}$ 是实数序列，E 和 s^* 的意义与定义 3.16 中的一样，那么 s^* 有以下两种性质：

(a) $s^* \in E$.

(b) 如果 $x > s^*$，那么就有正整数 N，能使 $n \geqslant N$ 时有 $s_n < x$. 此外，s^* 是唯一具有性质(a)和(b)的数.

当然，对于 s_*，与此类似的结论也正确.

证

(a) 如果 $s^* = +\infty$，那么 E 不是上有界，因此 $\{s_n\}$ 不是上有界. 因而有子序列 $\{s_{n_k}\}$ 合于 $s_{n_k} \to +\infty$.

如果 s^* 是实数，那么 E 上有界，从而至少有一个部分极限. 因此，(a)可以从定理 3.7 和 2.28 推出来.

如果 $s^* = -\infty$，那么 E 只包含一个元素，就是 $-\infty$，从而没有部分极限. 就是说，对于任意实数 M，只有有限个 n 的值，使得 $s_n > M$. 于是 $s_n \to -\infty$.

这就在所有情形下证明了(a).

(b) 假定有一个数 $x > s^*$，而且有无限多个 n 的值使得 $s_n > x$. 则有一个数 $y \in E$，使 $y \geqslant x > s^*$. 这与 s^* 的定义矛盾.

所以 s^* 满足条件(a)和(b).

为了证明唯一性，我们假定有两个数 p 和 q 都满足条件(a)和(b)，并且假定 $p < q$. 取 x 使它适合于 $p < x < q$. 由于 p 满足(b)，那么当 $n \geqslant N$ 时有 $s_n < x$. 但是，如果真这样的话，q 就不能满足(a)了.

3.18 例

(a) 设$\{s_n\}$是包含一切有理数的序列．那么，每个实数是部分极限，而且

$$\limsup_{n\to\infty} s_n = +\infty, \liminf_{n\to\infty} s_n = -\infty.$$

(b) 设 $s_n = (-1)^n/[1+(1/n)]$，则

$$\limsup_{n\to\infty} s_n = 1, \liminf_{n\to\infty} s_n = -1.$$

(c) 对于实数序列$\{s_n\}$，$\lim\limits_{n\to\infty} s_n = s$，当且仅当

$$\limsup_{n\to\infty} s_n = \liminf_{n\to\infty} s_n = s.$$

我们用一个有用的定理来结束这一节，它的证明十分容易．

3.19 定理 如果 N 是固定的正整数，当 $n \geqslant N$ 时 $s_n \leqslant t_n$，那么

$$\liminf_{n\to\infty} s_n \leqslant \liminf_{n\to\infty} t_n,$$
$$\limsup_{n\to\infty} s_n \leqslant \limsup_{n\to\infty} t_n.$$

一些特殊序列

现在，我们来计算一些常见序列的极限．各个证明都是根据下述事实：如果 N 是某个固定的正整数，当 $n \geqslant N$ 时，$0 \leqslant x_n \leqslant s_n$ 而且 $s_n \to 0$，那么，$x_n \to 0$.

3.20 定理

(a) $p>0$ 时 $\lim\limits_{n\to\infty} \frac{1}{n^p} = 0$.

(b) $p>0$ 时 $\lim\limits_{n\to\infty} \sqrt[n]{p} = 1$.

(c) $\lim\limits_{n\to\infty} \sqrt[n]{n} = 1$.

(d) $p>0$，而 α 是实数时

$$\lim_{n\to\infty} \frac{n^\alpha}{(1+p)^n} = 0.$$

(e) $|x|<1$ 时 $\lim\limits_{n\to\infty} x^n = 0$.

证

(a) 取 $n > (1/\varepsilon)^{1/p}$．（注意，这里用到实数的阿基米德性．）

(b) 如果 $p>1$，令 $x_n = \sqrt[n]{p} - 1$，那么 $x_n > 0$，再根据二项式定理，

$$1 + nx_n \leqslant (1+x_n)^n = p.$$

于是

$$0 < x_n \leqslant \frac{p-1}{n}.$$

所以 $x_n\to 0$. 如果 $p=1$，(b)是显然的；如果 $0<p<1$，取倒数就可以得到结论.

(c) 令 $x_n=\sqrt[n]{n}-1$. 那么 $x_n\geqslant 0$，再根据二项式定理，

$$n=(1+x_n)^n\geqslant\frac{n(n-1)}{2}x_n^2.$$

从而

$$0\leqslant x_n\leqslant\sqrt{\frac{2}{n-1}}\quad(n\geqslant 2).$$

(d) 设 k 是一个正整数，$k>\alpha$. 当 $n>2k$ 时，

$$(1+p)^n>\binom{n}{k}p^k=\frac{n(n-1)\cdots(n-k+1)}{k!}p^k>\frac{n^kp^k}{2^kk!},$$

从而

$$0<\frac{n^\alpha}{(1+p)^n}<\frac{2^kk!}{p^k}n^{\alpha-k}\quad(n>2k).$$

因为 $\alpha-k<0$，由(a)知道 $n^{\alpha-k}\to 0$.

(e) 在(d)中取 $\alpha=0$.

级数

在本章的后面部分，如果没有特殊说明，所考虑的一切序列和级数都是复数值的. 下面有几条定理可以推广到以 R^k 里的元素为项的级数. 习题 15 提到了它们.

3.21 定义 设有序列$\{a_n\}$，我们用

$$\sum_{n=p}^{q}a_n\quad(p\leqslant q)$$

表示和 $a_p+a_{p+1}+\cdots+a_q$. 结合$\{a_n\}$，作成序列$\{s_n\}$，其中

$$s_n=\sum_{k=1}^{n}a_k.$$

我们也用

$$a_1+a_2+a_3+\cdots$$

作为$\{s_n\}$的符号表达式，或者简单地记作

$$\sum_{n=1}^{\infty}a_n. \tag{4}$$

记号(4)叫作*无穷级数*或*级数*，s_n 叫作该级数的*部分和*. 如果 s_n 收敛于 s，

我们就说级数收敛，并且记作

$$\sum_{n=1}^{\infty} a_n = s.$$

s 叫作该级数的和. 但是必须清楚地理解，s 是(部分)和的序列的极限，而不是单用加法得到的.

如果 s_n 发散，就说级数发散.

有时为了符号上的方便，我们也考虑形如

$$\sum_{n=0}^{\infty} a_n \tag{5}$$

的级数. 如果不至于引起误解，或者(4)与(5)的区别无关紧要，也常常只写成 $\sum a_n$.

显然，关于序列的每一个定理都能按级数的语言来叙述.（令 $a_1 = s_1$，当 $n>1$ 时，令 $a_n = s_n - s_{n-1}$.）反过来也是如此. 虽然如此，但是一并考虑这两个概念还是有益处的.

Cauchy 准则(定理 3.11)可以按以下形式重新叙述：

3.22 定理 $\sum a_n$ 收敛，当且仅当对于任意的 $\varepsilon > 0$，存在整数 N，使得 $m \geqslant n \geqslant N$ 时

$$\left| \sum_{k=n}^{m} a_k \right| \leqslant \varepsilon. \tag{6}$$

特别地，当 $m = n$ 时，(6)变作

$$|a_n| \leqslant \varepsilon \quad (n \geqslant N).$$

换句话说：

3.23 定理 如果 $\sum a_n$ 收敛，那么 $\lim\limits_{n \to \infty} a_n = 0$.

但是条件 $a_n \to 0$ 不能保证 $\sum a_n$ 收敛. 例如，级数

$$\sum_{n=1}^{\infty} \frac{1}{n}$$

发散；至于证明，见定理 3.28.

对于单调序列的定理 3.14，在级数方面也有相应的定理.

3.24 定理 各项不是负数[㊀]的级数收敛，当且仅当它的部分和构成有界数列.

现在介绍另一种性质的收敛检验法，即所谓“比较验敛法”.

3.25 定理

(a) 如果 N_0 是某个固定的正整数. 当 $n \geqslant N_0$ 时 $|a_n| \leqslant c_n$ 而且 $\sum c_n$ 收敛，

㊀ “不是负数”便一定是指实数.

那么级数 $\sum a_n$ 也收敛.

(b) 如果 $n \geqslant N_0$ 时 $a_n \geqslant d_n \geqslant 0$ 而且 $\sum d_n$ 发散，那么 $\sum a_n$ 也发散.

注意，检验法(b)只能用于各项 a_n 都不是负数的级数.

证 根据 Cauchy 准则，给定 $\varepsilon > 0$，存在 $N \geqslant N_0$，使 $m \geqslant n \geqslant N$ 时

$$\sum_{k=n}^{m} c_k \leqslant \varepsilon.$$

成立. 所以

$$\left| \sum_{k=n}^{m} a_k \right| \leqslant \sum_{k=n}^{m} |a_k| \leqslant \sum_{k=n}^{m} c_k \leqslant \varepsilon.$$

随之也就得到(a).

其次，(b)可以由(a)推出来，因为如果 $\sum a_n$ 收敛，那么 $\sum d_n$ 也应当收敛(注意，(b)也可以由定理 3.24 推出来).

比较验敛法是非常有用的一个方法，为了有效地应用它，我们必须熟悉许多已知其收敛或发散的非负项级数.

非负项级数

在一切级数之中，最简单的大约是几何级数了.

3.26 定理 如果 $0 \leqslant x < 1$，那么

$$\sum_{n=0}^{\infty} x^n = \frac{1}{1-x}.$$

如果 $x \geqslant 1$，这个级数就发散.

证 如果 $x \neq 1$，

$$s_n = \sum_{k=0}^{n} x^k = \frac{1-x^{n+1}}{1-x}.$$

令 $n \to \infty$，就得到定理的结论. 当 $x=1$ 时，得到

$$1+1+1+\cdots,$$

它显然是发散的.

应用中出现的许多情况是，级数的各项单调递减. 因此，下面的 Cauchy 定理特别有价值. 定理的明显特点是由 $\{a_n\}$ 的一个相当“稀”的子序列，可以判断 $\sum a_n$ 的收敛或发散.

3.27 定理 假定 $a_1 \geqslant a_2 \geqslant a_3 \geqslant \cdots \geqslant 0$，那么，级数 $\sum_{n=1}^{\infty} a_n$ 收敛，当且仅当级数

$$\sum_{k=0}^{\infty} 2^k a_{2^k} = a_1 + 2a_2 + 4a_4 + 8a_8 + \cdots \tag{7}$$

收敛.

证 根据定理 3.24，现在只考虑两者的部分和是否有界就行了. 设

$$s_n = a_1 + a_2 + \cdots + a_n,$$
$$t_k = a_1 + 2a_2 + \cdots + 2^k a_{2^k}.$$

当 $n<2^k$ 时，

$$\begin{aligned} s_n &\leqslant a_1 + (a_2 + a_3) + \cdots + (a_{2^k} + \cdots + a_{2^{k+1}-1}) \\ &\leqslant a_1 + 2a_2 + \cdots + 2^k a_{2^k} = t_k, \end{aligned}$$

因此，

$$s_n \leqslant t_k. \tag{8}$$

另一方面，当 $n>2^k$ 时，

$$\begin{aligned} s_n &\geqslant a_1 + a_2 + (a_3 + a_4) + \cdots + (a_{2^{k-1}+1} + \cdots + a_{2^k}) \\ &\geqslant \frac{1}{2}a_1 + a_2 + 2a_4 + \cdots + 2^{k-1} a_{2^k} = \frac{1}{2}t_k, \end{aligned}$$

因此，

$$2s_n \geqslant t_k. \tag{9}$$

由(8)和(9)来看，序列$\{s_n\}$和$\{t_k\}$或者同时有界，或者同时无界.

证毕.

3.28 定理 如果 $p>1$，$\sum \frac{1}{n^p}$就收敛；如果 $p\leqslant 1$，它就发散.

证 如果 $p\leqslant 0$，发散性可由定理 3.23 得出. 如果 $p>0$，用定理 3.27，这就要看级数

$$\sum_{k=0}^{\infty} 2^k \frac{1}{2^{kp}} = \sum_{k=0}^{\infty} 2^{k(1-p)}.$$

然而，当且仅当 $1-p<0$ 才有 $2^{1-p}<1$，再与几何级数比较一下，(在定理 3.26 中取 $x=2^{1-p}$)就把定理推出来了.

我们进一步用定理 3.27 来证明：

3.29 定理 如果 $p>1$

$$\sum_{n=2}^{\infty} \frac{1}{n(\log n)^p} \tag{10}$$

就收敛；如果 $p\leqslant 1$，这个级数就发散.

评注 “$\log n$”表示数 n 以 e 为底的对数(参看第 1 章习题 9)，数 e 马上就定义(参看定义 3.30). 让级数从 $n=2$ 开始，是因为 $\log 1=0$.

证 对数函数(第 8 章将要详细地讨论它)的单调性说明 $\{\log n\}$ 是递增的，所以 $\left\{\frac{1}{n\log n}\right\}$ 是递减的. 从而可以把定理 3.27 用于(10)，这就要看

$$\sum_{k=1}^{\infty} 2^k \cdot \frac{1}{2^k(\log 2^k)^p} = \sum_{k=1}^{\infty} \frac{1}{(k\log 2)^p} = \frac{1}{(\log 2)^p}\sum_{k=1}^{\infty}\frac{1}{k^p}, \tag{11}$$

于是，定理 3.29 就由定理 3.28 推出来了.

这种(构造级数的)方法，显然可以继续进行. 例如

$$\sum_{n=3}^{\infty} \frac{1}{n\log n\log\log n} \tag{12}$$

发散，然而级数

$$\sum_{n=3}^{\infty} \frac{1}{n\log n(\log\log n)^2} \tag{13}$$

收敛.

级数(12)的各项与(13)的各项差得很少. 但是一个发散而另一个却收敛. 从定理 3.28 到定理 3.29，然后到(12)和(13)这样的过程，如果继续下去，我们将得到一对一对的收敛和发散的级数，它们的对应项之差比(12)和(13)的更小. 可能有人因此而猜想，应该有一种终极的境界，得到一个“界限”，它把一切收敛级数和一切发散级数分在两旁——最低限度哪怕是只考虑单调系数的级数也好. “界限”这个观念自然十分模糊. 我们所希望做出的论点是：不论这个观念怎样确切，这个猜想还是不正确的. 习题 11(b)和 12(b)可以作为例证.

在收敛理论这一方面，我们不想再深入下去. 读者可以参看 Knopp 著的“Theory and Application of Infinite Series”第Ⅸ章，尤其是§41.

数 e

3.30 定义 $e=\sum_{n=0}^{\infty}\frac{1}{n!}$.

其中 $n\geqslant 1$ 时，$n!=1\cdot 2\cdot 3\cdots n$；而 $0!=1$.

因

$$\begin{aligned} s_n &= 1+1+\frac{1}{1\cdot 2}+\frac{1}{1\cdot 2\cdot 3}+\cdots+\frac{1}{1\cdot 2\cdots n} \\ &< 1+1+\frac{1}{2}+\frac{1}{2^2}+\cdots+\frac{1}{2^{n-1}}<3, \end{aligned}$$

所以级数收敛，而定义有意义. 实际上，这个级数收敛得很快，从而使我们能够把 e 计算得十分精密.

e 还可以按另一极限过程来定义，它的证明对于极限的运算提供了一个很好的说明. 注意到这一点是有益的.

3.31 定理 $\lim\limits_{n\to\infty}\left(1+\dfrac{1}{n}\right)^n=e.$

证 设

$$s_n=\sum_{k=0}^{n}\frac{1}{k!},t_n=\left(1+\frac{1}{n}\right)^n.$$

根据二项式定理，

$$t_n=1+1+\frac{1}{2!}\left(1-\frac{1}{n}\right)+\frac{1}{3!}\left(1-\frac{1}{n}\right)\left(1-\frac{2}{n}\right)+\cdots$$
$$+\frac{1}{n!}\left(1-\frac{1}{n}\right)\left(1-\frac{2}{n}\right)\cdots\left(1-\frac{n-1}{n}\right).$$

因此 $t_n\leqslant s_n$，根据定理 3.19，

$$\limsup_{n\to\infty}t_n\leqslant e. \tag{14}$$

接下来，如果 $n\geqslant m$，那么

$$t_n\geqslant 1+1+\frac{1}{2!}\left(1-\frac{1}{n}\right)+\cdots+\frac{1}{m!}\left(1-\frac{1}{n}\right)\cdots\left(1-\frac{m-1}{n}\right).$$

固定 m 并令 $n\to\infty$，我们得到

$$\liminf_{n\to\infty}t_n\geqslant 1+1+\frac{1}{2!}+\cdots+\frac{1}{m!}.$$

因此，

$$s_m\leqslant\liminf_{n\to\infty}t_n.$$

令 $m\to\infty$，最终得到

$$e\leqslant\liminf_{n\to\infty}t_n. \tag{15}$$

定理从(14)和(15)就推出来了.

级数 $\sum\dfrac{1}{n!}$ 的收敛速度可以估计如下：设 s_n 的意义像上面那样，于是

$$e-s_n=\frac{1}{(n+1)!}+\frac{1}{(n+2)!}+\frac{1}{(n+3)!}+\cdots$$

$$< \frac{1}{(n+1)!}\left\{1+\frac{1}{n+1}+\frac{1}{(n+1)^2}+\cdots\right\}=\frac{1}{n!n}.$$

因此，

$$0 < e - s_n < \frac{1}{n!n}. \tag{16}$$

这样一来，比如以 s_{10} 为 e 的近似值，误差就小于 10^{-7}，不等式(16)在理论上也是有价值的，因为它能使我们很容易地证明 e 是无理数.

3.32 定理 *数 e 是无理数.*

证 假定 e 是有理数，那么 $e=p/q$，这里 p，q 是正整数. 由(16)得

$$0 < q!(e - s_q) < \frac{1}{q}. \tag{17}$$

根据假定，$q!e$ 是正整数. 因为

$$q!s_q = q!\left(1+1+\frac{1}{2!}+\cdots+\frac{1}{q!}\right)$$

也是正整数，于是知道 $q!\ (e-s_q)$ 是正整数.

因为 $q\geqslant 1$，那么(17)暗示 0 与 1 之间还有正整数. 这样我们就陷入了矛盾.

实际上，e 甚至不是代数数. 关于它的简单证明可以看“参考书目”所列 Niven 的书第 25 页或 Herstein 的书第 176 页.

根值验敛法与比率验敛法

3.33 定理(根值验敛法) *设有 $\sum a_n$，令 $\alpha=\limsup\limits_{n\to\infty}\sqrt[n]{|a_n|}$. 那么*

(a) $\alpha<1$ 时，$\sum a_n$ 收敛；

(b) $\alpha>1$ 时，$\sum a_n$ 发散；

(c) $\alpha=1$ 时，无结果.

证 如果 $\alpha<1$，便可以[根据定理 3.17(b)]选一个 β 和一个正整数 N，要求 $\alpha<\beta<1$，而且当 $n\geqslant N$ 时

$$\sqrt[n]{|a_n|} < \beta.$$

这就是说 $n\geqslant N$ 时得出

$$|a_n| < \beta^n.$$

由于 $0<\beta<1$，那么 $\sum\beta^n$ 收敛. 据比较验敛法，$\sum a_n$ 必收敛.

如果 $\alpha>1$，那么再根据定理 3.17，一定有一个序列 $\{n_k\}$，使得

$$\sqrt[n_k]{|a_{n_k}|} \to \alpha.$$

所以对于无穷多个 n 的值，会出现 $|a_n|>1$，因此，$\sum a_n$ 收敛的必要条件(定理 3.23)$a_n\to 0$ 不成立.

为了证明(c)，我们来看级数

$$\sum \frac{1}{n},\quad \sum \frac{1}{n^2}.$$

这两个级数的 α 都等于 1，但前者发散而后者收敛.

3.34 定理(比率验敛法) 关于级数 $\sum a_n$.

(a) 如果 $\limsup\limits_{n\to\infty}\left|\frac{a_{n+1}}{a_n}\right|<1$，它就收敛.

(b) 如果有某个固定的正整数 n_0，$n\geq n_0$ 时 $\left|\frac{a_{n+1}}{a_n}\right|\geq 1$，它就发散.

证 如果满足了(a)的要求，便可以找到 $\beta<1$ 和正整数 N，使得 $n\geq N$ 时，

$$\left|\frac{a_{n+1}}{a_n}\right|<\beta.$$

一个个地写出来就是

$$|a_{N+1}|<\beta|a_N|,$$

$$|a_{N+2}|<\beta|a_{N+1}|<\beta^2|a_N|,$$

……

$$|a_{N+p}|<\beta^p|a_N|.$$

这意味着当 $n\geq N$ 时，

$$|a_n|<|a_N|\beta^{-N}\cdot\beta^n,$$

这样一来，(a)的结论就可以根据 $\sum\beta^n$ 收敛，由比较验敛法推出来了.

如果当 $n\geq n_0$ 时，$|a_{n+1}|\geq|a_n|$，便容易知道，条件 $a_n\to 0$ 不成立. 由此就推出(b).

注：知道 $\lim a_{n+1}/a_n=1$，对于 $\sum a_n$ 的收敛性什么都说明不了，$\sum 1/n$ 及 $\sum 1/n^2$ 这两个级数就能说明此点.

3.35 例

(a) 考虑级数

$$\frac{1}{2}+\frac{1}{3}+\frac{1}{2^2}+\frac{1}{3^2}+\frac{1}{2^3}+\frac{1}{3^3}+\frac{1}{2^4}+\frac{1}{3^4}+\cdots,$$

对于它，

$$\liminf_{n\to\infty}\frac{a_{n+1}}{a_n}=\lim_{n\to\infty}\left(\frac{2}{3}\right)^n=0,$$

$$\liminf_{n\to\infty}\sqrt[n]{a_n}=\lim_{n\to\infty}\sqrt[2n]{\frac{1}{3^n}}=\frac{1}{\sqrt{3}}$$

$$\limsup_{n\to\infty}\sqrt[n]{a_n}=\lim_{n\to\infty}\sqrt[2n]{\frac{1}{2^n}}=\frac{1}{\sqrt{2}},$$

$$\limsup_{n\to\infty}\frac{a_{n+1}}{a_n}=\lim_{n\to\infty}\left(\frac{3}{2}\right)^n=+\infty.$$

根值验敛法说明它是收敛的，比率验敛法无效.

(b) 对于级数

$$\frac{1}{2}+1+\frac{1}{8}+\frac{1}{4}+\frac{1}{32}+\frac{1}{16}+\frac{1}{128}+\frac{1}{64}+\cdots$$

也是这样. 在这里，

$$\liminf_{n\to\infty}\frac{a_{n+1}}{a_n}=\frac{1}{8},$$

$$\limsup_{n\to\infty}\frac{a_{n+1}}{a_n}=2,$$

但是

$$\lim\sqrt[n]{a_n}=\frac{1}{2}.$$

3.36 评注 比率验敛法经常比根值验敛法容易使用，这是因为计算比值比计算 n 次根容易. 然而根值验敛法发挥作用的范围较广. 更确切地说，凡比率验敛法判定为收敛的，根值验敛法一定也能判定为收敛. 当根值验敛法无能为力时，比率验敛法一定也无能为力. 这是定理 3.37 的直接结果. 并且上面的例题就是实据.

在检验发散方面，这两个检验法都没有判别力. 总是从 $n\to\infty$ 时 a_n 不趋于零来推导发散性.

3.37 定理 对于任意的正数序列 $\{c_n\}$，有

$$\liminf_{n\to\infty}\frac{c_{n+1}}{c_n}\leqslant\liminf_{n\to\infty}\sqrt[n]{c_n},$$

$$\limsup_{n\to\infty}\sqrt[n]{c_n}\leqslant\limsup_{n\to\infty}\frac{c_{n+1}}{c_n}.$$

证 我们来证明第二个不等式，第一个不等式的证明十分相似. 令

$$\alpha=\limsup_{n\to\infty}\frac{c_{n+1}}{c_n}.$$

如果 $\alpha=+\infty$，便无须证明．如果 α 有限，取 $\beta>\alpha$．必有正整数 N，使得 $n\geqslant N$ 时

$$\frac{c_{n+1}}{c_n}\leqslant\beta.$$

特别是，对于任何 $p>0$，

$$c_{N+k+1}\leqslant\beta c_{N+k}\quad(k=0,1,\cdots,p-1).$$

把这些不等式连乘起来，就得到

$$c_{N+p}\leqslant\beta^p c_N,$$

或者

$$c_n\leqslant c_N\beta^{-N}\cdot\beta^n\quad(n\geqslant N).$$

于是

$$\sqrt[n]{c_n}\leqslant\sqrt[n]{c_N\beta^{-N}}\cdot\beta,$$

由此根据定理 3.20(b)，得到

$$\limsup_{n\to\infty}\sqrt[n]{c_n}\leqslant\beta. \tag{18}$$

又因为(18)对于任何 $\beta>\alpha$ 都成立，于是我们得到

$$\limsup_{n\to\infty}\sqrt[n]{c_n}\leqslant\alpha.$$

幂级数

3.38 定义 设有复数序列 $\{c_n\}$，级数

$$\sum_{n=0}^{\infty}c_nz^n \tag{19}$$

叫作幂级数．c_n 叫作这个级数的系数，z 是复数．

一般来说，这个级数收敛或发散取决于数 z 的选取．准确地说，联系着每个幂级数有一个圆，叫作收敛圆，如果 z 在这个圆以内，(19)就收敛，如果 z 在这个圆外，(19)就发散．(为了能概括所有的情形，必须把平面看作半径为无限大的圆的内部，而把一点看作半径为零的圆．)级数在收敛圆上的性质变化多端，不能这样简单地叙述．

3.39 定理 设有幂级数 $\sum c_nz^n$，令

$$\alpha=\limsup_{n\to\infty}\sqrt[n]{|c_n|},\ R=\frac{1}{\alpha}.$$

(如果 $\alpha=0$，便要 $R=+\infty$；如果 $\alpha=+\infty$，便要 $R=0$.)那么 $\sum c_nz^n$ 在 $|z|<R$

时收敛，在 $|z|>R$ 时发散.

证 令 $a_n=c_nz^n$ 并施以根值验敛法：

$$\limsup_{n\to\infty}\sqrt[n]{|a_n|}=|z|\limsup_{n\to\infty}\sqrt[n]{|c_n|}=\frac{|z|}{R}.$$

注：R 叫作 $\sum c_nz^n$ 的收敛半径.

3.40 例

(a) 级数 $\sum n^nz^n$ 的 $R=0$.

(b) 级数 $\sum\frac{z^n}{n!}$ 的 $R=+\infty$(对于这个例子，用比率验敛法比用根值验敛法容易些).

(c) 级数 $\sum z^n$ 的 $R=1$. 如果 $|z|=1$，级数就发散，因为 $n\to\infty$ 时 z^n 不趋于零.

(d) $\sum\frac{z^n}{n}$ 的 $R=1$. $z=1$ 时级数发散，而在收敛圆 $|z|=1$ 的其他点上都收敛. 最后这句话将在定理 3.44 中证明.

(e) $\sum\frac{z^n}{n^2}$ 的 $R=1$. 根据比较验敛法，这个级数在收敛圆 $|z|=1$ 的一切点上收敛. 这是因为，$|z|=1$ 时，$\left|\frac{z^n}{n^2}\right|=\frac{1}{n^2}$.

分部求和法

3.41 定理 设有两个序列 $\{a_n\}$，$\{b_n\}$，当 $n\geqslant 0$ 时，令

$$A_n=\sum_{k=0}^{n}a_k,$$

而令 $A_{-1}=0$. 那么，在 $0\leqslant p\leqslant q$ 时，有

$$\sum_{n=p}^{q}a_nb_n=\sum_{n=p}^{q-1}A_n(b_n-b_{n+1})+A_qb_q-A_{p-1}b_p. \tag{20}$$

证

$$\sum_{n=p}^{q}a_nb_n=\sum_{n=p}^{q}(A_n-A_{n-1})b_n$$

$$=\sum_{n=p}^{q}A_nb_n-\sum_{n=p-1}^{q-1}A_nb_{n+1},$$

显然，右边最后一个表达式等于(20)的右端.

公式(20)即所谓“分部求和公式”，在研究形如 $\sum a_nb_n$ 的级数时是有用的，当

$\{b_n\}$单调时尤其有用．现在就来用用它．

3.42 定理 假设

(a) $\sum a_n$ 的部分和 A_n 构成有界序列；

(b) $b_0 \geqslant b_1 \geqslant b_2 \geqslant \cdots$；

(c) $\lim\limits_{n\to\infty} b_n = 0$.

那么，$\sum a_n b_n$ 收敛．

证 选取 M，使得一切 A_n 满足 $|A_n| \leqslant M$，取 $\varepsilon > 0$，一定有正整数 N，使 $b_N \leqslant \varepsilon/(2M)$．当 $N \leqslant p \leqslant q$ 时有

$$\begin{aligned}\left|\sum_{n=p}^{q} a_n b_n\right| &= \left|\sum_{n=p}^{q-1} A_n (b_n - b_{n+1}) + A_q b_q - A_{p-1} b_p\right| \\ &\leqslant M\left|\sum_{n=p}^{q-1} (b_n - b_{n+1}) + b_q + b_p\right| \\ &= 2Mb_p \leqslant 2Mb_N \leqslant \varepsilon.\end{aligned}$$

现在从 Cauchy 准则便推得出敛性了．我们注意，在上面写的那一串式子里，第一次不等自然是靠 $b_n - b_{n+1} \geqslant 0$ 得来的．

3.43 定理 假定

(a) $|c_1| \geqslant |c_2| \geqslant |c_3| \geqslant \cdots$；

(b) $c_{2m-1} \geqslant 0$，$c_{2m} \leqslant 0$ $(m = 1, 2, 3, \cdots)$；

(c) $\lim\limits_{n\to\infty} c_n = 0$.

那么，$\sum c_n$ 收敛．

满足条件(b)的级数叫作"交错级数"．此定理是 Leibnitz 发现的．

证 令 $a_n = (-1)^{n+1}$，$b_n = |c_n|$，然后使用定理 3.42．

3.44 定理 假定$\sum c_n z^n$ 的收敛半径是 1，再假定 $c_0 \geqslant c_1 \geqslant c_2 \geqslant \cdots$，$\lim\limits_{n\to\infty} c_n = 0$，那么，$\sum c_n z^n$ 在圆 $|z| = 1$ 的每个点上收敛，只有在 $z = 1$ 这一点可能是例外．

证 令 $a_n = z^n$，$b_n = c_n$．如果 $|z| = 1$ 而 $z \neq 1$，便有

$$|A_n| = \left|\sum_{m=0}^{n} z^m\right| = \left|\frac{1 - z^{n+1}}{1 - z}\right| \leqslant \frac{2}{|1 - z|}.$$

于是，定理 3.42 的假设被满足了．

绝对收敛

如果级数$\sum |a_n|$ 收敛，就说级数$\sum a_n$ 绝对收敛．

3.45 定理 如果$\sum a_n$ 绝对收敛，那么$\sum a_n$ 就收敛．

证 定理的断语是不等式

$$\left|\sum_{k=n}^{m} a_k\right| \leqslant \sum_{k=n}^{m} |a_k|$$

和 Cauchy 准则的直接结果.

3.46 评注 就正项级数而论，绝对收敛与收敛是一回事.

如果$\sum a_n$收敛而$\sum |a_n|$发散，便说$\sum a_n$非绝对收敛. 例如，级数

$$\sum \frac{(-1)^n}{n}$$

非绝对收敛(定理 3.43).

与根值和比率验敛法一样，比较验敛法实际上是绝对收敛的检验法. 因此，它丝毫不能识别非绝对收敛的级数. 分部求和法有时却可以用来处理后者. 特别是，幂级数在收敛圆内是绝对收敛的.

我们将会看到，对于绝对收敛级数完全可以像有限项之和那样进行运算. 它们可以逐项相乘，也可以改变加项的次序而不影响级数的和. 然而，对于非绝对收敛的级数，这些就不正确了. 因此，对它们进行运算时，要多加注意.

级数的加法和乘法

3.47 定理 *如果$\sum a_n = A$而$\sum b_n = B$，那么$\sum (a_n + b_n) = A + B$，而且，对于任意的常数 c，$\sum ca_n = cA$.*

证 设

$$A_n = \sum_{k=0}^{n} a_k, \quad B_n = \sum_{k=0}^{n} b_k,$$

那么

$$A_n + B_n = \sum_{k=0}^{n} (a_k + b_k).$$

由于$\lim\limits_{n\to\infty} A_n = A$，$\lim\limits_{n\to\infty} B_n = B$，所以知道

$$\lim_{n\to\infty} (A_n + B_n) = A + B.$$

第二个断言的证明还要简单些.

于是，两个级数可以逐项相加，而且所得的级数收敛于这两个级数的和之和. 在考察两个级数的积时，情况就复杂了. 首先我们应当给积下定义. 这可以用几种不同的方法去做，我们将要讨论所谓“Cauchy 乘积”.

3.48 定义 设有$\sum a_n$及$\sum b_n$. 令

$$c_n = \sum_{k=0}^{n} a_k b_{n-k} \quad (n = 0, 1, 2, \cdots),$$

那么称级数$\sum c_n$为所给两个级数的积.

这个定义是根据以下内容得出的．取两个幂级数$\sum a_n z^n$及$\sum b_n z^n$，按多项式乘法那样把它们逐项相乘，合并z的同次幂各项可以得到

$$\sum_{n=0}^{\infty} a_n z^n \cdot \sum_{n=0}^{\infty} b_n z^n = (a_0 + a_1 z + a_2 z^2 + \cdots)(b_0 + b_1 z + b_2 z^2 + \cdots)$$
$$= a_0 b_0 + (a_0 b_1 + a_1 b_0) z + (a_0 b_2 + a_1 b_1 + a_2 b_0) z^2 + \cdots$$
$$= c_0 + c_1 z + c_2 z^2 + \cdots$$

令$z=1$，这个等式就归结为上面的定义了．

3.49 例 如果

$$A_n = \sum_{k=0}^{n} a_k, \quad B_n = \sum_{k=0}^{n} b_k, \quad C_n = \sum_{k=0}^{n} c_k,$$

而且$A_n \to A$，$B_n \to B$，这时候因为没有$C_n = A_n B_n$的关系，$\{C_n\}$是否收敛于AB，完全是不清楚的．$\{C_n\}$对$\{A_n\}$和$\{B_n\}$的依赖关系非常复杂(参看定理3.50的证明)．现在我们来证明，两个收敛级数的乘积确实可以是发散的．

级数

$$\sum_{n=0}^{\infty} \frac{(-1)^n}{\sqrt{n+1}} = 1 - \frac{1}{\sqrt{2}} + \frac{1}{\sqrt{3}} - \frac{1}{\sqrt{4}} + \cdots$$

收敛(定理3.43)，把这个级数自乘，得到

$$\sum_{n=0}^{\infty} c_n = 1 - \left(\frac{1}{\sqrt{2}} + \frac{1}{\sqrt{2}}\right) + \left(\frac{1}{\sqrt{3}} + \frac{1}{\sqrt{2}\sqrt{2}} + \frac{1}{\sqrt{3}}\right)$$
$$- \left(\frac{1}{\sqrt{4}} + \frac{1}{\sqrt{3}\sqrt{2}} + \frac{1}{\sqrt{2}\sqrt{3}} + \frac{1}{\sqrt{4}}\right) + \cdots,$$

因此

$$c_n = (-1)^n \sum_{k=0}^{n} \frac{1}{\sqrt{(n-k+1)(k+1)}}.$$

因为

$$(n-k+1)(k+1) = \left(\frac{n}{2}+1\right)^2 - \left(\frac{n}{2}-k\right)^2 \leqslant \left(\frac{n}{2}+1\right)^2,$$

那么

$$|c_n| \geqslant \sum_{k=0}^{n} \frac{2}{n+2} = \frac{2(n+1)}{n+2}.$$

所以$\sum c_n$收敛的必要条件$c_n \to 0$不能满足．

鉴于下面的Mertens定理，我们注意到这里讨论的是两个非绝对收敛级数的乘积．

3.50 定理 假定

(a) $\sum_{n=0}^{\infty} a_n$ 绝对收敛;

(b) $\sum_{n=0}^{\infty} a_n = A$;

(c) $\sum_{n=0}^{\infty} b_n = B$;

(d) $c_n = \sum_{k=0}^{n} a_k b_{n-k} \quad (n = 0,1,2,\cdots)$.

那么

$$\sum_{n=0}^{\infty} c_n = AB.$$

这就是说，两个收敛级数，如果至少有一个绝对收敛，它们的乘积就收敛，而且收敛于正确的数值(原来两个和的乘积).

证 令

$$A_n = \sum_{k=0}^{n} a_k, \quad B_n = \sum_{k=0}^{n} b_k, \quad C_n = \sum_{k=0}^{n} c_k, \quad \beta_n = B_n - B.$$

那么

$$\begin{aligned} C_n &= a_0 b_0 + (a_0 b_1 + a_1 b_0) + \cdots + (a_0 b_n + a_1 b_{n-1} + \cdots + a_n b_0) \\ &= a_0 B_n + a_1 B_{n-1} + \cdots + a_n B_0 \\ &= a_0 (B + \beta_n) + a_1 (B + \beta_{n-1}) + \cdots + a_n (B + \beta_0) \\ &= A_n B + a_0 \beta_n + a_1 \beta_{n-1} + \cdots + a_n \beta_0 \end{aligned}$$

令

$$\gamma_n = a_0 \beta_n + a_1 \beta_{n-1} + \cdots + a_n \beta_0.$$

我们想要证明的是 $C_n \to AB$. 因为 $A_n B \to AB$，所以只要证明

$$\lim_{n\to\infty} \gamma_n = 0 \tag{21}$$

就够了. 令

$$\alpha = \sum_{n=0}^{\infty} |a_n|$$

[正是在这里用到了(a)]. 假设 $\varepsilon > 0$ 已经给定. 由(c)，$\beta_n \to 0$. 于是可以选一个 N，使得 $n \geqslant N$ 时，$|\beta_n| \leqslant \varepsilon$，这时，

$$\begin{aligned} |\gamma_n| &\leqslant |\beta_0 a_n + \cdots + \beta_N a_{n-N}| + |\beta_{N+1} a_{n-N-1} + \cdots + \beta_n a_0| \\ &\leqslant |\beta_0 a_n + \cdots + \beta_N a_{n-N}| + \varepsilon\alpha. \end{aligned}$$

让 N 固定，而让 $n\to\infty$. 由于 $k\to\infty$ 时 $a_k\to 0$，这就得到

$$\limsup_{n\to\infty} |\gamma_n| \leqslant \varepsilon\alpha,$$

因为 ε 是任意的，所以(21)是必然的.

可能提出的另一个问题是：当级数 $\sum c_n$ 收敛时，它的和一定等于 AB 吗？阿贝尔证明这个问题的答案是肯定的.

3.51 定理 如果级数 $\sum a_n$，$\sum b_n$，$\sum c_n$ 分别收敛于 A，B，C，并且 $c_n = a_0 b_n + \cdots + a_n b_0$，那么，$C=AB$.

这里没有做关于绝对收敛的假定，在定理 8.2 之后，有一个(借助于幂级数连续性的)简单证明.

级数的重排

3.52 定义 设 $\{k_n\}$($n=1, 2, 3, \cdots$)是由正整数作成的序列，其中每个正整数要出现一次，而且只出现一次(按定义 2.4 的记号来说，$\{k_n\}$ 就是从 J 到 J 上的一个 1-1 函数). 令

$$a'_n = a_{k_n} \quad (n = 1,2,3,\cdots),$$

我们说 $\sum a'_n$ 是 $\sum a_n$ 的重排.

如果 $\{s_n\}$，$\{s'_n\}$ 是 $\sum a_n$，$\sum a'_n$ 的部分和的序列，容易知道，这两个序列一般是由完全不同的数组成的. 这样，就要出现一个问题：在怎样的条件下收敛级数的一切重排都收敛，以及它们的和是否必然相同？

3.53 例 试看收敛级数

$$1-\frac{1}{2}+\frac{1}{3}-\frac{1}{4}+\frac{1}{5}-\frac{1}{6}+\cdots \tag{22}$$

和它的一个重排

$$1+\frac{1}{3}-\frac{1}{2}+\frac{1}{5}+\frac{1}{7}-\frac{1}{4}+\frac{1}{9}+\frac{1}{11}-\frac{1}{6}+\cdots, \tag{23}$$

其中，在两个正项之后总跟着一个负项. 如果 s 是(22)的和，那么

$$s < 1-\frac{1}{2}+\frac{1}{3} = \frac{5}{6}.$$

设 s'_n 是 s 的第 n 个部分和. 因为当 $k\geqslant 1$ 时，

$$\frac{1}{4k-3}+\frac{1}{4k-1}-\frac{1}{2k} > 0,$$

于是知道 $s'_3 < s'_6 < s'_9 < \cdots$. 由此，

$$\lim_{n\to\infty}\sup s'_n > s'_3 = \frac{5}{6}.$$

所以(23)一定不能收敛于 s [然而(23)确实收敛，这一点留给读者去证明].

用这个例子可以说明下列属于 Riemann 的定理.

3.54 定理 设实级数 $\sum a_n$ 收敛而不绝对收敛. 假定

$$-\infty \leqslant \alpha \leqslant \beta \leqslant \infty.$$

那么一定存在着重排 $\sum a'_n$，它的部分和 s'_n 满足

$$\lim_{n\to\infty}\inf s'_n = \alpha, \quad \lim_{n\to\infty}\sup s'_n = \beta. \tag{24}$$

证 令

$$p_n = \frac{|a_n| + a_n}{2}, \quad q_n = \frac{|a_n| - a_n}{2} \quad (n = 1,2,3,\cdots).$$

于是 $p_n - q_n = a_n$，$p_n + q_n = |a_n|$，$p_n \geqslant 0$，$q_n \geqslant 0$. 级数 $\sum p_n$，$\sum q_n$ 一定都发散.

因为假如这两个级数都收敛，那么

$$\sum(p_n + q_n) = \sum |a_n|$$

也收敛，这与题设矛盾. 因为

$$\sum_{n=1}^{N} a_n = \sum_{n=1}^{N}(p_n - q_n) = \sum_{n=1}^{N} p_n - \sum_{n=1}^{N} q_n,$$

所以，如果 $\sum p_n$ 发散而 $\sum q_n$ 收敛(或者反过来)，$\sum a_n$ 必发散. 这又与题设矛盾. 所以 $\sum p_n$ 及 $\sum q_n$ 都发散.

现在把 $\sum a_n$ 中的非负项按它们出现的顺序记作 P_1，P_2，P_3，…. 把 $\sum a_n$ 的负项的绝对值也按原来的顺序记作 Q_1，Q_2，Q_3，….

级数 $\sum P_n$，$\sum Q_n$ 与 $\sum p_n$，$\sum q_n$ 的区别仅仅是一些等于零的项，因此，它们都发散.

现在，选两个序列 $\{m_n\}$，$\{k_n\}$，使级数

$$\begin{aligned} P_1 + \cdots + P_{m_1} - Q_1 - \cdots - Q_{k_1} + P_{m_1+1} + \cdots \\ + P_{m_2} - Q_{k_1+1} - \cdots - Q_{k_2} + \cdots \end{aligned} \tag{25}$$

满足(24). 显然，这是 $\sum a_n$ 的重排.

取实数序列 $\{\alpha_n\}$，$\{\beta_n\}$，使 $\alpha_n \to \alpha$，$\beta_n \to \beta$，$\alpha_n < \beta_n$，$\beta_1 > 0$.

设 m_1，k_1 是使

$$P_1 + \cdots + P_{m_1} > \beta_1,$$
$$P_1 + \cdots + P_{m_1} - Q_1 - \cdots - Q_{k_1} < \alpha_1$$

的最小正整数；m_2，k_2 是使

$$P_1+\cdots+P_{m_1}-Q_1-\cdots-Q_{k_1}+P_{m_1+1}+\cdots+P_{m_2}>\beta_2,$$

$$P_1+\cdots+P_{m_1}-Q_1-\cdots-Q_{k_1}+P_{m_1+1}+\cdots+P_{m_2}$$
$$-Q_{k_1+1}-\cdots-Q_{k_2}<\alpha_2$$

的最小正整数；照这样连续取下去．因为$\sum P_n$ 和$\sum Q_n$ 发散，所以这是办得到的．

如果 x_n 与 y_n 表示(25)里末项为 P_{m_n} 与$-Q_{k_n}$ 的部分和，那么

$$|x_n-\beta_n|\leqslant P_{m_n},\ |y_n-\alpha_n|\leqslant Q_{k_n}.$$

因为 $n\to\infty$时，$P_n\to 0$，$Q_n\to 0$，所以 $x_n\to\beta$，$y_n\to\alpha$．

最后，很明显，任何小于 α 或大于 β 的数，都不能是(25)的部分和所作成序列的(部分)极限．

3.55 定理 设$\sum a_n$ 是绝对收敛的复数项级数，那么$\sum a_n$ 的每个重排收敛，而且它们都收敛于同一个和．

证 设$\sum a'_n$是一个重排，它的部分和为 s'_n．给定 $\varepsilon>0$，有正整数 N 使得 $m\geqslant n\geqslant N$时有

$$\sum_{i=n}^{m}|a_i|\leqslant\varepsilon. \tag{26}$$

现在选 p 使正整数 1，2，…，N 包含在集 k_1，k_2，…，k_p 中(这里用的是定义 3.52 中的记号)．那么，当 $n>p$ 时，这些数 a_1，a_2，…，a_N 在差数 $s_n-s'_n$中都被消掉，因此，由(26)，$|s_n-s'_n|\leqslant\varepsilon$．所以$\{s'_n\}$与$\{s_n\}$收敛到同样的和数．

习题

1. 证明：序列$\{s_n\}$的收敛性包含着$\{|s_n|\}$的收敛性．逆命题对吗？

2. 计算$\lim\limits_{n\to\infty}(\sqrt{n^2+n}-n)$．

3. 设 $s_1=\sqrt{2}$，且

$$s_{n+1}=\sqrt{2+\sqrt{s_n}}\quad(n=1,2,3,\cdots),$$

证明$\{s_n\}$收敛，而且当 $n=1$，2，3，…时，$s_n<2$．

4. 求下面定义的序列$\{s_n\}$的上、下极限：

$$s_1=0;\quad s_{2m}=\frac{s_{2m-1}}{2};\quad s_{2m+1}=\frac{1}{2}+s_{2m}.$$

5. 对任意两个实数列$\{a_n\}$，$\{b_n\}$，有

$$\limsup_{n\to\infty}(a_n+b_n)\leqslant\limsup_{n\to\infty}a_n+\limsup_{n\to\infty}b_n,$$

这里假定右端的和不是$\infty-\infty$的形状.

6. 研究$\sum a_n$ 的性质(收敛或发散)，如果

(a) $a_n=\sqrt{n+1}-\sqrt{n}$； (b) $a_n=\dfrac{\sqrt{n+1}-\sqrt{n}}{n}$；

(c) $a_n=(\sqrt[n]{n}-1)^n$； (d) $a_n=\dfrac{1}{1+z^n}$，z 取复数值.

7. 证明：如果 $a_n\geqslant 0$，那么$\sum a_n$ 收敛包含着

$$\sum\frac{\sqrt{a_n}}{n}$$

收敛.

8. 如果$\sum a_n$ 收敛，而$\{b_n\}$单调有界，证明$\sum a_nb_n$ 也收敛.

9. 求下列每个幂级数的收敛半径：

(a) $\sum n^3z^n$ (b) $\sum\dfrac{2^n}{n!}z^n$ (c) $\sum\dfrac{2^n}{n^2}z^n$ (d) $\sum\dfrac{n^3}{3^n}z^n$

10. 假定幂级数$\sum a_nz^n$ 的系数都是整数，其中有无限多个不是零. 证明收敛半径最大是 1.

11. 假定 $a_n>0$，$s_n=a_1+\cdots+a_n$ 而$\sum a_n$ 发散.

(a) 证明$\sum\dfrac{a_n}{1+a_n}$发散.

(b) 证明

$$\frac{a_{N+1}}{s_{N+1}}+\cdots+\frac{a_{N+k}}{s_{N+k}}\geqslant 1-\frac{s_N}{s_{N+k}},$$

再证明

$$\sum\frac{a_n}{s_n}$$

发散.

(c) 证明

$$\frac{a_n}{s_n^2}\leqslant\frac{1}{s_{n-1}}-\frac{1}{s_n},$$

再证明$\sum\dfrac{a_n}{s_n^2}$收敛.

(d) $\sum\dfrac{a_n}{1+na_n}$，$\sum\dfrac{a_n}{1+n^2a_n}$怎样呢?

12. 设 $a_n>0$ 且$\sum a_n$ 收敛. 令

$$r_n=\sum_{m=n}^{\infty}a_m.$$

(a) 证明 $m<n$ 时 $\frac{a_m}{r_m}+\cdots+\frac{a_n}{r_n}>1-\frac{r_n}{r_m}$，再证明 $\sum\frac{a_n}{r_n}$ 发散.

(b) 证明 $\frac{a_n}{\sqrt{r_n}}<2(\sqrt{r_n}-\sqrt{r_{n+1}})$，再证明 $\sum\frac{a_n}{\sqrt{r_n}}$ 收敛.

13. 证明两个绝对收敛级数的 Cauchy 乘积也绝对收敛.

14. 设 $\{s_n\}$ 为复数序列，定义它的算术平均数 σ_n 为

$$\sigma_n=\frac{s_0+s_1+\cdots+s_n}{n+1}(n=0,1,2,\cdots).$$

(a) 如果 $\lim s_n=s$，证明 $\lim\sigma_n=s$.

(b) 作一个序列 $\{s_n\}$，使 $\lim\limits_{n\to\infty}\sigma_n=0$ 但 $\{s_n\}$ 不收敛.

(c) 是否能出现下列情况：对一切 n，$s_n>0$，虽然 $\lim\sigma_n=0$，但是 $\lim\sup s_n=\infty$?

(d) 对于 $n\geqslant1$，令 $a_n=s_n-s_{n-1}$. 证明

$$s_n-\sigma_n=\frac{1}{n+1}\sum_{k=1}^{n}ka_k.$$

假定 $\lim(na_n)=0$ 并且 $\{\sigma_n\}$ 收敛，证明 $\{s_n\}$ 收敛. [这是(a)的一个逆命题，但是添了一条假设：$na_n\to0$.]

(e) 在较弱的假定下，推导上一个结论：假设 $M<\infty$，对于一切 n，$|na_n|\leqslant M$ 而且 $\lim\sigma_n=\sigma$. 按下列步骤证明 $\lim s_n=\sigma$：

如果 $m<n$，那么

$$s_n-\sigma_n=\frac{m+1}{n-m}(\sigma_n-\sigma_m)+\frac{1}{n-m}\sum_{i=m+1}^{n}(s_n-s_i).$$

对于这些 i，

$$|s_n-s_i|\leqslant\frac{(n-i)M}{i+1}\leqslant\frac{(n-m-1)M}{m+2}.$$

使 $\varepsilon>0$ 固定，给每个 n 配置一个正整数 m，满足

$$m\leqslant\frac{n-\varepsilon}{1+\varepsilon}<m+1.$$

于是 $(m+1)/(n-m)\leqslant1/\varepsilon$，而 $|s_n-s_i|<M\varepsilon$. 所以

$$\limsup_{n\to\infty}|s_n-\sigma|\leqslant M\varepsilon.$$

由于 ε 是任意的，$\lim s_n=\sigma$.

15. 定义 3.21 可以推广到 a_n 在某个固定的 R^k 之中的情形. 绝对收敛定义为 $\sum|\mathbf{a}_n|$ 收敛. 证明诸定理 3.22，3.23，3.25(a)，3.33，3.34，3.42，3.45，

3.47 和 3.55 在这种更一般的情况下都成立.(在任一个证明里，只需稍作修改.)

16. 固定正数 α，选 $x_1>\sqrt{\alpha}$ 且用递推公式

$$x_{n+1}=\frac{1}{2}\left(x_n+\frac{\alpha}{x_n}\right)$$

来定义 x_2，x_3，x_4，….

(a) 证明 $\{x_n\}$ 单调下降且 $\lim x_n=\sqrt{\alpha}$.

(b) 令 $\varepsilon_n=x_n-\sqrt{\alpha}$，证明

$$\varepsilon_{n+1}=\frac{\varepsilon_n^2}{2x_n}<\frac{\varepsilon_n^2}{2\sqrt{\alpha}},$$

于是令 $\beta=2\sqrt{\alpha}$，就得到

$$\varepsilon_{n+1}<\beta\left(\frac{\varepsilon_1}{\beta}\right)^{2^n}\quad(n=1,2,3,\cdots).$$

(c) 这是计算平方根的一个好算法，因为递推公式简单且收敛得极快. 例如，如果 $\alpha=3$ 而 $x_1=2$，证明 $\varepsilon_1/\beta<\frac{1}{10}$，所以

$$\varepsilon_5<4\cdot 10^{-16},\quad \varepsilon_6<4\cdot 10^{-32}.$$

17. 固定 $\alpha>1$. 取 $x_1>\sqrt{\alpha}$ 且定义

$$x_{n+1}=\frac{\alpha+x_n}{1+x_n}=x_n+\frac{\alpha-x_n^2}{1+x_n}.$$

(a) 证明 $x_1>x_3>x_5>\cdots$.

(b) 证明 $x_2<x_4<x_6<\cdots$.

(c) 证明 $\lim x_n=\sqrt{\alpha}$.

(d) 将这种方法的收敛速度与习题 16 中所述方法的收敛速度相比较.

18. 把习题 16 中的递推公式换成

$$x_{n+1}=\frac{p-1}{p}x_n+\frac{\alpha}{p}x_n^{-p+1}$$

(这里 p 是固定的正整数)，并且描述所得序列 $\{x_n\}$ 的性质.

19. 对于每个序列 $a=\{\alpha_n\}$，其中 α_n 是 0 或 2，作一个实数

$$x(a)=\sum_{n=1}^{\infty}\frac{\alpha_n}{3^n}.$$

证明由所有 $x(a)$ 组成的集恰好就是第 2 章所描述的 Cantor 集(2.44).

20. 设$\{p_n\}$是距离空间 X 中的 Cauchy 序列，且有某个子序列$\{p_{n_i}\}$收敛于一点 $p\in X$. 证明整个序列$\{p_n\}$收敛于 p.

21. 证明与定理 3.10(b)类似的定理：如果序列$\{E_n\}$里的 E_n 都是完备度量空间 X 中的有界闭集，$E_n\supset E_{n+1}$并且

$$\lim_{n\to\infty}\operatorname{diam}E_n = 0,$$

那么 $\bigcap_{n=1}^{\infty} E_n$ 恰由一点组成.

22. 设 X 是完备度量空间，而序列$\{G_n\}$里的 G_n 都是 X 的稠密开子集. 证明 Baire 定理：$\bigcap_{n=1}^{\infty} G_n$ 不空(事实上它在 X 中稠密).

提示：找一个由邻域 $E_n(\bar{E}_n\subset G_n)$组成的收缩序列，并应用习题 21.

23. 设$\{p_n\}$和$\{q_n\}$是度量空间 X 里的 Cauchy 序列. 证明序列$\{d(p_n, q_n)\}$收敛.

提示：对于任意的 m，n 有

$$d(p_n,q_n)\leqslant d(p_n,p_m)+d(p_m,q_m)+d(q_m,q_n),$$

因此，当 m，n 很大时

$$|d(p_n,q_n)-d(p_m,q_m)|$$

就很小.

24. 设 X 是度量空间.

(a) 称 X 中的两个 Cauchy 序列$\{p_n\}$，$\{q_n\}$是等价的，如果

$$\lim_{n\to\infty}d(p_n,q_n) = 0,$$

证明这是一个等价关系(定义 2.3).

(b) 设 X^* 是这样得到的一切等价类的集. 如果 $P\in X^*$，$Q\in X^*$，$\{p_n\}\in P$，$\{q_n\}\in Q$，定义

$$\Delta(P,Q) = \lim_{n\to\infty}d(p_n,q_n).$$

根据习题 23，这个极限是存在的. 如果把$\{p_n\}$和$\{q_n\}$各代以等价序列，试证：数 $\Delta(P, Q)$不变，从而 Δ 是 X^* 里的距离函数.

(c) 证明所得的度量空间 X^* 是完备的.

(d) 对于每个 $p\in X$，有一个各项都是 p 的 Cauchy 序列；设 P_p 是 X^* 中包含这个序列的成员. 证明对于一切 p，$q\in X$，有

$$\Delta(P_p,P_q) = d(p,q).$$

换句话说，由等式 $\varphi(p)=P_p$ 确定的映射，是从 X 到 X^* 内的等距映射(亦即保持距离的映射).

(e) 证明 $\varphi(X)$在 X^* 中稠密，并且当 X 完备时，$\varphi(X)=X^*$.

根据(d)，可以把 X 与 $\varphi(X)$等同起来，而且认为 X 被嵌入到完备距离空间 X^* 中了. X^* 叫作 X 的完备化(空间).

25. 设 X 是度量空间，它的点都是有理数，以 $d(x, y)=|x-y|$ 为距离. 这个空间的完备化是什么?(与习题 24 比较.)

第4章 连续性

在定义 2.1 和 2.2 中引进了函数概念和一些与它有关的术语. 虽然我们(在后面各章里)主要感兴趣的是实函数和复函数(即值是实数或复数的函数), 但是我们也要讨论向量值函数(即在 R^k 中取值的函数)和在任意度量空间中取值的函数. 我们在这个更一般的基础上将要讨论的定理, 并不会因为我们限制在(例如)实函数而显得容易些, 放弃不必要的假定和用适当普遍的措辞来叙述和证明定理, 反而会使得情景简洁.

我们的函数的定义域也是度量空间, 遇有不同的要求, 便加以适当的说明.

函数的极限

4.1 定义 令 X 和 Y 是度量空间, 假设 $E \subset X$, f 将 E 映入 Y 内, 且 p 是 E 的极限点. 凡是我们写 $x \to p$ 时 $f(x) \to q$, 或

$$\lim_{x \to p} f(x) = q \tag{1}$$

时, 就是存在一个点 $q \in Y$ 具有以下性质: 对于每个 $\varepsilon > 0$, 存在着 $\delta > 0$, 使得

$$d_Y(f(x), q) < \varepsilon \tag{2}$$

对于满足

$$0 < d_X(x, p) < \delta \tag{3}$$

的一切点 $x \in E$ 成立.

记号 d_X 和 d_Y 分别表示 X 和 Y 中的距离.

如果 X 和(或)Y 换成实直线、复平面或某一欧氏空间 R^k, 那么, 距离 d_X 和 d_Y 自然应该换成绝对值或相应的范数(见例 2.16).

应当注意 $p \in X$, 但是上面的定义中, 并不一定要求 p 是 E 的点. 此外, 即使 $p \in E$, 也完全可能 $f(p) \neq \lim_{x \to p} f(x)$.

我们还可以将这个定义用序列的极限改述为:

4.2 定理 令 X, Y, E, f 和 p 如定义 4.1 所述, 那么

$$\lim_{x \to p} f(x) = q, \tag{4}$$

当且仅当

$$\lim_{n \to \infty} f(p_n) = q \tag{5}$$

对于 E 中合于

$$p_n \neq p, \quad \lim_{n\to\infty} p_n = p \tag{6}$$

的每个序列$\{p_n\}$成立.

证 假定(4)成立，取E中满足(6)的$\{p_n\}$. 给定$\varepsilon>0$，那么就有$\delta>0$，使得当$x\in E$且$0<d_X(x,p)<\delta$时，$d_Y(f(x),q)<\varepsilon$. 同样又有N使得当$n>N$时，$0<d_X(p_n,p)<\delta$. 这样，对于$n>N$，我们有$d_Y(f(p_n),q)<\varepsilon$. 这就证明了(5)成立.

反过来，假定(4)不成立. 这时便有某个$\varepsilon>0$，使得对于每个$\delta>0$都有点$x\in E$(依赖于δ)，对这个x来说，$d_Y(f(x),q)\geqslant\varepsilon$但$0<d_X(x,p)<\delta$. 取$\delta_n=1/n(n=1,2,3,\cdots)$，我们就在$E$中找到一个满足(6)但使(5)式不成立的序列.

推论 如果f在p处有极限，那么这个极限是唯一的.

这可以由定理3.2(b)及定理4.2推出来.

4.3 定义 设有定义在E上的两个复函数f和g，我们用$f+g$表示一个函数，它给E的每个点x配置的数是$f(x)+g(x)$. 我们用类似的方法定义两个函数的差$f-g$，积fg及商f/g，约定商只定义在E的那些使$g(x)\neq 0$的点x上. 如果f给E的每个点x配置同一个数c，那么f就叫作常数函数，或简单地叫作常数，并记作$f=c$. 设f和g都是实函数，如果对于每个$x\in E$来说$f(x)\geqslant g(x)$，那么有时为了简便，就记作$f\geqslant g$.

类似地，如果$\mathbf{f}$和$\mathbf{g}$把E映入R^k内，便用

$$(\mathbf{f}+\mathbf{g})(x)=\mathbf{f}(x)+\mathbf{g}(x),(\mathbf{f}\cdot\mathbf{g})(x)=\mathbf{f}(x)\cdot\mathbf{g}(x)$$

来定义$\mathbf{f}+\mathbf{g}$及$\mathbf{f}\mathbf{g}$；再若λ是实数，便定义$(\lambda\mathbf{f})(x)=\lambda\mathbf{f}(x)$.

4.4 定理 假设$E\subset X$，X是度量空间，p是E的极限点，f与g是E上的复函数，而且

$$\lim_{x\to p} f(x)=A, \quad \lim_{x\to p} g(x)=B.$$

那么

(a) $\lim\limits_{x\to p}(f+g)(x)=A+B$；

(b) $\lim\limits_{x\to p}(fg)(x)=AB$；

(c) $\lim\limits_{x\to p}(f/g)(x)=A/B$，假定$B\neq 0$.

证 依照定义4.3，这些论断可以从序列的类似性质(定理3.3)直接推出来.

评注 如果$\mathbf{f}$与$\mathbf{g}$将E映入R^k内，那么(a)仍然成立，而(b)就要变为

(b′) $$\lim_{x\to p}(\mathbf{f}\cdot\mathbf{g})(x)=\mathbf{A}\cdot\mathbf{B}$$

(参看定理3.4).

连续函数

4.5 定义 设X与Y是度量空间，$E\subset X$，$p\in E$，并且f将E映入Y内，

如果对于每一个 $\varepsilon>0$，总存在 $\delta>0$，对于一切满足 $d_X(x, p)<\delta$ 的点 $x\in E$ 来说，

$$d_Y(f(x), f(p)) < \varepsilon,$$

就说 f 在 p 点连续.

如果 f 在 E 的每一点都连续，就说 f 在 E 上连续.

应该注意，要使 f 在点 p 连续，f 必须在点 p 有定义.（这一点请与定义 4.1 后面的说明对比一下.）

如果 p 是 E 的一个孤立点，那么由我们的定义推知，每一个以 E 为定义域的函数都在点 p 连续. 因为，不管取的哪个 $\varepsilon>0$，总可以选一个 $\delta>0$，使得满足 $d_X(x, p)<\delta$ 的点 $x\in E$ 只有 $x=p$，于是

$$d_Y(f(x), f(p)) = 0 < \varepsilon.$$

4.6 定理 在定义 4.5 假定的情况下，再假定 p 是 E 的极限点. 那么，f 在 p 点连续当且仅当

$$\lim_{x\to p} f(x) = f(p).$$

证 只要将定义 4.1 和 4.5 对比一下就清楚了.

现在我们转到函数的复合. 下面定理的一种简述是：连续函数的连续函数是连续的.

4.7 定理 设 X，Y，Z 是度量空间，$E\subset X$，f 将 E 映入 Y 内，g 将 f 的值域 $f(E)$ 映入 Z 内，而 h 是由

$$h(x) = g(f(x)) \quad (x\in E)$$

定义的 E 到 Z 内的映射. 如果 f 在点 $p\in E$ 连续，并且 g 在点 $f(p)$ 连续，那么 h 在点 p 连续.

这个函数 h 叫作 f 与 g 的复合函数或 f 和 g 合成. 记号

$$h = g\circ f$$

在本书中经常用.

证 设 $\varepsilon>0$ 已经给定. 因为 g 在 $f(p)$ 连续，便有 $\eta>0$ 使得当 $d_Y(y, f(p))<\eta$ 和 $y\in f(E)$ 时有 $d_Z(g(y), g(f(p)))<\varepsilon$. 又因为 f 在 p 点连续，那么存在 $\delta>0$，使得当 $d_X(x, p)<\delta$ 和 $x\in E$ 时有 $d_Y(f(x), f(p))<\eta$. 由此知道：当 $d_X(x, p)<\delta$ 和 $x\in E$ 时有 $d_Z(h(x), h(p))=d_Z(g(f(x)), g(f(p)))<\varepsilon$. 所以 h 在点 p 连续.

4.8 定理 将度量空间 X 映入度量空间 Y 内的映射 f 在 X 上连续，当且仅当对于 Y 的每个开集 V 来说，$f^{-1}(V)$ 是 X 中的开集.

（逆象的定义已见于定义 2.2.）这是连续性的一个极有用的特征.

证 设 f 在 X 上连续而 V 是 Y 中的开集. 我们必须证明，$f^{-1}(V)$ 的每个点

都是 $f^{-1}(V)$ 的内点. 设 $p\in X$，且 $f(p)\in V$. 由于 V 是开集，必定存在 $\varepsilon>0$，使得当 $d_Y(f(p), y)<\varepsilon$ 时有 $y\in V$，而由于 f 在点 p 连续，就又存在 $\delta>0$，使得当 $d_X(x, p)<\delta$ 时有 $d_Y(f(x), f(p))<\varepsilon$. 所以，只要 $d_X(x, p)<\delta$，就保证了 $x\in f^{-1}(V)$.

反之，设对于 Y 中的每个开集 V 来说，$f^{-1}(V)$ 是 X 中的开集. 固定 $p\in X$ 与 $\varepsilon>0$，令 V 是满足 $d_Y(y, f(p))<\varepsilon$ 的一切 $y\in Y$ 所成的集，那么 V 是开集，因而 $f^{-1}(V)$ 是开集，因而存在着 $\delta>0$ 使得当 $d_X(p, x)<\delta$ 时有 $x\in f^{-1}(V)$. 然而一旦 $x\in f^{-1}(V)$，便将要 $f(x)\in V$，所以 $d_Y(f(x), f(p))<\varepsilon$.

这就完成了定理的证明.

推论 将度量空间 X 映入度量空间 Y 内的映射 f 是连续的，当且仅当对于 Y 中的每个闭集 C，$f^{-1}(C)$ 是闭集.

这由本定理即可推知. 因为一个集是闭集，当且仅当它的余集是开集. 然而对每个 $E\subset Y$，$f^{-1}(E^c)=[f^{-1}(E)]^c$.

现在我们转到复值和向量值函数，以及定义在 R^k 的子集上的函数.

4.9 定理 设 f 与 g 是度量空间 X 上的复连续函数，那么，$f+g$，fg 与 f/g 在 X 上连续.

在最后的情形中，当然必须假定对于一切 $x\in X$，$g(x)\neq 0$.

证 在 X 的孤立点无须证明. 在极限点，论断是定理 4.4 与定理 4.6 的直接结果.

4.10 定理

(a) 设 $f_1, \cdots, f_k$ 是度量空间 X 上的实函数，并且 $\mathbf{f}$ 是由

$$\mathbf{f}(x)=(f_1(x),\cdots,f_k(x)) \quad (x\in X) \tag{7}$$

定义而将 X 映入 R^k 内的映射. 那么，$\mathbf{f}$ 连续当且仅当 f_1，$f_2\cdots$，f_k 都连续.

(b) 如果 $\mathbf{f}$ 与 $\mathbf{g}$ 是将 X 映入 R^k 内的连续映射，那么 $\mathbf{f}+\mathbf{g}$ 与 $\mathbf{f}\cdot\mathbf{g}$ 都在 X 上连续.

函数 $f_1, \cdots, f_k$ 叫作 $\mathbf{f}$ 的分量. 注意，$\mathbf{f}+\mathbf{g}$ 是把 X 映入 R^k 内的映射，而 $\mathbf{f}\cdot\mathbf{g}$ 则是 X 上的实函数.

证 部分(a)能由不等式

$$\begin{aligned}|f_j(x)-f_j(y)| &\leqslant |\mathbf{f}(x)-\mathbf{f}(y)| \\ &=\left\{\sum_{i=1}^{k}|f_i(x)-f_i(y)|^2\right\}^{\frac{1}{2}}\end{aligned}$$

推出来，其中 $j=1, 2, \cdots, k$. 部分(b)是(a)与定理 4.9 的直接结果.

4.11 例 如果 $x_1, \cdots, x_k$ 是点 $\mathbf{x}\in R^k$ 的坐标. 由

$$\Phi_i(\mathbf{x})=x_i \quad (\mathbf{x}\in R^k) \tag{8}$$

定义的函数 Φ_i 必然在 R^k 上连续，这是因为不等式

$$|\Phi_i(\mathbf{x})-\Phi_i(\mathbf{y})|\leqslant|\mathbf{x}-\mathbf{y}|$$

表示，我们可以在定义 4.5 中取 $\delta=\varepsilon$. 这些函数 Φ_i 有时称为坐标函数.

重复应用定理 4.9 可以证明每个单项式

$$x_1^{n_1}x_2^{n_2}\cdots x_k^{n_k} \tag{9}$$

在 R^k 上连续，其中 n_1，…，n_k 是非负的整数. 因为常数显然是连续的，所以(9)式用常数乘后还连续. 由此推知，每个由

$$P(\mathbf{x})=\sum c_{n_1\cdots n_k}x_1^{n_1}\cdots x_k^{n_k}\quad(\mathbf{x}\in R^k) \tag{10}$$

给出的多项式 P 在 R^k 上连续. 这里系数 $c_{n_1\cdots n_k}$ 是复数，n_1，…，n_k 是非负的整数，并且(10)中的和只有有限多项.

更进一步，x_1，…，x_k 的每个有理函数，即形如(10)的两个多项式的商，只要它的分母不为零，便在 R^k 上连续.

从三角形不等式容易看出

$$||\mathbf{x}|-|\mathbf{y}||\leqslant|\mathbf{x}-\mathbf{y}|\quad(\mathbf{x},\mathbf{y}\in R^k), \tag{11}$$

所以，映射 $\mathbf{x}\to|\mathbf{x}|$ 是 R^k 上的连续函数.

现在，如果 $\mathbf{f}$ 是一个由度量空间 X 映入 R^k 内的连续映射，并且 Φ 在 X 上由 $\Phi(p)=|\mathbf{f}(p)|$ 定义，那么，由定理 4.7 可以推知，Φ 是 X 上的连续实函数.

4.12 评注 我们定义了在一个度量空间 X 的某个子集 E 上定义的函数的连续概念. 然而，E 在 X 中的余集在这个定义中不起任何作用(注意，这种情况同函数的极限有些不同). 因此，去掉 f 的定义域的余集我们毫不介意. 这就是说，我们可以只谈度量空间映入另一度量空间内的连续映射，而不谈子集的映射. 这样可以简化某些定理的叙述和证明. 我们已经在定理 4.8 到 4.10 中应用了这个原理，并且在下面关于紧性的一节中还要这样做.

连续性与紧性

4.13 定义 将集 E 映入 R^k 内的映射 $\mathbf{f}$ 叫作有界的，如果有一个实数 M，使得 $\mathbf{f}(x)$ 对于一切 $x\in E$ 满足 $|\mathbf{f}(x)|\leqslant M$.

4.14 定理 设 f 是把紧度量空间 X 映入度量空间 Y 内的连续映射. 那么 $f(X)$ 是紧的.

证 设 $\{V_\alpha\}$ 是 $f(X)$ 的一个开覆盖. 由于 f 连续，定理 4.8 说明每个集 $f^{-1}(V_\alpha)$ 是开的. 由于 X 是紧的，那么存在有限个指标 α_1，…，α_n，使得

$$X\subset f^{-1}(V_{\alpha_1})\cup\cdots\cup f^{-1}(V_{\alpha_n}). \tag{12}$$

由于对每个 $E\subset Y$ 来说 $f(f^{-1}(E))\subset E$，那么，(12)就意味着

$$f(X) \subset V_{\alpha_1} \cup \cdots \cup V_{\alpha_n}. \tag{13}$$

这样就完成了证明.

注：我们利用了关系式 $f(f^{-1}(E)) \subset E$，它对于 $E \subset Y$ 成立. 如果 $E \subset X$，我们只能确定 $f^{-1}(f(E)) \supset E$，等号未必能用.

现在我们推导定理 4.14 的几个推论.

4.15 定理 *如果 f 是把紧度量空间 X 映入 R^k 内的连续映射，那么，$f(X)$ 是闭的、有界的. 因此，f 是有界的.*

这可以从定理 2.41 推出来. 这个结果在 f 是实函数时特别重要：

4.16 定理 *设 f 是紧度量空间 X 上的连续实函数，并且*

$$M = \sup_{p \in X} f(p), \quad m = \inf_{p \in X} f(p), \tag{14}$$

那么，一定存在着两点 r，$s \in X$，使得 $f(r) = M$，及 $f(s) = m$.

(14)中的记号表示 M 是一切数 $f(p)$（这里 p 遍历 X）的集的最小上界，而 m 是这个数集的最大下界.

这个结论也可以叙述如下：*在 X 中存在着两点 r 和 s，对一切 $x \in X$ 来说，$f(r) \leqslant f(x) \leqslant f(s)$*，即 f（在 r 点）达到它的最大值并且（在 s 点）达到它的最小值.

证 根据定理 4.15，$f(X)$ 是一个闭的且有界的实数集，因此，根据定理 2.28，$f(X)$ 包含 $M = \sup f(X)$ 及 $m = \inf f(x)$.

4.17 定理 *设 f 是把紧度量空间 X 映满度量空间 Y 的连续 1-1 映射. 那么，按*

$$f^{-1}(f(x)) = x \quad (x \in X)$$

在 Y 上定义的逆映射 f^{-1}，是 Y 映满 X 的连续映射.

证 将定理 4.8 应用到 f^{-1}（代替 f），我们看到只需证明，对于 X 中的每个开集 V 来说，$f(V)$ 是 Y 中的开集. 设取定一个这样的集 V.

V 的余集 V^c 在 X 中是闭的，因而是紧的（定理 2.35），于是 $f(V^c)$ 是 Y 的紧子集（定理 4.14），因而在 Y 中是闭的（定理 2.34）. 由于 f 是一对一的，并且是映满的，所以 $f(V)$ 是 $f(V^c)$ 的余集，因此，$f(V)$ 是开的.

4.18 定义 设 f 是把度量空间 X 映入度量空间 Y 内的映射. 我们说 f 在 X 上是*一致连续的*，如果对于每个 $\varepsilon > 0$ 总存在着一个 $\delta > 0$，对于 X 中一切满足 $d_X(p, q) < \delta$ 的 p 和 q 来说，都能使

$$d_Y(f(p), f(q)) < \varepsilon. \tag{15}$$

让我们来考虑连续和一致连续这两个概念之间的区别. 首先，一致连续是函数在一个集上的性质，而连续则能在单个点上来定义. 问一个给定的函数在某一点上是否一致连续，是没有意义的. 其次，如果 f 在 X 上连续，那么对于每个 $\varepsilon > 0$ 和 X 的每个点 p，可以找到一个数 $\delta > 0$ 具有定义 4.5 所说的性质. 这个 δ 依

赖于 x 也依赖于 p. 但若 f 在 X 上一致连续，便能对于每个 $\varepsilon>0$，找到一个数 $\delta>0$，它适用于 X 的一切点 p.

显然，每个一致连续的函数是连续的. 从下面的定理可以知道，在紧集上这两个概念是等价的.

4.19 定理 *设 f 是把紧度量空间 X 映入度量空间 Y 内的一个连续映射. 那么，f 在 X 上一致连续.*

证 设 $\varepsilon>0$ 已经给定，由于 f 连续，我们可以为每个点 $p\in X$ 配置一个正数 $\Phi(p)$，使得当

$$q \in X \text{ 和 } d_X(p,q) < \Phi(p) \text{ 时有 } d_Y(f(p),f(q)) < \frac{\varepsilon}{2}. \tag{16}$$

设 $J(p)$ 是满足

$$d_X(p,q) < \frac{1}{2}\Phi(p) \tag{17}$$

的一切 $q\in X$ 的集. 由于 $p\in J(p)$，所以一切集 $J(p)$ 构成的组是 X 的一个开覆盖；再由于是紧的，X 中存在着点 p_1，…，p_n 组成的有限集，使得

$$X \subset J(p_1) \cup \cdots \cup J(p_n). \tag{18}$$

我们取

$$\delta = \frac{1}{2}\min[\Phi(p_1),\cdots,\Phi(p_n)], \tag{19}$$

那么 $\delta>0$. (这就是紧性定义中固有的覆盖的有限性之所以不可缺少的所在. 有限多个正数的最小数是正数，至于无限多个正数的下确界却很可能是 0.)

现在设 p 和 q 是 X 中合于 $d_X(p, q)<\delta$ 的点. 根据(18)一定有一个整数 m，$1\leqslant m\leqslant n$，使得 $p\in J(p_m)$，因而

$$d_X(p,p_m) < \frac{1}{2}\Phi(p_m). \tag{20}$$

于是又得到

$$d_X(q,p_m) \leqslant d_X(p,q) + d_X(p,p_m) < \delta + \frac{1}{2}\Phi(p_m) \leqslant \Phi(p_m).$$

最后，由(16)就可证明

$$d_Y(f(p),f(q)) \leqslant d_Y(f(p),f(p_m)) + d_Y(f(q),f(p_m)) < \varepsilon.$$

证毕.

在习题 10 中指出了另一种证法.

现在来证明，在定理 4.14，4.15，4.16 及 4.19 的题设中，紧性是不可缺少的.

4.20 定理 设 E 是 R^1 中不紧的集. 那么

(a) 有在 E 上连续却不是有界的函数.

(b) 有在 E 上连续且有界，却没有最大值的函数.

此外，如果 E 又是有界的，那么

(c) 有在 E 上连续却不一致连续的函数.

证 先设 E 是有界的，因此有一个点设为 x_0，它是 E 的极限点，却不是 E 的点. 考虑

$$f(x)=\frac{1}{x-x_0}\quad(x\in E). \tag{21}$$

这个函数在 E 上连续(定理 4.9)，但显然无界. 为了看出(21)不一致连续，设 $\varepsilon>0$ 与 $\delta>0$ 是任意的，并且取一点 $x\in E$ 使 $|x-x_0|<\delta$，取一个与 x_0 足够近的 t，这时尽管 $|t-x|<\delta$ 还是可以使得 $|f(t)-f(x)|$ 大于 ε. 因为对于每个 $\delta>0$ 都这样，所以 f 在 E 上不一致连续.

由

$$g(x)=\frac{1}{1+(x-x_0)^2}\quad(x\in E) \tag{22}$$

给出的函数 g 在 E 上连续. 又因 $0<g(x)<1$，那么 g 也是有界的. 显然

$$\sup_{x\in E}g(x)=1,$$

然而对于一切 $x\in E$，$g(x)<1$. 所以 E 上没有最大值.

我们已经对有界集 E 证明了这个定理. 现在假设 E 是无界的. 这时，$f(x)=x$ 可以证实(a)，而

$$h(x)=\frac{x^2}{1+x^2}\quad(x\in E) \tag{23}$$

可以证实(b)，这是因为

$$\sup_{x\in E}h(x)=1,$$

并且对一切 $x\in E$，$h(x)<1$.

如果从假设中去掉有界性，论断(c)就不成立了. 例如，设 E 是一切整数的集，那么定义在 E 上的每个函数都在 E 上一致连续. 为了明白这一点，只需取定义 4.18 中的 $\delta<1$.

我们在本节最后证明定理 4.17 中的紧性也是不可缺少的.

4.21 例 设 X 是实直线上的半开区间 $[0,2\pi)$，Y 是一切到原点的距离为 1 的点组成的圆，并且 f 是由

$$f(t)=(\cos t,\sin t)\quad(0\leqslant t<2\pi)\tag{24}$$

定义的使 X 映满 Y 的映射. 三角函数余弦与正弦的连续性，以及它们的周期性，将在第 8 章中建立. 使用这些结果，容易看出，f 是把 X 映满 Y 的连续 1-1 映射.

然而，逆映射(它存在，因为 f 是一对一的并且是映满的)在点$(1,0)=f(0)$不连续. 当然，这个例子中的 X 不是紧的. (尽管 Y 是紧的，而 f^{-1}还是不连续，注意到这一点是有益的.)

连续性与连通性

4.22 定理 设 f 是把连通的度量空间 X 映入度量空间 Y 内的连续映射，E 是 X 的连通子集，那么 $f(E)$是连通的.

证 假如 A，B 是 Y 的两个分离的不空子集，而 $f(E)=A\cup B$. 令 $G=E\cap f^{-1}(A)$，$H=E\cap f^{-1}(B)$.

于是 $E=G\cup H$，且 G 和 H 都不空.

因 $A\subset\bar{A}$(A 的闭包)，所以 $G\subset f^{-1}(\bar{A})$. 因为 f 连续，所以 $f^{-1}(\bar{A})$是闭集，因而 $\bar{G}\subset f^{-1}(\bar{A})$. 于是 $f(\bar{G})\subset\bar{A}$. 因 $f(H)=B$ 且 $\bar{A}\cap B$ 是空集，所以 $\bar{G}\cap H$ 是空集.

同理可知 $G\cap\bar{H}$ 是空集. 因此 G 与 H 是分离的. 但当 E 是连通集时，这不成立.

4.23 定理 设 f 是区间$[a,b]$上的连续实函数. 如果 $f(a)<f(b)$，并且 c 是一个合于 $f(a)<c<f(b)$的数，那么必有一点 $x\in(a,b)$使 $f(x)=c$.

当然，如果 $f(a)>f(b)$也有类似的结果成立. 粗略地说，这个定理是说连续实函数能取得一个区间的一切中间值.

证 根据定理 2.47，$[a,b]$是连通的，于是定理 4.22 说明 $f([a,b])$是 R^1 的连通子集，如果再一次借助于定理 2.47，便得到所要证的论断.

4.24 评注 初看起来，好像定理 4.23 有一条逆定理，也就是说或许会这样想：如果对于任何两点 $x_1<x_2$ 以及 $f(x_1)$与 $f(x_2)$之间的任一数 c 都有(x_1,x_2)中的一点 x，使 $f(x)=c$，那么 f 必须连续.

从例 4.27(d)可以得出结论：并不如此.

间断

如果 x 是函数 f 的定义域中的一点，而在这点 f 不连续，那么我们说 f 在 x 间断. 如果 f 定义在一个闭区间或一个开区间上，那么习惯上把间断分为两类. 在介绍这个分类之前，我们必须定义 f 在 x 的右极限和左极限，对此，分别用 $f(x+)$和 $f(x-)$表示它们.

4.25 定义 设 f 定义在(a,b)上，考虑任一点 x，$a\leqslant x<b$. 如果对于(x,b)

中一切满足 $t_n \to x$ 的序列$\{t_n\}$来说，$f(t_n) \to q$(当 $n \to \infty$)，那么我们就写成

$$f(x+) = q.$$

为了对于 $a < x \leqslant b$ 得到 $f(x-)$的定义，我们把序列$\{t_n\}$限制在$(a,\ x)$之内.

显然，在$(a,\ b)$的任一点 x，$\lim\limits_{t \to x} f(t)$存在，当且仅当

$$f(x+) = f(x-) = \lim_{t \to x} f(t).$$

4.26 定义 设 f 定义在$(a,\ b)$上，如果 f 在一点 x 间断，并且 $f(x+)$和 $f(x-)$都存在，就说 f 在 x 发生了第一类间断，或简单间断. 其他的间断称为第二类间断.

函数发生简单间断的方式有两种：$f(x+) \neq f(x-)$(在这种情况下数值$f(x)$无关紧要)或 $f(x+) = f(x-) \neq f(x)$.

4.27 例

(a) 定义

$$f(x) = \begin{cases} 1 & (\text{当 } x \text{ 是有理数}), \\ 0 & (\text{当 } x \text{ 是无理数}). \end{cases}$$

这时 f 在每个点 x 发生一次第二类间断，因为 $f(x+)$和 $f(x-)$都不存在.

(b) 定义

$$f(x) = \begin{cases} x & (\text{当 } x \text{ 是有理数}), \\ 0 & (\text{当 } x \text{ 是无理数}). \end{cases}$$

这时 f 在 $x=0$ 连续，而在每个其他的点发生第二类间断.

(c) 定义

$$f(x) = \begin{cases} x+2 & (-3 < x < -2), \\ -x-2 & (-2 \leqslant x < 0), \\ x+2 & (0 \leqslant x < 1). \end{cases}$$

这时 f 在 $x=0$ 发生一次简单间断，而在$(-3,\ 1)$的其他每个点连续.

(d) 定义

$$f(x) = \begin{cases} \sin \dfrac{1}{x} & (x \neq 0), \\ 0 & (x = 0). \end{cases}$$

因为 $f(0+)$和 $f(0-)$都不存在，所以 f 在 $x=0$ 发生一次第二类间断. 我们尚未证明 $\sin x$ 是连续函数，如果暂时承认这个结果，那么定理 4.7 就说明 f 在每个点 $x \neq 0$ 连续.

单调函数

现在我们来研究那些在一个给定开区间上不减(或不增)的函数.

4.28 定义 设 f 是 (a, b) 上的实函数. 如果 $a<x<y<b$ 时有 $f(x)\leqslant f(y)$, 便说 f 在 (a, b) 上单调递增. 如果把后一个不等式掉转方向, 就得到单调递减函数的定义. 单调函数类既包含递增的函数也包含递减的函数.

4.29 定理 设 f 在 (a, b) 上单调递增. 那么在 (a, b) 的每个点 x, $f(x+)$ 与 $f(x-)$ 都存在. 更确切些,

$$\sup_{a<t<x} f(t) = f(x-) \leqslant f(x) \leqslant f(x+) = \inf_{x<t<b} f(t). \tag{25}$$

此外, 如果 $a<x<y<b$, 那么

$$f(x+) \leqslant f(y-). \tag{26}$$

关于单调递减的函数, 显然有类似的结果.

证 根据假设, $f(t)$ 在 $a<t<x$ 上的值的集, 以数 $f(x)$ 为上界, 因此有最小上界, 把它记作 A. 显然 $A\leqslant f(x)$, 我们需要证 $A=f(x-)$.

设有 $\varepsilon>0$. 从 A 的定义(它是最小上界), 必然存在着 $\delta>0$, 使得当 $a<x-\delta<x$ 时有

$$A-\varepsilon < f(x-\delta) \leqslant A. \tag{27}$$

由于 f 是单调的, 所以有

$$f(x-\delta) \leqslant f(t) \leqslant A \quad (x-\delta<t<x). \tag{28}$$

把(27)式和(28)式结合起来, 我们就能看到

$$|f(t)-A|<\varepsilon \quad (x-\delta<t<x).$$

所以 $f(x-)=A$.

用完全相同的方法可以证明(25)式的后一半.

其次, 如果 $a<x<y<b$, 从(25)式就知道

$$f(x+) = \inf_{x<t<b} f(t) = \inf_{x<t<y} f(t). \tag{29}$$

后一步相等是把(25)应用到 (a, y) (以代替 (a, b))得出来的. 类似地,

$$f(y-) = \sup_{a<t<y} f(t) = \sup_{x<t<y} f(t). \tag{30}$$

比较(29)和(30)两式, 就得出(26)了.

推论 单调函数没有第二类间断.

这个推论蕴含着如下理论, 即单调函数至多在一个可数点集上间断. 习题 17 里有一个一般的定理, 也列出了证明要点. 这里我们讲一个适用于单调函数的简

单证明，而不必引用这个一般定理.

4.30 定理 设 f 在 (a, b) 上单调，那么 (a, b) 中使 f 间断的点的集至多是可数的.

证 为了确定起见，假定 f 是递增的，并设 E 是使 f 间断的点的集.

对于 E 的每个点 x，我们都联系上一个满足

$$f(x-) < r(x) < f(x+)$$

的有理数 $r(x)$.

由于 $x_1 < x_2$ 时有 $f(x_1+) \leqslant f(x_2-)$，所以 $x_1 \neq x_2$ 时 $r(x_1) \neq r(x_2)$.

这样就在集 E 与有理数集的一个子集之间建立了1-1对应. 我们知道，后者是可数的.

4.31 评注 应该注意到一个单调函数的间断点不一定是孤立点. 事实上，给定 (a, b) 的任一可数子集 E，甚至它可以是稠密的，我们总能构造一个函数 f，在 (a, b) 上单调，在 E 的每一点间断，并且没有 (a, b) 的其他点使 f 间断.

为了证明这一点，设 E 的点排成一个序列 $\{x_n\}$，$n=1, 2, 3, \cdots$. 设 $\{c_n\}$ 是一个正数序列，$\sum c_n$ 收敛. 定义

$$f(x) = \sum_{x_n < x} c_n \quad (a < x < b) \tag{31}$$

这个求和的方法，照下面这样来理解：对那些使 $x_n < x$ 的指标 n 求和. 如果没有点 x_n 在 x 的左边，那么，这个和里没有东西，按通常的约定，定义它为0. 由于(31)绝对收敛，各项排列的顺序无关紧要.

下列 f 的性质的证明留给读者：

(a) f 在 (a, b) 上单调递增；

(b) f 在 E 的每个点间断，事实上，

$$f(x_n+) - f(x_n-) = c_n.$$

(c) f 在 (a, b) 的其他每个点连续.

其次，不难看出在 (a, b) 的所有点上 $f(x-) = f(x)$. 如果一个函数 f 满足这个条件，我们就说 f *左连续*. 如果在(31)中是取遍一切使 $x_n \leqslant x$ 的指标来求和的，就在 (a, b) 的每一点有 $f(x+) = f(x)$，即 f 就是*右连续*的.

这一类函数还可以用其他的方法来定义，作为例子请参看定理6.16.

无限极限与在无穷远点的极限

为了能在广义实数系中作运算，我们用邻域的说法把定义4.1重述一遍，借以扩大它的范围.

对于任一实数 x，我们已经定义了 x 的邻域就是任一开区间 $(x-\delta, x+\delta)$.

4.32 定义 对于任一实数 c，合于 $x > c$ 的实数 x 的集叫作 $+\infty$ 的一个邻

域，记作$(c, +\infty)$．类似地，集$(-\infty, c)$是$-\infty$的一个邻域．

4.33　定义　设 f 是定义在 E 上的实函数，A 与 x 在广义实数系中．如果对于 A 的每个邻域 U 存在着 x 的一个邻域 V，使得 $V\cap E$ 不空，并且对一切 $t\in V\cap E$，$t\neq x$，有 $f(t)\in U$．我们说

$$\text{当 } t\to x \text{ 时}\quad f(t)\to A.$$

稍微考虑即可看出，当 A 和 x 是实数时，这与定义 4.1 是一致的．

同定理 4.4 类似的定理仍然成立．它的证明并没有什么新的东西．为了完备起见，我们把它叙述出来．

4.34　定理　*设 f 与 g 定义在 E 上，假定当 $t\to x$ 时*

$$f(t)\to A,\ g(t)\to B,$$

那么

(a) $f(t)\to A'$ 则有 $A'=A$，

(b) $(f+g)(t)\to A+B$，

(c) $(fg)(t)\to AB$，

(d) $(f/g)(t)\to A/B$，

只要(b)，(c)，(d)的右端有定义．

注意$\infty-\infty$，$0\cdot\infty$，∞/∞，$A/0$ 是没有定义的．（参看定义 1.23.）

习题

1. 设 f 是定义在 R^1 上的实函数，它对于每个 $x\in R^1$，满足

$$\lim_{h\to 0}[f(x+h)-f(x-h)]=0.$$

这是不是意味着 f 连续呢？

2. 如果 f 是把度量空间 X 映入度量空间 Y 内的连续映射．证明对一切集$E\subset X$，

$$f(\bar{E})\subset\overline{f(E)}$$

（$\bar{E}$ 是 E 的闭包）．举例说明 $f(\bar{E})$可以是$\overline{f(E)}$的真子集．

3. 设 f 是度量空间 X 上的连续实函数，令 $Z(f)$（f 的零点集）是使 $f(p)=0$ 的一切 $p\in X$ 所成的集．证明 $Z(f)$是闭集．

4. 设 f 与 g 是把度量空间 X 映入度量空间 Y 内的连续映射，E 是 X 的稠密子集．证明 $f(E)$在 $f(X)$中是稠密的．如果对一切 $p\in E$，$g(p)=f(p)$，证明对一切 $p\in X$，$g(p)=f(p)$．（换句话说，连续映射由它的定义域的一个稠密子集所确定．）

5. 设 f 是定义在闭集 $E\subset R^1$ 上的连续实函数．证明存在着 R^1 上的连续实

函数 g，使得 $g(x)=f(x)$ 对一切 $x\in E$ 成立.（这样的函数 g 叫作 f 的从 E 到 R^1 的连续开拓.）证明：如果去掉"闭"字，这个结论就可能不成立. 试把这个结论扩充到向量值函数上去. 提示：让 g 的图像在组成 E 的余集的每个开区间上，是直线段(参看第2章习题29). 如果把 R^1 换成任意的度量空间，这个结论仍然成立，但是它的证明就不这么简单了.

6. 如果 f 定义在 E 上，那么 f 的图像就是点 $(x, f(x))$ 所成的集，其中 $x\in E$. 特别地，如果 E 是实数的一个集，并且 f 还是实值的，那么 f 的图像便是平面的一个子集.

设 E 是紧的，证明：f 在 E 上连续当且仅当它的图像是紧的.

7. 如果 $E\subset X$，且 f 是定义在 X 上的函数，那么 f 在 E 上的约束，指的是这样一个函数 g，它的定义域是 E，并且对于 $p\in E$，$g(p)=f(p)$. 在 R^2 上定义 f 与 g：$f(0, 0)=g(0, 0)=0$；而当 $(x, y)\neq(0, 0)$ 时，$f(x, y)=xy^2/(x^2+y^4)$，$g(x, y)=xy^2/(x^2+y^6)$. 证明 f 在 R^2 上有界，g 在 $(0, 0)$ 的每个邻域中无界，并且 f 在 $(0, 0)$ 不连续，但是 f 与 g 在 R^2 中每一直线上的约束都是连续的.

8. 设 f 是 R^1 中有界集 E 上的一致连续实函数. 证明 f 在 E 上有界.

如果把 E 的有界性从假设中去掉，证明这个结论不成立.

9. 证明一致连续的定义中的要求，可以用集的直径的说法改述如下：对于每个 $\varepsilon>0$，存在着 $\delta>0$，对于一切 $\operatorname{diam}E<\delta$ 的 $E\subset X$ 来说，$\operatorname{diam}f(E)<\varepsilon$.

10. 把下列对定理 4.19 所做的另一种证明进行详细的补充：如果 f 不一致连续，那么对于某个 $\varepsilon>0$，有 X 里的两个序列 $\{p_n\}$，$\{q_n\}$，虽然 $d_X(p_n, q_n)\to 0$，但是 $d_Y(f(p_n), f(q_n))>\varepsilon$. 用定理 2.37 去找矛盾.

11. 设 f 是把度量空间 X 映入度量空间 Y 内的一致连续映射. 证明如果 $\{x_n\}$ 是 X 中的柯西序列，那么 $\{f(x_n)\}$ 就是 Y 中的柯西序列. 利用这个结果，对习题 13 中所说的定理作另一种证明.

12. 一致连续函数的一致连续函数是一致连续函数.

把这句话更精确地叙述出来，并证明它.

13. 设 E 是度量空间 X 的稠密子集. 再设 f 是在 E 上定义的一致连续的实函数. 证明 f 有一个从 E 到 X 的连续开拓(名词见习题 5)(唯一性是习题 4 的直接结果).

提示：对于每个 $p\in X$ 和每个正整数 n，把满足 $d(p, q)<\frac{1}{n}$ 的一切 $q\in E$ 的集记为 $V_n(p)$. 用习题 9 证明 $f(V_1(p))$，$f(V_2(p))$，…的闭包的交只有一个点，比如说是 R^1 中的 $g(p)$. 证明如此定义的函数 g，就是所求的 f 的开拓.

能把值域空间 R^1 换成 R^k 吗？换成任何紧度量空间行吗？换成任何完备度量空间或任何度量空间行不行？

14. 令 $I=[0, 1]$ 是单位闭区间. 设 f 是把 I 映入 I 内的连续映射. 证明至少有一个 $x\in I$，满足 $f(x)=x$.

15. 设 f 是把 X 映入 Y 内的映射. 如果它把 X 中的每个开集 V 映成 Y 中的开集 $f(V)$，就说 f 是开映射.

证明把 R^1 映入 R^1 内的每个连续开映射是单调的.

16. 令 $[x]$ 表示不超过 x 的最大整数，即 $[x]$ 是满足 $x-1<[x]\leqslant x$ 的整数. 又设 $(x)=x-[x]$ 表示 x 的小数部分. 函数 $[x]$ 与 (x) 各有什么样的间断?

17. 设 f 是定义在 (a,b) 上的实函数. 证明使 f 发生简单间断的点所成的集是至多可数的. 提示：设 E 是使 $f(x-)<f(x+)$ 的点 x 所成的集. 把 E 的每个点 x 联系上有理数的一个三元组 (p,q,r)，p,q,r 要满足

(a) $f(x-)<p<f(x+)$,

(b) $a<q<t<x$ 蕴含 $f(t)<p$,

(c) $x<t<r<b$ 蕴含 $f(t)>p$.

一切这样的三元组构成可数集. 证明每个三元组至多与 E 的一个点相联系. 对其他可能类型的简单间断点，可类似地处理.

18. 每个有理数 x 能写成 $x=m/n$ 的形式，其中 $n>0$，并且 m,n 是没有公因数的整数. 当 $x=0$ 时，我们取 $n=1$. 考虑在 R^1 上，由

$$f(x)=\begin{cases}0 & (\text{当 } x \text{ 是无理数})\\ \dfrac{1}{n} & (\text{当 } x=m/n)\end{cases}$$

定义的函数 f. 证明 f 在每个无理点连续，并且在每个有理点，f 有一个简单间断.

19. 设 f 是定义在 R^1 上的实函数，并且具有中间值性质，即如果 $f(a)<c<f(b)$，那么，在 a，b 之间有一个 x，使 $f(x)=c$.

再假定当 r 是有理数时，由满足 $f(x)=r$ 的一切 x 组成闭集.

证明 f 是连续函数.

提示：如果 $x_n\to x_0$，但有某个 r，它对于一切 n 总是 $f(x_n)>r>f(x_0)$，那么 x_n 与 x_0 之间一定有一个 t_n，$f(t_n)=r$. 于是 $t_n\to x_0$. 找出矛盾. (美国数学月刊 1966 年卷 73，第 782 页. N. J. Fine.)

20. 如果 E 是度量空间 X 的非空子集. 定义 $x\in X$ 到 E 的距离为

$$\rho_E(x)=\inf_{z\in E} d(x,z).$$

(a) 证明 $\rho_E(x)=0$ 当且仅当 $x\in\bar{E}$.

(b) 对一切 $x\in X$，$y\in X$，证明

$$|\rho_E(x)-\rho_E(y)|\leqslant d(x,y).$$

然后借此证明 ρ_E 是 X 上的一致连续函数.

提示：$\rho_E(x)\leqslant d(x,z)\leqslant d(x,y)+d(y,z)$，因此

$$\rho_E(x) \leqslant d(x,y) + \rho_E(y).$$

21. 设 K 与 F 是度量空间 X 中不相交的集，K 是紧的，F 是闭的. 证明 $p\in K$，$q\in F$ 时，必有 $\delta>0$ 合于 $d(p, q)>\delta$. 提示：ρ_F 是 K 上的连续正值函数.

再证，如果这两个不相交的集都是闭集，但都不是紧集，那么结论可能不成立.

22. 设 A 与 B 是度量空间 X 中的不相交非空闭集，并且定义

$$f(p) = \frac{\rho_A(p)}{\rho_A(p) + \rho_B(p)} \quad (p \in X).$$

证明 f 是 X 上的连续函数，它的值域属于[0, 1]，在 A 上 $f(p)=0$，而在 B 上 $f(p)=1$. 这就建立了习题 3 的一个逆命题：每个闭集 $A\subset X$ 必为 X 上某个实函数 f 的 $Z(f)$.

令

$$V = f^{-1}\left(\left[0,\frac{1}{2}\right)\right), W = f^{-1}\left(\left(\frac{1}{2},1\right]\right).$$

证明 V 与 W 都是开的，而且不相交. 再证 $A\subset V$，$B\subset W$.（这样，在度量空间中，一对不相交的闭集能用一对不相交的开集覆盖. 度量空间的这个性质称为正规性.）

23. 定义在(a, b)上的实值函数 f 叫作凸的，如果 $a<x<b$，$a<y<b$，$0<\lambda<1$ 时，

$$f(\lambda x + (1-\lambda)y) \leqslant \lambda f(x) + (1-\lambda)f(y).$$

证明每个凸函数是连续函数. 再证凸函数的递增凸函数是凸函数.（例如，如果 f 是凸函数，那么 e^f 也是凸函数.）

如果 f 是(a, b)上的凸函数，并且 $a<s<t<u<b$，证明

$$\frac{f(t)-f(s)}{t-s} \leqslant \frac{f(u)-f(s)}{u-s} \leqslant \frac{f(u)-f(t)}{u-t}.$$

24. 设 f 是定义在(a, b)上的连续实值函数，并且对于一切 x，$y\in(a, b)$，

$$f\left(\frac{x+y}{2}\right) \leqslant \frac{f(x)+f(y)}{2},$$

证明 f 是凸函数.

25. 如果 $A\subset R^k$ 及 $B\subset R^k$，定义 $A+B$ 为由一切的和 $\mathbf{x}+\mathbf{y}$ 组成的集，这里 $\mathbf{x}\in A$，$\mathbf{y}\in B$.

(a) 如果 K 是 R^k 里的紧子集，而 C 是 R^k 里的闭子集，证明 $K+C$ 是闭集.
提示：取 $\mathbf{z}\notin K+C$，令 $F=\mathbf{z}-C$ 为由一切 $\mathbf{z}-\mathbf{y}$ 组成的集，这里 $\mathbf{y}\in C$. 那么

K 与 F 不相交. 像习题 21 那样选一个 δ. 证明以 z 为球心，以 δ 为半径的球与 $K+C$不相交.

(b) 设 a 是一个无理数，C_1 为一切正整数构成的集，C_2 是一切 na 构成的集，$n\in C_1$. 证明 C_1 与 C_2 是 R^1 的闭子集，但它们的和 C_1+C_2 不闭. 后面一点由证明 C_1+C_2 是 R^1 的可数稠子集推得.

26. 设 X，Y，Z 是度量空间，Y 是紧的. 设 f 把 X 映入 Y 内，g 是 Y 到 Z 内的一一连续映射，并且对于 $x\in X$，令 $h(x)=g(f(x))$.

证明：如果 h 一致连续，那么，f 就一致连续.

提示：g^{-1}的定义域 $g(Y)$是紧的，而 $f(x)=g^{-1}(h(x))$.

再证，如果 h 连续，f 就连续.

(把例 4.21 修改一下，或者举个其他的例子)证明 Y 是紧的这个假定不能省略，即使 X 和 Z 都是紧的也是这样.

第5章　微　分　法

本章除最后一节外，我们集中注意于定义在闭区间或开区间上的实函数，这不是为了方便，而是因为当我们从实函数转到向量值函数的时候，本质的差别就出现了，定义在 R^k 上的函数的微分法，以后在第 9 章讨论.

实函数的导数

5.1　定义　设 f 是定义在 $[a, b]$ 上的实值函数，对于任意的 $x \in [a, b]$，作(差)商

$$\varphi(t)=\frac{f(t)-f(x)}{t-x} \quad (a<t<b, t \neq x), \tag{1}$$

然后定义

$$f'(x)=\lim_{t \to x} \varphi(t), \tag{2}$$

但是这里要假定等式右端(按定义 4.1)的极限存在.

于是联系着函数 f 有一个函数 f'，它的定义域是 $[a, b]$ 中所有使极限(2)存在的 x 点的集，f' 叫作 f 的导(函)数.

如果 f' 在 x 点有定义，便说 f 在 x 点可微(或可导). 如果 f' 在集 $E \subset [a, b]$ 的每一点有定义，便说 f 在 E 上可微.

可以在(2)内考虑左极限或右极限，这就引出了左导数和右导数的定义. 特别是在端点 a，b 上，导数(如果存在的话)分别是右导数和左导数. 但是我们对单侧导数不作详细讨论.

如果 f 定义在开区间 (a, b) 内，且若 $a<x<b$，这时和前边一样，$f'(x)$ 还是由(1)，(2)来定义，但是这时 $f'(a)$ 和 $f'(b)$ 就没有定义了.

5.2　定理　*设 f 定义在 $[a, b]$ 上. 如果 f 在点 $x \in [a, b]$ 可微，那么 f 在 x 点连续.*

证　由定理 4.4，当 $t \to x$ 时，有

$$f(t)-f(x)=\frac{f(t)-f(x)}{t-x} \cdot (t-x) \to f'(x) \cdot 0=0$$

证毕.

定理的逆命题不成立. 在某些孤立点不可微的连续函数是不难制造的. 在第 7 章，甚至我们还将得到一个在整个直线上连续但处处不可微的函数.

5.3　定理　*设 f 和 g 定义在 $[a, b]$ 上，并且都在点 $x \in [a, b]$ 可微，那么 $f+g$，fg，f/g 便也在 x 点可微，而且*

(a) $(f+g)'(x)=f'(x)+g'(x)$；

(b) $(fg)'(x)=f'(x)g(x)+f(x)g'(x)$；

(c) $\left(\frac{f}{g}\right)'(x)=\frac{g(x)f'(x)-g'(x)f(x)}{g^2(x)}$.

对于(c)，自然要假定 $g(x)\neq 0$.

证　由定理 4.4，(a)显然成立.

令 $h=fg$，那么

$$h(t)-h(x)=f(t)[g(t)-g(x)]+g(x)[f(t)-f(x)].$$

两端除以 $t-x$，再注意当 $t\to x$ 时 $f(t)\to f(x)$(定理 5.2). (b)就被证明了.

再令 $h=f/g$，那么

$$\frac{h(t)-h(x)}{t-x}=\frac{1}{g(t)g(x)}\left[g(x)\,\frac{f(t)-f(x)}{t-x}\right.$$
$$\left.-f(x)\,\frac{g(t)-g(x)}{t-x}\right].$$

令 $t\to x$，并且应用定理 4.4 及定理 5.2，便可以得到(c).

5.4　例　显然任何常数的导数是零. 如果 f 定义为 $f(x)=x$，那么 $f'(x)=1$. 重复运用(b)和(c)，便可以证明 x^n 是可微的，导函数为 nx^{n-1}，这里的 n 是任何整数.（如果 $n<0$，必须限于 $x\neq 0$）. 于是每个多项式是可微的，因而每个有理函数除掉在那些使分母为零的点以外也是可微的.

下一定理，通常称为微分法的“链规则”，用来求复合函数导数，它可能是求导数的最重要的定理. 在第 9 章还会看到它的更普遍的说法.

5.5　定理　设 f 在$[a, b]$上连续，$f'(x)$在某点 $x\in[a, b]$存在，g 定义在一个包含 f 的值域的区间 I 上，又在点 $f(x)$可微. 如果

$$h(t)=g(f(t)),\quad (a\leqslant t\leqslant b)$$

那么 h 在 x 点可微，并且

$$h'(x)=g'(f(x))f'(x). \tag{3}$$

证　设 $y=f(x)$，从导数定义，知道

$$f(t)-f(x)=(t-x)[f'(x)+u(t)], \tag{4}$$
$$g(s)-g(y)=(s-y)[g'(y)+v(s)], \tag{5}$$

这里 $t\in[a, b]$，$s\in I$，并且当 $t\to x$ 时，$u(t)\to 0$，当 $s\to y$ 时 $v(s)\to 0$. 现在令 $s=f(t)$，先用(5)，然后用(4)便可以得到

$$h(t)-h(x)=g(f(t))-g(f(x))$$

$$=[f(t)-f(x)]\cdot[g'(y)+v(s)]$$
$$=(t-x)\cdot[f'(x)+u(t)]\cdot[g'(y)+v(s)]$$

设 $t\neq x$，

$$\frac{h(t)-h(x)}{t-x}=[g'(y)+v(s)]\cdot[f'(x)+u(t)]. \tag{6}$$

由于 f 的连续性，知道当 $t\to x$ 时，$s\to y$，于是(6)式右端趋于 $g'(y)f'(x)$，这就得到了(3)式.

5.6 例

(a) 设 f 定义为

$$f(x)=\begin{cases}x\sin\dfrac{1}{x} & (x\neq 0),\\ 0 & (x=0).\end{cases} \tag{7}$$

先承认 $\sin x$ 的导数是 $\cos x$(我们在第 8 章里讨论三角函数). 当 $x\neq 0$ 时我们可以运用定理 5.3 及定理 5.5，得到

$$f'(x)=\sin\frac{1}{x}-\frac{1}{x}\cos\frac{1}{x}\quad(x\neq 0). \tag{8}$$

在 $x=0$，由于 $1/x$ 无定义，便不能用这两个定理了，现在直接按导数定义来计算. 对于 $t\neq 0$

$$\frac{f(t)-f(0)}{t-0}=\sin\frac{1}{t}.$$

当 $t\to 0$ 时，这不能趋于任何极限，所以 $f'(0)$不存在.

(b) 设 f 定义为

$$f(x)=\begin{cases}x^2\sin\dfrac{1}{x} & (x\neq 0)\\ 0 & (x=0)\end{cases} \tag{9}$$

像刚才一样，可以求得

$$f'(x)=2x\sin\frac{1}{x}-\cos\frac{1}{x}\quad(x\neq 0) \tag{10}$$

在 $x=0$，按导数定义计算，得到

$$\left|\frac{f(t)-f(0)}{t-0}\right|=\left|t\sin\frac{1}{t}\right|\leqslant|t|\quad(t\neq 0)$$

令 $t\to 0$，就知道

$$f'(0)=0 \tag{11}$$

所以 f 在所有点 x 可微，但是 f' 不是连续函数，这因为(10)式右端第二项 $\cos\frac{1}{x}$，当 $x\to 0$ 时不趋于任何极限.

中值定理

5.7 定义 设 f 是定义在度量空间 X 上的实值函数，称 f 在点 $p\in X$ 取得局部极大值，如果存在着 $\delta>0$，当 $d(p,q)<\delta$ 而且 $q\in X$ 时有 $f(q)\leqslant f(p)$.

局部极小值可以类似定义.

下面的定理是导数的许多应用的基础.

5.8 定理 设 f 定义在 $[a,b]$ 上；$x\in[a,b]$，如果 f 在 x 点取得局部极大值而且 $f'(x)$ 存在，那么，$f'(x)=0$.

对于局部极小值的类似的命题，自然也是对的.

证 按照定义 5.7 选取 δ，那么

$$a<x-\delta<x<x+\delta<b$$

若是 $x-\delta<t<x$，就应该

$$\frac{f(t)-f(x)}{t-x}\geqslant 0$$

令 $t\to x$，便知道 $f'(x)\geqslant 0$.

若是 $x<t<x+\delta$，就应该

$$\frac{f(t)-f(x)}{t-x}\leqslant 0,$$

这又将表示 $f'(x)\leqslant 0$，所以 $f'(x)=0$.

5.9 定理 设 f 是 $[a,b]$ 上的连续实函数，它们在 (a,b) 中可微，那么便有一点 $x\in(a,b)$，使得

$$[f(b)-f(a)]g'(x)=[g(b)-g(a)]f'(x).$$

注意：并不要求在区间端点上可微.

证 令

$$h(t)=[f(b)-f(a)]g(t)-[g(b)-g(a)]f(t),\quad a\leqslant t\leqslant b.$$

那么 h 在 $[a,b]$ 上连续，在 (a,b) 内可微，而且

$$h(a)=f(b)g(a)-f(a)g(b)=h(b). \tag{12}$$

要证本定理，就得证明在某点 $x\in(a,b)$，$h'(x)=0$.

如果 h 是常数，那么不论在哪一点 $x\in(a,b)$，都有 $h'(x)=0$. 如果有某个 $t\in(a,b)$ 使得 $h(t)>h(a)$，设 x 是使 h 达到最大值的点(定理 4.16)，从(12)来

看，$x\in(a, b)$，于是定理 5.8 说明 $h'(x)=0$. 如果有某个 $t\in(a, b)$ 使得 $h(t)<h(a)$，只要把在 $[a, b]$ 内的那个 x 选得使 h 达到它的最小值，上述论证仍然有效.

这个定理常常叫作一般中值定理；下面的特殊情形就是通常所说的中值定理.

5.10 定理 设 f 是定义在 $[a, b]$ 上的实连续函数，在 (a, b) 内可微，那么一定有一点 $x\in(a, b)$，使得

$$f(b)-f(a)=(b-a)f'(x).$$

证 在定理 5.9 中取 $g(x)=x$ 即得.

5.11 定理 设 f 在 (a, b) 内可微.

(a) 如果对于所有 $x\in(a, b)$，$f'(x)\geqslant 0$，那么 f 便是单调递增的.

(b) 如果对于所有 $x\in(a, b)$，$f'(x)=0$，那么 f 便是常数.

(c) 如果对于所有 $x\in(a, b)$，$f'(x)\leqslant 0$，那么 f 便是单调递减的.

证 所有结论都可以从下列等式获得：

$$f(x_2)-f(x_1)=(x_2-x_1)f'(x),$$

这等式对于 (a, b) 中的任意一对点 x_1，x_2 都成立，而 x 是 x_1 与 x_2 之间的某个点.

导数的连续性

我们已经看到(例 5.6(b))一个函数 f 可以有处处存在、但在某些点间断的导数 f'. 可是，并不是每个函数必是个导函数. 特别的一点是，在一个闭区间上处处存在的导函数与闭区间上的连续函数之间，却有一个重要的共同性质：任何中间值都能取到(比较定理 4.23). 确切的表述如下.

5.12 定理 设 f 是 $[a, b]$ 上的实值可微函数，再设 $f'(a)<\lambda<f'(b)$，那么必有一点 $x\in(a, b)$ 使 $f'(x)=\lambda$.

对于 $f'(a)>f'(b)$ 的情形，当然也有类似的结果.

证 令 $g(t)=f(t)-\lambda t$. 于是 $g'(a)<0$，从而有某个 $t_1\in(a, b)$ 使得 $g(t_1)<g(a)$；同样，$g'(b)>0$，从而有某个 $t_2\in(a, b)$ 使得 $g(t_2)<g(b)$. 因此，据定理 4.16，g 在 (a, b) 的某点 x 上达到它在 $[a, b]$ 上的最小值. 再据定理 5.8，$g'(x)=0$. 因而 $f'(x)=\lambda$.

推论 如果 f 在 $[a, b]$ 上可微，那么 f' 在 $[a, b]$ 上便不能有简单间断.

但是 f' 很可能有第二类间断.

L'Hospital 法则

下面的定理在求极限时时常用到.

5.13 定理 假设实函数 f 和 g 在 (a, b) 内可微，而且对于所有 $x\in(a, b)$，

$g'(x)\neq 0$. 这里$-\infty\leqslant a<b\leqslant+\infty$. 已知

$$\text{当 } x\to a \text{ 时}, \frac{f'(x)}{g'(x)}\to A, \tag{13}$$

如果

$$\text{当 } x\to a \text{ 时}, f(x)\to 0, g(x)\to 0, \tag{14}$$

或

$$\text{当 } x\to a \text{ 时}, g(x)\to +\infty, \tag{15}$$

那么

$$\text{当 } x\to a \text{ 时}, \frac{f(x)}{g(x)}\to A. \tag{16}$$

如果是 $x\to b$，或者(15)中如果是 $g(x)\to-\infty$，各种类似的叙述自然也都是正确的. 注意，我们现在是按照定义 4.33 推广了的意义来使用极限概念的.

证 先考虑$-\infty\leqslant A<+\infty$的情形. 选择一个实数 q 使 $A<q$，再选一个 r 使 $A<r<q$. 由(13)知道有一点 $c\in(a, b)$，使得当 $a<x<c$ 有

$$\frac{f'(x)}{g'(x)}<r. \tag{17}$$

如果 $a<x<y<c$，那么定理 5.9 说明有一点 $t\in(x, y)$使得

$$\frac{f(x)-f(y)}{g(x)-g(y)}=\frac{f'(t)}{g'(t)}<r. \tag{18}$$

先看(14)成立的情形. 在(18)中令 $x\to a$，便看到

$$\frac{f(y)}{g(y)}\leqslant r<q \quad (a<y<c). \tag{19}$$

再看(15)成立的情形. 在(18)中让 y 固定，我们可以选一点 $c_1\in(a, y)$，使 $a<x<c_1$ 能够保证 $g(x)>g(y)$及 $g(x)>0$. 将(18)两端乘以$[g(x)-g(y)]/g(x)$，便得到

$$\frac{f(x)}{g(x)}<r-r\frac{g(y)}{g(x)}+\frac{f(y)}{g(x)} \quad (a<x<c_1). \tag{20}$$

如果在(20)式中令 $x\to a$，(15)式说明必有一点 $c_2\in(a, c_1)$使

$$\frac{f(x)}{g(x)}<q \quad (a<x<c_2). \tag{21}$$

总之，(19)与(21)式都说明对于任意的 q，只要 $A<q$，便有一点 c_2，使得 $a<x<c_2$ 足以保证 $f(x)/g(x)<q$.

同理，若是$-\infty<A\leqslant+\infty$，选择$p<A$，便可以找到一点$c_3$，使得

$$p<\frac{f(x)}{g(x)}\quad (a<x<c_3). \tag{22}$$

结合起这两方面就得到了(16)式.

高阶导数

5.14 定义 如果f在一个区间上有导函数f'，而f'自身又是可微的，把f'的导函数记作f''，叫作f的二阶导数. 照这样继续下去就得到

$$f,f',f'',f^{(3)},\cdots,f^{(n)},$$

这许多函数，其中每一个是前一个的导函数. $f^{(n)}$叫作f的n阶导函数.

为了要$f^{(n)}(x)$在x点存在，$f^{(n-1)}(x)$必须在x点的某个邻域里存在(当x是定义f的区间的端点时，$f^{(n-1)}(x)$必须在它有意义的那个单侧邻域里存在)，而且$f^{(n-1)}$必须在x点可微. 因为$f^{(n-1)}$必须在x的邻域里存在，那么，$f^{(n-2)}$又必须在x的邻域里可微.

Taylor 定理

5.15 定理 设f是$[a,b]$上的实函数，n是正整数，$f^{(n-1)}$在$[a,b]$上连续，$f^{(n)}(t)$对每个$t\in(a,b)$存在. 设α，β是$[a,b]$中的不同的两点，再规定

$$P(t)=\sum_{k=0}^{n-1}\frac{f^{(k)}(\alpha)}{k!}(t-\alpha)^k, \tag{23}$$

那么，在α与β之间一定存在着一点x，使得

$$f(\beta)=P(\beta)+\frac{f^{(n)}(x)}{n!}(\beta-\alpha)^n. \tag{24}$$

当$n=1$时，这就是中值定理. 一般地说，这定理说明f能被一个$n-1$次多项式逼近；如果能知道$|f^{(n)}(x)|$的上界，(24)还可以使我们估计误差.

证 设M是由

$$f(\beta)=P(\beta)+M(\beta-\alpha)^n \tag{25}$$

决定的数. 再令

$$g(t)=f(t)-P(t)-M(t-\alpha)^n\quad (a\leqslant t\leqslant b). \tag{26}$$

现在需要证明在α与β之间有某个x满足$n!M=f^{(n)}(x)$. 由(23)式及(26)式知道

$$g^{(n)}(t)=f^{(n)}(t)-n!M\quad (a<t<b), \tag{27}$$

因而如果能证明 α 与 β 之间有某个 x 使 $g^{(n)}(x)=0$，证明就完成了.

因为 $P^{(k)}(\alpha)=f^{(k)}(\alpha)$ 对于 $k=0$，…，$n-1$ 成立，所以

$$g(\alpha)=g'(\alpha)=\cdots=g^{(n-1)}(\alpha)=0. \tag{28}$$

M 的选取方法说明 $g(\beta)=0$，由于 $g(\alpha)=g(\beta)=0$，在 α 与 β 之间有某个 x_1 使 $g'(x)=0$(用中值定理)，由于 $g'(\alpha)=g'(x_1)=0$，在 α 与 x_1 之间有某个 x_2 使 $g''(x_2)=0$，如此推演 n 次，达到的结论是：在 α 与 x_{n-1} 之间有某个 x_n 使 $g^{(n)}(x_n)=0$，x_n 在 α 与 x_{n-1} 之间，必然也在 α 与 β 之间.

向量值函数的微分法

5.16 评注 定义 5.1 可以毫无改变地用到定义在 $[a,b]$ 上的复值函数上，定理 5.2 及定理 5.3 连同它们的证明依然有效. 如果 f_1 和 f_2 分别是 f 的实部和虚部. 即如果

$$f(t)=f_1(t)+if_2(t)$$

$(a\leqslant t\leqslant b)$，$f_1(t)$，$f_2(t)$ 是实的，那么显然有

$$f'(x)=f'_1(x)+if'_2(x). \tag{29}$$

并且 f 在 x 点可微当且仅当 f_1，f_2 都在 x 点可微.

转到一般向量值函数，就是转到把 $[a,b]$ 映入 R^k 内的映射 $\mathbf{f}$ 时，仍然可以用定义 5.1 来定义 $\mathbf{f}'(x)$. 现在(1)中的 $\varphi(t)$ 对于每个 t 是 R^k 中的一点，(2)中的极限是对于 R^k 的范数来取的. 换句话说，$\mathbf{f}'(x)$ 是 R^k 中的一点(如果存在的话)，它满足

$$\lim_{t\to x}\left|\frac{\mathbf{f}(t)-\mathbf{f}(x)}{t-x}-\mathbf{f}'(x)\right|=0, \tag{30}$$

$\mathbf{f}'$ 仍然是在 R^k 中取值的函数.

如果 f_1，…，f_k 是 $\mathbf{f}$ 的分量，就是定理 4.10 中所定义的分量，那么

$$\mathbf{f}'=(f'_1,\cdots,f'_k), \tag{31}$$

而且 $\mathbf{f}$ 在 x 点可微当且仅当 f_1，…，f_k 都在 x 点可微.

定理 5.2 在本节内照样成立，定理 5.3(a)、(b)也成立，只是要把 $\mathbf{fg}$ 换作内积 $\mathbf{f}\cdot\mathbf{g}$(定义 4.3).

但是对于中值定理以及它的一个推论——L'Hospital 法则，情况却发生了变化. 下面两个例子说明它们对于向量值函数不再有效.

5.17 例 对于实数 x，定义

$$f(x)=e^{ix}=\cos x+i\sin x. \tag{32}$$

(上式可以作为复指数幂 e^{ix} 的定义，在第 8 章还要充分讨论这些函数). 这时

$$f(2\pi)-f(0)=1-1=0, \tag{33}$$

但是

$$f'(x)=ie^{ix}, \tag{34}$$

所以对于一切实数 x，$|f'(x)|=1$.

于是定理 5.10 在这种情形下不再成立.

5.18 例 在区间(0，1)内，定义 $f(x)=x$ 及

$$g(x)=x+x^2e^{i/x^2}. \tag{35}$$

因为对于一切实数 t 都有 $|e^{it}|=1$，这就不难看到

$$\lim_{x\to 0}\frac{f(x)}{g(x)}=1. \tag{36}$$

其次，

$$g'(x)=1+\left\{2x-\frac{2i}{x}\right\}e^{i/x^2}\quad(0<x<1), \tag{37}$$

所以

$$|g'(x)|\geqslant\left|2x-\frac{2i}{x}\right|-1\geqslant\frac{2}{x}-1. \tag{38}$$

因此

$$\left|\frac{f'(x)}{g'(x)}\right|=\frac{1}{|g'(x)|}\leqslant\frac{x}{2-x}, \tag{39}$$

于是

$$\lim_{x\to 0}\frac{f'(x)}{g'(x)}=0. \tag{40}$$

(36)与(40)式说明，L'Hospital 法则在这种情形上失效了. 还要注意，从(38)来看，在(0，1)上 $g'(x)\neq 0$.

然而，中值定理有一个推论对于向量值函数来说仍然适用，如果说用场的话，这个推论差不多和中值定理一样. 由定理 5.10 可以直接推出：

$$|f(b)-f(a)|\leqslant(b-a)\sup_{a<x<b}|f'(x)|. \tag{41}$$

5.19 定理 *设 $\mathbf{f}$ 是把$[a,b]$映入 R^k 内的连续映射，并且 $\mathbf{f}$ 在(a,b)内可微，那么，必有 $x\in(a,b)$，使得*

$$|\mathbf{f}(b)-\mathbf{f}(a)|\leqslant(b-a)|\mathbf{f}'(x)|.$$

证[⊖] 设 $\mathbf{z}=\mathbf{f}(b)-\mathbf{f}(a)$，且定义

⊖ V. P. Havin 将本书第 2 版译成了俄文，并在原证明下边加了这个证明.

$$\varphi(t) = \mathbf{z} \cdot \mathbf{f}(t) \quad (a \leqslant t \leqslant b).$$

于是 φ 是$[a, b]$上的实值连续函数，并在(a, b)内可微．所以由中值定理，必有某个 $x \in (a, b)$使得

$$\varphi(b) - \varphi(a) = (b-a)\varphi'(x) = (b-a)\mathbf{z} \cdot \mathbf{f}'(x).$$

另一方面，

$$\varphi(b) - \varphi(a) = \mathbf{z} \cdot \mathbf{f}(b) - \mathbf{z} \cdot \mathbf{f}(a) = \mathbf{z} \cdot \mathbf{z} = |\mathbf{z}|^2.$$

用 Schwarz 不等式得到

$$|\mathbf{z}|^2 = (b-a)|\mathbf{z} \cdot \mathbf{f}'(x)| \leqslant (b-a)|\mathbf{z}||\mathbf{f}'(x)|.$$

因此，$|\mathbf{z}| \leqslant (b-a)|\mathbf{f}'(x)|$．证毕.

习题

1．设 f 对于所有实数有定义，并且假定对于一切实数 x 及 y

$$|f(x) - f(y)| \leqslant (x-y)^2.$$

证明 f 是常数.

2．设在(a, b)内 $f'(x) > 0$，试证 f 在(a, b)内严格递增.

又令 g 是 f 的反函数．试证 g 可微，并且

$$g'(f(x)) = \frac{1}{f'(x)} \quad (a < x < b).$$

3．设 g 是 R^1 上的实函数，并且它的导数有界(比如说 $|g'| \leqslant M$)．固定了 $\varepsilon > 0$，再定义 $f(x) = x + \varepsilon g(x)$．试证，当 ε 足够小的时候，f 就是 1-1 的．(ε 所可能取的值的集，是能够确定出来的，它只与 M 有关.)

4．若 $C_0, \cdots, C_n$ 都是实常数，而

$$C_0 + \frac{C_1}{2} + \cdots + \frac{C_{n-1}}{n} + \frac{C_n}{n+1} = 0,$$

试证方程

$$C_0 + C_1 x + \cdots + C_{n-1} x^{n-1} + C_n x^n = 0$$

在$(0, 1)$内至少有一个实根.

5．设 f 对一切 $x > 0$ 有定义并且可微，当 $x \to +\infty$ 时，$f'(x) \to 0$．令 $g(x) = f(x+1) - f(x)$．试证 $x \to +\infty$时 $g(x) \to 0$.

6．设

(a) f 对于 $x \geqslant 0$ 连续，

(b) $f'(x)$对于 $x > 0$ 存在，

(c) $f(0)=0$,

(d) f'单调递增.

令

$$g(x)=\frac{f(x)}{x}\quad(x>0),$$

试证 g 是单调递增的.

7. 设 $f'(x)$, $g'(x)$都存在, $g'(x)\neq 0$, $f(x)=g(x)=0$.

试证

$$\lim_{t\to x}\frac{f(t)}{g(t)}=\frac{f'(x)}{g'(x)}.$$

(这对于复值函数也适用).

8. 设 f'在$[a, b]$上连续, $\varepsilon>0$, $a\leqslant x\leqslant b$, $a\leqslant t\leqslant b$. 试证存在着一个这样的 δ: 只要 $0<|t-x|<\delta$, 就有

$$\left|\frac{f(t)-f(x)}{t-x}-f'(x)\right|<\varepsilon.$$

(这可以说成是, 如果 f'在$[a, b]$上连续, 那么 f 便在$[a, b]$上一致可微.)这对于向量值函数也成立吗?

9. 设 f 是 R^1 上的连续实函数, 对于一切 $x\neq 0$, $f'(x)$存在, 并且当 $x\to 0$ 时 $f'(x)\to 3$. 问: $f'(0)$是不是存在?

10. 设 f 和 g 都是$(0, 1)$上的复值可微函数, 当 $x\to 0$ 时 $f(x)\to 0$, $g(x)\to 0$, $f'(x)\to A$, $g'(x)\to B$, 这里 A, B 是两个复数, $B\neq 0$. 试证

$$\lim_{x\to 0}\frac{f(x)}{g(x)}=\frac{A}{B}$$

请与例 5.18 比较. 提示:

$$\frac{f(x)}{g(x)}=\left\{\frac{f(x)}{x}-A\right\}\cdot\frac{x}{g(x)}+A\cdot\frac{x}{g(x)}.$$

把定理 5.13 应用到 $f(x)/x$ 及 $g(x)/x$ 的实部和虚部上去.

11. 设 f 在 x 的某个邻域内有定义, 并设 $f''(x)$存在, 试证

$$\lim_{h\to 0}\frac{f(x+h)+f(x-h)-2f(x)}{h^2}=f''(x).$$

举例说明, 即使 $f''(x)$不存在, 这个极限也可能存在.

提示: 用定理 5.13.

12. 如果 $f(x)=|x|^3$, 对于所有实数 x 计算 $f'(x)$及 $f''(x)$. 证明 $f^{(3)}(0)$不存在.

13. 设 a，c 都是实数，$c>0$，而 f 是定义在$[-1,1]$上的函数：

$$f(x)=\begin{cases}x^a\sin(|x|^{-c}) & (\text{当 } x\neq 0 \text{ 时}),\\ 0 & (\text{当 } x=0 \text{ 时}).\end{cases}$$

试证以下诸命题：

(a) 当且仅当 $a>0$ 时，f 是连续函数.

(b) 当且仅当 $a>1$ 时，$f'(0)$存在.

(c) 当且仅当 $a\geqslant 1+c$ 时，f'有界.

(d) 当且仅当 $a>1+c$ 时，f'连续.

(e) 当且仅当 $a>2+c$ 时，$f''(0)$存在.

(f) 当且仅当 $a\geqslant 2+2c$ 时，f''有界.

(g) 当且仅当 $a>2+2c$ 时，f''连续.

14. 设 f 是(a,b)上的可微实函数. 试证：当且仅当 f'单调递增时 f 才是凸函数. 再假定对于一切 $x\in(a,b)$ $f''(x)$存在，试证当且仅当对于一切 $x\in(a,b)$，$f''(x)\geqslant 0$ 时，f 才是凸函数.

15. 设 $a\in R^1$，f 是(a,∞)上的二次可微实函数，M_0，M_1，M_2 分别是 $|f(x)|$，$|f'(x)|$，$|f''(x)|$在(a,∞)上的最小上界. 试证

$$M_1^2\leqslant 4M_0M_2.$$

提示：如果 $h>0$，Taylor 定理说明，有某个 $\xi\in(x,x+2h)$，使得

$$f'(x)=\frac{1}{2h}[f(x+2h)-f(x)]-hf''(\xi).$$

因此，

$$|f'(x)|\leqslant hM_2+\frac{M_0}{h}.$$

为了证明 $M_1^2=4M_0M_2$ 确实能够出现，取 $a=-1$，再定义

$$f(x)=\begin{cases}2x^2-1 & (-1<x<0)\\ \dfrac{x^2-1}{x^2+1} & (0\leqslant x<\infty)\end{cases}$$

然后证明 $M_0=1$，$M_1=4$，$M_2=4$.

对于向量值函数，$M_1^2\leqslant 4M_0M_2$ 是否还成立？

16. 设 f 在$(0,\infty)$上二次可微，f''在$(0,\infty)$上有界，并且当 $x\to\infty$ 时，$f(x)\to 0$. 试证当 $x\to\infty$时，$f'(x)\to 0$.

提示：在习题 15 中令 $a\to\infty$.

17. 设 f 是$[-1,1]$上的三次可微实值函数，

$$f(-1)=0, f(0)=0, f(1)=1, f'(0)=0$$

试证：一定有某个 $x\in(-1, 1)$，使 $f^{(3)}(x)\geqslant 3$.

注意，对于函数$\frac{1}{2}(x^3+x^2)$来说，等式成立.

提示：在定理 5.15 中取 $\alpha=0$，$\beta=\pm1$，用来证明存在着 $s\in(0, 1)$和 $t\in(-1, 0)$使得

$$f^{(3)}(s)+f^{(3)}(t)=6.$$

18. 设 f 是$[a, b]$上的实值函数，n 是正整数，对于每个 $t\in[a, b]$，$f^{(n-1)}$ 存在. 令 α，β 及 P 的定义是 Taylor 定理 5.15 那样的. 对于 $t\in[a, b]$，$t\neq\beta$，定义

$$Q(t)=\frac{f(t)-f(\beta)}{t-\beta},$$

并把

$$f(t)-f(\beta)=(t-\beta)Q(t)$$

在 $t=\alpha$ 处微分 $n-1$ 次，就得到 Taylor 定理的下面这种形式：

$$f(\beta)=P(\beta)+\frac{Q^{(n-1)}(\alpha)}{(n-1)!}(\beta-\alpha)^n.$$

19. 设 f 在$(-1, 1)$上定义，并且 $f'(0)$存在. 又设$-1<\alpha_n<\beta_n<1$，而当 $n\to\infty$时$\alpha_n\to0$，$\beta_n\to0$. 定义差商

$$D_n=\frac{f(\beta_n)-f(\alpha_n)}{\beta_n-\alpha_n}.$$

试证下面诸命题：

(a) 如果 $\alpha_n<0<\beta_n$，那么 $\lim D_n=f'(0)$.

(b) 如果 $0<\alpha_n<\beta_n$，并且$\{\beta_n/(\beta_n-\alpha_n)\}$有界，那么 $\lim D_n=f'(0)$.

(c) 如果 f'在$(-1, 1)$连续，那么 $\lim D_n=f'(0)$.

试举出一个这样的例子来：f 在$(-1, 1)$上可微(但 f'在 0 点不连续)，并且使得 α_n，β_n 这样地趋于零：$\lim D_n$ 存在，但不等于 $f'(0)$.

20. 试述并证明一个这样的不等式：它是由 Taylor 定理推出来的，并且对于向量值函数仍然有效.

21. 设 E 是 R^1 的闭子集. 从第 4 章习题 22 知道，在 R^1 上有一个实连续函数 f，它的零点集是 E. 对于每个闭子集 E，是否准能找到这样的函数 f，它在 R^1 上可微，或 n 次可微，甚至任意次可微呢？

22. 设 f 是$(-\infty, \infty)$上的实函数. 如果 $f(x)=x$，就说 x 是 f 的不动点.

(a) 如果 f 可微，并且对每个实数 t，$f'(t)\neq1$. 试证 f 最多有一个不动点.

(b) 证明函数

$$f(t)=t+(1+e^{t})^{-1}$$

虽然对一切实数 t，$0<f'(t)<1$，仍然没有不动点.

(c) 但是，如果有一个常数 $A<1$，对一切实数 t，$|f'(t)|\leqslant A$，试证 f 有不动点 x，并且 $x=\lim x_n$，其中 x_1 是任意一个实数，并且对 $n=1,2,3,\cdots$

$$x_{n+1}=f(x_n).$$

(d) 试证在(c)中所说的方法能够按照曲折的道路

$$(x_1,x_2)\to(x_2,x_2)\to(x_2,x_3)\to(x_3,x_3)\to(x_3,x_4)\to\cdots$$

实现.

23. 函数

$$f(x)=\frac{x^3+1}{3}$$

有三个不动点，比如说是 α，β，γ，

$$-2<\alpha<-1,0<\beta<1,1<\gamma<2.$$

任意取 x_1，而用 $x_{n+1}=f(x_n)$来确定$\{x_n\}$.

(a) 如果 $x_1<\alpha$，试证当 $n\to\infty$时，$x_n\to-\infty$.

(b) 如果 $\alpha<x_1<\gamma$，试证当 $n\to\infty$时，$x_n\to\beta$.

(c) 如果 $\gamma<x_1$，试证当 $n\to\infty$时，$x_n\to+\infty$.

于是，β 能用这方法定出来，但 α，γ 就不能.

24. 习题 22(c)所说的方法，当然也能用于把$(0,\infty)$映到$(0,\infty)$的函数.

固定某个 $\alpha>1$，而令

$$f(x)=\frac{1}{2}\left(x+\frac{\alpha}{x}\right),g(x)=\frac{\alpha+x}{1+x}.$$

f 和 g 都以$\sqrt{\alpha}$为在$(0,\infty)$内的唯一不动点. 试根据 f 和 g 的性质，阐明第 3 章习题 16 中的收敛速度为什么比习题 17 中的收敛速度快得多.（比较 f'与 g'，画习题 22 所说的曲折路线.）

对于 $0<\alpha<1$ 的情形做同一习题.

25. 设 f 在$[a,b]$上二次可微，$f(a)<0$，$f(b)>0$，对一切 $x\in[a,b]$ $f'(x)\geqslant\delta>0$及 $0\leqslant f''\leqslant M$. 令 ξ 是(a,b)内使 $f(\xi)=0$ 的唯一的点.

试按下面计算 ξ 的牛顿法的步骤，完成其细节.

(a) 选定 $x_1\in(\xi,b)$，而用

$$x_{n+1}=x_n-\frac{f(x_n)}{f'(x_n)}$$

来确定$\{x_n\}$，用 f 图像的一条切线几何地解释这个等式.

(b) 试证 $x_{n+1}<x_n$，并且

$$\lim_{n\to\infty} x_n = \xi.$$

(c) 用 Taylor 定理证明，有某个 $t_n\in(\xi, x_n)$，使

$$x_{n+1}-\xi=\frac{f''(t_n)}{2f'(x_n)}(x_n-\xi)^2.$$

(d) 设 $A=M/2\delta$，推导不等式

$$0\leqslant x_{n+1}-\xi\leqslant\frac{1}{A}[A(x_1-\xi)]^{2n}.$$

与第 3 章习题 16 及习题 18 比较之.

(e) 证明牛顿方法等于求

$$g(x)=x-\frac{f(x)}{f'(x)}$$

的不动点.

当 x 靠近 ξ 时，$g'(x)$的性态如何?

(f) 设 $f(x)=x^{1/3}$，$x\in(-\infty, \infty)$，试试牛顿法会发生什么情况?

26. 设 f 在$[a, b]$上可微，$f(a)=0$，并且设有实数 A，使得 $|f'(x)|\leqslant A|f(x)|$ 在$[a, b]$上成立. 试证对于一切 $x\in[a, b]$，$f(x)=0$. 提示：固定 $x_0\in[a, b]$，令

$$M_0=\sup_{a\leqslant x\leqslant x_0}|f(x)|, M_1=\sup_{a\leqslant x\leqslant x_0}|f'(x)|.$$

对于任意的 $x\in[a, x_0]$

$$|f(x)|\leqslant M_1(x_0-a)\leqslant A(x_0-a)M_0.$$

因此，如果 $A(x_0-a)<1$，那么 $M_0=0$. 这就是说，在$[a, x_0]$上 $f=0$. 如此继续进行.

27. 用 $a\leqslant x\leqslant b$ 和 $\alpha\leqslant y\leqslant\beta$ 表示平面上的矩形 R. 设 ϕ 是定义在 R 上的实函数. 所谓初值问题

$$y'=\phi(x,y),\quad y(a)=c\quad(\alpha\leqslant c\leqslant\beta)$$

的解，按照它的定义来说，是$[a, b]$上的一个可微函数 f，它合于 $f(a)=c$，$\alpha\leqslant f(x)\leqslant\beta$而且

$$f'(x)=\phi(x,f(x))\quad(a\leqslant x\leqslant b)$$

试证，如果有一个常数 A，只要$(x, y_1)\in R$，$(x, y_2)\in R$，就必定有

$$|\phi(x,y_2)-\phi(x,y_1)|\leqslant A|y_2-y_1|$$

那么，初值问题的解最多有一个.

提示：把习题 26 应用到两个解的差上去. 注意，这个唯一性定理，不能用于初值问题

$$y' = y^{1/2},\ y(0) = 0.$$

它有两个不同的解：$f(x)=0$ 及 $f(x)=x^2/4$. 把它的一切解找出来.

28. 对于形式为

$$y'_j = \phi_j(x,y_1,\cdots,y_k), y_j(a) = c_j \quad (j = 1,2,\cdots,k)$$

的微分方程组，写出一个与前题类似的(解唯一性的)定理，并加以证明.

注意，这方程又能写成

$$\mathbf{y}' = \quad (x,\mathbf{y}), \mathbf{y}(a) = \mathbf{c}$$

的形式，这里 $\mathbf{y}=(y_1, \cdots, y_k)$遍历一个 k-方格. ϕ 是把一个$(k+1)$-方格映入 k 维欧氏空间内的映射，这个 k 维欧氏空间的分量是 ϕ_1，…，ϕ_k，$\mathbf{c}$ 是向量$(c_1, \cdots, c_k)$. 把习题 26 用到向量值函数上去.

29. 把习题 28 特殊化，考虑方程组

$$y'_j = y_{j+1} \quad (j = 1,\cdots,k-1),$$

$$y'_k = f(x) - \sum_{j=1}^{k} g_j(x) y_j,$$

这里 f，g_1，…，g_k 都是$[a, b]$上的连续实函数，从而对于带有初始条件

$$y(a) = c_1, y'(a) = c_2, \cdots, y^{k-1}(a) = c_k$$

的方程

$$y^{(k)} + g_k(x)y^{(k-1)} + \cdots + g_2(x)y' + g_1(x)y = f(x)$$

导出唯一性定理来.

第 6 章　*RIEMANN-STIELTJES* 积分

本章以 Riemann 积分的定义为基础，而 Riemann 积分又明显地依赖于实轴的序结构. 因此，开始时，我们先讨论区间上实值函数的积分，后几节再推广到区间上的复值和向量值函数的积分. 到第 10 及 11 两章再讨论在不是区间的集上的积分.

积分的定义和存在性

6.1　定义　设$[a, b]$是给定的区间. $[a, b]$的分法 P 指的是有限点集 x_0，x_1，…，x_n，其中

$$a = x_0 \leqslant x_1 \leqslant \cdots \leqslant x_{n-1} \leqslant x_n = b.$$

把这里每个数减去它的前邻数的差记作

$$\Delta x_i = x_i - x_{i-1} \quad (i = 1, \cdots, n)$$

现在假设 f 是定义在$[a, b]$上的有界实函数. 对应于$[a, b]$的每个分法 P，令

$$M_i = \sup f(x) \quad (x_{i-1} \leqslant x \leqslant x_i),$$

$$m_i = \inf f(x) \quad (x_{i-1} \leqslant x \leqslant x_i),$$

$$U(P, f) = \sum_{i=1}^{n} M_i \Delta x_i,$$

$$L(P, f) = \sum_{i=1}^{n} m_i \Delta x_i,$$

最后置

$$\overline{\int_a^b} f \mathrm{d}x = \inf U(P, f), \tag{1}$$

$$\underline{\int_a^b} f \mathrm{d}x = \sup L(P, f). \tag{2}$$

其中最大下界与最小上界是对$[a, b]$的所有分法而取的. (1)和(2)的左端分别称为 f 在$[a, b]$上的 Riemann 上积分与下积分.

如果上积分与下积分相等，就说 f 在$[a, b]$上 Riemann 可积，记作 $f \in \mathscr{R}$(即是 $\mathscr{R}$ 表示 Riemann 可积函数的集合). 并且用

$$\int_a^b f \mathrm{d}x \tag{3}$$

或

$$\int_a^b f(x)\mathrm{d}x \tag{4}$$

表示(1)和(2)的共同值.

这就是 f 在$[a, b]$上的 Riemann 积分. 因为 f 是有界的，所以存在着两个数 m 和M，使得

$$m \leqslant f(x) \leqslant M \quad (a \leqslant x \leqslant b)$$

因此，对于每个 P，

$$m(b-a) \leqslant L(P,f) \leqslant U(P,f) \leqslant M(b-a).$$

从而数 $L(P, f)$和 $U(P, f)$组成一个有界集. 这说明，对于每个有界函数 f，上积分与下积分都有定义. 关于它们是否相等的问题，即是 f 的可积性问题，是更为细致的问题. 我们将不去孤立地研究 Riemann 积分，而马上去考虑更一般的情形.

6.2 定义 设 α 是$[a, b]$上的一个单调递增函数(因 $\alpha(a)$和 $\alpha(b)$有限，从而 α 在$[a, b]$上有界). 对应于$[a, b]$的每个分法 P，记

$$\Delta\alpha_i = \alpha(x_i) - \alpha(x_{i-1})$$

显然 $\Delta\alpha_i \geqslant 0$. 对于$[a, b]$上任意的有界实函数 f，令

$$U(P,f,\alpha) = \sum_{i=1}^{n} M_i \Delta\alpha_i,$$

$$L(P,f,\alpha) = \sum_{i=1}^{n} m_i \Delta\alpha_i,$$

这里 M_i，m_i 与定义 6.1 中的含义相同，并且定义

$$\overline{\int_a^b} f\mathrm{d}\alpha = \inf U(P,f,\alpha), \tag{5}$$

$$\underline{\int_a^b} f\mathrm{d}\alpha = \sup L(P,f,\alpha), \tag{6}$$

其中的 inf 及 sup 都是对所有分法而取的.

如果(5)和(6)的左端相等，我们就用

$$\int_a^b f\mathrm{d}\alpha \tag{7}$$

有时也用

$$\int_a^b f(x)\mathrm{d}\alpha(x) \tag{8}$$

表示它们的共同值.

这就是$[a,\ b]$上 f 关于 α 的 Riemann-Stieltjes 积分(或简称为 Stieltjes 积分).

如果(7)存在,即(5)和(6)相等,我们就说 f 关于 α 在 Riemann 意义上可积,并记作 $f\in\mathscr{R}(\alpha)$.

取 $\alpha(x)=x$,即见 Riemann 积分是 Riemann-Stieltjes 积分的特殊情形. 但是我们要明确指出,在一般情形,α 甚至不一定是连续的.

关于这个概念还要说几句话. 与(8)相比我们宁愿采用(7)式,因为在(8)中出现的字母 x 丝毫不增加(7)的内容. 我们用哪个字母去代表所谓的"积分变量"是无关紧要的. 例如,(8)就与

$$\int_a^b f(y)\mathrm{d}\alpha(y)$$

相同. 积分依赖于 f,α,a 和 b,但与积分变量无关,也可把它略去.

积分变量所起的作用很像求和的指标:两个记号

$$\sum_{i=1}^n c_i,\ \sum_{k=1}^n c_k$$

是相同的,因为每一个指的都是 $c_1+c_2+\cdots+c_n$.

当然,添上积分变量也无妨,而且在许多情形这样做实际上是方便的.

现在我们研究积分(7)的存在. 有些话现在说一次,以后不再每次说明,假定 f 是有界实函数,而 α 在$[a,\ b]$上单调递增,当不会产生误解时,我们将用 $\int$ 代替 $\int_a^b$.

6.3 定义 我们称分法 P^* 是 P 的加细,如果 $P^*\supset P$(即 P 的每个点都是 P^* 的点). 设有两个分法 P_1 和 P_2,如果 $P^*=P_1\cup P_2$,便称 P^* 是它们的共同加细.

6.4 定理 *如果 P^* 是 P 的加细,那么*

$$L(P,f,\alpha)\leqslant L(P^*,f,\alpha) \tag{9}$$

而且

$$U(P^*,f,\alpha)\leqslant U(P,f,\alpha). \tag{10}$$

证 为了证(9),先设 P^* 只比 P 多一个点. 设这个附加的点是 x^*,并假定 $x_{i-1}<x^*<x_i$,其中 x_{i-1} 和 x_i 是 P 的两个相邻的点. 令

$$w_1=\inf f(x)\quad (x_{i-1}\leqslant x\leqslant x^*),$$

$$w_2 = \inf f(x) \quad (x^* \leqslant x \leqslant x_i).$$

显然 $w_1 \geqslant m_i$ 及 $w_2 \geqslant m_i$. 与前面一样，这里的

$$m_i = \inf f(x) \quad (x_{i-1} \leqslant x \leqslant x_i),$$

因此，

$$\begin{aligned} & L(P^*, f, \alpha) - L(P, f, \alpha) \\ & = w_1[\alpha(x^*) - \alpha(x_{i-1})] + w_2[\alpha(x_i) - \alpha(x^*)] - m_i[\alpha(x_i) - \alpha(x_{i-1})] \\ & = (w_1 - m_i)[\alpha(x^*) - \alpha(x_{i-1})] + (w_2 - m_i)[\alpha(x_i) - \alpha(x^*)] \geqslant 0 \end{aligned}$$

如果 P^* 比 P 多含 k 个点，我们把上述论证重复 k 次，就得到(9)式. (10)式的论证是类似的.

6.5 定理 $\underline{\int_a^b} f \mathrm{d}\alpha \leqslant \overline{\int_a^b} f \mathrm{d}\alpha.$

证 设 P^* 是两个分法 P_1 和 P_2 的共同加细. 由定理 6.4，

$$L(P_1, f, \alpha) \leqslant L(P^*, f, \alpha) \leqslant U(P^*, f, \alpha) \leqslant U(P_2, f, \alpha)$$

因此

$$L(P_1, f, \alpha) \leqslant U(P_2, f, \alpha) \tag{11}$$

让 P_2 保持不变，而对所有的 P_1 取 sup，(11)式就给出

$$\underline{\int} f \mathrm{d}\alpha \leqslant U(P_2, f, \alpha) \tag{12}$$

在(12)中，对所有的 P_2 取 inf，就得到本定理.

6.6 定理 在 $[a, b]$ 上 $f \in \mathscr{R}(\alpha)$ 当且仅当对于任意的 $\varepsilon > 0$，存在一个分法 P 使得

$$U(P, f, \alpha) - L(P, f, \alpha) < \varepsilon \tag{13}$$

证 对于任意的 P，有

$$L(P, f, \alpha) \leqslant \underline{\int} f \mathrm{d}\alpha \leqslant \overline{\int} f \mathrm{d}\alpha \leqslant U(P, f, \alpha).$$

所以(13)式意味着

$$0 \leqslant \overline{\int} f \mathrm{d}\alpha - \underline{\int} f \mathrm{d}\alpha < \varepsilon$$

因此，如果(13)式对于每个 $\varepsilon > 0$ 都能成立，就必然有

$$\overline{\int} f \mathrm{d}\alpha = \underline{\int} f \mathrm{d}\alpha$$

这就是 $f \in \mathscr{R}(\alpha)$.

反之，假设 $f \in \mathscr{R}(\alpha)$并给定 $\varepsilon > 0$，于是存在分法 P_1 和 P_2，使得

$$U(P_2, f, \alpha) - \int f \mathrm{d}\alpha < \frac{\varepsilon}{2}, \tag{14}$$

$$\int f \mathrm{d}\alpha - L(P_1, f, \alpha) < \frac{\varepsilon}{2}, \tag{15}$$

把 P 选为 P_1 和 P_2 的共同加细，那么定理 6.4，连同(14)式和(15)式说明

$$\begin{aligned} U(P,f,\alpha) \leqslant U(P_2,f,\alpha) &< \int f \mathrm{d}\alpha + \frac{\varepsilon}{2} < L(P_1,f,\alpha) + \varepsilon \\ &\leqslant L(P,f,\alpha) + \varepsilon. \end{aligned}$$

于是，对于这个分法 P，(13)成立.

定理 6.6 给可积性提供了一个方便的判别法. 在运用它之前，先说一点有密切关系的事项.

6.7 定理

(a) 如果(13)式对某个 P 及某个 ε 成立，那么(当还用这同一个 ε 时)(13)式对 P 加细后仍成立.

(b) 如果对于 $P = \{x_0, \cdots, x_n\}$，(13)式成立，而 s_i，t_i 是$[x_{i-1}, x_i]$内的任意点，那么

$$\sum_{i=1}^{n} | f(s_i) - f(t_i) | \Delta\alpha_i < \varepsilon.$$

(c) 如果 $f \in \mathscr{R}(\alpha)$并且(b)的题设还成立，那么

$$\left| \sum_{i=1}^{n} f(t_i) \Delta\alpha_i - \int_a^b f \mathrm{d}\alpha \right| < \varepsilon.$$

证 由定理 6.4 得出(a)，在(b)中所做的题设之下，$f(s_i)$及 $f(t_i)$都位于$[m_i, M_i]$内，所以 $| f(s_i) - f(t_i) | \leqslant M_i - m_i$ 因此

$$\sum_{i=1}^{n} | f(s_i) - f(t_i) | \Delta\alpha_i \leqslant U(P,f,\alpha) - L(P,f,\alpha),$$

这就证出了(b). 从几个明显的不等式

$$L(P,f,\alpha) \leqslant \sum f(t_i) \Delta\alpha_i \leqslant U(P,f,\alpha)$$

及

$$L(P,f,\alpha) \leqslant \int f d\alpha \leqslant U(P,f,\alpha)$$

证明了(c).

6.8 定理 如果 f 在$[a, b]$上连续，那么在$[a, b]$上，$f \in \mathscr{R}(\alpha)$.

证 给定了 $\varepsilon>0$，选 $\eta>0$ 使得

$$[\alpha(b)-\alpha(a)]\eta < \varepsilon.$$

因为 f 在$[a, b]$上一致连续(定理 4.19)．所以存在着 $\delta>0$，当 $x \in [a, b]$，$t \in [a, b]$并且 $|x-t|<\delta$ 时

$$|f(x)-f(t)| < \eta \tag{16}$$

假若 P 是$[a, b]$的任何合于 $\Delta x_i<\delta(i=1, 2, \cdots, n)$的分法，那么由(16)便有

$$M_i - m_i \leqslant \eta \quad (i=1,\cdots,n) \tag{17}$$

因此

$$\begin{aligned} U(P,f,\alpha)-L(P,f,\alpha) &= \sum_{i=1}^{n}(M_i-m_i)\Delta\alpha_i \\ &\leqslant \eta\sum_{i=1}^{n}\Delta\alpha_i = \eta[\alpha(b)-\alpha(a)] < \varepsilon. \end{aligned}$$

根据定理 6.6 知道 $f \in \mathscr{R}(\alpha)$.

6.9 定理 如果 f 在$[a, b]$上单调，α 在$[a, b]$上连续，那么 $f \in \mathscr{R}(\alpha)$.(当然，仍然假定 α 单调).

证 假设给定了 $\varepsilon>0$. 对于任意正整数 n，选分法 P，使得

$$\Delta\alpha_i = \frac{\alpha(b)-\alpha(a)}{n} \quad (i=1,2,\cdots,n),$$

因为 α 连续，所以这是能作到的(定理 4.23).

我们假定 f 单调递增(递减的情形与此相仿)，那么

$$M_i = f(x_i), m_i = f(x_{i-1}) \quad (i=1,2,\cdots,n).$$

因此只要把 n 取得充分大，便有

$$\begin{aligned} U(P,f,\alpha)-L(P,f,\alpha) &= \frac{\alpha(b)-\alpha(a)}{n}\sum_{i=1}^{n}[f(x_i)-f(x_{i-1})] \\ &= \frac{\alpha(b)-\alpha(a)}{n}\cdot[f(b)-f(a)] < \varepsilon. \end{aligned}$$

由定理 6.6 知道 $f \in \mathscr{R}(\alpha)$.

6.10 定理 假设 f 在 $[a, b]$ 上有界，只有有限个间断点. α 在 f 的每个间断点上连续，那么 $f \in \mathscr{R}(\alpha)$.

证 假设给定了 $\varepsilon > 0$. 令 $M = \sup |f(x)|$. 设 E 是使 f 间断的点的集. 由于 E 有限，而 α 在 E 的每点连续，我们可以取有限个不相交的闭区间 $[u_j, v_j] \subset [a, b]$ 把 E 盖住，同时要对应的各差数 $\alpha(v_j) - \alpha(u_j)$ 的和小于 ε. 进而我们能够把这些区间安置得让 $E \cap (a, b)$ 的每个点在某个 $[u_j, v_j]$ 内部.

从 $[a, b]$ 去掉开区间 (u_j, v_j). 剩下的集 K 是紧的. 因而 f 在 K 上一致连续. 于是有一个 $\delta > 0$，保证 $s \in K$，$t \in K$，$|s-t| < \delta$ 时 $|f(s) - f(t)| < \varepsilon$.

现在照下边说的方法给 $[a, b]$ 作分法 $P = \{x_0, x_1, \cdots, x_n\}$：每个 u_j 在 P 里出现，每个 v_j 在 P 里出现，任何开区间 (u_j, v_j) 没有点在 P 里出现. 如果 x_{i-1} 不是 u_j 之一，那么 $\Delta x_i < \delta$.

注意，对于每个 i，$M_i - m_i < 2M$，并且 $M_i - m_i \leqslant \varepsilon$，除非 x_{i-1} 是 u_j 之一. 于是照着定理 6.8 的证明那样，

$$U(P, f, \alpha) - L(P, f, \alpha) \leqslant [\alpha(b) - \alpha(a)]\varepsilon + 2M\varepsilon.$$

因为 ε 是任意的，定理 6.6 说明 $f \in \mathscr{R}(\alpha)$.

注：如果 f 与 α 有一个共同的间断点，f 便未必属于 $\mathscr{R}(\alpha)$. 习题 3 说明了这一点.

6.11 定理 假设在 $[a, b]$ 上 $f \in \mathscr{R}(\alpha)$，$m \leqslant f \leqslant M$. ϕ 在 $[m, M]$ 上连续，并且在 $[a, b]$ 上 $h(x) = \phi(f(x))$. 那么在 $[a, b]$ 上 $h \in \mathscr{R}(\alpha)$.

证 选定 $\varepsilon > 0$. 因为 ϕ 在 $[m, M]$ 上一致连续，所以有 $\delta > 0$ 合于 $\delta < \varepsilon$，并且当 $s, t \in [m, M]$ 时，只要 $|s-t| \leqslant \delta$ 便能使 $|\phi(s) - \phi(t)| < \varepsilon$.

因为 $f \in \mathscr{R}(\alpha)$，所以有 $[a, b]$ 的分法 $P = \{x_0, x_1, \cdots, x_n\}$ 使得

$$U(P, f, \alpha) - L(P, f, \alpha) < \delta^2. \tag{18}$$

设 M_i，m_i 的意义和定义 6.1 所说的相同，而 M_i^*，m_i^* 是关于 h 的类似的数. 把 $1, 2, \cdots, n$ 这些数分作两类：如果 $M_i - m_i < \delta$，便使 $i \in A$，如果 $M_i - m_i \geqslant \delta$，便使 $i \in B$.

当 $i \in A$ 时，δ 的选取法表明 $M_i^* - m_i^* \leqslant \varepsilon$.

当 $i \in B$ 时，$M_i^* - m_i^* \leqslant 2K$. 这里 $K = \sup |\phi(t)|$，$m \leqslant t \leqslant M$. 根据(18)，得到

$$\delta \sum_{i \in B} \Delta\alpha_i \leqslant \sum_{i \in B} (M_i - m_i) \Delta\alpha_i < \delta^2 \tag{19}$$

所以 $\sum\limits_{i \in B} \Delta\alpha_i < \delta$，因而

$$U(P, h, \alpha) - L(P, h, \alpha)$$

$$= \sum_{i\in A}(M_i^* - m_i^*)\Delta\alpha_i + \sum_{i\in B}(M_i^* - m_i^*)\Delta\alpha_i$$

$$\leqslant \varepsilon[\alpha(b)-\alpha(a)] + 2K\delta < \varepsilon[\alpha(b)-\alpha(a)+2K]$$

因为 ε 是任意的，由定理 6.6 有 $h\in\mathscr{R}(\alpha)$.

注：这定理提出一个问题：什么样的函数恰好 Riemann 可积？答案在定理 11.33(b).

积分的性质

6.12 定理

(a) 如果在 $[a, b]$ 上 $f_1\in\mathscr{R}(\alpha)$ 且 $f_2\in\mathscr{R}(\alpha)$，那么

$$f_1+f_2\in\mathscr{R}(\alpha),$$

对任意的常数 c，$cf\in\mathscr{R}(\alpha)$，并且

$$\int_a^b (f_1+f_2)\,d\alpha = \int_a^b f_1\,d\alpha + \int_a^b f_2\,d\alpha,$$

$$\int_a^b cf\,d\alpha = c\int_a^b f\,d\alpha.$$

(b) 如果在 $[a, b]$ 上 $f_1(x)\leqslant f_2(x)$，那么

$$\int_a^b f_1\,d\alpha \leqslant \int_a^b f_2\,d\alpha.$$

(c) 如果在 $[a, b]$ 上 $f\in\mathscr{R}(\alpha)$，并且 $a<c<b$，那么在 $[a, c]$ 及 $[c, b]$ 上 $f\in\mathscr{R}(\alpha)$，121并且

$$\int_a^c f\,d\alpha + \int_c^b f\,d\alpha = \int_a^b f\,d\alpha.$$

(d) 如果在 $[a, b]$ 上 $f\in\mathscr{R}(\alpha)$ 并且在 $[a, b]$ 上 $|f(x)|\leqslant M$，那么

$$\left|\int_a^b f\,d\alpha\right| \leqslant M[\alpha(b)-\alpha(a)].$$

(e) 如果 $f\in\mathscr{R}(\alpha_1)$ 并且 $f\in\mathscr{R}(\alpha_2)$，那么 $f\in\mathscr{R}(\alpha_1+\alpha_2)$ 并且

$$\int_a^b f\,d(\alpha_1+\alpha_2) = \int_a^b f\,d\alpha_1 + \int_a^b f\,d\alpha_2;$$

如果 $f\in\mathscr{R}(\alpha)$ 而 c 是个正常数，那么 $f\in\mathscr{R}(c\alpha)$ 而且

$$\int_a^b f\,d(c\alpha) = c\int_a^b f\,d\alpha.$$

证 如果 $f=f_1+f_2$ 而 P 是$[a, b]$的任意分法，就能得到

$$L(P,f_1,\alpha)+L(P,f_2,\alpha)\leqslant L(P,f,\alpha)\leqslant U(P,f,\alpha)\leqslant U(P,f_1,\alpha)+U(P,f_2,\alpha). \tag{20}$$

如果 $f_1\in\mathscr{R}(\alpha)$，$f_2\in\mathscr{R}(\alpha)$，并设 $\varepsilon>0$ 已经给定. 便存在分法 $P_j(j=1, 2)$使得

$$U(P_j,f_j,\alpha)-L(P_j,f_j,\alpha)<\varepsilon.$$

如果把 P_1 和 P_2 换成它们的共同加细 P，这些不等式仍然成立. 于是(20)说明

$$U(P,f,\alpha)-L(P,f,\alpha)<2\varepsilon.$$

这就证明了 $f\in\mathscr{R}(\alpha)$.

用这同一个 P 可以得到

$$U(P,f_j,\alpha)<\int f_j\mathrm{d}\alpha+\varepsilon\quad(j=1,2),$$

因此，(20)说明

$$\int f\mathrm{d}\alpha\leqslant U(P,f,\alpha)<\int f_1\mathrm{d}\alpha+\int f_2\mathrm{d}\alpha+2\varepsilon.$$

因为 ε 是任意的，所以能断定

$$\int f\mathrm{d}\alpha\leqslant\int f_1\mathrm{d}\alpha+\int f_2\mathrm{d}\alpha. \tag{21}$$

如果在(21)式中用 $-f_1$ 和 $-f_2$ 取代 f_1 和 f_2，不等式便掉转方向，从而证明了等式成立.

定理 6.12 的其他断语的证明都十分类似，不需作详细叙述. 在(c)条中的要点在于，当逼近 $\int f\mathrm{d}\alpha$ 时，(经过加细)我们可以限于考虑包含点 c 的分法.

6.13 定理 如果在$[a, b]$上 $f\in\mathscr{R}(\alpha)$，$g\in\mathscr{R}(\alpha)$，那么

(a) $fg\in\mathscr{R}(\alpha)$；

(b) $|f|\in\mathscr{R}(\alpha)$而且 $\left|\int_a^b f\mathrm{d}\alpha\right|\leqslant\int_a^b|f|\mathrm{d}\alpha$.

证 如果取 $\phi(t)=t^2$，定理 6.11 说明，当 $f\in\mathscr{R}(\alpha)$时，$f^2\in\mathscr{R}(\alpha)$. 利用恒等式

$$4fg=(f+g)^2-(f-g)^2$$

就能完成(a)的证明

如果取 $\phi(t)=|t|$，定理 6.11 同样说明 $|f|\in\mathscr{R}(\alpha)$，选择 $c=\pm1$，使得

$$c\int f\mathrm{d}\alpha\geqslant 0.$$

于是由于 $cf\leqslant|f|$，所以

$$\left|\int f\,\mathrm{d}\alpha\right| = c\int f\,\mathrm{d}\alpha = \int cf\,\mathrm{d}\alpha \leqslant \int |f|\,\mathrm{d}\alpha.$$

6.14 定义 单位阶跃函数 I 的定义是

$$I(x) = \begin{cases} 0 & x \leqslant 0, \\ 1 & x > 0. \end{cases}$$

6.15 定理 如果 $a<s<b$，f 在$[a, b]$上有界，f 在 s 点连续，而 $\alpha(x)=I(x-s)$，那么

$$\int_a^b f\,\mathrm{d}\alpha = f(s).$$

证 取分法 $P=\{x_0, x_1, x_2, x_3\}$，其中 $x_0=a$，而 $x_1=s<x_2<x_3=b$. 于是

$$U(P,f,\alpha) = M_2, L(P,f,\alpha) = m_2.$$

因为 f 在 s 点连续，我们知道，当 $x_2\to s$ 时，M_2 与 m_2 都趋于 $f(s)$.

6.16 定理 假定对于 $n=1, 2, 3, \cdots$，$c_n\geqslant 0$，$\sum c_n$ 收敛. $\{s_n\}$是(a, b)之内的一串不同的点，并且

$$\alpha(x) = \sum_{n=1}^{\infty} c_n I(x-s_n). \tag{22}$$

设 f 在$[a, b]$上连续，那么

$$\int_a^b f\,\mathrm{d}\alpha = \sum_{n=1}^{\infty} c_n f(s_n). \tag{23}$$

证 用比较验敛法可以证明级数(22)对于每个 x 收敛. 它的和 $\alpha(x)$ 显然是单调的，$\alpha(a)=0$，$\alpha(b)=\sum c_n$(这是在评注 4.31 里出现的那种函数.)

假设已经给定了 $\varepsilon>0$，再选一个能实现

$$\sum_{N+1}^{\infty} c_n < \varepsilon$$

的 N. 令

$$\alpha_1(x) = \sum_{n=1}^{N} c_n I(x-s_n), \alpha_2(x) = \sum_{N+1}^{\infty} c_n I(x-s_n).$$

根据定理 6.12 和 6.15，

$$\int_a^b f\,\mathrm{d}\alpha_1 = \sum_{i=1}^{N} c_n f(s_n). \tag{24}$$

由于 $\alpha_2(b)-\alpha_2(a)<\varepsilon$，

$$\left|\int_a^b f\,\mathrm{d}\alpha_2\right| \leqslant M\varepsilon, \tag{25}$$

其中 $M=\sup|f(x)|$. 既然 $\alpha=\alpha_1+\alpha_2$ 那么从(24)和(25)可以推得

$$\left|\int_a^b f\,\mathrm{d}\alpha - \sum_{i=1}^{N} c_n f(s_n)\right| \leqslant M\varepsilon. \tag{26}$$

让 $N\to\infty$，就得到(23).

6.17 定理 假定 α 单调递增. 在$[a, b]$上 $\alpha'\in\mathscr{R}$. 设 f 是$[a. b]$上的有界实函数，于是 $f\in\mathscr{R}(\alpha)$ 当且仅当 $f\alpha'\in\mathscr{R}$. 这时候，

$$\int_a^b f\,\mathrm{d}\alpha = \int_a^b f(x)\alpha'(x)\,\mathrm{d}x. \tag{27}$$

证 假设给定了 $\varepsilon>0$，并将定理 6.6 用于 α'：有$[a, b]$的一个分法 $P=\{x_0, x_1, \cdots, x_n\}$，使得

$$U(P,\alpha')-L(P,\alpha')<\varepsilon. \tag{28}$$

由中值定理知道有 $t_i\in[x_{i-1}, x_i]$，使得

$$\Delta\alpha_i=\alpha'(t_i)\Delta x_i \quad (i=1,2,\cdots,n).$$

如果 $s_i\in[x_{i-1}, x_i]$，那么据(28)及定理 6.7(b)便有

$$\sum_{i=1}^{n}|\alpha'(s_i)-\alpha'(t_i)|\Delta x_i<\varepsilon. \tag{29}$$

令 $M=\sup|f(x)|$. 因为

$$\sum_{i=1}^{n} f(s_i)\Delta\alpha_i=\sum_{i=1}^{n} f(s_i)\alpha'(t_i)\Delta x_i,$$

从(29)式即得

$$\left|\sum_{i=1}^{n} f(s_i)\Delta\alpha_i-\sum_{i=1}^{n} f(s_i)\alpha'(s_i)\Delta x_i\right|\leqslant M\varepsilon. \tag{30}$$

特别地，对于 $s_i\in[x_{i-1}, x_i]$的一切选取法，

$$\sum_{i=1}^{n} f(s_i)\Delta\alpha_i\leqslant U(P,f\alpha')+M\varepsilon.$$

所以

$$U(P,f,\alpha)\leqslant U(P,f\alpha')+M\varepsilon.$$

同样的论证可以从(30)推得

$$U(P,f\alpha')\leqslant U(P,f,\alpha)+M\varepsilon,$$

于是

$$|U(P,f,\alpha)-U(P,f\alpha')|\leqslant M\varepsilon. \tag{31}$$

注意，如果把 P 换作它的任何加细，(28)依然真确. 从而(31)依然真确. 我们断定

$$\left|\overline{\int_a^b} f\,\mathrm{d}\alpha-\overline{\int_a^b} f(x)\alpha'(x)\,\mathrm{d}x\right|\leqslant M\varepsilon.$$

但 ε 是任意的，所以对于任何有界的 f

$$\overline{\int_a^b} f\,\mathrm{d}\alpha=\overline{\int_a^b} f(x)\alpha'(x)\,\mathrm{d}x. \tag{32}$$

按照完全一样的方法可以从(30)推得下积分的相等. 本定理随之成立.

6.18 评注　前面两条定理显示了 Stieltjes 积分方法所固有的普遍性和适应性. 假若 α 是纯阶跃函数[这经常是指(22)式那样形状的函数]积分就变成有限或无限的级数. 假若 α 有可积的导数，积分就变作普通的 Riemann 积分. 这就能够在许多情形之下同时研究级数和积分而不必分别讨论了.

为了说明这一点，试看一个物理问题. 有一段单位长的直导线，有一轴垂直于此导线于一端点，导线关于这轴的惯性矩是

$$\int_0^1 x^2\,\mathrm{d}m, \tag{33}$$

这里 $m(x)$是区间[0, x]之内所含的质量. 如果认为导线的密度 ρ 是连续的，即是说如果 $m'(x)=\rho(x)$，那么(33)变为

$$\int_0^1 x^2\rho(x)\,\mathrm{d}x \tag{34}$$

另一方面，如果导线由集中于若干点 x_i 的质量 m_i 组成；(33)就变为

$$\sum_i x_i^2 m_i \tag{35}$$

所以(34)式与(35)式是(33)式的特殊情形，然而(33)式包括的还要多；例如 m 连续而不是处处可微的情形.

6.19 定理(换元)　假设 φ 是严格递增的连续函数，它把闭区间[A, B]映满[a, b]. 假设 α 在[a, b]上单调递增，而且在[a, b]上 $f\in\mathscr{R}(\alpha)$. 在[A, B]上定义 β 与 g 为

$$\beta(y)=\alpha(\varphi(y)),g(y)=f(\varphi(y)). \tag{36}$$

那么 $g\in\mathscr{R}(\beta)$ 而且

$$\int_A^B g\,\mathrm{d}\beta = \int_a^b f\,\mathrm{d}\alpha. \tag{37}$$

证 对应于$[a, b]$的每个分法 $P=\{x_0, \cdots, x_n\}$，有$[A, B]$的一个分法 $Q=\{y_0, \cdots, y_n\}$，其中 $x_i=\varphi(y_i)$. $[A, B]$的所有分法都是按照这个方法求得的. 因为 f 在$[x_{i-1}, x_i]$上所取的值，都与 g 在$[y_{i-1}, y_i]$上所取的值恰好一样，故而知道

$$U(Q,g,\beta) = U(P,f,\alpha), L(Q,g,\beta) = L(P,f,\alpha). \tag{38}$$

因为 $f\in\mathscr{R}(\alpha)$，可以把 P 选得使 $U(P, f, \alpha)$和 $L(P, f, \alpha)$都靠近于 $\int f\mathrm{d}\alpha$. 那么(38)与定理 6.6 合在一起就说明 $g\in\mathscr{R}(\beta)$，因而(37)成立. 证明完毕.

让我们注意下边的特殊情形：

取 $\alpha(x)=x$，那么 $\beta=\varphi$. 假设在$[A, B]$上 $\varphi'\in\mathscr{R}$. 如果将定理 6.17 用于(37)的左端，就得到

$$\int_a^b f(x)\mathrm{d}x = \int_A^B f(\varphi(y))\varphi'(y)\mathrm{d}y. \tag{39}$$

积分与微分

在本节，我们仍限于考虑实函数. 我们将要证明，在某种意义上说，积分和微分是互逆的运算.

6.20 定理 设在$[a, b]$上 $f\in\mathscr{R}$. 对于 $a\leqslant x\leqslant b$，令

$$F(x) = \int_a^x f(t)\mathrm{d}t.$$

那么 F 在$[a, b]$上连续；如果 f 又在$[a, b]$的 x_0 点连续，那么 F 便在 x_0 可微，并且

$$F'(x_0) = f(x_0)$$

证 因 $f\in\mathscr{R}$，所以 f 有界. 假设对于 $a\leqslant t\leqslant b$，$|f(t)|\leqslant M$. 如果 $a\leqslant x<y\leqslant b$，那么由定理 6.12 的(c)和(d)知道

$$|F(y)-F(x)| = \left|\int_x^y f(t)\mathrm{d}t\right| \leqslant M(y-x),$$

给定了 $\varepsilon>0$，只要 $|y-x|<\varepsilon/M$，就会有

$$|F(y)-F(x)| < \varepsilon$$

这就证明了 F 的连续性(而且实际上是一致连续性).

现在假设 f 在 x_0 点连续. 给定了 $\varepsilon>0$，选一个 $\delta>0$ 使得在 $|t-x_0|<\delta$ 并 $a\leqslant t\leqslant b$ 时，

$$|f(t)-f(x_0)|<\varepsilon.$$

因此，如果

$$x_0-\delta<s\leqslant x_0\leqslant t<x_0+\delta \text{ 而且 } a\leqslant s<t\leqslant b,$$

根据定理 6.12(d)，便有

$$\left|\frac{F(t)-F(s)}{t-s}-f(x_0)\right|=\left|\frac{1}{t-s}\int_s^t[f(u)-f(x_0)]\mathrm{d}u\right|<\varepsilon.$$

这就直接推得 $F'(x_0)=f(x_0)$ 了.

6.21 微积分基本定理 如果在 $[a, b]$ 上 $f\in\mathscr{R}$. 在 $[a, b]$ 上又有可微函数 F 合于 $F'=f$，那么

$$\int_a^b f(x)\mathrm{d}x=F(b)-F(a).$$

证 假设给定了 $\varepsilon>0$，选 $[a, b]$ 的分法 $P=\{x_0, \cdots, x_n\}$，使得 $U(P, f)-L(P, f)<\varepsilon$. 由中值定理知存在一些点 $t_i\in[x_{i-1}, x_i]$，它们对于 $i=1, \cdots, n$ 使得

$$F(x_i)-F(x_{i-1})=f(t_i)\Delta x_i.$$

由此

$$\sum_{i=1}^n f(t_i)\Delta x_i=F(b)-F(a).$$

现在，从定理 6.7(c)推得

$$\left|F(b)-F(a)-\int_a^b f(x)\mathrm{d}x\right|<\varepsilon.$$

因为它对于任何 $\varepsilon>0$ 成立，证明就完成了.

6.22 定理(分部积分) 假定 F 和 G 都是 $[a, b]$ 上的可微函数. $F'=f\in\mathscr{R}$，$G'=g\in\mathscr{R}$. 那么

$$\int_a^b F(x)g(x)\mathrm{d}x=F(b)G(b)-F(a)G(a)-\int_a^b f(x)G(x)\mathrm{d}x.$$

证 令 $H(x)=F(x)G(x)$，然后将定理 6.21 用于 H 和它的导数. 注意，根据定理 6.13，$H'\in\mathscr{R}$.

向量值函数的积分

6.23 定义 设 $f_1, \cdots, f_k$ 是 $[a, b]$ 上的实函数，并设 $\mathbf{f}=(f_1, \cdots, f_k)$ 是将 $[a, b]$ 映入 R^k 内的映射. 如果 α 在 $[a, b]$ 上单调递增，那么说 $\mathbf{f}\in\mathscr{R}(\alpha)$，指的就是对于 $j=1, 2, \cdots, k$，$f_j\in\mathscr{R}(\alpha)$. 果真如此的话，就定义

$$\int_a^b \boldsymbol{f}\,\mathrm{d}\alpha = \left(\int_a^b f_1\,\mathrm{d}\alpha, \cdots, \int_a^b f_k\,\mathrm{d}\alpha\right).$$

换句话说，$\int \boldsymbol{f}\,\mathrm{d}\alpha$ 是 R^k 中的点，而$\int f_j\,\mathrm{d}\alpha$ 是它的第 j 个坐标.

显然，定理 6.12 的(a)，(c)，(e)三条，对于这些向量值的积分是成立的；这只要把前面的结果用于每个坐标就成了. 关于定理 6.17，6.20 及 6.21，同样也对. 作为例证，我们把定理 6.21 的类似定理叙述一下.

6.24 定理 设 $\boldsymbol{f}$ 及 $\boldsymbol{F}$ 是把$[a, b]$映入 R^k 的映射，$\boldsymbol{f}$ 在$[a, b]$上$\in \mathscr{R}$ 并且 $\boldsymbol{F}'=\boldsymbol{f}$，那么

$$\int_a^b \boldsymbol{f}(t)\,\mathrm{d}t = \boldsymbol{F}(b) - \boldsymbol{F}(a).$$

但是，与 6.13(b)类似的定理，有些新的特点，至少在它的证明上是如此.

6.25 定理 如果 $\boldsymbol{f}$ 是把$[a, b]$映入 R^k 内的映射，并且对于$[a, b]$上的某个单调递增函数 α，$\boldsymbol{f}\in\mathscr{R}(\alpha)$，那么 $|\boldsymbol{f}|\in\mathscr{R}(\alpha)$，而且

$$\left|\int_a^b \boldsymbol{f}\,\mathrm{d}\alpha\right| \leqslant \int_a^b |\boldsymbol{f}|\,\mathrm{d}\alpha \tag{40}$$

证 如果 f_1，…，f_k 是 $\boldsymbol{f}$ 的分量，那么

$$|\boldsymbol{f}| = (f_1^2 + \cdots + f_k^2)^{1/2}. \tag{41}$$

根据定理 6.11，每个函数 f_j^2 属于 $\mathscr{R}(\alpha)$；因此它们的和也属于 $\mathscr{R}(\alpha)$. 因为 x^2 是 x 的连续函数，定理 4.17 说明，对于任意实数 M，平方根函数在$[0, M]$上连续. 如果再一次应用定理 6.11，那么(41)式表明 $|\boldsymbol{f}|\in\mathscr{R}(\alpha)$.

为了证明(40)式，置 $\boldsymbol{y}=(y_1, \cdots, y_k)$，其中 $y_i = \int f_i\,\mathrm{d}\alpha$. 于是 $\boldsymbol{y} = \int \boldsymbol{f}\,\mathrm{d}\alpha$，并且

$$|\boldsymbol{y}|^2 = \sum y_j^2 = \sum y_j \int f_j\,\mathrm{d}\alpha$$
$$= \int \left(\sum y_j f_j\right)\mathrm{d}\alpha.$$

根据 Schwarz 不等式

$$\sum y_j f_j(t) \leqslant |\boldsymbol{y}|\,|\boldsymbol{f}(t)| \quad (a \leqslant t \leqslant b), \tag{42}$$

因此，由定理 6.12(b)就有

$$|\boldsymbol{y}|^2 \leqslant |\boldsymbol{y}| \int |\boldsymbol{f}|\,\mathrm{d}\alpha.$$

如果 $\boldsymbol{y}=\mathbf{0}$，(40)就是显然的. 如果 $\boldsymbol{y}\neq\mathbf{0}$，用 $|\boldsymbol{y}|$ 除(43)式就得到(40).

可求长曲线

我们用一个几何趣味的论题来结束这一章，这也给前面一些理论提供一项应用. $k=2$ 的情形(即是平面曲线的情形)在研究复变数的解析函数时相当重要.

6.26 定义 将闭区间$[a, b]$映入 R^k 的映射γ叫作R^k里的曲线. 为了重视参数区间$[a, b]$，也可以说γ是$[a, b]$上的曲线.

假如γ是一对一的，γ就称作弧.

假如$\gamma(a)=\gamma(b)$；就说γ是闭曲线.

应当注意这里定义的曲线是映射而不是点集. 结合着 R^k 里的每个曲线γ，总有 R^k 的一个子集，即是γ的值域，但是不同的曲线可以有相同的值域.

我们给$[a, b]$的每个分法 $P=\{x_0, \cdots, x_n\}$和$[a, b]$上的每个曲线γ，配置一个数

$$\Lambda(P,\gamma)=\sum_{i=1}^{n}|\gamma(x_i)-\gamma(x_{i-1})|.$$

这个和里的第 i 项就是R^k里$\gamma(x_{i-1})$与$\gamma(x_i)$两点间的距离. 所以$\Lambda(P, \gamma)$就是按照顺序以$\gamma(x_0)$，$\gamma(x_1)$，…，$\gamma(x_n)$为顶点的折线的长. 当分法越来越密时，这折线就越来越接近于γ的值域. 这样看来，我们把

$$\Lambda(\gamma)=\sup\Lambda(P,\gamma)$$

定义作γ之长是合理的；这里的 sup 是对$[a, b]$的一切分法来取的.

假若$\Lambda(\gamma)<\infty$，就说γ是可求长的.

有许多情形，$\Lambda(\gamma)$能用 Riemann 积分表示. 我们将要对于连续可微的曲线γ，即是导数γ'连续的曲线证明这一点.

6.27 定理 假如γ'在$[a, b]$上连续，γ便是可求长的，而且

$$\Lambda(\gamma)=\int_a^b|\gamma'(t)|\,\mathrm{d}t.$$

证 如果$a\leqslant x_{i-1}<x_i\leqslant b$，那么

$$|\gamma(x_i)-\gamma(x_{i-1})|=\left|\int_{x_{i-1}}^{x_i}\gamma'(t)\mathrm{d}t\right|\leqslant\int_{x_{i-1}}^{x_i}|\gamma'(t)|\,\mathrm{d}t.$$

所以对于$[a, b]$的每个分法 P，

$$\Lambda(P,\gamma)\leqslant\int_a^b|\gamma'(t)|\,\mathrm{d}t,$$

从而

$$\Lambda(\gamma)\leqslant\int_a^b|\gamma'(t)|\,\mathrm{d}t.$$

今证明反向的不等式，假设给定了 $\varepsilon>0$. 既然 γ' 在 $[a,b]$ 上一致连续，便有 $\delta>0$，使得

$$|\gamma'(s)-\gamma'(t)|<\varepsilon$$

在 $|s-t|<\delta$ 时成立. 设 $P=\{x_0,\cdots,x_n\}$ 是 $[a,b]$ 的分法，对于一切 i，$\Delta x_i<\delta$. 如果 $x_{i-1}\leqslant t\leqslant x_i$，必然

$$|\gamma'(t)|\leqslant|\gamma'(x_i)|+\varepsilon.$$

所以

$$\begin{aligned}\int_{x_{i-1}}^{x_i}|\gamma'(t)|\,\mathrm{d}t &\leqslant|\gamma'(x_i)|\Delta x_i+\varepsilon\Delta x_i\\ &=\left|\int_{x_{i-1}}^{x_i}[\gamma'(t)+\gamma'(x_i)-\gamma'(t)]\mathrm{d}t\right|+\varepsilon\Delta x_i\\ &\leqslant\left|\int_{x_{i-1}}^{x_i}\gamma'(t)\mathrm{d}t\right|+\left|\int_{x_{i-1}}^{x_i}[\gamma'(x_i)-\gamma'(t)]\mathrm{d}t\right|+\varepsilon\Delta x_i\\ &\leqslant|\gamma(x_i)-\gamma(x_{i-1})|+2\varepsilon\Delta x_i.\end{aligned}$$

把这些不等式相加，就得到

$$\begin{aligned}\int_a^b|\gamma'(t)|\,\mathrm{d}t&\leqslant\Lambda(P,\gamma)+2\varepsilon(b-a)\\ &\leqslant\Lambda(\gamma)+2\varepsilon(b-a).\end{aligned}$$

由于 ε 是任意的

$$\int_a^b|\gamma'(t)|\,\mathrm{d}t\leqslant\Lambda(\gamma).$$

证明就完成了.

习题

1. 假设 α 在 $[a,b]$ 上递增，$a\leqslant x_0\leqslant b$，$\alpha$ 在 x_0 连续，$f(x_0)=1$，并且当 $x\neq x_0$ 时 $f(x)=0$. 试证 $f\in\mathscr{R}(\alpha)$ 并且 $\int f\mathrm{d}\alpha=0$.

2. 假设在 $[a,b]$ 上 $f\geqslant0$，f 连续，并且 $\int_a^b f(x)\mathrm{d}x=0$. 试证，对于所有的 $x\in[a,b]$，$f(x)=0$（与习题 1 比较).

3. 三个函数 β_1，β_2，β_3 定义如下：对于 $j=1,2,3$，当 $x<0$ 时 $\beta_j(x)=0$，当 $x>0$ 时 $\beta_j(x)=1$；并且 $\beta_1(0)=0$，$\beta_2(0)=1$，$\beta_3(0)=\frac{1}{2}$. 设 f 是 $[-1,1]$ 上的有界函数.

(a) 证明 $f\in\mathscr{R}(\beta_1)$ 当且仅当 $f(0+)=f(0)$，在这个情形还有

$$\int f \mathrm{d}\beta_1 = f(0).$$

(b) 对 β_2 陈述并说明类似的结果.

(c) 证明 $f\in\mathscr{R}(\beta_3)$ 当且仅当 f 在 0 点连续.

(d) 如果 f 在 0 点连续，证明

$$\int f \mathrm{d}\beta_1 = \int f \mathrm{d}\beta_2 = \int f \mathrm{d}\beta_3 = f(0)$$

4. 如果对于一切无理点 x，$f(x)=0$，对于一切有理点 x，$f(x)=1$. 证明对于任意的 $a<b$，在 $[a, b]$ 上 $f\notin\mathscr{R}$

5. 假如 f 是 $[a, b]$ 上的有界实函数，在 $[a, b]$ 上 $f^2\in\mathscr{R}$. 是否必然 $f\in\mathscr{R}$? 如果假定 $f^3\in\mathscr{R}$，答案是否改变？

6. 设 P 是 2.44 所作的 Cantor 集. 设 f 是 $[0, 1]$ 上的有界实函数，它在 P 以外的每点连续，试证在 $[0, 1]$ 上 $f\in\mathscr{R}$. 提示：P 能被有限个开区间盖住，这些区间的总长可以任意小. 照定理 6.10 那样处理.

7. 假定 f 是 $(0, 1]$ 上的实函数，对于每个 $c>0$，在 $[c, 1]$ 上 $f\in\mathscr{R}$. 定义

$$\int_0^1 f(x)\mathrm{d}x = \lim_{c\to 0}\int_c^1 f(x)\mathrm{d}x$$

只须这极限存在(而且是有限的).

(a) 若是在 $[0, 1]$ 上 $f\in\mathscr{R}$，证明这定义和旧定义相同.

(b) 作一个函数 f，使上述的极限存在，然而用 $|f|$ 换了 f 这极限便不存在.

8. 假若 a 是固定的，b 是大于 a 的任意数，在 $[a, b]$ 上 $f\in\mathscr{R}$. 定义

$$\int_a^\infty f(x)\mathrm{d}x = \lim_{b\to\infty}\int_a^b f(x)\mathrm{d}x,$$

只要这极限存在(而且是有限的). 这时便说左端的积分收敛. 如果把 f 换作 $|f|$ 它仍然收敛，就说它绝对收敛.

假定 $f(x)\geqslant 0$，并且在 $[1, \infty]$ 上单调递减. 试证

$$\int_1^\infty f(x)\mathrm{d}x$$

收敛，当且仅当

$$\sum_{n=1}^\infty f(n)$$

收敛(这是关于级数收敛性的“积分”检验法).

9. 证明分部积分有时能用于习题 7.8 所定义的“非正常”积分(列出适当的假

设，编成定理，再加以证明). 例如证明

$$\int_0^\infty \frac{\cos x}{1+x}\mathrm{d}x = \int_0^\infty \frac{\sin x}{(1+x)^2}\mathrm{d}x.$$

证明这两个积分之中有一个绝对收敛，另一个则不然.

10. 设 p 与 q 都是正实数，满足

$$\frac{1}{p}+\frac{1}{q}=1,$$

证明下列各命题：

(a) 假若 $u\geqslant 0$，且 $v\geqslant 0$，那么

$$uv \leqslant \frac{u^p}{p}+\frac{v^q}{q}$$

当且仅当 $u^p=v^q$ 时等号适用.

(b) 假若 $f\in\mathscr{R}(\alpha)$，$g\in\mathscr{R}(\alpha)$，$f\geqslant 0$，$g\geqslant 0$，而且

$$\int_a^b f^p\mathrm{d}\alpha = 1 = \int_a^b g^q\mathrm{d}\alpha,$$

那么

$$\int_a^b fg\,\mathrm{d}\alpha \leqslant 1.$$

(c) 假若 f 与 g 是属于 $\mathscr{R}(\alpha)$的复值函数，那么

$$\left|\int_a^b fg\,\mathrm{d}\alpha\right| \leqslant \left\{\int_a^b |f|^p\mathrm{d}\alpha\right\}^{\frac{1}{p}}\left\{\int_a^b |g|^q\mathrm{d}\alpha\right\}^{\frac{1}{q}}.$$

这是 Hölder 不等式. 当 $p=q=2$ 时，寻常叫作 Schwarz 不等式(注意定理 1.35 是这不等式的极特别的情形).

(d) 证明 Hölder 不等式对于习题 7.8 所说的“非正常”积分也真确.

11. 设 α 是$[a, b]$上固定的递增函数. 对于 $u\in\mathscr{R}(\alpha)$定义

$$\|u\|_2 = \left\{\int_a^b |u|^2\mathrm{d}\alpha\right\}^{1/2}.$$

假若 f，g，$h\in\mathscr{R}(\alpha)$，像定理 1.37 的证明里那样，作为 Schwarz 不等式的推论，证明三角形不等式

$$\|f-h\|_2 \leqslant \|f-g\|_2 + \|g-h\|_2.$$

12. 沿用第 11 题的记号，假定 $f\in\mathscr{R}(\alpha)$，并且 $\varepsilon>0$. 证明在$[a, b]$上存在着连续函数 g 满足 $\|f-g\|_2<\varepsilon$.

提示：设 $P=\{x_0, \cdots, x_n\}$是$[a, b]$的一个适当的分法，如果 $x_{i-1}<t<x_i$，

定义

$$g(t)=\frac{x_i-t}{\Delta x_i}f(x_{i-1})+\frac{t-x_{i-1}}{\Delta x_i}f(x_i).$$

13. 定义

$$f(x)=\int_x^{x+1}\sin(t^2)\mathrm{d}t.$$

(a) 求证 $x>0$ 时 $|f(x)|<\frac{1}{x}$.

提示：置 $t^2=u$，再分部积分以证 $f(x)$等于

$$\frac{\cos(x^2)}{2x}-\frac{\cos[(x+1)^2]}{2(x+1)}-\int_{x^2}^{(x+1)^2}\frac{\cos u}{4u^{3/2}}\mathrm{d}u$$

用-1代替 $\cos u$.

(b) 证明

$$2xf(x)=\cos(x^2)-\cos[(x+1)^2]+r(x),$$

其中 $|r(x)|<c/x$，而 c 是常数.

(c) 求 $xf(x)$当 $x\to\infty$时的上、下极限.

(d) $\int_0^{\infty}\sin(t^2)\mathrm{d}t$ 收敛吗？

14. 同样地讨论

$$f(x)=\int_x^{x+1}\sin(e^t)\mathrm{d}t.$$

求证

$$e^x\,|f(x)|<2$$

和

$$e^xf(x)=\cos(e^x)-e^{-1}\cos(e^{x+1})+r(x),$$

其中 $|r(x)|<Ce^{-x}$，C 是某个常数.

15. 假设 f 是$[a,b]$上的连续可微的实函数，$f(a)=f(b)=0$，并且

$$\int_a^b f^2(x)\mathrm{d}x=1.$$

求证

$$\int_a^b xf(x)f'(x)\mathrm{d}x=-\frac{1}{2}$$

和

$$\int_a^b[f'(x)]^2\mathrm{d}x\cdot\int_a^b x^2f^2(x)\mathrm{d}x>\frac{1}{4}.$$

16. 对于 $1<s<\infty$，定义

$$\zeta(s)=\sum_{n=1}^{\infty}\frac{1}{n^s},$$

(这是 Riemann 的 ζ 函数，在研究质数的分布时极为重要.)求证

(a) $\zeta(s)=s\int_1^{\infty}\frac{[x]}{x^{s+1}}\mathrm{d}x$

和

(b) $\zeta(s)=\frac{s}{s-1}-s\int_1^{\infty}\frac{x-[x]}{x^{s+1}}\mathrm{d}x,$

其中$[x]$表示不大于 x 的最大整数.

证明(b)里的积分对于一切 $s>0$ 收敛.

提示：为了证明(a)可以求$[1, N]$上的积分与定义 $\zeta(s)$的级数的第 N 个部分和之差.

17. 假定 α 在$[a, b]$上单调递增，g 连续，而且对于 $a\leqslant x\leqslant b$，$g(x)=G'(x)$. 求证

$$\int_a^b\alpha(x)g(x)\mathrm{d}x=G(b)\alpha(b)-G(a)\alpha(a)-\int_a^b G\mathrm{d}\alpha.$$

提示：取实的 g 无损于一般性. 给定 $P=\{x_0, x_1\cdots, x_n\}$，选 $t_i\in(x_{i-1}, x_i)$ 使 $g(t_i)\Delta x_i=G(x_i)-G(x_{i-1})$. 证明

$$\sum_{i=1}^{n}\alpha(x_i)g(t_i)\Delta x_i=G(b)\alpha(b)-G(a)\alpha(a)-\sum_{i=1}^{n}G(x_{i-1})\Delta\alpha_i.$$

18. 设复平面里的曲线 γ_1，γ_2，γ_3，是由

$$\gamma_1(t)=e^{it},\gamma_2(t)=e^{2it},\gamma_3(t)=e^{2\pi it\sin(1/t)}$$

定义在$[0, 2\pi]$之上的. 求证这三个曲线的值域相同，γ_1 与 γ_2 为可求长，γ_1 的长是 2π，γ_2 的长是 4π，而 γ_3 不可求长.

19. 设 γ_1 是定义在$[a, b]$上的 R^k 里的曲线；ϕ 是把$[c, d]$映满$[a, b]$的连续 1-1 映射，而 $\phi(c)=a$；再定义 $\gamma_2(s)=\gamma_1(\phi(s))$. 求证 γ_2 是弧，是闭曲线或是可求长曲线当且仅当 γ_1 也是这样的. 证明 γ_2 与 γ_1 的长相同.

第 7 章　函数序列与函数项级数

虽然下面的多数定理以及它们的证明不难推广到向量值函数，甚至推广到映入一般度量空间之内的映射，但在这一章里，我们只限于讨论复值函数(自然，它包括实值函数). 我们宁愿停止在这个简单范围之内，为的是把注意力集中在最重要的方面——调换两个极限过程时出现的若干问题.

主要问题的讨论

7.1　定义　假设 $n=1, 2, 3, \cdots$，$\{f_n\}$是一个定义在集 E 上的函数序列，再假设数列$\{f_n(x)\}$对于每个 $x\in E$ 收敛. 我们便可以由

$$f(x)=\lim_{n\to\infty} f_n(x)\quad (x\in E) \tag{1}$$

确定一个函数 f.

这时候，我们说$\{f_n\}$在 E 上收敛，并且 f 是$\{f_n\}$的极限或极限函数. 有时也用一个带一点描述性的术语，即：如果(1)成立，就说“在 E 上$\{f_n\}$逐点收敛于 f”. 类似地，如果对于每个 $x\in E$，$\Sigma f_n(x)$收敛，并且如果我们定义

$$f(x)=\sum_{n=1}^{\infty} f_n(x)\quad (x\in E), \tag{2}$$

便说函数 f 是级数 Σf_n 的和.

出现的主要问题是：在极限运算(1)式与(2)式之下，判断函数的一些重要性质是否能够保留下来. 例如，假如函数 f_n 都是连续的，或可微的，或可积的，这些性质对于极限函数是不是也成立？f'_n与 f'或 f_n 的积分与 f 的积分之间的关系是什么？

所谓 f 在 x 点连续，即是说

$$\lim_{t\to x} f(t)=f(x).$$

因此，问一个连续函数序列的极限是否连续，就等同于问是否

$$\lim_{t\to x}\lim_{n\to\infty} f_n(t)=\lim_{n\to\infty}\lim_{t\to x} f_n(t), \tag{3}$$

换句话说，执行这两个极限过程的次序是否无所谓. 在(3)式的左端，我们先让 $n\to\infty$，然后让 $t\to x$；在右端，先是 $t\to x$，然后 $n\to\infty$.

现在，我们用几个实例说明两个极限过程一般不能互相交换而不影响最后结果. 然后证明在某些条件下，两个极限运算的次序是无所谓的.

第一个也是最简单的例子，涉及一个“双重序列”.

7.2　例　$m=1, 2, 3, \cdots$，$n=1, 2, 3, \cdots$，置

$$s_{m,n}=\frac{m}{m+n}.$$

那么对于每个固定的 n，

$$\lim_{m\to\infty}s_{m,n}=1,$$

于是

$$\lim_{n\to\infty}\lim_{m\to\infty}s_{m,n}=1. \tag{4}$$

另一方面，对于每个固定的 m.

$$\lim_{n\to\infty}s_{m,n}=0,$$

于是

$$\lim_{m\to\infty}\lim_{n\to\infty}s_{m,n}=0. \tag{5}$$

7.3 例 设 x 是实数，$n=0$，1，2，…，

$$f_n(x)=\frac{x^2}{(1+x^2)^n}$$

试看

$$f(x)=\sum_{n=0}^{\infty}f_n(x)=\sum_{n=0}^{\infty}\frac{x^2}{(1+x^2)^n}. \tag{6}$$

由于 $f_n(0)=0$，便应该 $f(0)=0$. 当 $x\neq 0$ 时，(6)式中最末的级数是收敛的几何级数，以 $1+x^2$ 为和(定理 3.26). 因此，

$$f(x)=\begin{cases}0 & (x=0),\\ 1+x^2 & (x\neq 0),\end{cases} \tag{7}$$

所以，连续函数的收敛级数可以有不连续的和.

7.4 例 $m=1$，2，3，…，置

$$f_m(x)=\lim_{n\to\infty}(\cos m!\pi x)^{2n}.$$

当 $m!x$ 是整数时，$f_m(x)=1$，对于一切其他 x 值，$f_m(x)=0$. 现在令

$$f(x)=\lim_{m\to\infty}f_m(x).$$

当 x 是无理数时，对于每个 m 值，$f_m(x)=0$，因而 $f(x)=0$；当 x 是有理数时，比如说 $x=\dfrac{p}{q}$，这里 p 和 q 是整数；这时如果 $m\geqslant q$，$m!x$ 便是整数，于是 $f(x)=1$. 因此

$$\lim_{m\to\infty}\lim_{n\to\infty}(\cos m!\pi x)^{2n}=\begin{cases}0 & (x\text{ 是无理数}),\\ 1 & (x\text{ 是有理数}).\end{cases} \tag{8}$$

因此就得到了一个处处间断的极限函数，它不是 Riemann 可积的(第 6 章，习题 4).

7.5 例 设 x 是实数，$n=1, 2, 3, \cdots$,

$$f_n(x)=\frac{\sin nx}{\sqrt{n}}, \tag{9}$$

于是

$$f(x)=\lim_{n\to\infty}f_n(x)=0.$$

那么 $f'(x)=0$，另外

$$f'_n(x)=\sqrt{n}\cos nx,$$

所以，$\{f'_n\}$不收敛于 f'. 例如，当 $n\to\infty$时，

$$f'_n(0)=\sqrt{n}\to+\infty$$

而 $f'(0)=0$.

7.6 例 设 $0\leqslant x\leqslant 1$，$n=1, 2, 3, \cdots$. 令

$$f_n(x)=n^2x(1-x^2)^n \tag{10}$$

对于 $0<x\leqslant 1$，根据定理 3.20(d)

$$\lim_{n\to\infty}f_n(x)=0,$$

又因为 $f_n(0)=0$，所以

$$\lim_{n\to\infty}f_n(x)=0 \quad (0\leqslant x\leqslant 1). \tag{11}$$

略加计算就能证明

$$\int_0^1 x(1-x^2)^n\mathrm{d}x=\frac{1}{2n+2}.$$

因此，虽然有(11)式，但是当 $n\to\infty$时，

$$\int_0^1 f_n(x)\mathrm{d}x=\frac{n^2}{2n+2}\to+\infty$$

如果在(10)式中用 n 代替 n^2，(11)式仍然成立. 但是现在得到的是

$$\lim_{n\to\infty}\int_0^1 f_n(x)\mathrm{d}x=\lim_{n\to\infty}\frac{n}{2n+2}=\frac{1}{2},$$

而

$$\int_0^1\left[\lim_{n\to\infty}f_n(x)\right]\mathrm{d}x=0.$$

所以，积分的极限和极限的积分，即使两者都是有限的，也未必相等.

这些例题说明，如果粗心地对调了两个极限过程会错误到什么样子．鉴于这一点，我们定义一个新的收敛方式，它比定义 7.1 中规定的逐点收敛性要强些．这种新的收敛方式能使我们达到正面的结果．

一致收敛性

7.7 定义 如果对每一个 $\varepsilon>0$，有一个整数 N，使得 $n\geqslant N$ 时，对于一切 $x\in E$，

$$|f_n(x)-f(x)|\leqslant\varepsilon. \tag{12}$$

我们就说，函数序列 $\{f_n\}(n=1, 2, 3, \cdots)$ 在 E 上一致收敛于函数 f．

显然，每个一致收敛序列一定逐点收敛．很明显，这两个概念之间的差异在于：如果 $\{f_n\}$ 在 E 上逐点收敛，那便存在着这样的函数 f，它对于每个 $\varepsilon>0$，又对于每个 $x\in E$，有一个整数 N．如果 $n\geqslant N$，(12)式就成立，这里的 N 既依赖于 ε，又依赖于 x．如果 $\{f_n\}$ 在 E 上一致收敛，便对于每个 $\varepsilon>0$，能够对于一切 $x\in E$，找出一个整数 N，当 $n\geqslant N$ 时，(12)式成立．

级数 $\sum f_n(x)$ 的部分和规定为

$$\sum_{i=1}^{n} f_i(x)=s_n(x),$$

如果部分和序列 $\{s_n\}$ 在 E 上一致收敛，我们就说级数 $\sum f_n(x)$ 在 E 上一致收敛．

下面是关于一致收敛性的 Cauchy 准则．

7.8 定理 定义在 E 上的函数序列 $\{f_n\}$ 在 E 上一致收敛，当且仅当：对于每个 $\varepsilon>0$，存在着一个整数 N，使得 $m\geqslant N$，$n\geqslant N$ 和 $x\in E$ 时，

$$|f_n(x)-f_m(x)|\leqslant\varepsilon. \tag{13}$$

证 假设 $\{f_n\}$ 在 E 上一致收敛，并且令 f 是极限函数．那么，有一个整数 N，使得 $n\geqslant N$ 和 $x\in E$ 时

$$|f_n(x)-f(x)|\leqslant\frac{\varepsilon}{2},$$

于是 $n\geqslant N$，$m\geqslant N$，$x\in E$ 时

$$|f_n(x)-f_m(x)|\leqslant|f_n(x)-f(x)|+|f(x)-f_m(x)|\leqslant\varepsilon.$$

反之，假设 Cauchy 条件成立．根据定理 3.11，序列 $\{f_n\}$ 对于每个 x 收敛于一个极限，我们可称它为 $f(x)$．于是，序列 $\{f_n\}$ 在 E 上收敛于 f．我们必须证明这个收敛是一致的．

假设给定了 $\varepsilon>0$，再选定使(13)式成立的 N．在(13)式里把 n 固定了，而让 $m\to\infty$．由于当 $m\to\infty$ 时，$f_m(x)\to f(x)$，这就得到了对于每个 $n\geqslant N$ 和每个

$x \in E$都能适用的

$$| f_n(x) - f(x) | \leqslant \varepsilon, \tag{14}$$

这就完成了证明.

下面的判别准则往往有用.

7.9 定理 假设

$$\lim_{n\to\infty} f_n(x) = f(x) \quad (x \in E).$$

令

$$M_n = \sup_{x\in E} | f_n(x) - f(x) |.$$

那么，在 E 上 $f_n \to f$ 是一致的，当且仅当：$n\to\infty$时，$M_n\to 0$.

这是定义 7.7 的直接结果. 证明从略.

对于级数，有一个判别一致收敛性十分方便的方法，它归功于 Weierstrass.

7.10 定理 假设$\{f_n\}$是定义在 E 上的函数序列. 并且，假设

$$| f_n(x) | \leqslant M_n \quad (x \in E, n = 1,2,3,\cdots).$$

如果 ΣM_n 收敛，那么，Σf_n 便在 E 上一致收敛.

注意，并没有说它的逆命题怎样(而实际上是不真的).

证 如果 ΣM_n 收敛，那么，对于任意的 $\varepsilon>0$，只要 m 和 n 都充分地大，便能够

$$\left| \sum_{i=n}^{m} f_i(x) \right| \leqslant \sum_{i=n}^{m} M_i \leqslant \varepsilon \quad (x \in E),$$

根据定理 7.8，就得出一致收敛性.

一致收敛性与连续性

7.11 定理 假设在度量空间内的集 E 上 f_n 一致收敛于 f. 设 x 是 E 的极限点. 再假设

$$\lim_{t\to x} f_n(t) = A_n \quad (n = 1,2,3,\cdots). \tag{15}$$

那么$\{A_n\}$收敛，并且

$$\lim_{t\to x} f(t) = \lim_{n\to\infty} A_n. \tag{16}$$

换句话说，这个结论就是

$$\lim_{t\to x} \lim_{n\to\infty} f_n(t) = \lim_{n\to\infty} \lim_{t\to x} f_n(t). \tag{17}$$

证 假设给定了 $\varepsilon>0$. 按$\{f_n\}$的一致收敛性，存在着 N，使得 $n\geqslant N$，$m\geqslant N$ 和 $t\in E$ 时

$$| f_n(t) - f_m(t) | \leqslant \varepsilon. \tag{18}$$

在(18)式中，让 $t \to x$，得到的是当 $n \geqslant N$，$m \geqslant N$ 时

$$| A_n - A_m | \leqslant \varepsilon.$$

于是$\{A_n\}$是 Cauchy 序列，因而收敛，比如说收敛于 A.

其次

$$| f(t) - A | \leqslant | f(t) - f_n(t) | + | f_n(t) - A_n | + | A_n - A |. \tag{19}$$

先选取 n，要求对于一切 $t \in E$ 使得

$$| f(t) - f_n(t) | \leqslant \frac{\varepsilon}{3} \tag{20}$$

(根据一致收敛性，这是能做到的)，并且使得

$$| A_n - A | \leqslant \frac{\varepsilon}{3}. \tag{21}$$

然后对于这个 n，选取 x 的一个邻域 V，使得 $t \in V \cap E$，$t \neq x$ 能保证

$$| f_n(t) - A_n | \leqslant \frac{\varepsilon}{3}. \tag{22}$$

将(20)到(22)的三个不等式代入(19)式，结果就是：只需 $t \in V \cap E$，$t \neq x$ 便有

$$| f(t) - A | \leqslant \varepsilon,$$

这和(16)式等价.

7.12　定理　如果$\{f_n\}$是 E 上的连续函数的序列. 并且在 E 上，f_n 一致收敛于 f. 那么，f 在 E 上连续.

这个非常重要的结果是定理 7.11 的直接推论.

它的逆命题不真. 也就是说，虽然收敛不是一致的，但是，一个连续函数的序列也可以收敛于一个连续函数. 例题 7.6 就属于这一类(为看清这一点，需要应用定理 7.9). 但是，有一种情形，我们可以断定逆命题是正确的：

7.13　定理　假定 K 是紧集. 并且

(a) $\{f_n\}$是 K 上的连续函数序列，

(b) $\{f_n\}$在 K 上逐点收敛于连续函数 f，

(c) 对于一切 $x \in K$ 和 $n=1, 2, 3, \cdots$，$f_n(x) \geqslant f_{n+1}(x)$.

那么在 K 上 $f_n \to f$ 是一致的.

证　令 $g_n = f_n - f$ 于是 g_n 是连续的，在每点上 $g_n \to 0$ 并且 $g_n \geqslant g_{n+1}$. 现在要证明 g_n 在 K 上一致收敛于 0.

假设给定了 $\varepsilon > 0$，假设 K_n 是使 $g_n(x) \geqslant \varepsilon$ 的一切 $x \in E$ 的集. 由于 g_n 连续，

那么 K_n 是闭的(定理 4.8)，所以是紧的(定理 2.35)．由于 $g_n \geqslant g_{n+1}$，我们得到 $K_n \supset K_{n+1}$．固定了 $x \in K$．由于 $g_n(x) \to 0$，我们知道只需 n 充分大，便能使 $x \notin K_n$，所以 $x \notin \bigcap K_n$．换句话说，$\bigcap K_n$ 是空的，从而对应于某个 N 的 K_N 是空的(定理 2.36)．必然对于一切 $x \in K$ 和一切 $n \geqslant N$，有 $0 \leqslant g_n(x) < \varepsilon$．这就证明了这个定理．

注意紧性是必不可少的．例如：

$$f_n(x) = \frac{1}{nx+1} \quad (0 < x < 1;\quad n = 1,2,3,\cdots)$$

在(0，1)里 $f_n(x)$ 单调地趋于零，然而不是一致收敛．

7.14 定义 如果 X 是度量空间，$\mathscr{C}(X)$ 就表示以 X 为定义域的复值连续有界函数的集．

[注意，如果 X 是紧集，有界性就是多余的(定理 4.15)．所以如果 X 是紧集，$\mathscr{C}(X)$ 就由 X 上的一切复值连续函数组成．]

我们给每个 $f \in \mathscr{C}(X)$ 配置上它的上确范数

$$\| f \| = \sup_{x \in X} | f(x) |.$$

因为假定了 f 是有界的，那么 $\| f \| < \infty$．显然只有当 $f(x) = 0$(对于每个 $x \in X$)时，才有 $\| f \| = 0$．如果 $h = f + g$，那么对于一切 $x \in X$，

$$| h(x) | \leqslant | f(x) | + | g(x) | \leqslant \| f \| + \| g \|,$$

所以

$$\| f + g \| \leqslant \| f \| + \| g \|.$$

如果定义 $f \in \mathscr{C}(X)$ 与 $g \in \mathscr{C}(X)$ 之间的距离是 $\| f - g \|$，那么它就满足关于度量的公理 2.15．

于是我们使 $\mathscr{C}(X)$ 变成了度量空间．

定理 7.9 可以重述为：

对于 $\mathscr{C}(X)$ 的度量来说，序列 $\{f_n\}$ 收敛于 f，当且仅当 f_n 在 X 上一致收敛于 f．

因此 $\mathscr{C}(X)$ 的闭子集有时叫作一致闭的，集 $\mathscr{A} \subset \mathscr{C}(X)$ 的闭包叫作它的一致闭包，等等．

7.15 定理 上边说的度量使得 $\mathscr{C}(X)$ 变成了完备度量空间．

证 设 $\{f_n\}$ 是 $\mathscr{C}(X)$ 里的 Cauchy 序列．这就是说，对应于每个 $\varepsilon > 0$ 有一个 N 使得 $\| f_n - f_m \| < \varepsilon$ 在 $n \geqslant N$ 及 $m \geqslant N$ 时成立．于是根据定理 7.8 有一个函数 f，它以 X 为定义域，而 $\{f_n\}$ 一致收敛于它．根据定理 7.12，f 是连续的．不仅如此，由于总有一个 n，使得 $| f(x) - f_n(x) | < 1$ 对于一切 $x \in X$ 成立，而 f_n 又有界，那么 f 是有界的．

所以 $f\in\mathscr{C}(X)$，而且由于 f_n 在 X 上一致收敛于 f，那么当 $n\to\infty$ 时 $\|f-f_n\|\to 0$.

一致收敛性与积分

7.16 定理 设 α 在 $[a, b]$ 上单调递增．假定在 $[a, b]$ 上 $f_n\in\mathscr{R}(\alpha)$，$n=1, 2, 3, \cdots$，再假定在 $[a, b]$ 上 $f_n\to f$ 是一致的，那么在 $[a, b]$ 上 $f\in\mathscr{R}(\alpha)$，而且

$$\int_a^b f\,d\alpha=\lim_{n\to\infty}\int_a^b f_n\,d\alpha. \tag{23}$$

（极限的存在性是本结论的一部分.）

证 只对于实函数证明这定理就够了．令

$$\varepsilon_n=\sup|f_n(x)-f(x)|, \tag{24}$$

这个上确界是在 $a\leqslant x\leqslant b$ 上取的．这时

$$f_n-\varepsilon_n\leqslant f\leqslant f_n+\varepsilon_n,$$

所以 f 的上下积分(参阅定义 6.2)满足

$$\int_a^b(f_n-\varepsilon_n)\,d\alpha\leqslant\underline{\int}f\,d\alpha\leqslant\overline{\int}f\,d\alpha\leqslant\int_a^b(f_n+\varepsilon_n)\,d\alpha. \tag{25}$$

从而

$$0\leqslant\overline{\int}f\,d\alpha-\underline{\int}f\,d\alpha\leqslant 2\varepsilon_n[\alpha(b)-\alpha(a)].$$

由于 $n\to\infty$ 时，$\varepsilon_n\to 0$(定理 7.9)，可见 f 的上下积分相等.

所以 $f\in\mathscr{R}(\alpha)$．现在再一次运用(25)式，就得到

$$\left|\int_a^b f\,d\alpha-\int_a^b f_n\,d\alpha\right|\leqslant\varepsilon_n[\alpha(b)-\alpha(a)]. \tag{26}$$

因此(23)式成立.

推论 假若在 $[a, b]$ 上 $f_n\in\mathscr{R}(\alpha)$，而且

$$f(x)=\sum_{n=1}^{\infty}f_n(x)\quad(a\leqslant x\leqslant b),$$

这个级数在 $[a, b]$ 上一致收敛，则

$$\int_a^b f\,d\alpha=\sum_{n=1}^{\infty}\int_a^b f_n\,d\alpha.$$

换句话说；这个级数可以逐项积分.

一致收敛性与微分

从例 7.5 已经知道，由 $\{f_n\}$ 的一致收敛不能推出序列 $\{f'_n\}$ 的什么性质．当

$f_n \to f$ 时，为了断定 $f'_n \to f'$ 需要有较强的假设.

7.17 定理 假设$\{f_n\}$是$[a, b]$上的可微函数序列，并且$[a, b]$上有某点 x_0 使$\{f_n(x_0)\}$收敛. 如果$\{f'_n\}$在$[a, b]$上一致收敛，那么$\{f_n\}$便在$[a, b]$上一致收敛于某函数 f；并且

$$f'(x) = \lim_{n\to\infty} f'_n(x) \quad (a \leqslant x \leqslant b). \tag{27}$$

证 假设给定了 $\varepsilon>0$，选取一个 N 要它使得当 $n\geqslant N$ 与 $m\geqslant N$ 时有

$$| f_n(x_0) - f_m(x_0) | < \frac{\varepsilon}{2} \tag{28}$$

及

$$| f'_n(t) - f'_m(t) | < \frac{\varepsilon}{2(b-a)} \quad (a \leqslant t \leqslant b). \tag{29}$$

假如把中值定理 5.19 用于函数 $f_n - f_m$，那么由(29)式可以说明，当 $n\geqslant N$、$m\geqslant N$ 时，对于$[a, b]$上任意的 x 与 t，有

$$| f_n(x) - f_m(x) - f_n(t) + f_m(t) | \leqslant \frac{|x-t|\varepsilon}{2(b-a)} \leqslant \frac{\varepsilon}{2}, \tag{30}$$

根据(28)式与(30)式知道不等式

$$\begin{aligned} | f_n(x) - f_m(x) | \leqslant & | f_n(x) - f_m(x) - f_n(x_0) + f_m(x_0) | \\ & + | f_n(x_0) - f_m(x_0) |, \end{aligned}$$

意味着

$$| f_n(x) - f_m(x) | < \varepsilon \quad (a \leqslant x \leqslant b, n \geqslant N, m \geqslant N),$$

于是$\{f_n\}$在$[a, b]$上一致收敛. 令

$$f(x) = \lim_{n\to\infty} f_n(x) \quad (a \leqslant x \leqslant b).$$

现在在$[a, b]$上固定一点 x，并且对于 $a\leqslant t\leqslant b$，$t\neq x$ 定义

$$\phi_n(t) = \frac{f_n(t) - f_n(x)}{t-x}, \quad \phi(t) = \frac{f(t) - f(x)}{t-x}, \tag{31}$$

那么，

$$\lim_{t\to x} \phi_n(t) = f'_n(x) \quad (n = 1,2,3,\cdots). \tag{32}$$

(30)式的头一个不等式表明

$$| \phi_n(t) - \phi_m(t) | \leqslant \frac{\varepsilon}{2(b-a)} \quad (n \geqslant N, m \geqslant N),$$

于是$\{\phi_n\}$对于 $a\leqslant t\leqslant b$，$t\neq x$ 一致收敛. 又因为$\{f_n\}$收敛于 f，那么由(31)式可

以断言，对于 $a\leqslant t\leqslant b$，$t\neq x$，

$$\lim_{n\to\infty}\phi_n(t)=\phi(t) \tag{33}$$

一定一致地成立.

如果现在把定理 7.11 用于$\{\phi_n\}$，(32)与(33)式表明

$$\lim_{t\to x}\phi(t)=\lim_{n\to\infty}f'_n(x);$$

根据 $\phi(t)$的定义，这就是(27)式.

注：如果在前面的假设条件之外，再添上 f'_n的连续性，就可以根据定理 7.16 和微积分基本定理，给(27)式做一个短得多的证明.

7.18 定理 实轴上确有处处不可微的实连续函数.

证 定义

$$\varphi(x)=|x| \quad (-1\leqslant x\leqslant 1), \tag{34}$$

再要求

$$\varphi(x+2)=\varphi(x). \tag{35}$$

以将 $\varphi(x)$的定义扩展到所有实数 x，那么对于一切 s 与 t，

$$|\varphi(s)-\varphi(t)|\leqslant|s-t|. \tag{36}$$

特别地，φ 在 R^1 上连续. 定义

$$f(x)=\sum_{n=0}^{\infty}\left(\frac{3}{4}\right)^n\varphi(4^nx). \tag{37}$$

由于 $0\leqslant\varphi\leqslant1$，定理 7.10 表明，(37)式级数在 R^1 上一致收敛. 根据定理 7.12，f 在 R^1 上连续.

现在固定一个实数 x 和一个正数 m，令

$$\delta_m=\pm\frac{1}{2}\cdot4^{-m}, \tag{38}$$

其中的符号要选得让 4^mx 与 $4^m(x+\delta_m)$之间没有整数. 这一定能做到，原因是 $4^m|\delta_m|=\frac{1}{2}$. 定义

$$\gamma_n=\frac{\varphi(4^n(x+\delta_m))-\varphi(4^nx)}{\delta_m}. \tag{39}$$

当 $n>m$ 时，$4^n\delta_m$ 是偶数，所以 $\gamma_n=0$. 当 $0\leqslant n\leqslant m$ 时，(36)式意味着 $|\gamma_n|\leqslant4^n$.

由于 $|\gamma_m|=4^m$，我们可以断定

$$\left|\frac{f(x+\delta_m)-f(x)}{\delta_m}\right|=\left|\sum_{n=0}^{m}\left(\frac{3}{4}\right)^n\gamma_n\right|\geqslant3^m-\sum_{n=0}^{m-1}3^n=\frac{1}{2}(3^m+1).$$

当 $m\to\infty$ 时，$\delta_m\to 0$，所以 f 在 x 点不可微.

等度连续的函数族

从定理 3.6 已经知道，每个有界的复数序列必有收敛的子序列，于是发生一个问题：关于函数序列，类似的结论是否仍然正确. 为了把问题说得更确切，我们定义两种有界性.

7.19 定义 令 $\{f_n\}$ 是定义在集 E 上的函数序列.

我们说 $\{f_n\}$ 在 E 上*逐点有界*，如果对于每个 $x\in E$，序列 $\{f_n(x)\}$ 是有界的. 也就是说：如果存在着一个定义在 E 上的有限值函数 ϕ，使得

$$|f_n(x)|<\phi(x)\quad(x\in E,n=1,2,3,\cdots).$$

我们说 $\{f_n\}$ 在 E 上*一致有界*. 如果存在着一个数 M，使得

$$|f_n(x)|<M\quad(x\in E,n=1,2,3,\cdots).$$

如果 $\{f_n\}$ 在 E 上逐点有界，并且 E_1 是 E 的一个可数的子集，便总能找到一个子序列 $\{f_{n_k}\}$，使得 $\{f_{n_k}(x)\}$ 对于每个 $x\in E_1$ 收敛. 根据定理 7.23 的证明中所用的对角线手法，这点总可以做到.

然而，即使 $\{f_n\}$ 是某个紧集 E 上一致有界的连续函数序列，也未必有在 E 上逐点收敛的子序列. 在下面所设的例题里，如果用我们现有的知识来证明这个事实将是十分麻烦的，但是如借助于第 11 章的一个定理，证明就十分简单.

7.20 例 令

$$f_n(x)=\sin nx\quad(0\leqslant x\leqslant 2\pi,n=1,2,3,\cdots).$$

假设有一个数列 $\{n_k\}$，使得 $\{\sin n_k x\}$ 对于每个 $x\in[0,\ 2\pi]$ 收敛. 这时候，必然

$$\lim_{k\to\infty}(\sin n_k x-\sin n_{k+1}x)=0\quad(0\leqslant x\leqslant 2\pi);$$

由此

$$\lim_{k\to\infty}(\sin n_k x-\sin n_{k+1}x)^2=0\quad(0\leqslant x\leqslant 2\pi).\tag{40}$$

根据关于有界收敛序列积分的 Lebesgue 定理(定理 11.23). (40)式意味着

$$\lim_{k\to\infty}\int_0^{2\pi}(\sin n_k x-\sin n_{k+1}x)^2\mathrm{d}x=0.\tag{41}$$

但是由简单计算得到

$$\int_0^{2\pi}(\sin n_k x-\sin n_{k+1}x)^2\mathrm{d}x=2\pi,$$

这与(41)式矛盾.

另一个问题是：每个收敛序列是否含有一致收敛的子序列. 下一个例题说

明，这不是必然的；即使序列在一个紧集上一致有界，也是这样.（例题 7.6 表明，有界函数序列可以收敛而不一致有界. 但是有界函数序列的一致收敛性包含着一致有界性，却是显而易见的.）

7.21 例 设 $0\leqslant x\leqslant 1$，$n=1, 2, 3, \cdots$

$$f_n(x)=\frac{x^2}{x^2+(1-nx)^2}.$$

那么 $|f_n(x)|\leqslant 1$，于是 $\{f_n\}$ 在 $[0, 1]$ 上一致有界. 还有

$$\lim_{n\to\infty}f_n(x)=0\quad(0\leqslant x\leqslant 1),$$

可是

$$f_n\left(\frac{1}{n}\right)=1\quad(n=1,2,3,\cdots),$$

因此，没有子序列能在 $[0, 1]$ 上一致收敛.

关于这情形所需要的概念是等度连续，下面就是它的定义.

7.22 定义 f 是定义在度量空间 X 内集 E 上的函数，$\mathscr{F}$ 是 f 的族. 说 $\mathscr{F}$ 在 E 上等度连续，就是说对于每个 $\varepsilon>0$，存在着一个 $\delta>0$，只要 $d(x, y)<\delta$，$x\in E, y\in E$ 及 $f\in\mathscr{F}$ 就能使得

$$|f(x)-f(y)|<\varepsilon,$$

这里 d 表示 X 的度量.

显然，等度连续族的每个函数是一致连续的.

例 7.21 中的函数序列不是等度连续的.

一方面是等度连续性，另一方面是连续函数的一致收敛性，双方之间有十分密切的关系. 定理 7.24 与 7.25 将要说明这一点，但是需要先说一下与连续性无关的选择法.

7.23 定理 *假若 $\{f_n\}$ 是在可数集 E 上逐点有界的复值函数序列，那么 $\{f_n\}$ 便有子序列 $\{f_{n_k}\}$，使得 $\{f_{n_k}(x)\}$ 对于每个 $x\in E$ 收敛.*

证 设 $\{x_i\}$，$i=1, 2, 3, \cdots$，是由 E 的点排成的序列. 既然 $\{f_n(x_1)\}$ 有界，便存在着一个子序列 $\{f_{1,k}\}$ 使得 $\{f_{1,k}(x_1)\}$ 当 $k\to\infty$ 时收敛.

现在，我们筹画一个可以用阵列写出来的序列 S_1，S_2，S_3，$\cdots$，

$$\begin{array}{lllll} S_1: & f_{1,1} & f_{1,2} & f_{1,3} & f_{1,4} & \cdots \\ S_2: & f_{2,1} & f_{2,2} & f_{2,3} & f_{2,4} & \cdots \\ S_3: & f_{3,1} & f_{3,2} & f_{3,3} & f_{3,4} & \cdots \\ \cdots\cdots \end{array}$$

要求它们有下面这些性质：

(a) 对于 $n=2, 3, 4, \cdots$，S_n 是 S_{n-1} 的子序列.

(b) 当 $k\to\infty$ 时，$\{f_{n,k}(x_n)\}$ 收敛($\{f_n(x_n)\}$ 的有界性保证能按这方法选取 S_n).

(c) 在每个序列里函数出现的先后是一样的. 也就是说，如果某函数在 S_1 中位于另一个函数之前，那么，它们便在每个 S_n 中保持同样的位置关系，一直到其中有一个函数被去掉为止. 因此，从上述阵列的某行过渡到下一行时，函数可以向左移动. 而决不能向右移动.

现在取阵列的对角线上的这列函数，即是考虑序列

$$S: \quad f_{1,1} \quad f_{2,2} \quad f_{3,3} \quad f_{4,4} \quad \cdots.$$

根据(c)，序列 S(可能要去掉它的前 $n-1$ 项)是 S_n 的子序列，$n=1, 2, 3, \cdots$，因此，由(b)得出 $n\to\infty$ 时 $\{f_{n,n}(x_i)\}$ 对于每个 $x_i\in E$ 收敛.

7.24 定理 如果 K 是紧度量空间，$f_n\in\mathscr{C}(K)$，$n=1, 2, 3, \cdots$，而且 $\{f_n\}$ 在 K 上一致收敛，那么 $\{f_n\}$ 便在 K 上等度连续.

证 假设给定了 $\varepsilon>0$，既然 $\{f_n\}$ 一致收敛，便有正整数 N 使得

$$\| f_n - f_N \| < \varepsilon \quad (n > N). \tag{42}$$

(参阅定义 7.14.)由于紧集上的连续函数一定一致连续，所以有一个 $\delta>0$，使得

$$| f_i(x) - f_i(y) | < \varepsilon, \tag{43}$$

只要 $1\leqslant i\leqslant N$，而且 $d(x, y)<\delta$.

若是 $n>N$ 而且 $d(x, y)<\delta$，就应该

$$\begin{aligned} | f_n(x) - f_n(y) | &\leqslant | f_n(x) - f_N(x) | + | f_N(x) - f_N(y) | \\ &\quad + | f_N(y) - f_n(y) | < 3\varepsilon. \end{aligned}$$

这和(43)式联合起来就把定理证明了.

7.25 定理 假若 K 是紧集，$f_n\in\mathscr{C}(K)$，$n=1, 2, 3, \cdots$，而且 $\{f_n\}$ 在 K 上逐点有界又等度连续，那么

(a) $\{f_n\}$ 在 K 上一致有界，

(b) $\{f_n\}$ 含有一致收敛的子序列.

证

(a) 假设给定了 $\varepsilon>0$，又按照定义 7.22 选了 $\delta>0$，可以对于一切 n，由 $d(x, y)<\delta$ 保证

$$| f_n(x) - f_n(y) | < \varepsilon. \tag{44}$$

既然 K 是紧集，便有 K 里的有限多个点 $p_1, \cdots, p_r$，使得每个 $x\in K$ 至少对于一个 p_i 符合于 $d(x, p_i)<\delta$. 既然 $\{f_n\}$ 逐点有界，便有 $M_i<\infty$ 对于一切 n

有 $|f_n(p_i)|<M_i$. 如果 $M=\max(M_1, \cdots, M_r)$，那么对于每个 $x\in K$ 总要 $|f_n(x)|<M+\varepsilon$，这就把(a)证明了.

(b)设 E 是 K 的可数稠密子集(关于这样集 E 的存在，参阅第 2 章习题 25). 定理 7.23 说明 $\{f_n\}$ 有一个子序列 $\{f_{n_i}\}$ 使得 $\{f_{n_i}(x)\}$ 对于每个 $x\in E$ 收敛.

为了简化记号，令 $f_{n_i}=g_i$. 现在证明 $\{g_i\}$ 在 K 上一致收敛.

设 $\varepsilon>0$，再照本证明一开始那样取 $\delta>0$. 设 $V(x, \delta)$ 是一切 $y\in K$ 之合于 $d(x, y)<\delta$ 的集. 由于 E 在 K 中稠密，而 K 是紧的，便有 E 的有限个点 x_1, $\cdots$, x_m，使得

$$K\subset V(x_1,\delta)\cup\cdots\cup V(x_m,\delta). \tag{45}$$

因为 $\{g_i(x)\}$ 对于每个 $x\in E$ 收敛，所以有一个正整数 N 使得

$$|g_i(x_s)-g_j(x_s)|<\varepsilon. \tag{46}$$

其中 $i\geqslant N$, $j\geqslant N$, $1\leqslant s\leqslant m$.

如果 $x\in K$，(45)式就表示对于某个 s，$x\in V(x_s, \delta)$，所以对于每个 i，

$$|g_i(x)-g_i(x_s)|<\varepsilon.$$

如果 $i\geqslant N$, $j\geqslant N$，从(46)式就应该有：

$$\begin{aligned}|g_i(x)-g_j(x)|\leqslant&|g_i(x)-g_i(x_s)|+|g_i(x_s)-g_j(x_s)|\\&+|g_j(x_s)-g_j(x)|<3\varepsilon.\end{aligned}$$

证毕.

Stone-Weierstrass 定理

7.26 定理 如果 f 是 $[a, b]$ 上的一个连续复函数，那么便有多项式 P_n 的序列，使得

$$\lim_{n\to\infty}P_n(x)=f(x)$$

在 $[a, b]$ 上一致地成立. 如果 f 是实函数，P_n 可以是实多项式.

这就是 Weierstrass 最初发现的定理的形式.

证 我们可以假定 $[a, b]=[0, 1]$ 而不失却普遍性，还可以假设 $f(0)=f(1)=0$. 因为，如果对于这种情形证明了这定理，然后考虑

$$g(x)=f(x)-f(0)-x[f(1)-f(0)]\quad(0\leqslant x\leqslant 1).$$

这里 $g(0)=g(1)=0$. 于是一旦 g 能作为一致收敛的多项式序列的极限. 那么，显然 f 也是这样. 这因为 $f-g$ 是多项式.

此外，在 $[0, 1]$ 以外的点 x 上定义 $f(x)$ 为 0. 那么，f 在整个实轴上一致连续.

置

$$Q_n(x)=c_n(1-x^2)^n \quad (n=1,2,3,\cdots), \tag{47}$$

这里的 c_n 是按照

$$\int_{-1}^{1} Q_n(x)\mathrm{d}x=1 \quad (n=1,2,3,\cdots) \tag{48}$$

选取的. 我们需要一点点关于 c_n 的数量阶的知识. 由于

$$\begin{aligned}\int_{-1}^{1}(1-x^2)^n\mathrm{d}x &= 2\int_{0}^{1}(1-x^2)^n\mathrm{d}x \geqslant 2\int_{0}^{1/\sqrt{n}}(1-x^2)^n\mathrm{d}x\\ &\geqslant 2\int_{0}^{1/\sqrt{n}}(1-nx^2)\mathrm{d}x=\frac{4}{3\sqrt{n}}>\frac{1}{\sqrt{n}},\end{aligned}$$

从(48)知道

$$c_n<\sqrt{n}. \tag{49}$$

上式中用到的不等式 $(1-x^2)^n\geqslant 1-nx^2$ 是容易证明的，因为

$$(1-x^2)^n-1+nx^2$$

在 $x=0$ 时等于 0，并且它的导数在(0，1)内是正的.

对于任意的 $\delta>0$，由(49)式得

$$Q_n(x)\leqslant\sqrt{n}(1-\delta^2)^n \quad (\delta\leqslant|x|\leqslant 1), \tag{50}$$

于是在 $\delta\leqslant|x|\leqslant 1$ 中，$Q_n\to 0$ 一致地成立.

现在令

$$P_n(x)=\int_{-1}^{1} f(x+t)Q_n(t)\mathrm{d}t \quad (0\leqslant x\leqslant 1). \tag{51}$$

利用关于 f 的假定[$t<-x$ 及 $t>1-x$ 时，$f(x+t)=0$]，再经过简单的变量代换，可以得到

$$\begin{aligned}P_n(x) &= \int_{-x}^{1-x} f(x+t)Q_n(t)\mathrm{d}t\\ &= \int_{0}^{1} f(t)Q_n(t-x)\mathrm{d}t,\end{aligned}$$

并且上边最后一个积分显然是关于 x 的多项式. 于是，$\{P_n\}$是多项式序列. 如果 f 是实的，那么它也是实的.

给定了 $\varepsilon>0$，然后取 $\delta>0$，使得 $|y-x|<\delta$ 时有

$$|f(y)-f(x)|<\frac{\varepsilon}{2}.$$

设 $M=\sup|f(x)|$. 用(48)，(50)和 $Q_n(x)\geqslant 0$ 的事实，我们看到，对于 $0\leqslant x\leqslant 1$ 以及所有足够大的 n，

$$\begin{aligned}|P_n(x)-f(x)| &= \left|\int_{-1}^{1}[f(x+t)-f(x)]Q_n(t)\,\mathrm{d}t\right| \\ &\leqslant \int_{-1}^{1}|f(x+t)-f(x)|\,Q_n(t)\,\mathrm{d}t \\ &\leqslant 2M\int_{-1}^{-\delta}Q_n(t)\,\mathrm{d}t+\frac{\varepsilon}{2}\int_{-\delta}^{\delta}Q_n(t)\,\mathrm{d}t+2M\int_{\delta}^{1}Q_n(t)\,\mathrm{d}t \\ &\leqslant 4M\sqrt{n}\,(1-\delta^2)^n+\frac{\varepsilon}{2}<\varepsilon\end{aligned}$$

这就证明了本定理.

对几个 n 的值画出 Q_n 的图像是有益的. 还要注意，为了推导 $\{P_n\}$ 的一致收敛性，我们需要 f 的一致连续性.

证明定理 7.32 时，并不需要定理 7.26 的全部结果，而只需要下边这个特殊情形，现在把它作为推论说一下.

7.27　推论　*在每个闭区间 $[-a, a]$ 上，必有实多项式 P_n 的序列，合于 $P_n(0)=0$，而且*

$$\lim_{n\to\infty}P_n(x)=|x|$$

在 $[-a, a]$ 上一致地成立.

证　根据定理 7.26，存在着实多项式序列 $\{P_n^*\}$，它在 $[-a, a]$ 上一致收敛于 $|x|$. 特别地，当 $n\to\infty$ 时 $P_n^*(0)\to 0$. 多项式

$$P_n(x)=P_n^*(x)-P_n^*(0)\quad(n=1,2,3,\cdots)$$

便有我们所希望的性质.

现在我们把多项式的一些能使 Weierstrass 定理成立的性质摘出来.

7.28　定义　我们称定义在集 E 上的复函数族 $\mathscr{A}$ 为*代数*，如果对于一切 $f\in\mathscr{A}$，$g\in\mathscr{A}$ 来说，(i) $f+g\in\mathscr{A}$；(ii) $fg\in\mathscr{A}$；(iii)对于一切复常数 c，$cf\in\mathscr{A}$. 也就是说，$\mathscr{A}$ 对于加法、乘法以及数乘是封闭的. 我们还必须研究实函数的代数. 这时，(iii)自然只要求对于一切实数 c 成立.

如果(代数) $\mathscr{A}$ 有一种性质是：只要 $f_n\in\mathscr{A}$ $(n=1, 2, 3, \cdots)$，并且在 E 上 $f_n\to f$ 一致成立，便有 $f\in\mathscr{A}$. 就说 $\mathscr{A}$ 是*一致闭的*.

设 $\mathscr{B}$ 是由 $\mathscr{A}$ 内所有一致收敛函数序列的极限函数组成的集，便称 $\mathscr{B}$ 是 $\mathscr{A}$ 的*一致闭包*.

例如，所有多项式的集是一个代数. 因而 Weierstrass 定理可以叙述为：$[a, b]$ 上的连续函数的集是 $[a, b]$ 上的多项式集的一致闭包.

7.29 定理 设 $\mathscr{B}$ 是有界函数的代数 $\mathscr{A}$ 的一致闭包. 那么 $\mathscr{B}$ 是一致闭的代数.

证 如果 $f\in\mathscr{B}$ 与 $g\in\mathscr{B}$，便有一致收敛的序列 $\{f_n\}$，$\{g_n\}$ 合于 $f_n\to f$，$g_n\to g$，并且 $f_n\in\mathscr{A}$、$g_n\in\mathscr{A}$. 因为我们是在讨论有界函数，那么不难证明

$$f_n+g_n\to f+g,\quad f_ng_n\to fg,\quad cf_n\to cf,$$

这里 c 是任意常数. 每种情形里的收敛都是一致的.

因此 $f+g\in\mathscr{B}$，$fg\in\mathscr{B}$，且 $cf\in\mathscr{B}$，于是 $\mathscr{B}$ 是代数.

根据定理 2.27，$\mathscr{B}$ 是(一致)闭的.

7.30 定义 设 $\mathscr{A}$ 是集 E 上的函数族. 说 $\mathscr{A}$ 能分离 E 的点，就是说对应于每对不同的点 x_1，$x_2\in E$，总有一个函数 $f\in\mathscr{A}$，使得 $f(x_1)\neq f(x_2)$.

如对应于每个 $x\in E$，有一个函数 $g\in\mathscr{A}$，使得 $g(x)\neq 0$，我们就说，$\mathscr{A}$ 不在 E 的点消失.

所有一元多项式的代数显然在 R^1 上有这些性质. 关于不能分离点的代数，有一个例子是所有偶多项式的集(比如说定义在 $[-1,1]$ 上)，因为对于每个偶函数 f，都有 $f(-x)=f(x)$.

下面的定理更能说明这些概念.

7.31 定理 设 $\mathscr{A}$ 是定义在集 E 上的函数的代数，$\mathscr{A}$ 能分离 E 的点，$\mathscr{A}$ 又不在 E 的点消失. 假设 x_1，x_2 是 E 的不同的两点. c_1，c_2 是常数(如果 $\mathscr{A}$ 是实代数它们就是实数). 那么 $\mathscr{A}$ 便含有一个函数 f，使得

$$f(x_1)=c_1,\quad f(x_2)=c_2.$$

证 这些假设说明 $\mathscr{A}$ 里有函数 g，h 和 k 合于

$$g(x_1)\neq g(x_2),\quad h(x_1)\neq 0,\quad k(x_2)\neq 0.$$

置

$$u=gk-g(x_1)k,\quad v=gh-g(x_2)h.$$

于是 $u\in\mathscr{A}$，$v\in\mathscr{A}$，$u(x_1)=v(x_2)=0$，$u(x_2)\neq 0$，$v(x_1)\neq 0$，所以

$$f=\frac{c_1v}{v(x_1)}+\frac{c_2u}{u(x_2)}$$

就有所希望的性质.

现在我们已经具备了 Stone 推广 Weierstrass 定理时所需要的一切资料.

7.32 定理 设 $\mathscr{A}$ 是紧集 K 上的实连续函数的代数. 假如 $\mathscr{A}$ 能分离 K 的点. 如果 $\mathscr{A}$ 又不在 K 的点消失. 那么 $\mathscr{A}$ 的一致闭包 $\mathscr{B}$ 由 K 上的所有实连续函数组成.

我们将证明分为四步.

第一步 如果 $f\in\mathscr{B}$，那么 $|f|\in\mathscr{B}$.

证 设

$$a = \sup |f(x)| \quad (x \in K), \tag{52}$$

再给定 $\varepsilon>0$. 根据推论 7.27，存在着实数 c_1，…，c_n，使得

$$\left| \sum_{i=1}^{n} c_i y^i - |y| \right| < \varepsilon \quad (-a \leqslant y \leqslant a). \tag{53}$$

因为 $\mathscr{B}$ 是代数，所以函数

$$g = \sum_{i=1}^{n} c_i f^i$$

是 $\mathscr{B}$ 的成员. 由(52)式和(53)式得到

$$|g(x) - |f(x)|| < \varepsilon \quad (x \in K).$$

因为 $\mathscr{B}$ 是一致闭的，这就表示 $|f| \in \mathscr{B}$.

第二步 如果 $f\in\mathscr{B}$，$g\in\mathscr{B}$，那么 $\max(f, g)\in\mathscr{B}$，$\min(f, g)\in\mathscr{B}$.

$\max(f, g)$就是由

$$h(x) = \begin{cases} f(x) & \text{如果 } f(x) \geqslant g(x) \\ g(x) & \text{如果 } f(x) < g(x) \end{cases}$$

定义的函数 h，并且同样地定义 $\min(f, g)$.

证 这第二步是第一步和恒等式

$$\max(f,g) = \frac{f+g}{2} + \frac{|f-g|}{2}$$

$$\min(f,g) = \frac{f+g}{2} - \frac{|f-g|}{2}$$

的直接结果. 迭代地做下去，这个结果自然可以推广到函数的任意有限集：如果 f_1，…，$f_n\in\mathscr{B}$，那么

$$\min(f_1, \cdots, f_n) \in \mathscr{B}.$$

第三步 给定一个在 K 上连续的实函数 f，一点 $x\in K$，以及 $\varepsilon>0$，便存在着一个函数 $g_x\in\mathscr{B}$ 满足 $g_x(x)=f(x)$，而且

$$g_x(t) > f(t) - \varepsilon \quad (t \in K). \tag{54}$$

证 由于 $\mathscr{A}\subset\mathscr{B}$ 而 $\mathscr{A}$ 又满足定理 7.31 的假定，所以 $\mathscr{B}$ 也满足这些假定. 于是，对于每个 $y\in E$，能找到一个函数 $h_y\in\mathscr{B}$，使得

$$h_y(x) = f(x), \quad h_y(y) = f(y). \tag{55}$$

根据 h_y 的连续性，存在一个包含 y 点的开集 J_y，使得

$$h_y(t) > f(t) - \varepsilon \quad (t \in J_y). \tag{56}$$

既然 K 是紧集，便有一个有有限个点 y_1，…，y_n 的集，使得

$$K \subset J_{y_1} \cup \cdots \cup J_{y_n}. \tag{57}$$

置

$$g_x = \max(h_{y_1}, \cdots, h_{y_n}).$$

根据第二步知道 $g_x \in \mathscr{B}$，而且关系式(55)至(57)表明 g_x 也有其他所要求的性质.

第四步 给定一个在 K 上连续的实函数 f 和 $\varepsilon > 0$，那么便存在着一个函数 $h \in \mathscr{B}$，使得

$$|h(x) - f(x)| < \varepsilon \quad (x \in K). \tag{58}$$

因为 $\mathscr{B}$ 是一致闭的. 这个命题与本定理的结论是等价的.

证 在第三步里，我们对于每个 $x \in K$，作出了一个函数 g_x. 由于 g_x 的连续性，存在着包含 x 点的开集 V_x，使得

$$g_x(t) < f(t) + \varepsilon \quad (t \in V_x). \tag{59}$$

因为 K 是紧的，有一个有限点集 x_1，…，x_m，使得

$$K \subset V_{x_1} \cup \cdots \cup V_{x_m}. \tag{60}$$

置

$$h = \min(g_{x_1}, \cdots, g_{x_m}),$$

根据第二步知道 $h \in \mathscr{B}$，并且由(54)式得

$$h(t) > f(t) - \varepsilon \quad (t \in K), \tag{61}$$

而由(59)式与(60)式得

$$h(t) < f(t) + \varepsilon \quad (t \in K). \tag{62}$$

最后，由(61)式与(62)式便知(58)式成立.

定理7.32对于复代数不成立，习题21中有反例. 然而，假如给 $\mathscr{A}$ 添一个额外条件：$\mathscr{A}$ 是自伴的，这定理的结论就也适用于复代数了. $\mathscr{A}$ 是自伴的意味着每当 $f \in \mathscr{A}$ 时，它的复共轭 $\bar{f}$ 必须也属于 $\mathscr{A}$；这里 $\bar{f}$ 由 $\bar{f}(x) = \overline{f(x)}$ 定义.

7.33 定理 设 $\mathscr{A}$ 是(定义在)紧集 K 上的复连续函数的自伴代数. $\mathscr{A}$ 能分离 K 的点，$\mathscr{A}$ 又不在 K 的点消失. 那么，$\mathscr{A}$ 的一致闭包 $\mathscr{B}$ 由 K 上的所有复连续函数组成；即是说 $\mathscr{A}$ 在 $\mathscr{C}(K)$ 内稠密.

证 设 $\mathscr{A}_R$ 是 K 上属于 $\mathscr{A}$ 的所有实函数的集.

如果 $f \in \mathscr{A}$，而 $f = u + iv$，u，v 是实的. 那么，$2u = f + \bar{f}$. 并且由于 $\mathscr{A}$ 是自伴的，知道 $u \in \mathscr{A}_R$. 假如 $x_1 \neq x_2$，那么就存在着 $f \in \mathscr{A}$，使得 $f(x_1) = 1$，

$f(x_2)=0$；因此 $0=u(x_2)\neq u(x_1)=1$. 这表明 $\mathscr{A}_R$ 能分离 K 的点. 如果 $x\in K$，便有某个 $g\in\mathscr{A}$ 合于 $g(x)\neq 0$. 那么又有一个复数 λ，使得 $\lambda g(x)>0$. 假如 $f=\lambda g$，$f=u+iv$，从而 $u(x)>0$. 因此，$\mathscr{A}_R$ 不在 K 的点消失.

这样一来，$\mathscr{A}_R$ 适合定理 7.32 的假定，所以 K 上的每个实连续函数必在 $\mathscr{A}_R$ 的一致闭包之中，从而在 $\mathscr{B}$ 中. 假如 f 是 K 上的复连续函数，$f=u+iv$，这时 $u\in\mathscr{B}$，$v\in\mathscr{B}$，因此，$f\in\mathscr{B}$. 到此证明完毕.

习题

1. 试证每个一致收敛的有界函数序列一致有界.

2. 如果 $\{f_n\}$ 与 $\{g_n\}$ 在集 E 上一致收敛，试证：$\{f_n+g_n\}$ 在 E 上一致收敛. 此外，假如 $\{f_n\}$ 与 $\{g_n\}$ 都是有界函数的序列，试证 $\{f_ng_n\}$ 在 E 上一致收敛.

3. 作两个序列 $\{f_n\}$，$\{g_n\}$. 要它们在某个集 E 上一致收敛，但是 $\{f_ng_n\}$ 在 E 上不一致收敛(当然，$\{f_ng_n\}$ 应在 E 上收敛).

4. 研究级数

$$f(x)=\sum_{n=1}^{\infty}\frac{1}{1+n^2x}.$$

这级数对于 x 的什么值绝对收敛？它在什么闭区间上一致收敛？在什么闭区间上它失去一致收敛性？是否在级数收敛的地方，f 都是连续的？f 是有界的吗？

5. 设

$$f_n(x)=\begin{cases}0 & \left(x<\dfrac{1}{n+1}\right),\\ \sin^2\dfrac{\pi}{x} & \left(\dfrac{1}{n+1}\leqslant x\leqslant\dfrac{1}{n}\right),\\ 0 & \left(\dfrac{1}{n}<x\right).\end{cases}$$

试证 $\{f_n\}$ 收敛于一个连续函数，但不是一致收敛的. 用级数 Σf_n 证明：绝对收敛不能推出一致收敛，那怕是对于所有 x 都绝对收敛也不行.

6. 试证级数

$$\sum_{n=1}^{\infty}(-1)^n\frac{x^2+n}{n^2}$$

在每个有界闭区间上一致收敛，但是对任何 x 值，不绝对收敛.

7. 设 $n=1, 2, 3, \cdots$，x 是实数. 令

$$f_n(x)=\frac{x}{1+nx^2}.$$

试证 $\{f_n\}$ 一致收敛于一个函数 f，并且等式

$$f'(x)=\lim_{n\to\infty}f'_n(x)$$

当 $x\neq 0$ 时是正确的，而当 $x=0$ 是错误的.

8. 假设

$$I(x)=\begin{cases}0 & (x\leqslant 0),\\ 1 & (x>0),\end{cases}$$

若$\{x_n\}$是$(a,\ b)$内相异点的序列. 又若$\sum|c_n|$收敛，试证级数

$$f(x)=\sum_{n=1}^{\infty}c_nI(x-x_n)\quad (a\leqslant x\leqslant b)$$

一致收敛，对每个 $x\neq x_n$，f 连续.

9. 设$\{f_n\}$是连续函数的序列，在集 E 上一致收敛于函数 f. 试证

$$\lim_{n\to\infty}f_n(x_n)=f(x)$$

对于每个合于 $x_n\to x$ 的点列$\{x_n\}$成立，这里 $x_n\in E$，$x\in E$. 这命题的逆命题是否正确?

10. 用(x)表示 x 的小数部分(定义见第 4 章习题 16)，考虑函数

$$f(x)=\sum_{n=1}^{\infty}\frac{(nx)}{n^2}\quad (x\ \text{为实数}).$$

求 f 的所有间断点，证明它们组成一个可数的稠密集. 再证明 f 在任意有界闭区间上仍然 Riemann 可积.

11. 假设$\{f_n\}$，$\{g_n\}$都是在 E 上定义的，并且

(a) Σf_n 的部分和一致有界，

(b) 在 E 上 $g_n\to 0$ 是一致的，

(c) 对于每个 $x\in E$，$g_1(x)\geqslant g_2(x)\geqslant g_3(x)\geqslant\cdots$.

试证 Σf_ng_n 在 E 上一致收敛. 提示：对照定理 3.42.

12. 假设 g 与 $f_n(n=1,\ 2,\ 3,\ \cdots)$都定义在$(0,\ \infty)$上，只要 $0<t<T<\infty$，便都在$[t,\ T]$上 Riemann 可积. $|f_n|\leqslant g$，在$(0,\ \infty)$的每个紧子集上 $f_n\to f$ 是一致的，而且

$$\int_0^{\infty}g(x)\mathrm{d}x<\infty.$$

试证

$$\lim_{n\to\infty}\int_0^{\infty}f_n(x)\mathrm{d}x=\int_0^{\infty}f(x)\mathrm{d}x.$$

(与本题有关的各定义，可以看第 6 章习题 7、8.)

这是 Lebesgue 控制收敛定理(定理 11.32)的较弱形式. 只要假定了 $f\in\mathscr{R}$，

即便在Riemann积分叙述的字句里，也可以把一致收敛换作逐点收敛.（参考F. Gunningham在Math. Mag. 1967年40卷，第179～186页和H. Kestelman在*Amer. Math. Monthly*，1970年77卷，第182～187页的文章.）

13. 假定$\{f_n\}$是R^1上单调递增函数序列，对于一切x和一切n，

$$0\leqslant f_n(x)\leqslant 1.$$

(a) 试证有一个函数f和一个序列$\{n_k\}$，能对于每个$x\in R^1$，使得

$$f(x)=\lim_{k\to\infty}f_{n_k}(x).$$

（这样逐点收敛的子序列的存在，时常称为Helly的选择定理.）

(b) 如果再加上f连续的条件，试证在R^1上$f_{n_k}\to f$是一致的.

提示：(i)某个子序列$\{f_{n_i}\}$在一切有理点r收敛，比如说收敛于$f(r)$. (ii)对于任何x定义$f(x)$为$\sup f(r)$，这确界取自一切$r\leqslant x$之中. (iii)证明在f连续的每个点x上$f_{n_i}(x)\to f(x)$（这里单调性起很大的作用）. (iv) $\{f_{n_i}\}$的一个子序列，在f的每个间断点上收敛，这因为最多有可数多个那样的点. 这就证明了(a). 把(iii)的证明适当地修改一下，就可以证明(b).

14. 设f是R^1上具有下列性质的连续实函数：$0\leqslant f(t)\leqslant 1$，对于每个$t$，$f(t+2)=f(t)$，并且

$$f(t)=\begin{cases}0 & \left(0\leqslant t\leqslant \dfrac{1}{3}\right)\\ 1 & \left(\dfrac{2}{3}\leqslant t\leqslant 1\right).\end{cases}$$

令$\Phi(t)=(x(t),\ y(t))$，其中

$$x(t)=\sum_{n=1}^{\infty}2^{-n}f(3^{2n-1}t),\ y(t)=\sum_{n=1}^{\infty}2^{-n}f(3^{2n}t).$$

试证Φ连续，而且Φ把$I=[0,\ 1]$映满单位正方形$I^2\subset R^2$. 如果已证出这件事，再证Φ能把Cantor集映满单位正方形$I^2\subset R^2$.

提示：每一个$(x_0,\ y_0)\in I^2$可以取得

$$x_0=\sum_{n=1}^{\infty}2^{-n}a_{2n-1},\ y_0=\sum_{n=1}^{\infty}2^{-n}a_{2n}$$

的形式，这里a_i是0或1. 如果

$$t_0=\sum_{i=1}^{\infty}3^{-i-1}(2a_i),$$

证明$f(3^kt_0)=a_k$，于是$x(t_0)=x_0$，$y(t_0)=y_0$.

（这是所谓“满布空间曲线”的简单例题. 它归功于I. J. Schoenberg，见

Bull. A. M. S. 1938 年 44 卷，第 519 页.）

15. 假设 f 是 R^1 上的实连续函数，$f_n(t)=f(nt)$，$n=1,2,3,\cdots$，而且 $\{f_n(t)\}$ 在 $[0,1]$ 上等度连续. 关于 f 你能得出什么结论？

16. 假设 $\{f_n\}$ 是紧集 K 上的等度连续的函数序列，$\{f_n\}$ 又在 K 上逐点收敛. 试证 $\{f_n\}$ 在 K 上一致收敛.

17. 给映入任意度量空间的映射规定一致收敛与等度连续的概念. 试证定理 7.9 与 7.12 对于映入任何度量空间的映射都正确；定理 7.8 与 7.11 对于映入任何完备度量空间的映射都正确；定理 7.10，7.16，7.17，7.24，7.25 适用于向量值函数，即是适用于映入任何 R^k 的映射.

18. 设 $\{f_n\}$ 是一致有界的函数序列，这些函数都在 $[a,b]$ 上 Riemann 可积. 令

$$F_n(x)=\int_a^x f_n(t)\mathrm{d}t \quad (a\leqslant x\leqslant b).$$

求证存在着子序列 $\{F_{n_k}\}$，它在 $[a,b]$ 上一致收敛.

19. 设 K 是紧度量空间，S 是 $\mathscr{C}(K)$ 的子集. 证明 S 是紧的(对于 7.14 节定义的量度)当且仅当 S 一致闭，逐点有界，并且等度连续.（如果 S 不等度连续，S 便含有一个序列，它没有等度连续的子序列，从而没有在 K 上一致收敛的子序列.）

20. 如果 f 在 $[0,1]$ 上连续，而且

$$\int_0^1 f(x)x^n\mathrm{d}x=0 \quad (n=0,1,2,\cdots),$$

试证在 $[0,1]$ 上 $f(x)=0$. 提示：f 与任何多项式之积的积分是零. 用 Weierstrass 定理证明

$$\int_0^1 f^2(x)\mathrm{d}x=0.$$

21. 设 K 是复平面上的单位圆(即是一切 z 之合于 $|z|=1$ 的集)，再设 $\mathscr{A}$ 是所有形式为

$$f(e^{i\theta})=\sum_{n=0}^{N}c_n e^{in\theta} \quad (\theta\text{ 是实数})$$

的函数组成的代数. 那么 $\mathscr{A}$ 能分离 K 上的点，也不在 K 的点消失，但是仍然有 K 上的连续函数不属于 $\mathscr{A}$ 的一致闭包.

提示：对于每个 $f\in\mathscr{A}$，

$$\int_0^{2\pi} f(e^{i\theta})e^{i\theta}\mathrm{d}\theta=0,$$

而且对于$\mathscr{A}$的闭包里的每个 f，这也是对的.

22. 假定在$[a, b]$上 $f\in\mathscr{R}(\alpha)$，求证有多项式 P_n 合于

$$\lim_{n\to\infty}\int_a^b |f-P_n|^2 \mathrm{d}\alpha = 0.$$

(与第 6 章习题 12 对照.)

23. 设 $P_0=0$，对于 $n=0, 1, 2, \cdots$定义

$$P_{n+1}(x) = P_n(x) + \frac{x^2 - P_n^2(x)}{2}.$$

试证在$[-1, 1]$上$\lim\limits_{n\to\infty}P_n(x)=|x|$是一致的.

(这就能够证明 Stone-Weierstrass 定理而不先证定理 7.26.)

提示：用恒等式

$$|x| - P_{n+1}(x) = [|x| - P_n(x)]\left[1 - \frac{|x| + P_n(x)}{2}\right]$$

证明$|x|\leqslant 1$时 $0\leqslant P_n(x)\leqslant P_{n+1}(x)\leqslant |x|$，以及$|x|\leqslant 1$时

$$|x| - P_n(x) \leqslant |x|\left(1 - \frac{|x|}{2}\right)^n < \frac{2}{n+1}.$$

24. 设 X 是以 d 为度量的度量空间. 固定一点 $a\in X$. 给每个 $p\in X$ 指派一个函数 f_p，

$$f_p(x) = d(x,p) - d(x,a) \quad (x\in X).$$

试证$|f_p(x)|\leqslant d(a, p)$对于一切 $x\in X$ 成立，从而 $f_p\in\mathscr{C}(X)$. 对于一切 p, $q\in X$，证明

$$\| f_p - f_q \| = d(p,q).$$

如果 $\Phi(p)=f_p$，那么 Φ 是从 X 到 $\Phi(X)\subset\mathscr{C}(X)$的等距(保持距离的)映射.

设 Y 是$\Phi(x)$在$\mathscr{C}(X)$里的闭包，试证 Y 是完备的.

结论：X 与完备度量空间 Y 的稠密子集是等距的.

(第 3 章习题 24 有这个命题的另一个证明.)

25. 假设 ϕ 是长条形区域 $0\leqslant x\leqslant 1$，$-\infty < y < +\infty$ 内的连续有界实函数. 试证初值问题

$$y' = \phi(x,y), \quad y(0) = c$$

有一个解.(注意，这个存在定理的假定比相应的唯一性定理的假定条件限制较少. 参阅第 5 章习题 7.)

提示：固定了 n，对于 $i=0, \cdots, n$，令 $x_i = i/n$. 设 f_n 是$[0, 1]$上的连续函

数，使得 $f_n(0)=c$，而且 $x_i<t<x_{i+1}$ 时

$$f'_n(t)=\phi(x_i,f_n(x_i)),$$

并且在 $t\neq x_i$ 时，置

$$\Delta_n(t)=f'_n(t)-\phi(t,f_n(t)),$$

而当 $t=x_i$ 时，置 $\Delta_n(t)=0$，然后

$$f_n(x)=c+\int_0^x[\phi(t,f_n(t))+\Delta_n(t)]\mathrm{d}t.$$

选 $M<\infty$ 使 $|\phi|\leqslant M$. 证明下列各项：

(a) $|f'_n|\leqslant M$，$|\Delta_n|\leqslant 2M$，$\Delta_n\in\mathscr{R}$，而且在$[0,1]$上对于一切 n，

$$|f_n|\leqslant|c|+M=M_1.$$

(b) 由于 $|f'_n|\leqslant M$，$\{f_n\}$在$[0,1]$上等度连续.

(c) 某个$\{f_{n_k}\}$在$[0,1]$一致收敛于某个 f.

(d) 既然 ϕ 在矩形 $0\leqslant x\leqslant 1$，$|y|\leqslant M_1$ 上一致连续，那么在$[0,1]$上

$$\phi(t,f_{n_k}(t))\to\phi(t,f(t))$$

是一致的.

(e) 因为在(x_i,x_{i+1})内

$$\Delta_n(t)=\phi(x_i,f_n(x_i))-\phi(t,f_n(t)),$$

那么 $\Delta_n(t)$在$[0,1]$上一致收敛于 0.

(f) 所以

$$f(x)=c+\int_0^x\phi(t,f(t))\mathrm{d}t.$$

这个 f 就是所给问题的一个解.

26. 现在设 $c\in R^k$，$y\in R^k$，Φ 是连续有界映射，它把 R^{k+1} 里被 $0\leqslant x\leqslant 1$，$y\in R^k$所限定的部分映入 R^k 内. 对于初值问题

$$y'=\Phi(x,y),\quad y(0)=c,$$

证明类似的存在定理.（对照第 5 章习题 28.）提示：用定理 7.25 的向量值说法.

第 8 章　一些特殊函数

幂级数

在这一节里我们将导出幂级数所表示的函数的一些性质，幂级数表示的函数即是形如

$$f(x)=\sum_{n=0}^{\infty}c_n x^n \tag{1}$$

或者更一般地形如

$$f(x)=\sum_{n=0}^{\infty}c_n (x-a)^n \tag{2}$$

的函数.

这些都称作解析函数.

我们限制 x 取实值，因此不会遇到收敛圆（见定理 3.39）而是要面向收敛区间.

若是有个 $R>0$（R 可以是 $+\infty$），(1)对于$(-R,R)$中的一切 x 收敛，我们就说围绕着点 $x=0$ 把 f 展成了幂级数. 类似地，若(2)对于 $|x-a|<R$ 收敛，便说围绕着点 $x=a$ 把 f 展成了幂级数. 为方便起见，我们时常取 $a=0$，这无损于一般性.

8.1　定理　假设对于 $|x|<R$，级数

$$\sum_{n=0}^{\infty}c_n x^n \tag{3}$$

收敛，并且规定

$$f(x)=\sum_{n=0}^{\infty}c_n x^n \quad (|x|<R). \tag{4}$$

那么，无论选取怎样的 $\varepsilon>0$，(3)在$[-R+\varepsilon,R-\varepsilon]$上一致收敛，函数 f 在$(-R,R)$内连续、可微，并且

$$f'(x)=\sum_{n=1}^{\infty}nc_n x^{n-1} \quad (|x|<R). \tag{5}$$

证　给出了 $\varepsilon>0$. 当 $|x|<R-\varepsilon$ 时，我们有

$$|c_n x^n|\leqslant|c_n(R-\varepsilon)^n|;$$

由于

$$\sum c_n(R-\varepsilon)^n$$

绝对收敛(由根值判敛法知道，任何幂级数在它的收敛区间内部绝对收敛). 定理 7.10 说明级数(3)在$[-R+\varepsilon, R-\varepsilon]$上一致收敛.

由于$n\to\infty$时，$\sqrt[n]{n}\to 1$，我们有

$$\limsup_{n\to\infty}\sqrt[n]{n\mid c_n\mid}=\limsup_{n\to\infty}\sqrt[n]{\mid c_n\mid},$$

所以(4)和(5)两级数有相同的收敛区间.

因为(5)是幂级数，对于任意的$\varepsilon>0$，它在$[-R+\varepsilon, R-\varepsilon]$上一致收敛，我们就可以应用定理 7.17(将序列代之以级数)，推出(5)式在$\mid x\mid\leqslant R-\varepsilon$时成立.

但是，任意给定一个x，只要$\mid x\mid<R$，我们总可以找到一个$\varepsilon>0$，使得$\mid x\mid<R-\varepsilon$. 这就说明(5)式对$\mid x\mid<R$成立.

f的连续性可以从f'的存在性推出来(定理 5.2).

推论 在定理 8.1 的假设下，f在$(-R, R)$内有一切阶导数. 它们是

$$f^{(k)}(x)=\sum_{n=k}^{\infty}n(n-1)\cdots(n-k+1)c_n x^{n-k}. \tag{6}$$

特别地，

$$f^{(k)}(0)=k!c_k \quad (k=0,1,2,\cdots). \tag{7}$$

(这里$f^{(0)}$即是f，$f^{(k)}$是f的k阶导数，$k=1, 2, 3, \cdots$.)

证 依次对$f, f', f''\cdots$使用定理 8.1 就可以得到等式(6). 在(6)中令$x=0$，就得到(7)式.

公式(7)非常有趣，它一方面说明f的幂级数展开式的系数，由f及其导数在一个点的值来确定；另一方面说明，如果这些系数给定了，那么f在收敛区间中心的各阶导数值就可以从幂级数立即说出来.

然而要注意，即使函数f有一切阶导数，按(7)式计算c_n而得的级数$\Sigma c_n x^n$也不一定能在任何点$x\neq 0$收敛于$f(x)$. 这时f不能围绕着$x=0$展成幂级数. 因为当真是$f(x)=\Sigma a_n x^n$，就应该

$$n!a_n=f^{(n)}(0);$$

从而$a_n=c_n$. 习题 1 有一个这样的例子.

如果级数(3)在一个端点，比如说在$x=R$收敛，那么f不仅在$(-R, R)$内连续，而且也在$x=R$连续. 这是 Abel 定理(为了记号的简便，取$R=1$)的直接结果：

8.2 定理 假设$\sum c_n$收敛，令

$$f(x)=\sum_{n=0}^{\infty}c_n x^n \quad (-1<x<1).$$

那么

$$\lim_{x\to 1} f(x) = \sum_{n=0}^{\infty} c_n. \tag{8}$$

证 令 $s_n = c_0 + \cdots + c_n$，$s_{-1} = 0$. 那么

$$\sum_{n=0}^{m} c_n x^n = \sum_{n=0}^{m} (s_n - s_{n-1}) x^n = (1-x) \sum_{n=0}^{m-1} s_n x^n + s_m x^m.$$

因为 $|x| < 1$，我们让 $m \to \infty$，便得到

$$f(x) = (1-x) \sum_{n=0}^{\infty} s_n x^n. \tag{9}$$

设 $s = \lim\limits_{n\to\infty} s_n$，给定了 $\varepsilon > 0$，选一个 N，使得当 $n > N$ 时有

$$|s - s_n| < \frac{\varepsilon}{2}.$$

那么，由于

$$(1-x) \sum_{n=0}^{\infty} x^n = 1 \quad (|x| < 1),$$

加之以适当地选择 $\delta > 0$，使 $x > 1 - \delta$，便可以从(9)得到

$$|f(x) - s| = \left| (1-x) \sum_{n=0}^{\infty} (s_n - s) x^n \right|$$

$$\leqslant (1-x) \sum_{n=0}^{N} |s_n - s| |x|^n + \frac{\varepsilon}{2} \leqslant \varepsilon.$$

这就意味着(8)式成立.

作为应用，我们来证明定理 3.51，那里说：若 Σa_n，Σb_n，Σc_n 收敛于 A、B、C，而且 $c_n = a_0 b_n + \cdots + a_n b_0$，那么 $C = AB$. 对于 $0 \leqslant x \leqslant 1$，令

$$f(x) = \sum_{n=0}^{\infty} a_n x^n, g(x) = \sum_{n=0}^{\infty} b_n x^n,$$

$$h(x) = \sum_{n=0}^{\infty} c_n x^n,$$

在 $x < 1$ 时，这些级数绝对收敛. 因此可以按照定义 3.48 做乘法；经过相乘，我们便看到

$$f(x) \cdot g(x) = h(x) \quad (0 \leqslant x \leqslant 1). \tag{10}$$

由定理 8.2 知道 $x \to 1$ 时，

$$f(x) \to A, \quad g(x) \to B, \quad h(x) \to C. \tag{11}$$

等式(10)和(11)意味着 $AB=C$.

我们现在需要一个关于调换求和次序的定理(参阅习题 2, 3).

8.3 定理 设有二重序列 $\{a_{ij}\}$, $i=1, 2, 3, \cdots$, $j=1, 2, 3, \cdots$. 假设

$$\sum_{j=1}^{\infty} | a_{ij} | = b_i \quad (i = 1,2,3,\cdots) \tag{12}$$

并且 $\sum b_i$ 收敛, 那么

$$\sum_{i=1}^{\infty} \sum_{j=1}^{\infty} a_{ij} = \sum_{j=1}^{\infty} \sum_{i=1}^{\infty} a_{ij}. \tag{13}$$

证 可以仿照定理 3.55 用过的(可是要比那里复杂得多)方法直接建立(13). 然而下面的方法似乎更有趣些.

令 E 是由点 x_0, x_1, x_2, $\cdots$, 组成的可数集, 再设 $n\to\infty$ 时 $x_n\to x_0$. 定义

$$f_i(x_0) = \sum_{j=1}^{\infty} a_{ij} \quad (i = 1,2,3,\cdots), \tag{14}$$

$$f_i(x_n) = \sum_{j=1}^{n} a_{ij} \quad (i,n = 1,2,3,\cdots), \tag{15}$$

$$g(x) = \sum_{i=1}^{\infty} f_i(x) \quad (x \in E). \tag{16}$$

(14)式、(15)式连同(12)式, 说明每个 f_i 在 x_0 连续. 又因为 $x\in E$ 时 $| f_i(x) | \leqslant b_i$, (16)式一致收敛, 所以 g 在 x_0 连续(定理 7.11). 从而

$$\begin{aligned}\sum_{i=1}^{\infty} \sum_{j=1}^{\infty} a_{ij} &= \sum_{i=1}^{\infty} f_i(x_0) = g(x_0) = \lim_{n\to\infty} g(x_n) \\ &= \lim_{n\to\infty} \sum_{i=1}^{\infty} f_i(x_n) = \lim_{n\to\infty} \sum_{i=1}^{\infty} \sum_{j=1}^{n} a_{ij} \\ &= \lim_{n\to\infty} \sum_{j=1}^{n} \sum_{i=1}^{\infty} a_{ij} = \sum_{j=1}^{\infty} \sum_{i=1}^{\infty} a_{ij}.\end{aligned}$$

8.4 定理 设

$$f(x) = \sum_{n=0}^{\infty} c_n x^n,$$

这个级数在 $| x | < R$ 内收敛. 若 $-R<a<R$, f 便可以在 $x=a$ 附近展成幂级数, 这个幂级数在 $| x-a | < R- | a |$ 中收敛, 并且

$$f(x) = \sum_{n=0}^{\infty} \frac{f^{(n)}(a)}{n!}(x-a)^n \quad (| x-a | < R-| a |). \tag{17}$$

这是定理 5.15 的推广，也是有名的 Taylor 定理.

证 形式上

$$f(x)=\sum_{n=0}^{\infty}c_n[(x-a)+a]^n$$

$$=\sum_{n=0}^{\infty}c_n\sum_{m=0}^{n}\binom{n}{m}a^{n-m}(x-a)^m$$

$$=\sum_{m=0}^{\infty}\left[\sum_{n=m}^{\infty}\binom{n}{m}c_na^{n-m}\right](x-a)^m.$$

这就是所希望的在 $x=a$ 附近的展开式. 为了证明它正确，我们必须证明求和次序的变更是正当的. 定理 8.3 说明，如果

$$\sum_{n=0}^{\infty}\sum_{m=0}^{n}\left|c_n\binom{n}{m}a^{n-m}(x-a)^m\right| \tag{18}$$

收敛，就允许变更次序. 然而(18)无异于

$$\sum_{n=0}^{\infty}|c_n|\cdot(|x-a|+|a|)^n, \tag{19}$$

而(19)在 $|x-a|+|a|<R$ 时收敛.

最后，(17)中系数的形式，是(7)式的直接结果.

应当注意，(17)式实际上可以在比 $|x-a|<R-|a|$ 更大的区间上收敛.

如果在$(-R,R)$中，两个幂级数收敛于同一函数，(7)式表明两个级数必须完全相同，即是必须有相同的系数. 有趣的是，也可以由弱得多的假设得出这个结论.

8.5 定理 设级数 $\sum a_nx^n$ 和 $\sum b_nx^n$ 在开区间 $S=(-R,R)$ 中收敛. S 里有些 x 使得

$$\sum_{n=0}^{\infty}a_nx^n=\sum_{n=0}^{\infty}b_nx^n. \tag{20}$$

设一切这样 x 构成的集是 E. 若 E 有极限点属于 S，则 $a_n=b_n$，$n=0,1,2,\cdots$. 因之(20)对于一切 $x\in S$ 成立.

证 令 $c_n=a_n-b_n$，再令

$$f(x)=\sum_{n=0}^{\infty}c_nx^n \quad (x\in S). \tag{21}$$

那么，在 E 上 $f(x)=0$.

设 A 是一切属于 S 的 E 的极限点的集，令 B 由 S 的其他一切点组成. 由"极限点"的定义来看 B 显然是开集. 假使我们能证明 A 是开集，那么 A、B 便是不

相交的开集，所以他们是分离的(定义 2.45). 既然 $S=A\cup B$，S 又是连通的，那么必有 A、B 之一是空集. 已经假设 A 不空，所以 B 必须是空集，因而 $A=S$. 由于 f 在 S 中连续，而 $A\subset E$；于是 $E=S$(这时 f 在 S 内恒等于零). 而(7)足以说明 $c_n=0$，$n=1, 2, \cdots$，这就是所要的结论.

这样，我们必须证明 A 是开集. 假若 $x_0\in A$，定理 8.4 说明

$$f(x)=\sum_{n=0}^{\infty}d_n(x-x_0)^n \quad (|x-x_0|<R-|x_0|). \tag{22}$$

我们断言一切 $d_n=0$. 不然的话，假设 k 是合于 $d_k\neq 0$ 的最小非负整数. 于是

$$f(x)=(x-x_0)^k g(x) \quad (|x-x_0|<R-|x_0|), \tag{23}$$

这里

$$g(x)=\sum_{m=0}^{\infty}d_{k+m}(x-x_0)^m. \tag{24}$$

因为 g 在 x_0 连续，而且

$$g(x_0)=d_k\neq 0,$$

所以存在着一个 $\delta>0$，使得 $|x-x_0|<\delta$ 时 $g(x)\neq 0$. 于是从(23)推得 $0<|x-x_0|<\delta$ 时，$f(x)\neq 0$. 但是这与 x_0 是 E 的极限点矛盾.

于是对于一切 n，$d_n=0$. 因此凡使(22)成立的 x，即是在 x_0 的一个邻域中，必然使 $f(x)=0$. 这说明 A 是开集. 证毕.

指数函数与对数函数

定义

$$E(z)=\sum_{n=0}^{\infty}\frac{z^n}{n!} \tag{25}$$

比值审敛法说明这个级数对于一切复数 z 收敛. 把定理 3.50 用于两个绝对收敛级数的相乘，得到

$$E(z)E(w)=\sum_{n=0}^{\infty}\frac{z^n}{n!}\sum_{m=0}^{\infty}\frac{w^m}{m!}=\sum_{n=0}^{\infty}\sum_{k=0}^{n}\frac{z^k w^{n-k}}{k!(n-k)!}$$

$$=\sum_{n=0}^{\infty}\frac{1}{n!}\sum_{k=0}^{n}\binom{n}{k}z^k w^{n-k}=\sum_{n=0}^{\infty}\frac{(z+w)^n}{n!},$$

这就产生了重要的加法公式

$$E(z+w)=E(z)E(w) \quad (z,w\ \text{复数}). \tag{26}$$

有一个推论是

$$E(z)E(-z)=E(z-z)=E(0)=1 \quad (z\text{复数}). \tag{27}$$

这说明对于一切 z，$E(z)\neq 0$. 由(25)知道 $x>0$ 时，$E(x)>0$；因此(27)说明对于一切实的 x，$E(x)>0$. 由(25)知道 $x\to+\infty$时，$E(x)\to+\infty$；因此(27)说明沿实轴 $x\to-\infty$时 $E(x)\to 0$. 由(25)知道 $0<x<y$ 时 $E(x)<E(y)$；从(27)可以导出 $E(-y)<E(-x)$；因而 E 在整个数轴上严格递增.

加法公式还说明，

$$\lim_{h=0}\frac{E(z+h)-E(z)}{h}=E(z)\lim_{h=0}\frac{E(h)-1}{h}=E(z); \tag{28}$$

最后的等式是(25)的直接结果.

把(26)重复几次就得到

$$E(z_1+\cdots+z_n)=E(z_1)\cdots E(z_n). \tag{29}$$

取 $z_1=\cdots=z_n=1$，又因为 $E(1)=e$，这里 e 是定义 3.30 中规定的数，我们得到

$$E(n)=e^n \quad (n=1,2,3,\cdots). \tag{30}$$

若是 $p=\dfrac{n}{m}$，n、m 都是正整数. 那么

$$[E(p)]^m=E(mp)=E(n)=e^n, \tag{31}$$

所以

$$E(p)=e^p \quad (p>0,p\text{为有理数}). \tag{32}$$

假若 p 是正有理数，从(27)可以推出 $E(-p)=e^{-p}$. 于是(32)对于一切有理数 p 成立.

第 1 章习题 6 中，我们曾经对于任意实数 z 和 $x>1$ 定义

$$x^y=\sup x^p, \tag{33}$$

这里 sup 是对一切满足 $p<y$ 的有理数 p 取的. 如果对于任何实数 x 照样地定义

$$e^x=\sup e^p \quad (p<x,p\text{为有理数}), \tag{34}$$

那么 E 的连续性、单调性连同(32)可以说明对于一切实数 x

$$E(x)=e^x \tag{35}$$

等式(35)解释了为什么称 E 为指数函数.

时常用记号 $\exp(x)$代替 e^x，尤其当 x 是一个复杂的式子时是这样.

实际上用(35)代替(34)作为 e^x 的定义就很好. 用(35)作起点来研究 e^x 的性质要方便得多. 不久将会看到，(33)也可以用一个更方便的定义代替[见(43)].

我们现在恢复惯用的记号 e^x 来代替 $E(x)$，并且汇总一下至此已经证明了的结果.

8.6 定理 设在 R^1 上按(35)及(25)定义了 e^x，那么

(a) 对于一切 x，e^x 连续且可微；

(b) $(e^x)'=e^x$；

(c) e^x 是 x 的严格递增函数，而且 $e^x>0$；

(d) $e^{x+y}=e^xe^y$；

(e) 当 $x\to+\infty$ 时，$e^x\to+\infty$，当 $x\to-\infty$ 时，$e^x\to 0$；

(f) 对于任何 n，$\lim\limits_{x\to+\infty} x^ne^{-x}=0$.

我们已经证明了(a)到(e)；(25)式表明 $x>0$ 时

$$e^x>\frac{x^{n+1}}{(n+1)!},$$

因此

$$x^ne^{-x}<\frac{(n+1)!}{x},$$

于是(f)被证明了. (f)说明当 $x\to+\infty$ 时，e^x 趋于 $+\infty$ 比 x 的任何次幂都“快”.

由于 E 在 R^1 上严格递增而且可微，它便有反函数 L. L 也严格递增而且可微；并且定义域是 $E(R^1)$，即全体正数集. L 由等式

$$E(L(y))=y\quad(y>0) \tag{36}$$

定义，或者等价地由

$$L(E(x))=x\quad(x\text{ 实数}) \tag{37}$$

定义，将(37)微分，便得到(对照定理 5.5)

$$L'(E(x))\cdot E(x)=1.$$

令 $y=E(x)$，便得到

$$L'(y)=\frac{1}{y}\quad(y>0). \tag{38}$$

在(37)中取 $x=0$，便看到 $L(1)=0$，因此(38)意味着

$$L(y)=\int_1^y\frac{\mathrm{d}x}{x}. \tag{39}$$

常常把(39)作为对数和指数函数理论的起点. 令 $u=E(x)$，$v=E(y)$，(26)能告

诉我们

$$L(uv)=L(E(x)\cdot E(y))=L(E(x+y))=x+y,$$

因而

$$L(uv)=L(u)+L(v)\quad(u>0,v>0).\tag{40}$$

这表明，L 有我们熟知的使对数成为有效的计算工具的那种性质. 自然，在习惯上 $L(x)$ 的记号是 $\log x$.

至于在 $x\to+\infty$ 和 $x\to 0$ 时 $\log x$ 的性态，定理 8.6(e)表明

$$\text{当 } x\to+\infty \text{ 时}\quad \log x\to+\infty,$$
$$\text{当 } x\to 0 \text{ 时}\quad \log x\to-\infty.$$

容易看出，若 $x>0$，n 为整数时，

$$x^n=E(nL(x)).\tag{41}$$

m 若是正整数，同样会得到

$$x^{\frac{1}{m}}=E\left(\frac{1}{m}L(x)\right),\tag{42}$$

原因是(42)的每项自乘 m 次，就得出(37)的相应各项. 联合(41)与(42)，就知道对于任意有理数 α，

$$x^\alpha=E(\alpha L(x))=e^{\alpha\log x}.\tag{43}$$

现在，我们就用(43)来对于任意实数 α 和任意 $x>0$ 定义 x^α. E 和 L 的连续性和单调性说明这样的定义与原先的定义产生的结果相同. 第 1 章习题 6 叙述的事实是(43)的简单推论.

将(43)微分，由定理 5.5，我们得到

$$(x^\alpha)'=E(\alpha L(x))\cdot\frac{\alpha}{x}=\alpha x^{\alpha-1}.\tag{44}$$

注意，以前我们只能对于整数 α 使用(44)式，那时候很轻易地就从定理 5.3(b)推得了(44)式. 如果 α 为无理数，而 x^α 用(33)式来定义，要直接从导数的定义来证明(44)是十分麻烦的.

熟知的关于 x^α 的积分公式，在 $\alpha\neq-1$ 时，可以从(44)直接推出来，而当 $\alpha=-1$时，便由(38)推导. 我们打算证明 $\log x$ 的另一个性质，即是对于任一 $\alpha>0$，

$$\lim_{x\to+\infty}x^{-\alpha}\log x=0.\tag{45}$$

就是说，当 $x\to+\infty$时，$\log x\to+\infty$比 x 的任何正数次幂都"慢".

因为，若是 $0<\varepsilon<\alpha$，$x>1$，那么

$$x^{-\alpha}\log x = x^{-\alpha}\int_1^x t^{-1}\mathrm{d}t < x^{-\alpha}\int_1^x t^{\varepsilon-1}\mathrm{d}t$$

$$= x^{-\alpha}\cdot\frac{x^{\varepsilon}-1}{\varepsilon} < \frac{x^{\varepsilon-\alpha}}{\varepsilon},$$

于是(45)成立．我们也可以利用定理 8.6(f)推导出(45)式来．

三角函数

定义

$$C(x) = \frac{1}{2}[E(ix)+E(-ix)],$$

$$S(x) = \frac{1}{2i}[E(ix)-E(-ix)]. \tag{46}$$

我们将要证明 $C(x)$和 $S(x)$与通常根据几何考虑来定义的 $\cos x$ 和 $\sin x$ 一致．由(25)式知道 $E(\bar{z})=\overline{E(z)}$．因此(46)式表明 $C(x)$，$S(x)$对于实数 x 是实数．又

$$E(ix) = C(x)+iS(x). \tag{47}$$

所以，当 x 是实数时，$C(x)$与 $S(x)$分别是 $E(ix)$的实部和虚部．由(27)知道

$$|E(ix)|^2 = E(ix)\overline{E(ix)} = E(ix)E(-ix) = 1,$$

所以

$$|E(ix)| = 1 \quad (x \text{ 为实数}). \tag{48}$$

从(46)式可以断定 $C(0)=1$，$S(0)=0$，并且(28)式说明

$$C'(x) = -S(x), \quad S'(x) = C(x). \tag{49}$$

我们可以断言存在着正数 x 使 $C(x)=0$．因为假若不然，由 $C(0)=1$，便对于一切 $x>0$ 必然 $C(x)>0$，因而由(49)必然 $S'(x)>0$，那么 S 就严格递增；又因为 $S(0)=0$，那么当 $x>0$ 时 $S(x)>0$．所以若是 $0<x<y$，则有

$$S(x)(y-x) < \int_x^y S(t)\mathrm{d}t = C(x)-C(y) \leqslant 2. \tag{50}$$

其中最末一个不等式是从(48)式与(47)式推来的．因为 $S(x)>0$，所以(50)式不能对很大的 y 成立，从而出现了矛盾．

令 x_0 是使 $C(x_0)=0$ 的最小正数．这是存在的，因为连续函数的零点集是闭集而且 $C(0)\neq 0$．定义数 π 如下：

$$\pi = 2x_0. \tag{51}$$

那么 $C\left(\frac{\pi}{2}\right)=0$，于是(48)式说明 $S\left(\frac{\pi}{2}\right)=\pm 1$．既然在 $\left(0,\frac{\pi}{2}\right)$内，

$C(x)>0$，S 便在$\left(0, \frac{\pi}{2}\right)$内递增；因而 $S\left(\frac{\pi}{2}\right)=1$. 于是

$$E\left(\frac{\pi i}{2}\right)=i,$$

再由加法公式得出

$$E(\pi i)=-1, \quad E(2\pi i)=1; \tag{52}$$

因此

$$E(z+2\pi i)=E(z) \quad (z \text{ 复数}). \tag{53}$$

8.7 定理

(a) E 是以 $2\pi i$ 为周期的周期函数.

(b) C 和 S 是以 2π 为周期的周期函数.

(c) 若 $0<t<2\pi$，那么 $E(it)\neq 1$.

(d) 如果 z 是复数且 $|z|=1$，那么在$[0, 2\pi)$中存在着唯一的 t，使 $E(it)=z$.

证 由(53)，(a)成立；(b)可从(a)及(46)推得.

设 $0<t<\frac{\pi}{2}$，并设 $E(it)=x+iy$，x 与 y 是实数. 我们以前的工作说明 $0<x<1$，$0<y<1$. 注意

$$E(4it)=(x+iy)^4=x^4-6x^2y^2+y^4+4ixy(x^2-y^2).$$

如果 $E(4it)$是实数，那么 $x^2-y^2=0$；因为从(48)式知道 $x^2+y^2=1$，于是 $x^2=y^2=\frac{1}{2}$，因而 $E(4it)=-1$. 这就证明了(c).

如果 $0\leqslant t_1<t_2<2\pi$，那么由(c)知道

$$E(it_2)[E(it_1)]^{-1}=E(it_2-it_1)\neq 1,$$

这就确定了(d)中的唯一性的论断.

要证明(d)中的存在性的论断，取定 z，$|z|=1$. 设 $z=x+iy$，x，y 都是实数. 先假定 $x\geqslant 0$ 而且 $y\geqslant 0$. 在$\left[0, \frac{\pi}{2}\right]$上 C 由 1 降到 0. 所以有某个$t\in\left[0, \frac{\pi}{2}\right]$使得 $C(t)=x$. 既然 $C^2+S^2=1$，而且在$\left[0, \frac{\pi}{2}\right]$上 $S\geqslant 0$，所以 $z=E(it)$.

如果 $x<0$，$y\geqslant 0$，前边的各条件能被 $-iz$ 满足. 于是有某个 $t\in\left[0, \frac{\pi}{2}\right]$使得 $-iz=E(it)$，又因为 $i=E(\pi i/2)$，那么又得到 $z=E\left(i\left(t+\frac{\pi}{2}\right)\right)$. 最后，如果 $y<0$，前两种情形表示有某个 $t\in(0, \pi)$使得 $-z=E(it)$. 所以 $z=-E(it)=E(i(t+\pi))$.

这就证明了(d)，从而也证明了本定理.

从(d)和(48)式可以知道，用

$$\gamma(t) = E(it) \quad (0 \leqslant t \leqslant 2\pi) \tag{54}$$

定义的曲线 γ 是简单闭合曲线．它的值域是平面上的单位圆．由于 $\gamma'(t)=iE(it)$，根据定理 6.35，γ 的长度是

$$\int_0^{2\pi} |\gamma'(t)| \, \mathrm{d}t = 2\pi,$$

这自然是对于半径为 1 的圆周所期待的结果；它也表明(51)所定义的 π 具有通常的几何意义．

用同样的方法，我们看到当 t 自 0 增至 t_0 时，点 $\gamma(t)$ 描出一段长度为 t_0 的圆弧．考虑顶点为

$$z_1 = 0, z_2 = \gamma(t_0), z_3 = C(t_0)$$

的三角形，它说明 $C(t)$ 与 $S(t)$ 和按通常办法作为直角三角形边长之比来定义的 $\cos x$ 与 $\sin x$ 确实等价．

应该强调的是：我们从(46)式和(25)式导出了三角函数的基本性质，而丝毫未曾借助于角的几何概念．还有其他非几何的途径去研究这些函数．W. F. Eberlein (*Amer. Math. Monthly*，1967 年 74 卷第 1223～1225 页)和 G. B. Robison(*Math. Mag*，1968 年 41 卷第 66～70 页)的论文就是讨论这些专题的．

复数域的代数完备性

在代数上复数域是完备的，这就是说任何复系数的、不是常数的多项式必有复数根．目前正是对它进行简单证明的时机．

8.8 定理 假设 a_0，…，a_n 都是复数，$n \geqslant 1$，$a_n \neq 0$，

$$P(z) = \sum_0^n a_k z^k.$$

那么必有某个复数 z 使 $P(z)=0$．

证 假定 $a_n=1$ 无损于一般性，令

$$\mu = \inf |P(z)| \quad (z \text{ 为复数}). \tag{55}$$

如果 $|z|=R$，那么

$$|P(z)| \geqslant R^n[1-|a_{n-1}|R^{-1} - \cdots - |a_0|R^{-n}]. \tag{56}$$

(56)的右端在 $R \to \infty$ 时趋于 ∞．因此存在着一个 R_0，一旦 $|z|>R_0$ 了，便使得 $|P(z)|>\mu$．因为 $|P|$ 在以 0 为圆心，R_0 为半径的圆面上连续，定理 4.16 说明，有某个 z_0 使 $|P(z_0)|=\mu$．

我们断言 $\mu=0$．

否则，令 $Q(z)=P(z+z_0)/P(z_0)$. 那么 Q 是异于常数的多项式，$Q(0)=1$，而且对一切 z，$|Q(z)|\geqslant 1$. 有最小整数 k，$1\leqslant k\leqslant n$，使得

$$Q(z)=1+b_kz^k+\cdots+b_nz^n,\quad b_k\neq 0. \tag{57}$$

根据定理 8.7(d)，有一个实数 θ，使得

$$e^{ik\theta}b_k=-|b_k|. \tag{58}$$

如果 $r>0$ 而且 $r^k|b_k|<1$，那么从(58)式有

$$|1+b_kr^ke^{ik\theta}|=1-r^k|b_k|,$$

所以

$$|Q(re^{i\theta})|\leqslant 1-r^k\{|b_k|-r|b_{k+1}|-\cdots-r^{n-k}|b_n|\}.$$

当 r 足够小时，大括号中的表达式是正数；因此 $|Q(re^{i\theta})|<1$. 得出矛盾来了.

于是 $\mu=0$，即 $P(z_0)=0$

习题 27 包含着更一般的结果.

Fourier 级数

8.9 定义 三角多项式是形如

$$f(x)=a_0+\sum_{n=1}^{N}(a_n\cos nx+b_n\sin nx)\quad (x\text{ 为实数}) \tag{59}$$

的有限和，其中 $a_0,\cdots,a_N,b_1,\cdots,b_N$ 都是复数. 考虑到恒等式(46)也可以把(59)式写作

$$f(x)=\sum_{-N}^{N}c_ne^{inx}\quad (x\text{ 为实数}), \tag{60}$$

为了多种目的，这样写更方便. 显然，每个三角多项式以 2π 为周期.

当 n 是异于零的整数时，e^{inx} 是 e^{inx}/in 的导数，后者也以 2π 为周期. 因此

$$\frac{1}{2\pi}\int_{-\pi}^{\pi}e^{inx}\,\mathrm{d}x=\begin{cases}1 & (n=0),\\ 0 & (n=\pm 1,\pm 2,\cdots).\end{cases} \tag{61}$$

设 m 为整数，用 e^{-imx} 乘(60)式，将这乘积积分，这时(61)式说明 $|m|\leqslant N$ 时

$$c_m=\frac{1}{2\pi}\int_{-\pi}^{\pi}f(x)e^{-imx}\,\mathrm{d}x. \tag{62}$$

而 $|m|>N$ 时，(62)式里的积分便是零.

从(60)式和(62)式可以推得以下的结论：用(60)所写的三角多项式 f 是实的，当且仅当 $c_{-n}=\overline{c_n}$，$n=0,\cdots,N$.

为了与(60)相呼应，我们定义三角级数是形如

$$\sum_{-\infty}^{\infty} c_n e^{inx} \quad (x\text{ 为实数}) \tag{63}$$

的级数；(63)的第 N 个部分和定义为(60)的右端.

假若 f 是$[-\pi, \pi]$上的可积函数，对于一切整数 m，按(62)确定的数 c_m，叫作 f 的 Fourier 系数，用这些系数做成的级数(63)叫作 f 的 Fourier 级数.

现在自然要发生的一个问题是，f 的 Fourier 级数是否收敛于 f. 或者更一般地说，f 能否被它的 Fourier 级数确定. 即是说，如果知道一个函数的 Fourier 系数，能否找到这个函数. 如果能，怎么找?

研究这种级数，特别是研究用三角级数表示已知函数的问题，起源于物理问题，例如振动理论和热传导理论（Fourier 所著“热的解析理论”(“Théorie analytique de la chaleur”)于 1822 年出版）. 这些研究中发生的许多困难而精致的问题引起了整个实变函数论全面的修正和改革. 许多杰出的数学家的名字，诸如 Riemann，Cantor，Lebesgue 都与这个领域紧密联系. 现在可以恰当地说，它的一切推广和分枝在整个分析学中占有核心的地位.

我们将满足于导出一些基本定理，这些定理根据前几章所展示的方法，是容易理解的. 关于更彻底的讨论，Lebesgue 积分是自然而必须的工具.

首先讨论性质类似于(61)的更一般的函数系.

8.10 定义 $\{\phi_n\}(n=1, 2, 3, \cdots)$是$[a, b]$上合于

$$\int_a^b \phi_n(x)\,\overline{\phi_m(x)}\,\mathrm{d}x = 0 \quad (n \neq m) \tag{64}$$

的复值函数序列. 那么，$\{\phi_n\}$叫作$[a, b]$上的*函数的正交系*. 此外，若是对于一切 n

$$\int_a^b |\phi_n(x)|^2\,\mathrm{d}x = 1, \tag{65}$$

$\{\phi_n\}$便叫作*正规正交系*(orthonormal).

例如，函数$(2\pi)^{-\frac{1}{2}}e^{inx}$组成$[-\pi, \pi]$上的正规正交系. 实函数

$$\frac{1}{\sqrt{2\pi}}, \frac{\cos x}{\sqrt{\pi}}, \frac{\sin x}{\sqrt{\pi}}, \frac{\cos 2x}{\sqrt{\pi}}, \frac{\sin 2x}{\sqrt{\pi}}, \cdots$$

同样也是.

假若$\{\phi_n\}$是$[a, b]$上的正规正交系，而且

$$c_n = \int_a^b f(t)\,\overline{\phi_n(t)}\,\mathrm{d}t \quad (n = 1,2,3,\cdots), \tag{66}$$

我们便说 c_n 是 f 关于$\{\phi_n\}$的第 n 个 Fourier 系数. 我们写作

$$f(x) \sim \sum_1^{\infty} c_n \phi_n(x), \tag{67}$$

并且说这个级数是 f 的 Fourier 级数(关于$\{\phi_n\}$的).

注意，(67)中的符号“$\sim$”并不意味着任何关于级数收敛性的事实；它仅表示系数是按(66)计算的.

下列定理说明 f 的 Fourier 级数的部分和有某种极小性质. 在这里和本章其余部分，我们都假定 $f\in\mathscr{R}$，虽然这假定可以减弱.

8.11 定理 设$\{\phi_n\}$是$[a, b]$上的正规正交系. 令

$$s_n(x)=\sum_{m=1}^{n}c_m\phi_m(x) \tag{68}$$

是 f 的 Fourier 级数的第 n 个部分和. 又假定

$$t_n(x)=\sum_{m=1}^{n}\gamma_m\phi_m(x). \tag{69}$$

那么

$$\int_a^b |f-s_n|^2\mathrm{d}x\leqslant\int_a^b |f-t_n|^2\mathrm{d}x, \tag{70}$$

并且，当且仅当

$$\gamma_m=c_m \quad (m=1,\cdots,n) \tag{71}$$

时才能使等式成立.

这就是说，在所有函数 t_n 中，s_n 是对于 f 的最佳均方逼近.

证 设$\int$表示在$[a, b]$上的积分，Σ表示从 1 到 n 的求和. 于是按$\{c_m\}$的定义，

$$\int f\bar{t}_n=\int f\sum\bar{\gamma}_m\bar{\phi}_m=\sum c_m\bar{\gamma}_m,$$

因为$\{\phi_n\}$是正规正交的，那么

$$\int |t_n|^2=\int t_n\bar{t}_n=\int\sum\gamma_m\phi_m\sum\bar{\gamma}_k\bar{\phi}_k=\sum |\gamma_m|^2.$$

于是

$$\begin{aligned}\int |f-t_n|^2&=\int |f|^2-\int f\bar{t}_n-\int\bar{f}t_n+\int |t_n|^2\\&=\int |f|^2-\sum c_m\bar{\gamma}_m-\sum\bar{c}_m\gamma_m+\sum\gamma_m\bar{\gamma}_m\\&=\int |f|^2-\sum |c_m|^2+\sum |\gamma_m-c_m|^2,\end{aligned}$$

显然，当且仅当 $\gamma_m=c_m$ 时，它最小.

在算式中，令 $\gamma_m = c_m$，由于 $\int |f - t_n|^2 \geqslant 0$，我们得到

$$\int_a^b |s_n(x)|^2 \mathrm{d}x = \sum_1^n |c_m|^2 \leqslant \int_a^b |f(x)|^2 \mathrm{d}x. \tag{72}$$

8.12 定理 若 $\{\phi_n\}$ 是 $[a, b]$ 上的正规正交系，又若

$$f(x) \sim \sum_{n=1}^{\infty} c_n \phi_n(x),$$

那么

$$\sum_{n=1}^{\infty} |c_n|^2 \leqslant \int_a^b |f(x)|^2 \mathrm{d}x. \tag{73}$$

特别地，

$$\lim_{n\to\infty} c_n = 0. \tag{74}$$

证 在(72)式中令 $n\to\infty$，就得(73)，这即是所谓“Bessel 不等式”.

8.13 三角级数 从现在起只讨论三角函数系. 将要考虑的函数都以 2π 为周期，都在 $[-\pi, \pi]$ 上 Riemann 可积(因而又在每个有界闭区间上可积). 那么 f 的 Fourier 级数便是(63)，它的系数 c_n 就是(62)所写的积分，并且

$$s_N(x) = s_N(f; x) = \sum_{-N}^{N} c_n e^{inx} \tag{75}$$

是 f 的 Fourier 级数的第 N 个部分和. 不等式(72)现在变作

$$\frac{1}{2\pi}\int_{-\pi}^{\pi} |s_N(x)|^2 \mathrm{d}x = \sum_{-N}^{N} |c_n|^2 \leqslant \frac{1}{2\pi}\int_{-\pi}^{\pi} |f(x)|^2 \mathrm{d}x. \tag{76}$$

为了给 s_N 找到一个比(75)便于使用的表示式，我们先讲 Dirichlet 核

$$D_N(x) = \sum_{n=-N}^{N} e^{inx} = \frac{\sin\left(N + \frac{1}{2}\right)x}{\sin\left(\frac{x}{2}\right)}. \tag{77}$$

这里第一个等式是 $D_N(x)$ 的定义；如果将等式

$$(e^{ix} - 1) D_N(x) = e^{i(N+1)x} - e^{-iNx}$$

的两端都乘以 $e^{-\frac{ix}{2}}$ 就能得到(77)里的第二个等式.

由(62)式与(75)式求得

$$\begin{aligned} s_N(f; x) &= \sum_{-N}^{N} \frac{1}{2\pi}\int_{-\pi}^{\pi} f(t) e^{-int} \mathrm{d}t e^{inx} \\ &= \frac{1}{2\pi}\int_{-\pi}^{\pi} f(t) \sum_{-N}^{N} e^{in(x-t)} \mathrm{d}t, \end{aligned}$$

所以

$$s_N(f;x)=\frac{1}{2\pi}\int_{-\pi}^{\pi}f(t)D_N(x-t)\mathrm{d}t$$
$$=\frac{1}{2\pi}\int_{-\pi}^{\pi}f(x-t)D_N(t)\mathrm{d}t. \tag{78}$$

这里卷入的函数有共同的周期，说明积分区间只要是长度等于 2π，在什么区间上积分是无关紧要的. 这说明(78)里的两个积分相等.

关于 Fourier 级数的逐点收敛，只证一条定理.

8.14 定理 如果对于某一点 x，有两个常数 $\delta>0$ 和 $M<\infty$，对所有的 $t\in(-\delta,\delta)$，使得

$$|f(x+t)-f(x)|\leqslant M|t|, \tag{79}$$

便一定有

$$\lim_{N\to\infty}s_N(f;x)=f(x). \tag{80}$$

证 当 $0<|t|\leqslant\pi$ 时，定义

$$g(t)=\frac{f(x-t)-f(x)}{\sin\left(\frac{t}{2}\right)}, \tag{81}$$

再令 $g(0)=0$. 由定义(77)得

$$\frac{1}{2\pi}\int_{-\pi}^{\pi}D_N(x)\mathrm{d}x=1.$$

所以(78)表示

$$S_N(f;x)-f(x)=\frac{1}{2\pi}\int_{-\pi}^{\pi}g(t)\sin\left(N+\frac{1}{2}\right)t\mathrm{d}t$$
$$=\frac{1}{2\pi}\int_{-\pi}^{\pi}\left[g(t)\cos\frac{t}{2}\right]\sin Nt\,\mathrm{d}t$$
$$+\frac{1}{2\pi}\int_{-\pi}^{\pi}\left[g(t)\sin\frac{t}{2}\right]\cos Nt\,\mathrm{d}t.$$

从(79)与(81)来看，$g(t)\cos\frac{t}{2}$ 与 $g(t)\sin\frac{t}{2}$ 都有界. 所以，根据(74)式，当 $N\to\infty$ 时上边两个积分都趋于零. 这就证明了(80)式.

推论 如果对于某个开区间 J 内的一切 x，$f(x)=0$，那么便对于每个 $x\in J$，$\lim s_N(f;x)=0$.

这推论还有一种叙述方式是：

如果对于 x 的某个邻域之内的一切 t，$f(t)=g(t)$，那么当 $N\to\infty$ 时

$$s_N(f;x)-s_N(g;x)=s_N(f-g;x)\to 0.$$

时常把这叫作局部化定理．它说明凡是说到收敛性时，序列$\{s_N(f;\ x)\}$的性态只依赖于 f 在 x 的某个(任意小的)邻域内的值．所以两个 Fourier 级数可以在一个区间里有相同的性态，而在另一个区间里便完全不同．从这里看到 Fourier 级数与幂级数(定理 8.5)之间有极其显著的不同．

我们用另外两个逼近定理作结束．

8.15 定理 如果 f 连续(以 2π 为周期)，并且 $\varepsilon>0$，那么便有一个三角多项式 P，对于一切实数 x

$$|P(x)-f(x)|<\varepsilon.$$

证 如果把 x 和 $x+2\pi$ 等同起来，就可以根据映射 $x\to e^{ix}$ 把 R^1 上周期为 2π 的函数当作单位圆 T 上的函数．三角多项式，即是形式为(60)的函数，形成一个自伴代数 $\mathscr{A}$，它能分离 T 上的点，不在 T 的点消失．由于 T 是紧的，那么定理 7.33 能告诉我们 $\mathscr{A}$ 在 $\mathscr{C}(T)$ 内稠密．这正好是这定理所断定的．

习题 15 里有这定理的一个更确切的形式．

8.16 Parseval 定理 假定 f 与 g 都是 Riemann 可积而且周期为 2π 的函数．

$$f(x)\sim\sum_{-\infty}^{\infty}c_ne^{inx},\ g(x)\sim\sum_{-\infty}^{\infty}\gamma_ne^{inx}. \tag{82}$$

那么

$$\lim_{N\to\infty}\frac{1}{2\pi}\int_{-\pi}^{\pi}|f(x)-S_N(f;x)|^2\mathrm{d}x=0, \tag{83}$$

$$\frac{1}{2\pi}\int_{-\pi}^{\pi}f(x)\overline{g(x)}\mathrm{d}x=\sum_{-\infty}^{\infty}c_n\bar{\gamma}_n, \tag{84}$$

$$\frac{1}{2\pi}\int_{-\pi}^{\pi}|f(x)|^2\mathrm{d}x=\sum_{-\infty}^{\infty}|c_n|^2. \tag{85}$$

证 我们将要用记号

$$\|h\|_2=\left\{\frac{1}{2\pi}\int_{-\pi}^{\pi}|h(x)|^2\mathrm{d}x\right\}^{\frac{1}{2}}. \tag{86}$$

假设给定了 $\varepsilon<0$．因为 $f\in\mathscr{R}$，又 $f(\pi)=f(-\pi)$．那么第 6 章习题 12 所说的方法，能造成一个连续的 2π 周期的函数 h，合于

$$\|f-h\|_2<\varepsilon. \tag{87}$$

根据定理 8.15，存在一个三角多项式 P，对于所有的 x 满足 $|h(x)-P(x)|<\varepsilon$；从而 $\|h-P\|_2<\varepsilon$．如果 P 是 N_0 次的，那么定理 8.11 表示 $N\geqslant N_0$ 时

$$\| h - S_N(h) \|_2 \leqslant \| h - P \|_2 < \varepsilon. \tag{88}$$

根据(72)，用$h-f$代换f，

$$\| S_N(h) - S_N(f) \|_2 = \| S_N(h-f) \|_2 \leqslant \| h - f \|_2 < \varepsilon. \tag{89}$$

现在三角形不等式(第6章习题11)与(87)，(88)，(89)联合起来就能说明

$$\| f - S_N(f) \|_2 < 3\varepsilon \quad (N \geqslant N_0). \tag{90}$$

这证明(83)成立．其次

$$\frac{1}{2\pi}\int_{-\pi}^{\pi} S_N(f)\bar{g}\,\mathrm{d}x = \sum_{-N}^{N} c_n \frac{1}{2\pi}\int_{-\pi}^{\pi} e^{inx}\,\overline{g(x)}\,\mathrm{d}x = \sum_{-N}^{N} c_n \bar{\gamma}_n, \tag{91}$$

而且 Schwarz 不等式说明

$$\begin{aligned} \left| \int f\bar{g} - \int S_N(f)\bar{g} \right| &\leqslant \int | f - S_N(f) | | g | \\ &\leqslant \left\{ \int | f - S_N |^2 \int | g |^2 \right\}^{\frac{1}{2}}, \end{aligned} \tag{92}$$

根据(83)，当$N\to\infty$时它趋于零．比较(91)与(92)便得到(84)．最后，(85)是(84)在$g=f$之下的特别情形．

第11章还有定理8.16的较为一般的说法．

Γ函数

这个函数与阶乘有密切的关系，时常在分析学的意料不到的地方出现．在P. J. Davis的有趣的作品里(*Amer. Math. Monthly*，1959年，66卷第849～869页)对于它的起源、历史和发展都有很好的叙述．书目中Artin的书是另一本很好的初等引论．

这里提出来的内容很紧凑，在每个定理后边只有很少的评论．所以这一节可以看作一个大的习题，也是应用以前提供的一些材料的机会．

8.17 定义 当$0<x<\infty$时

$$\Gamma(x) = \int_0^{\infty} t^{x-1} e^{-t}\,\mathrm{d}t. \tag{93}$$

对于这些x，这个积分收敛．(当$x<1$时，0与∞都必须观察．)

8.18 定理

(a) 如果$0<x<\infty$，函数方程

$$\Gamma(x+1) = x\Gamma(x)$$

成立．

(b) $\Gamma(n+1)=n!$，$n=1, 2, 3, \cdots$.

(c) $\log\Gamma$ 在$(0,\infty)$上是凸的.

证 一次分部积分就能证明(a). 因为 $\Gamma(1)=1$，那么用归纳法就能由(a)推得(b). 如果 $1<p<\infty$，又 $(1/p)+(1/q)=1$，将 Hölder 不等式(第 6 章习题 10)用于(93)，便得到

$$\Gamma\left(\frac{x}{p}+\frac{x}{q}\right)\leqslant\Gamma(x)^{\frac{1}{p}}\Gamma(y)^{\frac{1}{q}}.$$

这与(c)等价.

Bohr 与 Mollerup 发现的这三个性质能完全表达 Γ 的本性，这事实有些令人惊奇.

8.19 定理 如果 f 在$(0,\infty)$上是正值函数，合于

(a) $f(x+1)=xf(x)$,

(b) $f(1)=1$,

(c) $\log f$ 是凸的,

那么 $f(x)=\Gamma(x)$.

证 因为 Γ 满足(a)，(b)，(c)，那么证明 $x>0$ 时 $f(x)$是(a)，(b)，(c)唯一决定的函数就行了. 根据(a)只须对于 $x\in(0,1)$做到这一步就够了.

令 $\varphi=\log f$，那么

$$\varphi(x+1)=\varphi(x)+\log x\quad(0<x<\infty),\tag{94}$$

$\varphi(1)=0$，而且 φ 是凸的. 假定 $0<x<1$，而 n 是正整数. 根据(94)，$\varphi(n+1)=\log(n!)$. 现在考虑一下 φ 在$[n,n+1]$，$[n+1,n+1+x]$，$[n+1,n+2]$三个闭区间上的差商. 既然 φ 是凸的，那么

$$\log n\leqslant\frac{\varphi(n+1+x)-\varphi(n+1)}{x}\leqslant\log(n+1).$$

重复地使用(94)便得到

$$\varphi(n+1+x)=\varphi(x)+\log[x(x+1)\cdots(x+n)].$$

所以

$$0\leqslant\varphi(x)-\log\left[\frac{n!n^x}{x(x+1)\cdots(x+n)}\right]\leqslant x\log\left(1+\frac{1}{n}\right).$$

最末的式子当 $n\to\infty$时趋于零. 从而确定了 φ，证明也完成了.

作为一个副产品，我们还得到了一个关系式

$$\Gamma(x)=\lim_{n\to\infty}\frac{n!n^x}{x(x+1)\cdots(x+n)},\tag{95}$$

至少当 $0<x<1$ 时是这样；从这又可以推得(95)适用于一切 $x>0$，这是因为$\Gamma(x+1)=x\Gamma(x)$.

8.20 定理 如果 $x>0$，又 $y>0$，那么

$$\int_0^1 t^{x-1}(1-t)^{y-1}\,\mathrm{d}t=\frac{\Gamma(x)\Gamma(y)}{\Gamma(x+y)}. \tag{96}$$

这个积分是所谓的 B 函数 $B(x,y)$.

证 注意 $B(1,y)=\frac{1}{y}$，照定理 8.18 那样，根据 Hörlder 不等式，知道 $B(x,y)$ 对于每个固定的 y 是 x 的凸函数；还有

$$B(x+1,y)=\frac{x}{x+y}B(x,y). \tag{97}$$

要证明(97)，可以把分部积分用于

$$B(x+1,y)=\int_0^1\left(\frac{t}{1-t}\right)^x(1-t)^{x+y-1}\,\mathrm{d}t.$$

$B(x,y)$ 的三个性质说明定理 8.19 可以对于每个 y 应用于

$$f(x)=\frac{\Gamma(x+y)}{\Gamma(y)}B(x,y)$$

所定义的函数 f. 所以 $f(x)=\Gamma(x)$.

8.21 一些推论 用 $t=\sin^2\theta$ 做代换，便将(96)变为

$$2\int_0^{\frac{\pi}{2}}(\sin\theta)^{2x-1}(\cos\theta)^{2y-1}\,\mathrm{d}\theta=\frac{\Gamma(x)\Gamma(y)}{\Gamma(x+y)}. \tag{98}$$

特别地，当 $x=y=\frac{1}{2}$ 时有

$$\Gamma\left(\frac{1}{2}\right)=\sqrt{\pi}. \tag{99}$$

用 $t=s^2$ 做代换，便将(93)变为

$$\Gamma(x)=2\int_0^{\infty}s^{2x-1}e^{-s^2}\,\mathrm{d}s\quad(0<x<\infty). \tag{100}$$

特别当 $x=\frac{1}{2}$ 时有

$$\int_{-\infty}^{\infty}e^{-s^2}\,\mathrm{d}s=\sqrt{\pi}. \tag{101}$$

根据(99)，可以从定理 8.19 直接推得恒等式

$$\Gamma(x)=\frac{2^{x-1}}{\sqrt{\pi}}\Gamma\left(\frac{x}{2}\right)\Gamma\left(\frac{x+1}{2}\right). \tag{102}$$

8.22 Stirling 公式 当 x 很大时，这给 $\Gamma(x+1)$ 提供了一个简单的近似表达式(当 n 很大时，就是 $n!$ 的近似表达式)．该公式是

$$\lim_{x\to\infty}\frac{\Gamma(x+1)}{(x/e)^x\sqrt{2\pi x}}=1. \tag{103}$$

下面是一种证明．在(93)中置 $t=x(1+u)$，得

$$\Gamma(x+1)=x^{x+1}e^{-x}\int_{-1}^{\infty}[(1+u)e^{-u}]^x\mathrm{d}u. \tag{104}$$

确定 $h(u)$，要求 $h(0)=1$，以及当 $-1<u<\infty$，$u\neq0$ 时

$$(1+u)e^{-u}=\exp\left[-\frac{u^2}{2}h(u)\right], \tag{105}$$

于是

$$h(u)=\frac{2}{u^2}[u-\log(1+u)]. \tag{106}$$

因此，h 是连续函数，并且当 u 从 -1 递增到 ∞ 时，$h(u)$ 从 ∞ 递降到 0.

做代换 $u=s\sqrt{2/x}$ 后，(104)式就变成

$$\Gamma(x+1)=x^xe^{-x}\sqrt{2x}\int_{-\infty}^{\infty}\psi_x(s)\mathrm{d}s, \tag{107}$$

这里

$$\psi_x(s)=\begin{cases}\exp\left[-s^2h\left(s\sqrt{\dfrac{x}{2}}\right)\right] & \left(-\sqrt{\dfrac{x}{2}}<s<\infty\right),\\ 0 & \left(s\leqslant-\sqrt{\dfrac{x}{2}}\right).\end{cases}$$

注意下述关于 $\psi_x(s)$ 的几个事实：

(a) 对于每个 s 来说，当 $x\to\infty$ 时，

$$\psi_x(s)\to e^{-s^2}.$$

(b) 对于任何 $A<\infty$ 来说，(a)中的收敛性，在 $[-A,A]$ 上是一致的.

(c) $s<0$ 时，$0<\psi_x(s)<e^{-s^2}$.

(d) $s>0$ 并且 $x>1$ 时，$0<\psi_x(s)<\psi_1(s)$.

(e) $\int_0^{\infty}\psi_1(s)\mathrm{d}s<\infty$.

因此，第 7 章习题 12 中所说的收敛定理能应用于积分(107)，再根据(101)式，就证明了当 $x\to\infty$ 时这个积分收敛到 $\sqrt{\pi}$．这就证明了(103)式.

R. C. Buck 的《高等分析》(Advanced Calculus)第 216～218 页中有对这个证明更详尽的叙述．在 *Amer. Math. Monthly*，1967 年 74 卷第 1223～1225 页 W. Feller 的

论文(1968 年 75 卷第 518 页有一订正)及 Artin 的书第 20～24 页中有两个完全不同的证明.

习题 20 给一个精确度稍差的结论做了一个简单的证明.

习题

1. 定义

$$f(x)=\begin{cases}e^{-\frac{1}{x^2}} & (x\neq 0),\\ 0 & (x=0).\end{cases}$$

试证 f 在 $x=0$ 有一切阶的导数，并且对于 $n=1，2，3，\cdots$，$f^{(n)}(0)=0$.

2. 设阵

$$\begin{matrix} -1 & 0 & 0 & 0 & \cdots \\ \frac{1}{2} & -1 & 0 & 0 & \cdots \\ \frac{1}{4} & \frac{1}{2} & -1 & 0 & \cdots \\ \frac{1}{8} & \frac{1}{4} & \frac{1}{2} & -1 & \cdots \\ \vdots & \vdots & \vdots & \vdots & \end{matrix}$$

中第 i 行第 j 列的数是 a_{ij}，就是

$$a_{ij}=\begin{cases}0 & (i<j),\\ -1 & (i=j),\\ 2^{j-i} & (i>j).\end{cases}$$

试证

$$\sum_i\sum_j a_{ij}=-2,\quad \sum_j\sum_i a_{ij}=0.$$

3. 设对于一切 i，j 来说，$a_{ij}\geqslant 0$，试证

$$\sum_i\sum_j a_{ij}=\sum_j\sum_i a_{ij}.$$

(也可能出现$+\infty=+\infty$这种情况.)

4. 试证以下的极限关系：

(a) $\lim\limits_{x\to 0}\dfrac{b^x-1}{x}=\log b(b>0)$.

(b) $\lim\limits_{x\to 0}\dfrac{\log(1+x)}{x}=1$.

(c) $\lim\limits_{x\to 0}(1+x)^{\frac{1}{x}}=e$.

(d) $\lim\limits_{n\to\infty}\left(1+\dfrac{x}{n}\right)^n=e^x$.

5. 求下列极限：

(a) $\lim\limits_{x\to 0}\dfrac{e-(1+x)^{\frac{1}{x}}}{x}$.

(b) $\lim\limits_{n\to\infty}\dfrac{n}{\log n}[n^{\frac{1}{n}}-1]$.

(c) $\lim\limits_{x\to 0}\dfrac{\tan x-x}{x(1-\cos x)}$.

(d) $\lim\limits_{x\to 0}\dfrac{x-\sin x}{\tan x-x}$.

6. 设对任何实数 x，y，$f(x)f(y)=f(x+y)$.

(a) 假设 f 可微且不是零，试证

$$f(x)=e^{cx}.$$

这里 c 是常数.

(b) 只假定 f 连续，证明这同一结论.

7. 设 $0<x<\dfrac{\pi}{2}$，试证

$$\frac{2}{\pi}<\frac{\sin x}{x}<1.$$

8. 设 $n=0$，1，2，…，而 x 是实数，试证

$$|\sin nx|\leqslant n|\sin x|.$$

注意，对于其他的 n 来说，不等式可能不成立. 例如，

$$\left|\sin\frac{1}{2}\pi\right|>\frac{1}{2}\ |\sin\pi|.$$

9. (a) 令 $s_N=1+\dfrac{1}{2}+\cdots+\dfrac{1}{N}$. 试证

$$\lim_{N\to\infty}(s_N-\log N)$$

存在.（这个极限叫作 Euler 常数，通常记作 γ. 它的数值是 0.5772…. 还不知道 γ 是有理数还是无理数.）

(b) m 大约要多大，才能使 $N=10^m$ 满足

$$s_N>100?$$

10. 试证 $\sum 1/p$ 发散；和中的 p 遍历一切质数.

（这说明，质数是正整数集的真正有份量的子集.）

提示：给定 N，设 p_1，…，p_k 是那样的质数，它至少能整除一个不大于 N 的正整数. 那么

$$\sum_{n=1}^{N}\frac{1}{n}\leqslant\prod_{j=1}^{k}\left(1+\frac{1}{p_j}+\frac{1}{p_j^2}+\cdots\right)=\prod_{j=1}^{k}\left(1-\frac{1}{p_j}\right)^{-1}$$

$$\leqslant\exp\sum_{j=1}^{k}\frac{2}{p_j}.$$

最后这个不等式能成立，是因为当 $0\leqslant x\leqslant\frac{1}{2}$ 时，

$$(1-x)^{-1}\leqslant e^{2x}.$$

（这个结论有许多种证法. 例如，可参看 I. Niver 在 *Amer. Math. Monthly*，1971 年 78 卷，第 272～273 页的文章，以及 R. Bellman 在 *Amer. Math. Monthly*，1943 年 50 卷第 318～319 页的文章.）

11. 设对于一切 $A<\infty$，在 $[0, A]$ 上 $f\in\mathscr{R}$，而当 $x\to\infty$ 时，$f(x)\to 1$. 试证

$$\lim_{t\to 0} t\int_0^{\infty}e^{-tx}f(x)\mathrm{d}x=1\quad(t>0).$$

12. 设 $0<\delta<\pi$，当 $|x|\leqslant\delta$ 时 $f(x)=1$，当 $\delta<|x|\leqslant\pi$ 时 $f(x)=0$，而对于一切 x，$f(x+2\pi)=f(x)$.

(a) 求 f 的 Fourier 系数.

(b) 推证

$$\sum_{n=1}^{\infty}\frac{\sin(n\delta)}{n}=\frac{\pi-\delta}{2}\quad(0<\delta<\pi).$$

(c) 由 Parseval 定理导出

$$\sum_{n=1}^{\infty}\frac{\sin^2(n\delta)}{n^2\delta}=\frac{\pi-\delta}{2}.$$

(d) 令 $\delta\to 0$ 以证

$$\int_0^{\infty}\left(\frac{\sin x}{x}\right)^2\mathrm{d}x=\frac{\pi}{2}.$$

(e) 在(c)中令 $\delta=\frac{\pi}{2}$，能得出什么结论来？

13. 当 $0\leqslant x<2\pi$ 时，令 $f(x)=x$，应用 Parseval 定理推证

$$\sum_{n=1}^{\infty}\frac{1}{n^2}=\frac{\pi^2}{6}.$$

14. 设在$[-\pi, \pi]$上 $f(x)=(\pi-|x|)^2$，试证

$$f(x)=\frac{\pi^2}{3}+\sum_{n=1}^{\infty}\frac{4}{n^2}\cos nx$$

并推证

$$\sum_{n=1}^{\infty}\frac{1}{n^2}=\frac{\pi^2}{6},\quad \sum_{n=1}^{\infty}\frac{1}{n^4}=\frac{\pi^4}{90}.$$

(E. L. Stark 最近的作品对形如$\sum n^{-s}$的级数多有论及；这里的 s 是正整数. 参看 *Math. Mag.*，1974 年 47 卷，第 197～202 页.)

15. 设 D_n 的定义为(77)式，而令

$$K_N(x)=\frac{1}{N+1}\sum_{n=0}^{N}D_n(x).$$

试证

$$K_N(x)=\frac{1}{N+1}\cdot\frac{1-\cos(N+1)x}{1-\cos x}$$

及

(a) $K_N\geqslant 0$，

(b) $\frac{1}{2\pi}\int_{-\pi}^{\pi}K_N(x)\mathrm{d}x=1$，

(c) 若 $0<\delta\leqslant|x|\leqslant\pi$，那么 $K_N(x)\leqslant\frac{1}{N+1}\cdot\frac{2}{1-\cos\delta}$.

设 $s_N=s_N(f;x)$是 f 的 Fourier 级数的第 N 个部分和，并设

$$\sigma_N=\frac{s_0+s_1+\cdots+s_N}{N+1}$$

是算术平均值. 试证

$$\sigma_N(f;x)=\frac{1}{2\pi}\int_{-\pi}^{\pi}f(x-t)K_N(t)\mathrm{d}t,$$

并由此证明 Fejér 定理：

设 f 连续，以 2π 为周期. 那么，在$[-\pi, \pi]$上 $\sigma_N(f;x)\to f(x)$是一致的.

提示：应用性质(a)、(b)、(c)，像在定理 7.26 中那样进行.

16. 证明 Fejér 定理的一个逐点收敛的说法：

设 $f\in\mathscr{R}$ 且在某些点 x 上 $f(x+)$，$f(x-)$存在，那么

$$\lim_{N\to\infty}\sigma_N(f;x)=\frac{1}{2}[f(x+)+f(x-)].$$

17. 假设 f 在 $[-\pi, \pi)$ 有界且单调，并且它的 Fourier 系数 c_n 由(62)式定出.

(a) 用第 6 章习题 17 证明 $\{nc_n\}$ 是有界序列.

(b) 把(a)及习题 16 与第 3 章的习题 14(e)结合起来，以证明，对于每个 x，

$$\lim_{N\to\infty} s_N(f;x) = \frac{1}{2}[f(x+) + f(x-)]$$

(c) 如果只假定在 $[-\pi, \pi]$ 上 $f\in\mathscr{R}$，而 f 在某开区间 $(\alpha, \beta)\subset[-\pi, \pi]$ 单调. 试证，对于每个 $x\in(\alpha, \beta)$，(b)的结论仍能成立.

(这是局部化定理的一项应用.)

18. 设

$$f(x) = x^3 - \sin^2 x\tan x$$
$$g(x) = 2x^2 - \sin^2 x - x\tan x.$$

对每个函数来断定，对一切 $x\in\left(0, \frac{\pi}{2}\right)$，函数值都是正的，或者都是负的，还是变号. 证实你的答案.

19. 设 f 是 R^1 上的连续函数，$f(x+2\pi) = f(x)$，并且 α/π 是无理数. 试证：

$$\lim_{N\to\infty} \frac{1}{N}\sum_{n=1}^{N} f(x+n\alpha) = \frac{1}{2\pi}\int_{-\pi}^{\pi} f(t)\,\mathrm{d}t$$

对于每个 x 成立. 提示：先对 $f(x)=e^{ikx}$ 来证.

20. 下面的简单计算能得出 Stirling 公式的一个很好的近似值.

设 $m=1, 2, 3, \cdots$，当 $m\leqslant x\leqslant m+1$ 时，规定

$$f(x) = (m+1-x)\log m + (x-m)\log(m+1),$$

而当 $m-\frac{1}{2}\leqslant x< m+\frac{1}{2}$ 时，规定

$$g(x) = \frac{x}{m} - 1 + \log m.$$

做出 f 和 g 的图像. 注意，当 $x\geqslant 1$ 时 $f(x)\leqslant \log x\leqslant g(x)$，并且

$$\int_1^n f(x)\,\mathrm{d}x = \log(n!) - \frac{1}{2}\log n > -\frac{1}{8} + \int_1^n g(x)\,\mathrm{d}x.$$

在 $[1, n]$ 上积分 $\log x$，就推断出当 $n=2, 3, 4, \cdots$ 时

$$\frac{7}{8} < \log(n!) - \left(n+\frac{1}{2}\right)\log n + n < 1$$

（注意：$\log\sqrt{2\pi}\sim 0.918\cdots$）．于是

$$e^{\frac{7}{8}} < \frac{n!}{(n/e)^n\sqrt{n}} < e.$$

21．设

$$L_n = \frac{1}{2\pi}\int_{-\pi}^{\pi} |D_n(t)|\,\mathrm{d}t \quad (n = 1,2,3,\cdots).$$

试证，存在着常数 $C>0$，使得

$$L_n > C\log n \quad (n = 1,2,3,\cdots),$$

或者更精确些，就是序列

$$\left\{L_n - \frac{4}{\pi^2}\log n\right\}$$

有界．

22．设 α 是实数，$-1<x<1$，试证牛顿二项式定理：

$$(1+x)^\alpha = 1 + \sum_{n=1}^{\infty}\frac{\alpha(\alpha-1)\cdots(\alpha-n+1)}{n!}x^n.$$

提示：把右端记作 $f(x)$．证明级数收敛，证明

$$(1+x)f'(x) = \alpha f(x),$$

再解这个微分方程．

又设 $-1<x<1$，并设 $\alpha>0$．试证

$$(1-x)^{-\alpha} = \sum_{n=0}^{\infty}\frac{\Gamma(n+\alpha)}{n!\,\Gamma(\alpha)}x^n.$$

23．设 γ 是复平面里的连续可微闭曲线，它的参数区间是 $[a,b]$，并假定对每个 $t\in[a,b]$、$\gamma(t)\neq 0$．定义 γ 的指标是

$$\mathrm{Ind}(\gamma) = \frac{1}{2\pi i}\int_a^b \frac{\gamma'(t)}{\gamma(t)}\mathrm{d}t.$$

试证 $\mathrm{Ind}(\gamma)$ 必定是整数．

提示：存在 $[a,b]$ 上的函数 φ，$\varphi'=\gamma'/\gamma$，$\varphi(a)=0$，因此 $\gamma\exp(-\varphi)$ 是常数．因为 $\gamma(a)=\gamma(b)$，于是 $\exp\varphi(b)=\exp\varphi(a)=1$．注意

$$\varphi(b) = 2\pi i\,\mathrm{Ind}(\gamma).$$

当 $\gamma=e^{int}$，$a=0$，$b=2\pi$ 时，求 $\mathrm{Ind}(\gamma)$．

解释为什么通常把 $\mathrm{Ind}(\gamma)$ 叫作 γ 绕 0 的圈数．

24. 令 γ 是习题 23 中那样的曲线，又假定 γ 的值域与负实轴不交．试证 $\mathrm{Ind}(\gamma)=0$．提示：$\mathrm{Ind}(\gamma+c)$ 在 $0\leqslant c<\infty$ 上是 c 的连续整数值函数．又当 $c\to\infty$ 时，$\mathrm{Ind}(\gamma+c)\to 0$．

25. 设 γ_1，γ_2 都是习题 23 中说的那样的曲线，并且

$$|\gamma_1(t)-\gamma_2(t)|<|\gamma_1(t)| \quad (a\leqslant t\leqslant b).$$

试证 $\mathrm{Ind}(\gamma_1)=\mathrm{Ind}(\gamma_2)$．

提示：令 $\gamma=\gamma_2/\gamma_1$，于是 $|1-\gamma|<1$，而据习题 24，必然 $\mathrm{Ind}(\gamma)=0$，又

$$\frac{\gamma'}{\gamma}=\frac{\gamma'_2}{\gamma_2}-\frac{\gamma'_1}{\gamma_1}.$$

26. 设 γ 是复平面里的闭曲线(不需假定可微)，参数区间是$[0,2\pi]$，并且对于每个 $t\in[0,2\pi]$，$\gamma(t)\neq 0$．

选定 $\delta>0$，使得对于一切 $t\in[0,2\pi]$，合于 $|\gamma(t)|>\delta$．设 P_1，P_2 是对于一切 $t\in[0,2\pi]$都合于 $|P_j(t)-\gamma(t)|<\dfrac{\delta}{4}$的三角多项式(据定理 8.15，这样的多项式必定存在)，利用习题 25 证明

$$\mathrm{Ind}(P_1)=\mathrm{Ind}(P_2).$$

把这个公共的值定义为 $\mathrm{Ind}(\gamma)$．

试证习题 24 及 25 的叙述不要任何可微性的假定，仍然成立．

27. 令 f 是定义在复平面中的连续复函数．设有正整数 n 及复数 $c\neq 0$，合于

$$\lim_{|z|\to\infty} z^{-n}f(z)=c.$$

试证至少有一个复数 z 能使 $f(x)=0$．

注意，这是定理 8.8 的推广．

提示：假如对于一切 z，$f(z)\neq 0$，定义

$$\gamma_r(t)=f(re^{it}),$$

这时 $0\leqslant r<\infty$，$0\leqslant t\leqslant 2\pi$，而对曲线 γ_r 来证明以下的命题：

(a) $\mathrm{Ind}(\gamma_0)=0$.

(b) 当 r 足够大时，$\mathrm{Ind}(\gamma_r)=n$.

(c) $\mathrm{Ind}(\gamma_r)$是 r 在$[0,\infty)$上的连续函数.

(在(b)和(c)中，利用习题 26 的后一部分.)

证明，由于 $n>0$，(a)、(b)与(c)是矛盾的.

28. 令 $\overline{D}$ 是复平面中的闭单位圆盘．(即是当且仅当 $|z|\leqslant 1$ 时 $z\in\overline{D}$.)又令 g 是把 $\overline{D}$ 映入单位圆 T 的连续映射．(于是对于每个 $z\in\overline{D}$，$|g(z)|=1$.)

试证，至少有一个 $z\in T$，使得 $g(z)=-z$.

提示：对于 $0\leqslant r\leqslant 1$，$0\leqslant t\leqslant 2\pi$，令

$$\gamma_r(t)=g(re^{it}),$$

而置 $\psi(t)=e^{-it}\gamma_1(t)$. 如果对于每个 $z\in T$，$g(z)\neq -z$，那么对于每个 $t\in[0,2\pi]$就 $\psi(t)\neq -1$. 因此，据习题 24 及 26，$\mathrm{Ind}(\psi)=0$. 因之

$$\mathrm{Ind}(\gamma_1)=1.$$

但 $\mathrm{Ind}(\gamma_0)=0$，像习题 27 那样，导出矛盾来.

29. 试证把 $\overline{D}$ 映入 $\overline{D}$ 的每个连续映射在 $\overline{D}$ 中有不动点.

(这是 Brouwer 的不动点定理的二维情形.)

提示：假定对每个 $z\in\overline{D}$，$f(z)\neq z$. 给每个 $z\in\overline{D}$ 联系一点 $g(z)\in T$，该点位于从 $f(z)$出发而通过 z 的射线上. 于是 g 把 $\overline{D}$ 映入 T 内，而当 $g\in T$ 时，$g(z)=z$，因为

$$g(z)=z-s(z)[f(z)-z],$$

所以 $g(z)$连续，这里 $s(z)$是某个二次方程的唯一非负根，这方程的系数是 f 和 z 的连续函数. 应用习题 28.

30. 利用 Stirling 公式证明：对任意实数常数 c，

$$\lim_{x\to\infty}\frac{\Gamma(x+c)}{x^c\Gamma(x)}=1.$$

31. 在定理 7.26 的证明中，我们有

$$\int_{-1}^{1}(1-x^2)^n\mathrm{d}x\geqslant\frac{4}{3\sqrt{n}},\quad n=1,2,3,\cdots.$$

试用定理 8.20 和习题 30，证明下述更准确的结论：

$$\lim_{n\to\infty}\sqrt{n}\int_{-1}^{1}(1-x^2)^n\mathrm{d}x=\sqrt{\pi}.$$

第9章 多元函数

线性变换

本章开始先讨论 n 维欧氏空间 R^n 内的向量的集. 这里提出的代数事项，不用改变就可以扩充到任何标量域上的有限维向量空间去. 但是按我们的目的来说，只限于欧氏空间提供的那种熟悉的结构就够了.

9.1 定义

(a) 非空集 $X \subset R^n$ 是一个向量空间，如果对于所有 $\mathbf{x} \in X$，$\mathbf{y} \in X$ 及所有标量 c，$\mathbf{x}+\mathbf{y} \in X$，且 $c\mathbf{x} \in X$.

(b) 若 $\mathbf{x}_1$，…，$\mathbf{x}_k \in R^n$，c_1，…，c_k 为标量，则向量 $c_1\mathbf{x}_1+\cdots+c_k\mathbf{x}_k$ 叫作 $\mathbf{x}_1$，…，$\mathbf{x}_k$ 的线性组合. 若 $S \subset R^n$，而 E 为 S 内的元素的所有线性组合的集，便说 S 生成 E，或说 E 是 S 的生成.

注意，每个生成是向量空间.

(c) k 个向量 $\mathbf{x}_1$，…，$\mathbf{x}_k$ 的集(以后记作 $\{\mathbf{x}_1, \cdots, \mathbf{x}_k\}$)叫作无关的，如果从关系式 $c_1\mathbf{x}_1+\cdots+c_k\mathbf{x}_k=\mathbf{0}$ 可以推出 $c_1=\cdots=c_k=0$. 不然的话，就说 $\{\mathbf{x}_1, \cdots, \mathbf{x}_k\}$ 是相关的.

注意，无关集不含零向量.

(d) 若向量空间 X 含有由 r 个向量做成的无关集，但是不含 $r+1$ 个向量的无关集，便说 X 是 r 维的，并记作：$\dim X=r$.

只含 $\mathbf{0}$ 的集，是一个向量空间. 它的维数是 0.

(e) 如果向量空间 X 的一个无关子集能够生成 X，则把这个无关子集叫作 X 的基.

注意，若 $B=\{\mathbf{x}_1, \cdots, \mathbf{x}_r\}$ 是 X 的一个基，则每个 $\mathbf{x} \in X$ 能唯一地表示成 $\mathbf{x}=\Sigma c_j\mathbf{x}_j$. 因为 B 生成 X，所以这样的表示存在；又因 B 是无关的，所以这个表示是唯一的. c_1，…，c_r 这些数叫作 $\mathbf{x}$ 关于基 B 的坐标.

集 $\{\mathbf{e}_1, \cdots, \mathbf{e}_n\}$ 是我们最熟悉的基的例子，这里 $\mathbf{e}_j$ 是 R^n 中的向量，它的第 j 个坐标是 1，而其余坐标是 0. 若 $\mathbf{x} \in R^n$，$\mathbf{x}=(x_1, \cdots, x_n)$，则 $\mathbf{x}=\Sigma x_j\mathbf{e}_j$. 我们把 $\{\mathbf{e}_1, \cdots, \mathbf{e}_n\}$ 叫作 R^n 的标准基.

9.2 定理 设 r 为正整数. 若向量空间 X 能由 r 个向量的集生成，那么 $\dim X \leqslant r$.

证 若定理不成立，就要有一个向量空间 X，它含有无关集 $Q=\{\mathbf{y}_1, \cdots, \mathbf{y}_{r+1}\}$，但 X 能由含 r 个向量的集 S_0 生成.

假设 $0 \leqslant i < r$，而我们已经作成了生成 X 的集 S_i，它含有 $\mathbf{y}_j$：$1 \leqslant j \leqslant i$ 及 S_0 中的某 $r-i$ 个元，设它们是 $\mathbf{x}_1$，…，$\mathbf{x}_{r-i}$(换句话说，S_i 是把 S_0 中的 i 个元代以

Q 的成员而不改变它的生成). 因为 S_i 生成 X，$\boldsymbol{y}_{i+1}$ 在 X 中，所以有标量 a_1，…，a_{i+1}，b_1，…，b_{r-i}，其中 $a_{i+1}=1$，使得

$$\sum_{j=1}^{i+1} a_j \boldsymbol{y}_j + \sum_{k=1}^{r-i} b_k \boldsymbol{x}_k = \mathbf{0}.$$

如果所有 b_k 为 0，那么 Q 的无关性将要迫使所有 a_j 为 0，矛盾. 所以必有某个 $\boldsymbol{x}_k \in S_i$，它是 $T_i = S_i \cup \{\boldsymbol{y}_{i+1}\}$ 的其余元的线性组合. 从 T_i 中把这个 $\boldsymbol{x}_k$ 去掉，而把所余下来的集叫作 S_{i+1}. 那么 S_{i+1} 与 T_i 生成的空间相同，即是 X. 于是 S_{i+1} 具有对于 S_i 所假定的那些性质，只是把其中的 i 换成 $i+1$ 而已.

从 S_0 出发，我们照这样造出集 S_1，…，S_r. 其最后一个由 $\boldsymbol{y}_1$，…，$\boldsymbol{y}_r$ 组成，并且我们的构造方法，说明它能生成 X. 然而 Q 是无关的，所以 $\boldsymbol{y}_{r+1}$ 不在 S_r 的生成之中. 这矛盾说明定理成立.

推论 $\dim R^n = n$.

证 因 $\{\boldsymbol{e}_1, \cdots, \boldsymbol{e}_n\}$ 生成 R^n. 由本定理知道

$$\dim R^n \leqslant n.$$

因 $\{\boldsymbol{e}_1, \cdots, \boldsymbol{e}_n\}$ 是无关的，所以 $\dim R^n \geqslant n$.

9.3 定理 设 X 为向量空间，且 $\dim X = n$.

(a) X 中 n 个向量的集 E 能生成 X，当且仅当 E 是无关的.

(b) X 必有基，而且每个基由 n 个向量组成.

(c) 若 $1 \leqslant r \leqslant n$，而 $\{\boldsymbol{y}_1, \cdots, \boldsymbol{y}_r\}$ 是 X 中的一个无关集，则 X 必有包含 $\{\boldsymbol{y}_1, \cdots, \boldsymbol{y}_r\}$ 的基.

证 设 $E = \{\boldsymbol{x}_1, \cdots, \boldsymbol{x}_n\}$. 因 $\dim X = n$，对于每个 $\boldsymbol{y} \in X$，集 $\{\boldsymbol{x}_1, \cdots, \boldsymbol{x}_n, \boldsymbol{y}\}$ 是相关的. 若 E 是无关的，那么 $\boldsymbol{y}$ 就在 E 的生成中；因此 E 生成 X. 反之，若 E 相关，就可以去掉 E 中一元而不改变 E 的生成. 因之，由定理 9.2，E 不能生成 X. (a) 证毕.

因 $\dim X = n$，X 必含有 n 个向量的一个无关集. 但是 (a) 说明这样的集是 X 的基. 由 9.1(d) 及 9.2 即得 (b).

今证 (c). 设 $\{\boldsymbol{x}_1, \cdots, \boldsymbol{x}_n\}$ 是 X 的基. 集

$$S = \{\boldsymbol{y}_1, \cdots, \boldsymbol{y}_r, \boldsymbol{x}_1, \cdots, \boldsymbol{x}_n\}$$

能生成 X，又因为它包含的向量多于 n 个，所以是相关的. 定理 9.2 所用的论证说明，这些 $\boldsymbol{x}_i$ 中必有一个是 S 中其他元的线性组合. 若从 S 中去掉这个 $\boldsymbol{x}_i$，所余的集仍然能生成 X. 这种手续重复 r 次就得到一个包含 $\{\boldsymbol{y}_1, \cdots, \boldsymbol{y}_r\}$ 的向量组；据 (a)，它是 X 的一个基.

9.4 定义 向量空间 X 到向量空间 Y 的一个映射 A 叫作线性变换，假如对于所有 $\boldsymbol{x}_1$，$\boldsymbol{x}_2$，$\boldsymbol{x} \in X$ 及所有标量 c

$$A(\mathbf{x}_1+\mathbf{x}_2)=A\mathbf{x}_1+A\mathbf{x}_2,\quad A(c\mathbf{x})=cA\mathbf{x}$$

成立．如果 A 是线性的，便时常把 $A(\mathbf{x})$ 写成 $A\mathbf{x}$．

注意，A 若是线性的，便有 $A\mathbf{0}=\mathbf{0}$．还要注意，一个把 X 变成 Y 的线性变换，完全决定于它关于任何基的作用：如果 $\{\mathbf{x}_1,\cdots,\mathbf{x}_n\}$ 是 X 的一个基，那么每个 $\mathbf{x}\in X$ 有唯一的一个表示式

$$\mathbf{x}=\sum_{i=1}^{n}c_i\mathbf{x}_i,$$

而 A 的一次性(线性)容许我们用公式

$$A\mathbf{x}=\sum_{i=1}^{n}c_iA\mathbf{x}_i$$

从向量 $A\mathbf{x}_1,\cdots,A\mathbf{x}_n$ 及从标 $c_1,\cdots,c_n$ 计算 $A\mathbf{x}$．

X 到 X 的线性变换，时常叫作 X 上的线性算子．若 A 是 X 上的线性算子，它(i)是1-1的，(ii)把 X 映满 X，则说 A 是*可逆的*．这时可以在 X 上定义一个线性算子 A^{-1}，要它对于所有 $\mathbf{x}\in X$ 使得 $A^{-1}(A\mathbf{x})=\mathbf{x}$ 成立．不难对于所有 $\mathbf{x}\in X$ 证明 $A(A^{-1}\mathbf{x})=\mathbf{x}$，并且 A^{-1} 是线性的．

关于有限维向量空间上线性算子的一个重要事实是，上述条件(i)与(ii)中的每一个，都可推出另一个：

9.5 定理 *有限维向量空间 X 上的线性算子 A 是1-1的，当且仅当 A 的值域是 X 全体．*

证 设 $\{\mathbf{x}_1,\cdots,\mathbf{x}_n\}$ 是 X 的一个基．A 的线性，说明它的值域 $\mathscr{R}(A)$ 是集 $Q=\{A\mathbf{x}_1,\cdots,A\mathbf{x}_n\}$ 的生成．于是由定理9.3(a)可以推得，$\mathscr{R}(A)=X$ 当且仅当 Q 是无关的．现在要证明 Q 是无关的，当且仅当 A 是1-1的．

设 A 是1-1的，且 $\sum c_iA\mathbf{x}_i=\mathbf{0}$．于是 $A(\sum c_i\mathbf{x}_i)=\mathbf{0}$，因之 $\sum(c_i\mathbf{x}_i)=\mathbf{0}$．由此 $c_1=\cdots=c_n=0$．即 Q 是无关的．

反之，设 Q 是无关的．如果 $A(\sum c_i\mathbf{x}_i)=\mathbf{0}$，于是 $\sum c_iA\mathbf{x}_i=\mathbf{0}$．因此 $c_1=\cdots=c_n=0$．所以只有当 $\mathbf{x}=\mathbf{0}$ 时才有 $A\mathbf{x}=\mathbf{0}$．如果 $A\mathbf{x}=A\mathbf{y}$，那么 $A(\mathbf{x}-\mathbf{y})=A\mathbf{x}-A\mathbf{y}=\mathbf{0}$，因此 $\mathbf{x}-\mathbf{y}=\mathbf{0}$．这就是说 A 是1-1的．

9.6 定义

(a) 设 $L(X,Y)$ 是向量空间 X 到向量空间 Y 内的所有线性变换构成的集．把 $L(X,X)$ 简写成 $L(X)$．若 $A_1,A_2\in L(X,Y)$ 而 c_1,c_2 是标量．定义 $c_1A_1+c_2A_2$ 是这样一个变换：

$$(c_1A_1+c_2A_2)\mathbf{x}=c_1A_1\mathbf{x}+c_2A_2\mathbf{x}\quad(\mathbf{x}\in X).$$

显然，$c_1A_1+c_2A_2\in L(X,Y)$．

(b) 设 X、Y、Z 为向量空间．若 $A\in L(X,Y)$，$B\in L(Y,Z)$，将 A 与 B 的复合

$$(BA)\boldsymbol{x}=B(A\boldsymbol{x})\quad(\boldsymbol{x}\in X)$$

定义为它们的乘积 BA. 那么 $BA\in L(X, Z)$.

注意，BA 不必与 AB 相同；即使 $X=Y=Z$ 也是这样.

(c) 对于 $A\in L(R^n, R^m)$，定义 A 的范数 $\|A\|$ 为所有数 $|A\boldsymbol{x}|$ 的最小上界 sup，这里 $\boldsymbol{x}$ 取遍 R^n 中合于 $|\boldsymbol{x}|\leqslant 1$ 的一切向量 $\boldsymbol{x}$.

注意，不等式

$$|A\boldsymbol{x}|\leqslant\|A\|\ |\boldsymbol{x}|$$

对于所有 $\boldsymbol{x}\in R^n$ 成立. 又如果 λ 对于所有 $\boldsymbol{x}\in R^n$ 使 $|A\boldsymbol{x}|\leqslant\lambda|\boldsymbol{x}|$ 成立，那么 $\|A\|\leqslant\lambda$.

9.7 定理

(a) 若 $A\in L(R^n, R^m)$，则 $\|A\|<\infty$ 且 A 为 R^n 到 R^m 的一致连续映射.

(b) 若 $A, B\in L(R^n, R^m)$，c 为一标量，那么

$$\|A+B\|\leqslant\|A\|+\|B\|,\quad\|cA\|=|c|\ \|A\|.$$

以 $\|A-B\|$ 作为 A，B 之间的距离，那么 $L(R^n, R^m)$ 就是一个度量空间.

(c) 若 $A\in L(R^n, R^m)$，而 $B\in L(R^m, R^k)$，则

$$\|BA\|\leqslant\|B\|\ \|A\|.$$

证

(a) 设 $\{\boldsymbol{e}_1, \cdots, \boldsymbol{e}_n\}$ 为 R^n 中的标准基，又设 $\boldsymbol{x}=\sum c_i\boldsymbol{e}_i$，$|\boldsymbol{x}|\leqslant 1$，由此对于所有 $i=1, 2, \cdots, n$，$|c_i|\leqslant 1$. 于是

$$|A\boldsymbol{x}|=|\sum c_iA\boldsymbol{e}_i|\leqslant\sum|c_i|\,|A\boldsymbol{e}_i|\leqslant\sum|A\boldsymbol{e}_i|.$$

所以

$$\|A\|\leqslant\sum_{i=1}^{n}|A\boldsymbol{e}_i|<\infty.$$

因为当 $\boldsymbol{x}, \boldsymbol{y}\in R^n$ 时 $|A\boldsymbol{x}-A\boldsymbol{y}|\leqslant\|A\|\ |\boldsymbol{x}-\boldsymbol{y}|$，所以 A 是一致连续的.

(b) (b)中的不等式，由不等式

$$|(A+B)\boldsymbol{x}|=|A\boldsymbol{x}+B\boldsymbol{x}|\leqslant|A\boldsymbol{x}|+|B\boldsymbol{x}|\leqslant(\|A\|+\|B\|)\ |\boldsymbol{x}|$$

推来. (b)中第二部分按同样方式证明. 若

$$A,B,C\in L(R^n,R^m),$$

可得到三角形不等式

$$\|A-C\|=\|(A-B)+(B-C)\|\leqslant\|A-B\|+\|B-C\|,$$

易证 $\|A-B\|$ 有度量的其他性质.

(c) 最后，由下式推出(c)：

$$|(BA)\boldsymbol{x}|=|B(A\boldsymbol{x})|\leqslant\|B\|\ |A\boldsymbol{x}|\leqslant\|B\|\ \|A\|\ |\boldsymbol{x}|.$$

因为我们现在在空间 $L(R^n, R^m)$ 内有了度量，开集、连续等概念对这些空间就有了意义. 下面的定理就要利用这些概念.

9.8 定理 设 Ω 为 R^n 上所有可逆线性算子的集.

(a) 若 $A\in\Omega$，$B\in L(R^n)$，而且

$$\|B-A\|\cdot\|A^{-1}\|<1,$$

则 $B\in\Omega$.

(b) Ω 是 $L(R^n)$ 的开子集，映射 $A\to A^{-1}$ 在 Ω 上是连续的.

(显然，它又是把 Ω 映满 Ω 的 1-1 映射，它是其自身的逆.)

证

(a) 令 $\|A^{-1}\|=1/\alpha$，令 $\|B-A\|=\beta$，那么 $\beta<\alpha$. 对于每个 $\boldsymbol{x}\in R^n$，

$$\begin{aligned}\alpha|\boldsymbol{x}|&=\alpha|A^{-1}A\boldsymbol{x}|\leqslant\alpha\|A^{-1}\|\cdot|A\boldsymbol{x}|\\&=|A\boldsymbol{x}|\leqslant|(A-B)\boldsymbol{x}|+|B\boldsymbol{x}|\leqslant\beta|\boldsymbol{x}|+|B\boldsymbol{x}|,\end{aligned}$$

所以，

$$(\alpha-\beta)|\boldsymbol{x}|\leqslant|B\boldsymbol{x}|\quad(\boldsymbol{x}\in R^n).\tag{1}$$

因为 $\alpha-\beta>0$，(1)说明只要 $\boldsymbol{x}\neq0$，则 $B\boldsymbol{x}\neq0$. 所以 B 是 1-1 的. 根据定理 9.5，$B\in\Omega$. 这对于一切合于 $\|B-A\|<\alpha$ 的 B 都成立. 这样就证明了(a)而且 Ω 是开集.

(b) 然后在(1)里把 $\boldsymbol{x}$ 换作 $B^{-1}\boldsymbol{y}$. 所得的不等式

$$(\alpha-\beta)|B^{-1}\boldsymbol{y}|\leqslant|BB^{-1}\boldsymbol{y}|=|\boldsymbol{y}|\quad(\boldsymbol{y}\in R^n)\tag{2}$$

说明 $\|B^{-1}\|\leqslant(\alpha-\beta)^{-1}$. 于是恒等式

$$B^{-1}-A^{-1}=B^{-1}(A-B)A^{-1},$$

与定理 9.7(c)合起来就得出

$$\|B^{-1}-A^{-1}\|\leqslant\|B^{-1}\|\ \|A-B\|\ \|A^{-1}\|\leqslant\frac{\beta}{\alpha(\alpha-\beta)}.$$

因为当 $B\to A$ 时，$\beta\to0$，这证明了(b)中连续性的论断.

9.9 矩阵 设 $\{\boldsymbol{x}_1, \cdots, \boldsymbol{x}_n\}$ 与 $\{\boldsymbol{y}_1, \cdots, \boldsymbol{y}_m\}$ 分别为向量空间 X 与 Y 的基，于是每个 $A\in L(X, Y)$ 确定一组数 a_{ij}，使得

$$A\boldsymbol{x}_j=\sum_{i=1}^{m}a_{ij}\boldsymbol{y}_i\quad(1\leqslant j\leqslant n).\tag{3}$$

把这些数形象地写成一个 m 行 n 列的长方阵是方便的；称这个长方阵为 m 行 n 列的矩阵(又简称为 $m\times n$ 矩阵).

$$[A]=\begin{bmatrix} a_{11} & a_{12} & \cdots & a_{1n} \\ a_{21} & a_{22} & \cdots & a_{2n} \\ \vdots & \vdots & & \vdots \\ a_{m1} & a_{m2} & \cdots & a_{mn} \end{bmatrix}$$

注意，向量 $A\mathbf{x}_j$ 对于基 $\{\mathbf{y}_1, \cdots, \mathbf{y}_m\}$ 的坐标出现在 $[A]$ 的第 j 列，所以向量 $A\mathbf{x}_j$ 往往叫作列向量. 应用这个名词，可以说 A 的值域是由 $[A]$ 的列向量生成的.

若 $\mathbf{x}=\sum c_j\mathbf{x}_j$，由 A 的线性及(3)式，就得到

$$A\mathbf{x}=\sum_{i=1}^{m}\Big(\sum_{j=1}^{n}a_{ij}c_j\Big)\mathbf{y}_i. \tag{4}$$

所以，$A\mathbf{x}$ 的坐标为 $\sum_j a_{ij}c_j$. 注意，在(3)中按 a_{ij} 的第一个下标求和；而当计算坐标时，则是按第二个下标求和.

假定已经给出了一个具有实数阵元 a_{ij} 的 $m\times n$ 矩阵. 如果这时 A 由(4)定义，显然 $A\in L(X, Y)$，而且 $[A]$ 就是所给的矩阵. 于是，在 $L(X, Y)$ 与所有实 $m\times n$ 矩阵的集间，存在一个自然的1-1对应. 可是还要强调，$[A]$ 不只是依赖于 A，还与 X 及 Y 中基的选择有关. 如果换基的话，同一个 A 可以导致许多不同的矩阵；反之亦然. 我们不打算再进一步去讨论这一点，因为我们将在固定的基上进行工作(关于这问题，在评注9.37里提供了一些说明).

若 Z 是第三个向量空间，具有基 $\{\mathbf{z}_1, \cdots, \mathbf{z}_p\}$，如果 A 由(3)式给出，而

$$B\mathbf{y}_i=\sum_k b_{ki}\mathbf{z}_k,\quad (BA)\mathbf{x}_j=\sum_k c_{kj}\mathbf{z}_k,$$

那么 $A\in L(X, Y)$，$B\in L(Y, Z)$，$BA\in L(X, Z)$；又因为

$$\begin{aligned} B(A\mathbf{x}_j) &= B\sum_i a_{ij}\mathbf{y}_i=\sum_i a_{ij}B\mathbf{y}_i \\ &= \sum_i a_{ij}\sum_k b_{ki}\mathbf{z}_k \\ &= \sum_k\Big(\sum_i b_{ki}a_{ij}\Big)\mathbf{z}_k, \end{aligned}$$

那么，$\{\mathbf{z}_1, \cdots, \mathbf{z}_p\}$ 的无关性就说明

$$c_{kj}=\sum_i b_{ki}a_{ij}\quad (1\leqslant k\leqslant p,\quad 1\leqslant j\leqslant n). \tag{5}$$

这说明了如何由 $[B]$ 和 $[A]$ 来计算 $p\times n$ 矩阵 $[BA]$. 如果我们把 $[B][A]$ 定义为

$[BA]$，那么(5)式描绘了矩阵乘法的普通法则.

最后，设$\{\boldsymbol{x}_1, \cdots, \boldsymbol{x}_n\}$与$\{\boldsymbol{y}_1, \cdots, \boldsymbol{y}_m\}$为$R^n$与$R^m$的标准基，而$A$由(4)给出. 从 Schwarz 不等式，得到

$$|A\boldsymbol{x}|^2 = \sum_i \Big(\sum_j a_{ij}c_j\Big)^2 \leqslant \sum_i \Big(\sum_j a_{ij}{}^2 \cdot \sum_j c_j{}^2\Big)$$
$$= \sum_{i,j} a_{ij}^2 \, |\boldsymbol{x}|^2.$$

所以

$$\|A\| \leqslant \Big\{\sum_{i,j} a_{ij}^2\Big\}^{1/2}. \tag{6}$$

如果A，$B \in L(R^n, R^m)$，而把(6)中的A代以$B-A$，就可以知道，矩阵元a_{ij}是某个参变量的连续函数时，A也是连续的. 更确切地说，就是：

若S是一个度量空间，且$a_{11}, \cdots, a_{mn}$是S上的实连续函数，又若对于每个$p \in S$，A_p是R^n到R^m内的线性变换，它的矩阵的阵元为$a_{ij}(p)$，那么映射$p \to A_p$为S到$L(R^n, R^m)$内的连续映射.

微分法

9.10 前言 为了得到定义在R^n(或R^n中的开子集)上的函数的导数定义，现在对大家熟悉的$n=1$的情形，取另一种观点，看看怎样把$n=1$时的导数解释一下，便能自然地扩充到$n>1$的情况.

设f是定义在$(a, b) \subset R^1$上的实函数，$x \in (a, b)$，那么，$f'(x)$通常定义作实数

$$\lim_{h \to 0} \frac{f(x+h) - f(x)}{h}, \tag{7}$$

当然，这里假定这个极限存在. 于是

$$f(x+h) - f(x) = f'(x)h + r(h), \tag{8}$$

这里“余项”$r(h)$很小，这意思是说

$$\lim_{h \to 0} \frac{r(h)}{h} = 0. \tag{9}$$

注意，(8)式把差式$f(x+h)-f(x)$表示成h的线性函数$f'(x)h$与一个小余项的和，这里线性函数的功能是把h变成$f'(x)h$. 所以我们可以不说f在x的导数是一个实数，而说它是在R^1上把h变为$f(x)h$的线性算子.

(注意，每个实数α都能引出R^1上的线性算子；所说的这个算子，只是用α去乘. 反之，把R^1变成R^1的每个线性函数，都是乘以某个实数. 正是R^1与$L(R^1)$之间的这个 1-1 对应关系，促成了上面的说法.)

其次考虑把$(a, b)\subset R^1$映入R^m的函数$\boldsymbol{f}$．这时，$\boldsymbol{f}'(x)$被定义做满足

$$\lim_{h\to 0}\left\{\frac{\boldsymbol{f}(x+h)-\boldsymbol{f}(x)}{h}-\boldsymbol{y}\right\}=\mathbf{0}. \tag{10}$$

的向量$\boldsymbol{y}\in R^m$(假如它存在的话)．这个式子可以重写成

$$\boldsymbol{f}(x+h)-\boldsymbol{f}(x)=h\boldsymbol{y}+\boldsymbol{r}(h), \tag{11}$$

这里，当$h\to\mathbf{0}$时，$\boldsymbol{r}(h)/h\to\mathbf{0}$．(11)式右端的主项，又是$h$的线性函数．只要把每个$h\in R^1$与向量$h\boldsymbol{y}\in R^m$相联系，就使每个$\boldsymbol{y}\in R^m$产生一个从$R^1$到$R^m$内的线性变换．$R^m$与$L(R^1, R^m)$的同一化，使我们能把$\boldsymbol{f}'(x)$看作$L(R^1, R^m)$的一员．

于是，如果$\boldsymbol{f}$是$(a, b)\subset R^1$映入R^m内的可微映射，并且$x\in(a, b)$，那么$\boldsymbol{f}'(x)$就是把R^1映入R^m的线性变换，这线性变换适合

$$\lim_{h\to 0}\frac{\boldsymbol{f}(x+h)-\boldsymbol{f}(x)-\boldsymbol{f}'(x)h}{h}=\mathbf{0}, \tag{12}$$

或与之等价的式子

$$\lim_{h\to 0}\frac{|\boldsymbol{f}(x+h)-\boldsymbol{f}(x)-\boldsymbol{f}'(x)h|}{|h|}=0. \tag{13}$$

对于$n>1$的情形，现在已经准备好了．

9.11　定义　设E是R^n中的开集，$\boldsymbol{f}$把E映入R^m内，$\boldsymbol{x}\in E$．如果存在把R^n映入R^m的线性变换A，使得

$$\lim_{\boldsymbol{h}\to 0}\frac{|\boldsymbol{f}(\boldsymbol{x}+\boldsymbol{h})-\boldsymbol{f}(\boldsymbol{x})-A\boldsymbol{h}|}{|\boldsymbol{h}|}=0, \tag{14}$$

就说$\boldsymbol{f}$在$\boldsymbol{x}$处可微，并且写成

$$\boldsymbol{f}'(\boldsymbol{x})=A. \tag{15}$$

如果$\boldsymbol{f}$在每个$\boldsymbol{x}\in E$可微，就说$\boldsymbol{f}$在E内可微．

在(14)式中，当然不用说就知道$\boldsymbol{h}\in R^n$．如果$|\boldsymbol{h}|$足够小，因为E是开集，所以$\boldsymbol{x}+\boldsymbol{h}\in E$．这样，$\boldsymbol{f}(\boldsymbol{x}+\boldsymbol{h})$有定义而$\in R^m$．又因$A\in L(R^n, R^m)$，而$A\boldsymbol{h}\in R^m$．于是

$$\boldsymbol{f}(\boldsymbol{x}+\boldsymbol{h})-\boldsymbol{f}(\boldsymbol{x})-A\boldsymbol{h}\in R^m.$$

在(14)式的分子上的范数是R^m中的范数．而在分母中$\boldsymbol{h}$的范数是R^n中的范数．

在进一步讨论之前，必须先解决明摆着的唯一性问题．

9.12　定理　设E和$\boldsymbol{f}$的意义如定义 9.11 的一样，$\boldsymbol{x}\in E$．(14)式在$A=A_1$时及$A=A_2$时都成立．那么$A_1=A_2$．

证 如果 $B=A_1-A_2$. 由不等式

$$|B\boldsymbol{h}|\leqslant|\boldsymbol{f}(\boldsymbol{x}+\boldsymbol{h})-\boldsymbol{f}(\boldsymbol{x})-A_1\boldsymbol{h}|+|\boldsymbol{f}(\boldsymbol{x}+\boldsymbol{h})-\boldsymbol{f}(\boldsymbol{x})-A_2\boldsymbol{h}|$$

即知，当 $\boldsymbol{h}\to\boldsymbol{0}$ 时，$|B\boldsymbol{h}|/|\boldsymbol{h}|\to 0$. 对于固定的 $\boldsymbol{h}\neq\boldsymbol{0}$，则有

$$\frac{|B(t\boldsymbol{h})|}{|t\boldsymbol{h}|}\to 0,\quad \text{当 } t\to 0. \tag{16}$$

由于 B 是线性的，(16)式左端与 t 无关.

因此，对每个 $\boldsymbol{h}\in R^n$，$B\boldsymbol{h}=0$. 从而 $B=0$

9.13 评注

(a) 关系(14)能被写成

$$\boldsymbol{f}(\boldsymbol{x}+\boldsymbol{h})-\boldsymbol{f}(\boldsymbol{x})=\boldsymbol{f}'(\boldsymbol{x})\boldsymbol{h}+\boldsymbol{r}(\boldsymbol{h}) \tag{17}$$

的形式，这里余项 $\boldsymbol{r}(\boldsymbol{h})$ 适合于

$$\lim_{\boldsymbol{h}\to\boldsymbol{0}}\frac{|\boldsymbol{r}(\boldsymbol{h})|}{|\boldsymbol{h}|}=0. \tag{18}$$

像 9.10“前言”那样，可以把(17)式说成是：对于固定的 $\boldsymbol{x}$ 及小的 $\boldsymbol{h}$，(17)式的左端近似地等于 $\boldsymbol{f}'(\boldsymbol{x})\boldsymbol{h}$，就是说，近似地等于一个线性变换作用于 $\boldsymbol{h}$ 上的值.

(b) 设 $\boldsymbol{f}$ 及 E 都像定义 9.11 中的那样，$\boldsymbol{f}$ 在 E 内可微. 于是对于每个 $\boldsymbol{x}\in E$，$\boldsymbol{f}'(\boldsymbol{x})$ 是个函数，即是把 R^n 映入 R^m 内的线性变换. 但 $\boldsymbol{f}'$ 又是函数：$\boldsymbol{f}'$ 把 E 映入 $L(R^n, R^m)$ 内.

(c) 看看(17)式即知，在 $\boldsymbol{f}$ 可微的点上，$\boldsymbol{f}$ 都连续.

(d) 由(14)式及(17)式所定义的导数，常被称为 $\boldsymbol{f}$ 在 $\boldsymbol{x}$ 的微分，或叫作 $\boldsymbol{f}$ 在 $\boldsymbol{x}$ 的全导数，以便与后面将出现的偏导数相区别.

9.14 例 我们已经把 R^n 映入 R^m 内的函数的导数，定义为把 R^n 映入 R^m 内的线性变换. 那么，这样一个线性变换的导数是什么呢？答案很简单.

如果 $A\in L(R^n, R^m)$ 并且 $\boldsymbol{x}\in R^n$，那么

$$A'(\boldsymbol{x})=A. \tag{19}$$

注意，$\boldsymbol{x}$ 只在(19)的左端出现，但不在右端出现. (19)式的两边都是 $L(R^n, R^m)$ 的成员. 然而 $A\boldsymbol{x}\in R^m$.

由于 A 是线性的，所以

$$A(\boldsymbol{x}+\boldsymbol{h})-A\boldsymbol{x}=A\boldsymbol{h}. \tag{20}$$

因此，(19)式的证明是显然的. 于 $\boldsymbol{f}(\boldsymbol{x})=A\boldsymbol{x}$ 时，(14)式中的分子，对每个 $\boldsymbol{h}\in R^n$ 来说都是 0. 因之在(17)式中

$$\boldsymbol{r}(\boldsymbol{h})=\boldsymbol{0}.$$

现将链导法(定理 5.5)推广到这里来.

9.15 定理 设 E 是 R^n 的开集，$\mathbf{f}$ 把 E 映入 R^m 内，$\mathbf{f}$ 在 $\mathbf{x}_0\in E$ 可微，$\mathbf{g}$ 把包含 $\mathbf{f}(E)$ 的一个开集映入 R^k 内，且 $\mathbf{g}$ 在 $\mathbf{f}(\mathbf{x}_0)$ 可微. 那么，由

$$\mathbf{F}(\mathbf{x})=\mathbf{g}(\mathbf{f}(\mathbf{x}))$$

确定的，把 E 映入 R^k 内的映射 $\mathbf{F}$ 在 $\mathbf{x}_0$ 可微，并且

$$\mathbf{F}'(\mathbf{x}_0)=\mathbf{g}'(\mathbf{f}(\mathbf{x}_0))\mathbf{f}'(\mathbf{x}_0). \tag{21}$$

(21)的右端是两个线性变换的积，与定义 9.6 中一样.

证 令 $\mathbf{y}_0=\mathbf{f}(\mathbf{x}_0)$，$A=\mathbf{f}'(\mathbf{x}_0)$，$B=\mathbf{g}'(\mathbf{y}_0)$，对于使 $\mathbf{f}(\mathbf{x}_0+\mathbf{h})$及$\mathbf{g}(\mathbf{y}_0+\mathbf{k})$有定义的所有的 $\mathbf{h}\in R^n$ 和 $\mathbf{k}\in R^m$，规定

$$\mathbf{u}(\mathbf{h})=\mathbf{f}(\mathbf{x}_0+\mathbf{h})-\mathbf{f}(\mathbf{x}_0)-A\mathbf{h},$$

$$\mathbf{v}(\mathbf{k})=\mathbf{g}(\mathbf{y}_0+\mathbf{k})-\mathbf{g}(\mathbf{y}_0)-B\mathbf{k},$$

于是

$$|\mathbf{u}(\mathbf{h})|=\varepsilon(\mathbf{h})|\mathbf{h}|,\quad |\mathbf{v}(\mathbf{k})|=\eta(\mathbf{k})|\mathbf{k}|, \tag{22}$$

这里，当 $\mathbf{h}\to\mathbf{0}$ 时 $\varepsilon(\mathbf{h})\to 0$，而当 $\mathbf{k}\to\mathbf{0}$ 时，$\eta(\mathbf{k})\to 0$.

给定 $\mathbf{h}$，令 $\mathbf{k}=\mathbf{f}(\mathbf{x}_0+\mathbf{h})-\mathbf{f}(\mathbf{x}_0)$. 那么

$$|\mathbf{k}|=|A\mathbf{h}+\mathbf{u}(\mathbf{h})|\leqslant[\|A\|+\varepsilon(\mathbf{h})]|\mathbf{h}|, \tag{23}$$

且

$$\begin{aligned}\mathbf{F}(\mathbf{x}_0+\mathbf{h})-\mathbf{F}(\mathbf{x}_0)-BA\mathbf{h}&=\mathbf{g}(\mathbf{y}_0+\mathbf{k})-\mathbf{g}(\mathbf{y}_0)-BA\mathbf{h}\\&=B(\mathbf{k}-A\mathbf{h})+\mathbf{v}(\mathbf{k})\\&=B\mathbf{u}(\mathbf{h})+\mathbf{v}(\mathbf{k}).\end{aligned}$$

因此，对于 $\mathbf{h}\neq\mathbf{0}$，由(22)及(23)式可得出

$$\frac{|\mathbf{F}(\mathbf{x}_0+\mathbf{h})-\mathbf{F}(\mathbf{x}_0)-BA\mathbf{h}|}{|\mathbf{h}|}\leqslant\|B\|\varepsilon(\mathbf{h})+[\|A\|+\varepsilon(\mathbf{h})]\eta(\mathbf{k}).$$

令 $\mathbf{h}\to 0$，则 $\varepsilon(\mathbf{h})\to 0$. 据(23)，又有 $\mathbf{k}\to\mathbf{0}$，因此 $\eta(\mathbf{k})\to 0$. 随之，$\mathbf{F}'(\mathbf{x}_0)=BA$，此即(21)式所说的.

9.16 偏导数 再考虑把开集 $E\subset R^n$ 映入 R^m 的函数 $\mathbf{f}$. 设$\{\mathbf{e}_1,\cdots,\mathbf{e}_n\}$及$\{\mathbf{u}_1,\cdots,\mathbf{u}_m\}$分别是 R^n 及 R^m 的标准基. $\mathbf{f}$ 的分量是由

$$\mathbf{f}(\mathbf{x})=\sum_{i=1}^{m}f_i(\mathbf{x})\mathbf{u}_i\quad(\mathbf{x}\in E), \tag{24}$$

确定的实函数 f_1，…，f_m；(24)式还可以等价地写成

$$f_i(\mathbf{x}) = \mathbf{f}(\mathbf{x}) \cdot \mathbf{u}_i, \quad 1 \leqslant i \leqslant m.$$

对于 $\mathbf{x} \in E$，$1 \leqslant i \leqslant m$，$1 \leqslant j \leqslant n$，定义

$$(D_j f_i)(\mathbf{x}) = \lim_{t \to 0} \frac{f_i(\mathbf{x} + t\mathbf{e}_j) - f_i(\mathbf{x})}{t}, \tag{25}$$

这里假定此极限存在．把 $f_i(x)$写成 $f_i(x_1, \cdots, x_n)$，就知道 $D_j f_i$ 是 f_i 对于 x_j 的导数(其他变量保持不变)．所以，经常用记号

$$\frac{\partial f_i}{\partial x_j} \tag{26}$$

代替 $D_j f_i$，而 $D_j f_i$ 被叫作偏导数．

对于单变量函数，只要求导数存在的许多情况，对于多变量函数，却需要各个偏导数连续，或至少要求其有界．例如第 4 章习题 7 中所说的函数 f 及 g，虽然它们的各个偏导数在 R^2 的每个点上存在，但 f 及 g 都不连续．对于函数连续，即使所有偏导数都存在，也不能保证其在定义 9.11 的意义下可微；参看习题 6 与 14 及定理 9.21.

然而，如果已知 $\mathbf{f}$ 在某点 $\mathbf{x}$ 可微，那么，它的各个偏导数必在 $\mathbf{x}$ 处存在，并且它们能完全决定线性变换 $\mathbf{f}'(\mathbf{x})$：

9.17 定理 *设 $\mathbf{f}$ 把开集 $E \subset R^n$ 映入 R^m 内，$\mathbf{f}$ 在点 $\mathbf{x} \in E$ 可微．那么，偏导数 $D_j f_i(\mathbf{x})$存在，且*

$$\mathbf{f}'(\mathbf{x})\mathbf{e}_j = \sum_{i=1}^{m} (D_j f_i)(\mathbf{x})\mathbf{u}_i \quad (1 \leqslant j \leqslant n). \tag{27}$$

这里像 9.16“偏导数”那样，$\{\mathbf{e}_1, \cdots, \mathbf{e}_n\}$，$\{\mathbf{u}_1, \cdots, \mathbf{u}_m\}$分别是 R^n 及 R^m 的标准基.

证 固定 j．因 $\mathbf{f}$ 在 $\mathbf{x}$ 可微，

$$\mathbf{f}(\mathbf{x} + t\mathbf{e}_j) - \mathbf{f}(\mathbf{x}) = \mathbf{f}'(\mathbf{x})(t\mathbf{e}_j) + \mathbf{r}(t\mathbf{e}_j),$$

这里，当 $t \to 0$ 时，$|\mathbf{r}(t\mathbf{e}_j)|/t \to 0$．因为 $\mathbf{f}'(\mathbf{x})$是线性的，所以

$$\lim_{t \to 0} \frac{\mathbf{f}(\mathbf{x} + t\mathbf{e}_j) - \mathbf{f}(\mathbf{x})}{t} = \mathbf{f}'(\mathbf{x})\mathbf{e}_j. \tag{28}$$

现在，如果像在(24)式中那样把 $\mathbf{f}$ 用它的分量表示出来，那么，(28)式变为

$$\lim_{t \to 0} \sum_{i=1}^{m} \frac{f_i(\mathbf{x} + t\mathbf{e}_j) - f_i(\mathbf{x})}{t} \mathbf{u}_i = \mathbf{f}'(\mathbf{x})\mathbf{e}_j. \tag{29}$$

随之，当 $t \to 0$ 时，上面的和式中的每个商有极限(看定理 4.10)，于是每个 $(D_j f_i)(x)$存在，而由(29)即得(27).

定理 9.17 有一些推论：

照 9.9“矩阵”那样，令$[\boldsymbol{f}'(\boldsymbol{x})]$是关于上述标准基的$\boldsymbol{f}'(\boldsymbol{x})$的表现矩阵．那么$\boldsymbol{f}'(\boldsymbol{x})\boldsymbol{e}_j$ 是$[\boldsymbol{f}'(\boldsymbol{x})]$的第 j 个列向量，而(27)式就说明数$(D_jf_i)(\boldsymbol{x})$占有$[\boldsymbol{f}'(\boldsymbol{x})]$的第 i 行第 j 列的位置．即是

$$[\boldsymbol{f}'(\boldsymbol{x})]=\begin{bmatrix}(D_1f_1)(\boldsymbol{x}) & \cdots & (D_nf_1)(\boldsymbol{x})\\ \vdots & & \vdots\\ (D_1f_m)(\boldsymbol{x}) & \cdots & (D_nf_m)(\boldsymbol{x})\end{bmatrix}.$$

如果 $\boldsymbol{h}=\sum h_j\boldsymbol{e}_j$ 是 R^n 中的任何向量，那么，由(27)式说明

$$\boldsymbol{f}'(\boldsymbol{x})\boldsymbol{h}=\sum_{i=1}^{m}\Big\{\sum_{j=1}^{n}(D_jf_i)(\boldsymbol{x})h_j\Big\}\boldsymbol{u}_i. \tag{30}$$

9.18 例 设 γ 是把开区间$(a, b)\subset R^1$ 映入开集 $E\subset R^n$ 内的可微映射，换句话说，γ 是 E 内的可微曲线．令 f 是域 E 上的实值可微函数．于是 f 是从 E 到 R^1 内的可微映射．定义

$$g(t)=f(\gamma(t))\quad(a<t<b). \tag{31}$$

于是由链导法得到

$$g'(t)=\boldsymbol{f}'(\gamma(t))\gamma'(t)\quad(a<t<b). \tag{32}$$

因 $\gamma'(t)\in L(R^1, R^n)$而 $\boldsymbol{f}'(\gamma(t))\in L(R^n, R^1)$，可见 $g'(t)$是由(32)确定的 R^1 上的线性算子．这与 g 把(a, b)映入 R^1 的事实是一致的．然而$g'(t)$也能当作一个实数(这已在 9.10“前言”中讨论过)．我们即将看到，这个实数能够用 f 的偏导数及 γ 的分量的导数算出来．

对于 R^n 的标准基$\{\boldsymbol{e}_1, \cdots, \boldsymbol{e}_n\}$来说，$[\gamma'(t)]$是 $n\times 1$ 矩阵(“列矩阵”)，它的第 i 行上是$\gamma'_i(t)$，其中 $\gamma_1, \cdots, \gamma_n$ 是 γ 的分量．对于每个 $\boldsymbol{x}\in E$，$[f'(\boldsymbol{x})]$是 $1\times n$ 矩阵(“行矩阵”)，它的第 j 列上是$(D_jf)(\boldsymbol{x})$．因此 $g'(t)$是 1×1 矩阵，它的唯一的阵元是实数

$$g'(t)=\sum_{i=1}^{n}(D_if)(\gamma(t))\gamma'_i(t). \tag{33}$$

这是链导法的常遇到的一种特殊情形，并可按下面的方式来表述．

联系着每个 $\boldsymbol{x}\in E$ 有一个向量，称为 f 在 $\boldsymbol{x}$ 的“梯度”，它的定义是

$$(\nabla f)(\boldsymbol{x})=\sum_{i=1}^{n}(D_if)(\boldsymbol{x})\boldsymbol{e}_i. \tag{34}$$

因为

$$\gamma'(t)=\sum_{i=1}^{n}\gamma'_i(t)\boldsymbol{e}_i, \tag{35}$$

所以(33)式能写成向量$(\nabla f)(\gamma(t))$与$\gamma'(t)$的标量积的形式：

$$g'(t)=(\nabla f)(\gamma(t))\cdot\gamma'(t). \tag{36}$$

固定一个$\mathbf{x}\in E$，令$\mathbf{u}\in R^n$是单位向量(即$|\mathbf{u}|=1$)并且按照

$$\gamma(t)=\mathbf{x}+t\mathbf{u}\quad(-\infty<t<\infty) \tag{37}$$

限定γ. 于是对任何t都有$\gamma'(t)=\mathbf{u}$. 因之，(36)式说明：

$$g'(0)=(\nabla f)(\mathbf{x})\cdot\mathbf{u}. \tag{38}$$

另一方面，(37)式表示

$$g(t)-g(0)=f(\mathbf{x}+t\mathbf{u})-f(\mathbf{x}).$$

因此，从(38)式得到

$$\lim_{t\to 0}\frac{f(\mathbf{x}+t\mathbf{u})-f(\mathbf{x})}{t}=(\nabla f)(\mathbf{x})\cdot\mathbf{u}. \tag{39}$$

(39)中的极限，时常被称为f在点$\mathbf{x}$的沿着单位向量$\mathbf{u}$的方向的方向导数，并记作$(D_{\mathbf{u}}f)(\mathbf{x})$.

如果f和$\mathbf{x}$都固定，但$\mathbf{u}$变动，那么(39)式说明，当$\mathbf{u}$是$(\nabla f)(\mathbf{x})$的正数倍时，$(D_{\mathbf{u}}f)(\mathbf{x})$达到它的最大值. [这里$(\nabla f)(\mathbf{x})=0$的情况除外.]

如果$\mathbf{u}=\sum u_i\mathbf{e}_i$，那么(39)式说明，$(D_{\mathbf{u}}f)(\mathbf{x})$能用$f$在$\mathbf{x}$的偏导数，借公式

$$(D_{\mathbf{u}}f)(\mathbf{x})=\sum_{i=1}^{n}(D_if)(\mathbf{x})u_i \tag{40}$$

表述出来.

上面的某些概念将在下列定理里起作用.

9.19 定理 设$\mathbf{f}$把凸开集$E\subset R^n$映入R^m内，$\mathbf{f}$在E内可微，并有对于每个$\mathbf{x}\in E$使

$$\|\mathbf{f}'(\mathbf{x})\|\leqslant M$$

都成立的实数M. 那么，对于一切$\mathbf{a}\in E$及$\mathbf{b}\in E$，

$$|\mathbf{f}(\mathbf{b})-\mathbf{f}(\mathbf{a})|\leqslant M|\mathbf{b}-\mathbf{a}|.$$

证 固定了$\mathbf{a}\in E$，$\mathbf{b}\in E$，对一切$t\in R^1$定义

$$\gamma(t)=(1-t)\mathbf{a}+t\mathbf{b},$$

因为E是凸集，当$0\leqslant t\leqslant 1$时$\gamma(t)\in E$. 令

$$\mathbf{g}(t)=\mathbf{f}(\gamma(t)).$$

于是

$$\boldsymbol{g}'(t)=\boldsymbol{f}'(\gamma(t))\gamma'(t)=\boldsymbol{f}'(\gamma(t))(\boldsymbol{b}-\boldsymbol{a}),$$

因而对于一切 $t\in[0,1]$

$$|\boldsymbol{g}'(t)|\leqslant\|\boldsymbol{f}'(\gamma(t))\|\,|\boldsymbol{b}-\boldsymbol{a}|\leqslant M|\boldsymbol{b}-\boldsymbol{a}|$$

据定理 5.19，

$$|\boldsymbol{g}(1)-\boldsymbol{g}(0)|\leqslant M|\boldsymbol{b}-\boldsymbol{a}|.$$

但 $\boldsymbol{g}(0)=\boldsymbol{f}(\boldsymbol{a})$，$\boldsymbol{g}(1)=\boldsymbol{f}(\boldsymbol{b})$，所以定理获证.

推论 如果再加上条件：对于一切 $\boldsymbol{x}\in E$，$\boldsymbol{f}'(\boldsymbol{x})=0$，那么，$\boldsymbol{f}$ 是常值映射.

证 只需注意到定理中的题设在 $M=0$ 时成立就行了.

9.20 定义 设 $\boldsymbol{f}$ 是开集 $E\subset R^n$ 到 R^m 内的可微映射. 如果 $\boldsymbol{f}'$ 是把 E 映入 $L(R^n,R^m)$ 的连续映射，就说 $\boldsymbol{f}$ 是在 E 内连续可微的.

更明确地说，它要求对于每个 $\boldsymbol{x}\in E$ 及每个 $\varepsilon>0$，存在着 $\delta>0$，使得当 $\boldsymbol{y}\in E$ 及 $|\boldsymbol{x}-\boldsymbol{y}|<\delta$ 时，

$$\|\boldsymbol{f}'(\boldsymbol{y})-\boldsymbol{f}'(\boldsymbol{x})\|<\varepsilon$$

若是这样的话，我们也说 $\boldsymbol{f}$ 是 $\mathscr{C}'$ 映射，或说 $\boldsymbol{f}\in\mathscr{C}'(E)$.

9.21 定理 设 $\boldsymbol{f}$ 把开集 $E\subset R^n$ 映入 R^m 内. 那么，当且仅当 $\boldsymbol{f}$ 的所有偏导数 D_jf_i $(1\leqslant i\leqslant m,1\leqslant j\leqslant n)$ 在 E 上都存在并且连续时，$\boldsymbol{f}\in\mathscr{C}'(E)$.

证 首先假定 $\boldsymbol{f}\in\mathscr{C}'(E)$. 由(27)式，对于一切 i，j 及一切 $\boldsymbol{x}\in E$，

$$(D_jf_i)(\boldsymbol{x})=(\boldsymbol{f}'(\boldsymbol{x})\boldsymbol{e}_j)\cdot\boldsymbol{u}_i$$

因之

$$(D_jf_i)(\boldsymbol{y})-(D_jf_i)(\boldsymbol{x})=\{[\boldsymbol{f}'(\boldsymbol{y})-\boldsymbol{f}'(\boldsymbol{x})]\boldsymbol{e}_j\}\cdot\boldsymbol{u}_i$$

再因 $|\boldsymbol{u}_i|=|\boldsymbol{e}_j|=1$，随之有

$$\begin{aligned}|(D_jf_i)(\boldsymbol{y})-(D_jf_i)(\boldsymbol{x})|&\leqslant|[\boldsymbol{f}'(\boldsymbol{y})-\boldsymbol{f}'(\boldsymbol{x})]\boldsymbol{e}_j|\\&\leqslant\|\boldsymbol{f}'(\boldsymbol{y})-\boldsymbol{f}'(\boldsymbol{x})\|.\end{aligned}$$

因此 D_jf_i 连续.

关于逆命题，只需考虑 $m=1$ 的情况(为什么?). 固定 $\boldsymbol{x}\in E$ 及 $\varepsilon>0$. 因 E 是开集，便有开球 $S\subset E$，其中心在 $\boldsymbol{x}$ 而半径为 r. 由于 D_jf 连续，所以能把 r 取得很小，以至于 $\boldsymbol{y}\in S$ 时

$$|(D_jf)(\boldsymbol{y})-(D_jf)(\boldsymbol{x})|<\frac{\varepsilon}{n}\quad(\boldsymbol{y}\in S,1\leqslant j\leqslant n).\tag{41}$$

设 $\boldsymbol{h}=\sum h_j\boldsymbol{e}_j$，$|\boldsymbol{h}|<r$，又命 $\boldsymbol{v}_0=\boldsymbol{0}$，而当 $1\leqslant k\leqslant n$ 时，命 $\boldsymbol{v}_k=h_1\boldsymbol{e}_1+\cdots+h_k\boldsymbol{e}_k$.

于是

$$f(\boldsymbol{x}+\boldsymbol{h})-f(\boldsymbol{x})=\sum_{j=1}^{n}[f(\boldsymbol{x}+\boldsymbol{v}_j)-f(\boldsymbol{x}+\boldsymbol{v}_{j-1})]. \tag{42}$$

因为当 $1\leqslant k\leqslant n$ 时，$|\boldsymbol{v}_k|<r$，又因 S 是凸的，所以连接 $\boldsymbol{x}+\boldsymbol{v}_{j-1}$ 与 $\boldsymbol{x}+\boldsymbol{v}_j$ 的线段位于球内. 因为 $\boldsymbol{v}_j=\boldsymbol{v}_{j-1}+h_j\boldsymbol{e}_j$，由中值定理(5.10)，知道(42)式中的第 j 个被加量等于

$$h_j(D_jf)(\boldsymbol{x}+\boldsymbol{v}_{j-1}+\theta_jh_j\boldsymbol{e}_j),$$

这里的 $\theta_j\in(0,1)$. 应用(41)式，知道它与 $h_j(D_jf)(\boldsymbol{x})$的差小于 $|h_j|\varepsilon/n$. 再据(42)式即知对于所有合于 $|\boldsymbol{h}|<r$ 的一切 $\boldsymbol{h}$，有

$$\left|f(\boldsymbol{x}+\boldsymbol{h})-f(\boldsymbol{x})-\sum_{j=1}^{n}h_j(D_jf)(\boldsymbol{x})\right|\leqslant\frac{1}{n}\sum_{j=1}^{n}|h_j|\varepsilon\leqslant|\boldsymbol{h}|\varepsilon.$$

这就是说，f 在 $\boldsymbol{x}$ 处可微，且 $f'(\boldsymbol{x})$是一个线性函数，它对于每个向量 $\boldsymbol{h}=\Sigma h_j\boldsymbol{e}_j$ 确定一个数 $\Sigma h_j(D_jf)(\boldsymbol{x})$. 矩阵$[f'(\boldsymbol{x})]$由行向量$(D_1f)(\boldsymbol{x})$，…，$D_nf(\boldsymbol{x})$组成；又因 D_1f，…，D_nf 都是 E 上的连续函数，那么 §9.9 的结束语说明 $f\in\mathscr{C}'(E)$.

凝缩原理

现在我们中断了微分的讨论，而插入在任何完备度量空间都有效的不动点定理. 这个定理将在反函数定理的证明中用到.

9.22 定义 设 X 是度量为 d 的度量空间. 如果 φ 把 X 映入 X 内，并且存在着数 $c<1$，能够对于一切 x，$y\in X$，使得

$$d(\varphi(x),\varphi(y))\leqslant cd(x,y), \tag{43}$$

那么，就说 φ 是 X 到 X 内的一个凝缩函数.

9.23 定理 *如果 X 是完备度量空间，φ 是 X 到 X 内的凝缩函数，那么，存在着唯一合于 $\varphi(x)=x$ 的 $x\in X$.*

换句话说，就是 φ 有唯一的不动点. 唯一性是明显的，因为如果 $\varphi(x)=x$ 并且 $\varphi(y)=y$，于是由(43)式得知 $d(x,y)\leqslant cd(x,y)$. 而这只有在 $d(x,y)=0$时才能成立.

φ 的不动点的存在性，是这个定理的主要部分. 这个证明实际上提供了一种确定不动点位置的构造性的方法.

证 任取 $x_0\in X$，而用

$$x_{n+1}=\varphi(x_n)\quad(n=0,1,2,\cdots) \tag{44}$$

来递归地定义$\{x_n\}$.

选一个合于(43)的 $c<1$. 于是当 $n\geqslant 1$ 时

$$d(x_{n+1},x_n)=d(\varphi(x_n),\varphi(x_{n-1}))\leqslant cd(x_n,x_{n-1}).$$

因此，由归纳法得

$$d(x_{n+1},x_n)\leqslant c^n d(x_1,x_0)\quad (n=0,1,2,\cdots). \tag{45}$$

如果 $n<m$，那么

$$\begin{aligned} d(x_n,x_m) &\leqslant \sum_{i=n+1}^{m} d(x_i,x_{i-1}) \\ &\leqslant (c^n+c^{n+1}+\cdots+c^{m-1})d(x_1,x_0) \\ &\leqslant [(1-c)^{-1}d(x_1,x_0)]c^n. \end{aligned}$$

所以 $\{x_n\}$ 是 Cauchy 序列. 因为 X 完备. 所以有某个 $x\in X$,

$$\lim x_n = x.$$

因 φ 是 X 上的凝缩函数，所以 φ 在 X 上连续(实际上还是一致连续的). 因此

$$\varphi(x)=\lim_{n\to\infty}\varphi(x_n)=\lim_{n\to\infty}x_{n+1}=x.$$

反函数定理

粗略地说，反函数定理说的是，一个连续可微映射 $\boldsymbol{f}$，在使线性变换 $\boldsymbol{f}'(\boldsymbol{x})$ 可逆的点 $\boldsymbol{x}$ 的邻域内是可逆的.

9.24 定理 设 $\boldsymbol{f}$ 是把开集 $E\subset R^n$ 映入 R^n 内的 $\mathscr{C}'$ 映射，对某个 $\boldsymbol{a}\in E$，$\boldsymbol{f}'(\boldsymbol{a})$ 可逆，且 $\boldsymbol{b}=\boldsymbol{f}(\boldsymbol{a})$. 那么

(a) 在 R^n 内存在开集 U 及 V，使得 $\boldsymbol{a}\in U$，$\boldsymbol{b}\in V$，$\boldsymbol{f}$ 在 U 上是 1-1 的，并且 $\boldsymbol{f}(U)=V$；

(b) 若 $\boldsymbol{g}$ 是 $\boldsymbol{f}$ 的逆(由(a)，这个逆存在)，它在 V 内由

$$\boldsymbol{g}(\boldsymbol{f}(\boldsymbol{x}))=\boldsymbol{x}\quad(\boldsymbol{x}\in U)$$

确定，那么 $\boldsymbol{g}\in\mathscr{C}'(V)$.

把方程 $\boldsymbol{y}=\boldsymbol{f}(\boldsymbol{x})$ 写成分量的形式，那么，便可以对于这定理的结论，得到以下的解释：n 个方程的方程组

$$y_i=f_i(x_1,\cdots,x_n)\quad(1\leqslant i\leqslant n),$$

如果把 $\boldsymbol{x}$ 和 $\boldsymbol{y}$ 限制在 $\boldsymbol{a}$ 和 $\boldsymbol{b}$ 的足够小的邻域内，就能用 y_1，…，y_n 把 x_1，…，x_n 解出来；这组解是唯一的，并且是连续可微的.

证

(a) 命 $\boldsymbol{f}'(a)=A$，并且选一个 λ 使得

$$2\lambda \| A^{-1} \| = 1. \tag{46}$$

因为 $\boldsymbol{f}'$ 在 $\boldsymbol{a}$ 连续，必有以 $\boldsymbol{a}$ 为中心的开球 $U \subset E$，使得

$$\| \boldsymbol{f}'(\boldsymbol{x})' - A \| < \lambda \quad (\boldsymbol{x} \in U). \tag{47}$$

我们给每个 $\boldsymbol{y} \in R^n$ 配置一个函数 φ，φ 的定义是

$$\varphi(\boldsymbol{x}) = \boldsymbol{x} + A^{-1}(\boldsymbol{y} - \boldsymbol{f}(\boldsymbol{x})) \quad (\boldsymbol{x} \in E). \tag{48}$$

注意，$\boldsymbol{f}(\boldsymbol{x})=\boldsymbol{y}$ 当且仅当 $\boldsymbol{x}$ 是 φ 的不动点.

因 $\varphi'(\boldsymbol{x})=I-A^{-1}\boldsymbol{f}'(\boldsymbol{x})=A^{-1}(A-\boldsymbol{f}'(\boldsymbol{x}))$，那么由(46)及(47)式得到

$$\| \varphi'(\boldsymbol{x}) \| < \frac{1}{2} \quad (\boldsymbol{x} \in U). \tag{49}$$

因之，由定理 9.19 就有

$$| \varphi(\boldsymbol{x}_1) - \varphi(\boldsymbol{x}_2) | \leqslant \frac{1}{2} | \boldsymbol{x}_1 - \boldsymbol{x}_2 | \quad (\boldsymbol{x}_1, \boldsymbol{x}_2 \in U), \tag{50}$$

因此，φ 在 U 中最多有一个不动点；所以最多有一个 $\boldsymbol{x} \in U$，使得 $\boldsymbol{f}(\boldsymbol{x})=\boldsymbol{y}$.

这样，$\boldsymbol{f}$ 在 U 中是 1-1 映射.

然后令 $V=\boldsymbol{f}(U)$，并取 $\boldsymbol{y}_0 \in V$. 于是有某个 $\boldsymbol{x}_0 \in U$ 使 $\boldsymbol{y}_0=\boldsymbol{f}(\boldsymbol{x}_0)$. 设 B 是以 $\boldsymbol{x}_0$ 为中心的开球，其半径 $r>0$ 相当小，以致闭包 $\overline{B}$ 完全含于 U 内. 现在要证明，只要 $|\boldsymbol{y}-\boldsymbol{y}_0|<\lambda r$，就必定 $\boldsymbol{y} \in V$，当然这也就证明了 V 是开集.

固定了 $\boldsymbol{y}$，$|\boldsymbol{y}-\boldsymbol{y}_0|<\lambda r$. 关于(48)式的 φ，有

$$| \varphi(\boldsymbol{x}_0) - \boldsymbol{x}_0 | = | A^{-1}(\boldsymbol{y} - \boldsymbol{y}_0) | < \| A^{-1} \| \lambda r = \frac{r}{2}.$$

如果 $\boldsymbol{x} \in \overline{B}$，那么，由(50)式，

$$\begin{aligned} | \varphi(\boldsymbol{x}) - \boldsymbol{x}_0 | &\leqslant | \varphi(\boldsymbol{x}) - \varphi(\boldsymbol{x}_0) | + | \varphi(\boldsymbol{x}_0) - \boldsymbol{x}_0 | \\ &< \frac{1}{2} | \boldsymbol{x} - \boldsymbol{x}_0 | + \frac{r}{2} \leqslant r; \end{aligned}$$

因此，$\varphi(\boldsymbol{x}) \in B$. 注意，如果 $\boldsymbol{x}_1 \in \overline{B}$，$\boldsymbol{x}_2 \in \overline{B}$，(50)就成立.

于是，φ 是 $\overline{B}$ 到 $\overline{B}$ 内的凝缩函数. $\overline{B}$ 作为 R^n 的闭子集，必是完备集. 所以定理 9.23 说明 φ 有不动点 $\boldsymbol{x} \in \overline{B}$. 对于这个 $\boldsymbol{x}$ 来说，$\boldsymbol{f}(\boldsymbol{x})=\boldsymbol{y}$. 于是 $\boldsymbol{y} \in \boldsymbol{f}(\overline{B}) \subset \boldsymbol{f}(U)=V$.

这就证明了定理中的(a).

(b) 取 $\boldsymbol{y} \in V$，$\boldsymbol{y}+\boldsymbol{k} \in V$. 于是存在 $\boldsymbol{x} \in U$，$\boldsymbol{x}+\boldsymbol{h} \in U$，使 $\boldsymbol{y}=\boldsymbol{f}(\boldsymbol{x})$，$\boldsymbol{y}+\boldsymbol{k}=$

$\boldsymbol{f}(\boldsymbol{x}+\boldsymbol{h})$. 用(48)式里的 φ,

$$\varphi(\boldsymbol{x}+\boldsymbol{h})-\varphi(\boldsymbol{x})=\boldsymbol{h}+A^{-1}[\boldsymbol{f}(\boldsymbol{x})-\boldsymbol{f}(\boldsymbol{x}+\boldsymbol{h})]=\boldsymbol{h}-A^{-1}\boldsymbol{k}.$$

由(50)式得 $|\boldsymbol{h}-A^{-1}\boldsymbol{k}|\leqslant\frac{1}{2}|\boldsymbol{h}|$. 因此, $|A^{-1}\boldsymbol{k}|\geqslant\frac{1}{2}|\boldsymbol{h}|$, 并且

$$|\boldsymbol{h}|\leqslant 2\|A^{-1}\|\,|\boldsymbol{k}|=\lambda^{-1}|\boldsymbol{k}|. \tag{51}$$

由(46), (47)式及定理 9.8 知道 $\boldsymbol{f}'(\boldsymbol{x})$有逆, 比如说是 T. 因为

$$\begin{aligned}\boldsymbol{g}(\boldsymbol{y}+\boldsymbol{k})-\boldsymbol{g}(\boldsymbol{y})-T\boldsymbol{k}&=\boldsymbol{h}-T\boldsymbol{k}\\&=-T[\boldsymbol{f}(\boldsymbol{x}+\boldsymbol{h})-\boldsymbol{f}(\boldsymbol{x})-\boldsymbol{f}'(\boldsymbol{x})\boldsymbol{h}],\end{aligned}$$

(51)式说明

$$\frac{|\boldsymbol{g}(\boldsymbol{y}+\boldsymbol{k})-\boldsymbol{g}(\boldsymbol{y})-T\boldsymbol{k}|}{|\boldsymbol{k}|}\leqslant\frac{\|T\|}{\lambda}\cdot\frac{|\boldsymbol{f}(\boldsymbol{x}+\boldsymbol{h})-\boldsymbol{f}(\boldsymbol{x})-\boldsymbol{f}'(\boldsymbol{x})\boldsymbol{h}|}{|\boldsymbol{h}|}$$

当 $\boldsymbol{k}\to\boldsymbol{0}$ 时, (51)说明 $\boldsymbol{h}\to\boldsymbol{0}$. 上面的不等式的右端也趋于 0. 因之左端也趋于 0. 这就证明了 $\boldsymbol{g}'(\boldsymbol{y})=T$. 但 T 是 $\boldsymbol{f}'(\boldsymbol{x})=\boldsymbol{f}'(\boldsymbol{g}(\boldsymbol{y}))$的逆, 于是

$$\boldsymbol{g}'(\boldsymbol{y})=\{\boldsymbol{f}'(\boldsymbol{g}(\boldsymbol{y}))\}^{-1}\quad(\boldsymbol{y}\in V). \tag{52}$$

最后, 注意 $\boldsymbol{g}$ 是把 V 映满 U 的连续映射(因为 $\boldsymbol{g}$ 是可微的), $\boldsymbol{f}'$是 U 到 $L(R^n)$的所有可逆元的集 Ω 中的连续映射, 而由定理 9.8, 它的逆是把 Ω 映满 Ω 的连续映射. 把这些与(52)式结合起来就知道 $\boldsymbol{g}\in\mathscr{C}'(V)$.

定理证毕.

注: 题设 $\boldsymbol{f}\in\mathscr{C}'(E)$的全部力量, 只用在上面证明中的最后一段里. 直到方程(52)以前的所有其他证明, 都是由 $\boldsymbol{f}'(x)$在 $\boldsymbol{x}\in E$ 存在, $\boldsymbol{f}'(\boldsymbol{a})$的可逆性, 及 $\boldsymbol{f}'$在这一点 $\boldsymbol{a}$ 的连续性等导出的. 关于这一点, 请参看 *Amer. Math. Monthly*, 1974 年卷 81 第 969～980 页中 A. Nijenhuis 的论文.

下面是反函数定理(a)部分的直接推论.

9.25 定理 如果 $\boldsymbol{f}$ 是开集 $E\subset R^n$ 到 R^n 内的 $\mathscr{C}'$映射, $\boldsymbol{f}'(\boldsymbol{x})$在每个 $\boldsymbol{x}\in E$ 可逆, 那么, 对于每个开集 $W\subset E$, $\boldsymbol{f}(W)$是 R^n 的开子集.

换句话说, $\boldsymbol{f}$ 是 E 到 R^n 内的开映射.

这定理中的假定, 保证每个点 $\boldsymbol{x}\in E$ 有一个邻域, 使 $\boldsymbol{f}$ 在其中是 1-1 的. 这可说成 $\boldsymbol{f}$ 在 E 中是局部一对一的. 但这时 $\boldsymbol{f}$ 并不一定在 E 中是 1-1 的. 关于实例, 看习题 17.

隐函数定理

如果 f 是平面上的连续可微实函数, 函数 f 在点(a,b)满足 $f(a,b)=0$ 且 $\frac{\partial f}{\partial y}\neq 0$, 那么在$(a,b)$的某个邻域内, 方程 $f(x,y)=0$ 能把 y 用 x 解出. 类似

地，如果在(a, b)，$\dfrac{\partial f}{\partial x}\neq 0$，就能在$(a, b)$附近把$x$解出而用$y$表示．为了说明题设中$\dfrac{\partial f}{\partial y}\neq 0$之必要，可以考虑把函数$f(x, y)=x^2+y^2-1$作为一个实例．

上面这个极不正式的陈述，是所谓"隐函数定理"的最简单的情形．（定理9.28的$m=n=1$的情形）．隐函数定理的证明，很需要应用连续可微函数的局部性态与它们的各导数非常相像这个事实．因此，我们首先证明定理9.27，它是定理9.28的线性的说法．

9.26 记号 如果$\mathbf{x}=(x_1, \cdots, x_n)\in R^n$而$\mathbf{y}=(y_1, \cdots, y_m)\in R^m$．就把点（或向量）

$$(x_1,\cdots,x_n,y_1,\cdots,y_m)\in R^{n+m}$$

记作$(\mathbf{x}, \mathbf{y})$．此后，在$(\mathbf{x}, \mathbf{y})$或在类似的记号中，第一个阵元总是R^n中的向量，而第二个阵元总是R^m中的向量．

每个$A\in L(R^{n+m}, R^n)$能被分裂成两个线性变换A_x及A_y，它们分别由

$$A_x\mathbf{h}=A(\mathbf{h},\mathbf{0}),\quad A_y\mathbf{k}=A(\mathbf{0},\mathbf{k}) \tag{53}$$

来确定，$\mathbf{h}\in R^n$，$\mathbf{k}\in R^m$．于是$A_x\in L(R^n)$，$A_y\in L(R^m, R^n)$，而

$$A(\mathbf{h},\mathbf{k})=A_x\mathbf{h}+A_y\mathbf{k}. \tag{54}$$

隐函数定理的线性说法现在差不多就是显然的了．

9.27 定理 *如果$A\in L(R^{n+m}, R^n)$而A_x可逆，那么，对应于每个$\mathbf{k}\in R^m$，有唯一的$\mathbf{h}\in R^n$使$A(\mathbf{h}, \mathbf{k})=\mathbf{0}$．*

这个$\mathbf{h}$能够从$\mathbf{k}$利用公式

$$\mathbf{h}=-(A_x)^{-1}A_y\mathbf{k} \tag{55}$$

计算出来．

证 由(54)式，$A(\mathbf{h}, \mathbf{k})=\mathbf{0}$当且仅当

$$A_x\mathbf{h}+A_y\mathbf{k}=\mathbf{0},$$

当A_x可逆时，它与(55)式是一样的．

换句话说，定理9.27的结论是，如果$\mathbf{k}$已经给定，从方程$A(\mathbf{h}, \mathbf{k})=\mathbf{0}$能够（唯一地）解出$\mathbf{h}$来，并且$\mathbf{h}$是$\mathbf{k}$的线性函数．对于线性代数稍为熟悉的读者，将发觉这是线性方程组的一个极为熟悉的命题．

9.28 定理 *设$\mathbf{f}$是开集$E\subset R^{n+m}$到R^n内的$\mathscr{C}'$映射，且在某点$(\mathbf{a}, \mathbf{b})\in E$使$\mathbf{f}(\mathbf{a}, \mathbf{b})=\mathbf{0}$．*

令$A=\mathbf{f}'(\mathbf{a}, \mathbf{b})$，并假定$A_x$可逆．

那么，存在着开集$U \subset R^{n+m}$及$W \subset R^m$，$(\boldsymbol{a}, \boldsymbol{b}) \in U$而$\boldsymbol{b} \in W$，它们有以下的性质：

对应于每个$\boldsymbol{y} \in W$，有唯一的$\boldsymbol{x}$，它合于

$$(\boldsymbol{x}, \boldsymbol{y}) \in \boldsymbol{U} \quad 且\ \boldsymbol{f}(\boldsymbol{x}, \boldsymbol{y}) = \boldsymbol{0}. \tag{56}$$

如果把这x定义成$\boldsymbol{g}(y)$，那么$\boldsymbol{g}$是W到R^n内的$\mathscr{C}'$映射，$\boldsymbol{g}(\boldsymbol{b}) = \boldsymbol{a}$，

$$\boldsymbol{f}(\boldsymbol{g}(\boldsymbol{y}), \boldsymbol{y}) = \boldsymbol{0} \quad (\boldsymbol{y} \in W), \tag{57}$$

并且

$$\boldsymbol{g}'(\boldsymbol{b}) = -(A_x)^{-1} A_y. \tag{58}$$

这个函数g是由(57)式“隐式”确定的，因此，给定理起了这个名字.

方程$\boldsymbol{f}(\boldsymbol{x}, \boldsymbol{y}) = \boldsymbol{0}$可以写成含有$n+m$个变量的$n$个方程的方程组：

$$\begin{aligned} f_1(x_1, \cdots, x_n, y_1, \cdots, y_m) &= \boldsymbol{0} \\ &\vdots \\ f_n(x_1, \cdots, x_n, y_1, \cdots, y_m) &= \boldsymbol{0}. \end{aligned} \tag{59}$$

A_x可逆的假定意味着$n \times n$矩阵

$$\begin{bmatrix} D_1 f_1 & \cdots & D_n f_1 \\ \vdots & & \vdots \\ D_1 f_n & \cdots & D_n f_n \end{bmatrix}$$

在$(\boldsymbol{a}, \boldsymbol{b})$的值确定$R^n$内的一个可逆线性算子；换句话说，它的列向量应是无关的，或用等价的说法就是，它的行列式$\neq 0$(参看定理9.36). 如果再假定当$\boldsymbol{x} = \boldsymbol{a}$及$\boldsymbol{y} = \boldsymbol{b}$时(59)成立，那么，定理的结论就是，对于$\boldsymbol{b}$附近的每个$\boldsymbol{y}$，可以从(59)用$y_1, \cdots, y_m$把$x_1, \cdots, x_n$解出，并且这些解是$\boldsymbol{y}$的连续可微函数.

证 定义$\boldsymbol{F}$为

$$\boldsymbol{F}(\boldsymbol{x}, \boldsymbol{y}) = (\boldsymbol{f}(\boldsymbol{x}, \boldsymbol{y}), \boldsymbol{y}), \quad ((\boldsymbol{x}, \boldsymbol{y}) \in E). \tag{60}$$

于是$\boldsymbol{F}$是把E映到R^{n+m}内的$\mathscr{C}'$映射. 我们断定$\boldsymbol{F}'(\boldsymbol{a}, \boldsymbol{b})$是$L(R^{n+m})$的可逆元.

因为$\boldsymbol{f}(\boldsymbol{a}, \boldsymbol{b}) = \boldsymbol{0}$，所以

$$\boldsymbol{f}(\boldsymbol{a}+\boldsymbol{h}, \boldsymbol{b}+\boldsymbol{k}) = A(\boldsymbol{h}, \boldsymbol{k}) + \boldsymbol{r}(\boldsymbol{h}, \boldsymbol{k}),$$

其中$\boldsymbol{r}$是$\boldsymbol{f}'(\boldsymbol{a}, \boldsymbol{b})$的定义中所出现的余项. 因为

$$\begin{aligned} \boldsymbol{F}(\boldsymbol{a}+\boldsymbol{h}, \boldsymbol{b}+\boldsymbol{k}) - \boldsymbol{F}(\boldsymbol{a}, \boldsymbol{b}) &= (\boldsymbol{f}(\boldsymbol{a}+\boldsymbol{h}, \boldsymbol{b}+\boldsymbol{k}), \boldsymbol{k}) \\ &= (A(\boldsymbol{h}, \boldsymbol{k}), \boldsymbol{k}) + (\boldsymbol{r}(\boldsymbol{h}, \boldsymbol{k}), \boldsymbol{0}) \end{aligned}$$

所以 $\boldsymbol{F}'(\boldsymbol{a},\boldsymbol{b})$是 R^{n+m} 上的线性算子，它把$(\boldsymbol{h},\boldsymbol{k})$映射成$(A(\boldsymbol{h},\boldsymbol{k}),\boldsymbol{k})$. 如果这个象向量是 $\mathbf{0}$，那么 $A(\boldsymbol{h},\boldsymbol{k})=\mathbf{0}$ 且 $\boldsymbol{k}=\mathbf{0}$，因之 $A(\boldsymbol{h},\mathbf{0})=\mathbf{0}$，而定理 9.27 说明 $\boldsymbol{h}=\mathbf{0}$. 因此，$\boldsymbol{F}'(\boldsymbol{a},\boldsymbol{b})$是 1-1 的，因而也是可逆的(定理 9.5).

因此，反函数定理能够应用于 $\boldsymbol{F}$. 这就证明了在 R^{n+m} 中存在着开集 U 和 V，$(\boldsymbol{a},\boldsymbol{b})\in U$，$(\mathbf{0},\boldsymbol{b})\in V$，而 $\boldsymbol{F}$ 是把 U 映满 V 的 1-1 映射.

令 W 是适合$(\mathbf{0},\boldsymbol{y})\in V$ 的一切 $\boldsymbol{y}\in R^m$ 组成的集. 注意，$\boldsymbol{b}\in W$.

因 V 是开集，显然 W 也是开集.

如果 $\boldsymbol{y}\in W$，那么必有某个$(\boldsymbol{x},\boldsymbol{y})\in U$ 使$(\mathbf{0},\boldsymbol{y})=\boldsymbol{F}(\boldsymbol{x},\boldsymbol{y})$. 由(60)式，这个 $\boldsymbol{x}$ 必合于 $\boldsymbol{f}(\boldsymbol{x},\boldsymbol{y})=\mathbf{0}$.

假如对于这同一个 $\boldsymbol{y}$ 来说，又有个$(\boldsymbol{x}',\boldsymbol{y})\in U$ 合于 $\boldsymbol{f}(\boldsymbol{x}',\boldsymbol{y})=\mathbf{0}$. 那么

$$\boldsymbol{F}(\boldsymbol{x}',\boldsymbol{y}) = (\boldsymbol{f}(\boldsymbol{x}',\boldsymbol{y}),\boldsymbol{y}) = (\boldsymbol{f}(\boldsymbol{x},\boldsymbol{y}),\boldsymbol{y}) = \boldsymbol{F}(\boldsymbol{x},\boldsymbol{y}).$$

因为 $\boldsymbol{F}$ 在 U 中是 1-1 的，所以 $\boldsymbol{x}'=\boldsymbol{x}$.

这就证明了定理的第一部分.

现证第二部分. 对于 $\boldsymbol{y}\in W$ 定义 $\boldsymbol{g}(\boldsymbol{y})$，使得$(\boldsymbol{g}(\boldsymbol{y}),\boldsymbol{y})\in U$ 并且(57)式成立. 于是

$$\boldsymbol{F}(\boldsymbol{g}(\boldsymbol{y}),\boldsymbol{y}) = (\mathbf{0},\boldsymbol{y}) \quad (\boldsymbol{y}\in W). \tag{61}$$

如果 $\boldsymbol{G}$ 是把 V 映满 U 的映射，而且是 $\boldsymbol{F}$ 的逆. 那么，由反函数定理 $\boldsymbol{G}\in\mathscr{C}'$，而(61)式就给出

$$(\boldsymbol{g}(\boldsymbol{y}),\boldsymbol{y}) = \boldsymbol{G}(\mathbf{0},\boldsymbol{y}) \quad (\boldsymbol{y}\in W). \tag{62}$$

因为 $\boldsymbol{G}\in\mathscr{C}'$，(62)式说明 $\boldsymbol{g}\in\mathscr{C}'$，

最后，为求 $\boldsymbol{g}'(\boldsymbol{b})$而令$(\boldsymbol{g}(\boldsymbol{y}),\boldsymbol{y})=\boldsymbol{\Phi}(\boldsymbol{y})$. 于是

$$\boldsymbol{\Phi}'(\boldsymbol{y})\boldsymbol{k} = (\boldsymbol{g}'(\boldsymbol{y})\boldsymbol{k},\boldsymbol{k}) \quad (\boldsymbol{y}\in W,\boldsymbol{k}\in R^m). \tag{63}$$

据(57)式，在 W 中 $\boldsymbol{f}(\boldsymbol{\Phi}(\boldsymbol{y}))=\mathbf{0}$. 所以由链导法得到

$$\boldsymbol{f}'(\boldsymbol{\Phi}(\boldsymbol{y}))\boldsymbol{\Phi}'(\boldsymbol{y}) = 0.$$

当 $\boldsymbol{y}=\boldsymbol{b}$ 时，$\boldsymbol{\Phi}(\boldsymbol{y})=(\boldsymbol{a},\boldsymbol{b})$而 $\boldsymbol{f}'(\boldsymbol{\Phi}(\boldsymbol{y}))=A$. 所以

$$A\boldsymbol{\Phi}'(\boldsymbol{b}) = 0. \tag{64}$$

从(64)、(63)及(54)，知道对于每个 $\boldsymbol{k}\in R^m$ 有

$$A_x\boldsymbol{g}'(\boldsymbol{b})\boldsymbol{k} + A_y\boldsymbol{k} = A(\boldsymbol{g}'(\boldsymbol{b})\boldsymbol{k},\boldsymbol{k}) = A\boldsymbol{\Phi}'(\boldsymbol{b})\boldsymbol{k} = \mathbf{0}$$

于是

$$A_x\boldsymbol{g}'(\boldsymbol{b}) + A_y = 0. \tag{65}$$

这与(58)式等价，而证明完毕.

注 把(65)式写成 $\boldsymbol{f}$ 及 $\boldsymbol{g}$ 的分量的形式，就成为

$$\sum_{j=1}^{n}(D_j f_i)(\boldsymbol{a},\boldsymbol{b})(D_k g_j)(\boldsymbol{b})=-(D_{n+k}f_i)(\boldsymbol{a},\boldsymbol{b})$$

或

$$\sum_{j=1}^{n}\left(\frac{\partial f_i}{\partial x_j}\right)\left(\frac{\partial g_j}{\partial y_k}\right)=-\left(\frac{\partial f_i}{\partial y_k}\right),$$

其中 $1\leqslant i\leqslant n$，$1\leqslant k\leqslant m$.

对于每个 k 来说，这是以(偏)导数 $\dfrac{\partial g_j}{\partial y_k}(1\leqslant j\leqslant n)$ 为未知量的，有 n 个线性方程的方程组.

9.29 例 取 $n=2$，$m=3$，考虑 R^5 到 R^2 内的由

$$f_1(x_1,x_2,y_1,y_2,y_3)=2e^{x_1}+x_2y_1-4y_2+3$$
$$f_2(x_1,x_2,y_1,y_2,y_3)=x_2\cos x_1-6x_1+2y_1-y_3$$

给出的映射 $\boldsymbol{f}=(f_1, f_2)$. 如果 $\boldsymbol{a}=(0, 1)$，$\boldsymbol{b}=(3, 2, 7)$，那么，$\boldsymbol{f}(\boldsymbol{a}, \boldsymbol{b})=0$.

关于标准基来说，变换 $A=\boldsymbol{f}'(\boldsymbol{a}, \boldsymbol{b})$ 的矩阵是

$$[A]=\begin{bmatrix}2 & 3 & 1 & -4 & 0\\ -6 & 1 & 2 & 0 & -1\end{bmatrix}.$$

因此，

$$[A_x]=\begin{bmatrix}2 & 3\\ -6 & 1\end{bmatrix},\ [A_y]=\begin{bmatrix}1 & -4 & 0\\ 2 & 0 & -1\end{bmatrix}.$$

$[A_x]$ 的列向量是无关的，所以 A_x 是可逆的，而隐函数定理断定，在(3, 2, 7)的某个邻域内存在一个 $\mathscr{C}'$ 映射 $\boldsymbol{g}$，使得 $\boldsymbol{g}(3, 2, 7)=(0, 1)$ 且 $\boldsymbol{f}(\boldsymbol{g}(\boldsymbol{y}), \boldsymbol{y})=\mathbf{0}$.

现在用(58)式来计算 $\boldsymbol{g}'(3, 2, 7)$：因为

$$[(A_x)^{-1}]=[A_x]^{-1}=\frac{1}{20}\begin{bmatrix}1 & -3\\ 6 & 2\end{bmatrix},$$

从(58)式得到

$$[\boldsymbol{g}'(3,2,7)]=-\frac{1}{20}\begin{bmatrix}1 & -3\\ 6 & 2\end{bmatrix}\begin{bmatrix}1 & -4 & 0\\ 2 & 0 & -1\end{bmatrix}=\begin{bmatrix}\frac{1}{4} & \frac{1}{5} & -\frac{3}{20}\\ -\frac{1}{2} & \frac{6}{5} & \frac{1}{10}\end{bmatrix}.$$

写成偏导数，结果就是在点(3, 2, 7)上：

$$D_1g_1=\frac{1}{4},\quad D_2g_1=\frac{1}{5},\quad D_3g_1=-\frac{3}{20}$$

$$D_1g_2=-\frac{1}{2},\quad D_2g_2=\frac{6}{5},\quad D_3g_2=\frac{1}{10}$$

秩定理

虽然这个定理不如反函数定理和隐函数定理重要，我们也把它算作是“连续可微映射 $\mathbf{F}$ 在一点 $\mathbf{x}$ 的局部性质，与线性变换 $\mathbf{F}'(\mathbf{x})$ 在 $\mathbf{x}$ 点附近的局部性质相似”这个一般原理的另一个有趣的实例.

在讲它以前，还需要再说一点关于线性变换的事实.

9.30 定义 设 X 和 Y 是向量空间，而 $A\in L(X,Y)$ 如定义 9.6 中所说的. A 的零空间 $\mathscr{N}(A)$ 是由合于 $A\mathbf{x}=\mathbf{0}$ 的所有 $\mathbf{x}\in X$ 组成的集. 显然 $\mathscr{N}(A)$ 是 X 中的向量空间.

同样，A 的值域 $\mathscr{R}(A)$ 是 Y 中的向量空间.

A 的秩定义为 $\mathscr{R}(A)$ 的维数.

例如，$L(R^n)$ 的可逆元，恰好是那些秩为 n 的元. 这由定理 9.5 就可知道.

如果 $A\in L(X,Y)$ 而 A 的秩是 0，那么，对于一切 $\mathbf{x}\in X$，$A\mathbf{x}=\mathbf{0}$，因此 $\mathscr{N}(A)=X$. 关于这一点，看习题 25.

9.31 射影 设 X 是向量空间. 如果算子 $P\in L(X)$，合于 $P^2=P$，就说 P 是 X 里的射影.

更明确点说，就是要求对于每个 $\mathbf{x}\in X$，$P(P\mathbf{x})=P\mathbf{x}$. 换句话说，$P$ 把每个向量固定在它的值域 $\mathscr{R}(P)$ 中.

现在讲射影的初等性质：

(a) 若 P 是 X 中的射影，那么每个 $\mathbf{x}\in X$ 能唯一地表示成

$$\mathbf{x}=\mathbf{x}_1+\mathbf{x}_2$$

的形式，其中 $\mathbf{x}_1\in\mathscr{R}(P)$，$\mathbf{x}_2\in\mathscr{N}(P)$.

为得到这种表示，令 $\mathbf{x}_1=P\mathbf{x}$，$\mathbf{x}_2=\mathbf{x}-\mathbf{x}_1$. 于是 $P\mathbf{x}_2=P\mathbf{x}-P\mathbf{x}_1=P\mathbf{x}-P^2\mathbf{x}=\mathbf{0}$. 关于唯一性，把 P 作用于方程 $\mathbf{x}=\mathbf{x}_1+\mathbf{x}_2$ 上，因为 $\mathbf{x}_1\in\mathscr{R}(P)$，$P\mathbf{x}_1=\mathbf{x}_1$；因为 $P\mathbf{x}_2=\mathbf{0}$，所以 $\mathbf{x}_1=P\mathbf{x}$.

(b) 如果 X 是有限维的向量空间，X_1 是 X 内的一个向量空间，那么，在 X 中存在着射影 P，$\mathscr{R}(P)=X_1$.

如果 X_1 只包含 $\mathbf{0}$，这就是显然的：对一切 $\mathbf{x}\in X$ 令 $P\mathbf{x}=\mathbf{0}$ 好了.

假定 $\dim X_1=k>0$. 据定理 9.3，X 就有这样一个基 $\{\mathbf{u}_1,\cdots,\mathbf{u}_n\}$，使 $\{\mathbf{u}_1,\cdots,\mathbf{u}_k\}$ 是 X_1 的基. 对于任意的标量 $c_1,\cdots,c_n$，定义

$$P(c_1\mathbf{u}_1+\cdots+c_n\mathbf{u}_n)=c_1\mathbf{u}_1+\cdots+c_k\mathbf{u}_k.$$

于是，对于每个 $\mathbf{x}\in X_1$，$P\mathbf{x}=\mathbf{x}$，并且 $X_1=\mathscr{R}(P)$.

注意$\{\boldsymbol{u}_{k+1}, \cdots, \boldsymbol{u}_n\}$是$\mathscr{N}(P)$的基. 还应注意，如果$0<\dim X_1<\dim X$，在$X$中存在着无穷多个值域是$X_1$的射影.

9.32 定理 设m，n，r是非负整数，$m\geqslant r$，$n\geqslant r$. $\boldsymbol{F}$是把开集$E\subset R^n$映入R^m内的$\mathscr{C}'$映射，对于每个$\boldsymbol{x}\in E$，$\boldsymbol{F}'(\boldsymbol{x})$的秩是$r$.

固定$\boldsymbol{a}\in E$，令$A=\boldsymbol{F}'(\boldsymbol{a})$，设$A$的值域是$Y_1$，$P$是$R^m$中的射影，其值域也是$Y_1$. Y_2是P的零空间.

那么，在R^n中存在着开集U及V，$\boldsymbol{a}\in U$，$U\subset E$，并且存在着把V映满U的1-1$\mathscr{C}'$映射$\boldsymbol{H}$(它的逆也属于$\mathscr{C}'$类)合于

$$\boldsymbol{F}(\boldsymbol{H}(\boldsymbol{x}))=A\boldsymbol{x}+\varphi(A\boldsymbol{x})\quad(\boldsymbol{x}\in V),\tag{66}$$

这里φ是把开集$A(V)\subset Y_1$映入Y_2内的$\mathscr{C}'$映射.

证完以后再把(66)式的含义给予更几何的解释.

证 如果$r=0$，定理9.19说明，在$\boldsymbol{a}$的某邻域U内，$\boldsymbol{F}(\boldsymbol{x})$是常量，这时让$V=U$，$\boldsymbol{H}(\boldsymbol{x})=\boldsymbol{x}$，$\varphi(\boldsymbol{0})=\boldsymbol{F}(\boldsymbol{a})$，(66)式显然成立.

以下假定$r>0$. 因$\dim Y_1=r$，Y_1必有基$\{\boldsymbol{y}_1, \cdots, \boldsymbol{y}_r\}$. 选$\boldsymbol{z}_i\in R^n$使合于$A\boldsymbol{z}_i=\boldsymbol{y}_i(1\leqslant i\leqslant r)$，并定义$Y_1$到$R^n$的线性映射$S$：对一切标量$c_1, \cdots, c_r$，令

$$S(c_1\boldsymbol{y}_1+\cdots+c_r\boldsymbol{y}_r)=c_1\boldsymbol{z}_1+\cdots+c_r\boldsymbol{z}_r.\tag{67}$$

于是$AS\boldsymbol{y}_i=A\boldsymbol{z}_i=\boldsymbol{y}_i(1\leqslant i\leqslant r)$. 所以

$$AS\boldsymbol{y}=\boldsymbol{y}\quad(\boldsymbol{y}\in Y_1).\tag{68}$$

定义E到R^n内的映射$\boldsymbol{G}$：

$$\boldsymbol{G}(\boldsymbol{x})=\boldsymbol{x}+SP[\boldsymbol{F}(\boldsymbol{x})-A\boldsymbol{x}]\quad(\boldsymbol{x}\in E).\tag{69}$$

因$\boldsymbol{F}'(\boldsymbol{a})=A$，把(69)微分，得到$R^n$上的恒等算子：$\boldsymbol{G}'(\boldsymbol{a})=I$. 据反函数定理，在$R^n$中有开集$U$及$V$，$\boldsymbol{a}\in U$，使得$\boldsymbol{G}$是把$U$映满$V$的1-1映射，$\boldsymbol{G}$的逆$\boldsymbol{H}$也属于$\mathscr{C}'$类. 此外，如果需要的话，可以把$U$和$V$收缩一下，使$V$成为凸集，而$\boldsymbol{H}'(\boldsymbol{x})$对于每个$\boldsymbol{x}\in V$可逆.

注意$ASPA=A$，这因为$PA=A$，并且(68)成立. 所以由(69)就得

$$A\boldsymbol{G}(\boldsymbol{x})=P\boldsymbol{F}(\boldsymbol{x})\quad(\boldsymbol{x}\in E).\tag{70}$$

特别当$\boldsymbol{x}\in U$时，(70)成立. 如果我们把$\boldsymbol{x}$换成$\boldsymbol{H}(\boldsymbol{x})$，就得到

$$P\boldsymbol{F}(\boldsymbol{H}(\boldsymbol{x}))=A\boldsymbol{x}\quad(\boldsymbol{x}\in V).\tag{71}$$

定义

$$\boldsymbol{\Psi}(\boldsymbol{x})=\boldsymbol{F}(\boldsymbol{H}(\boldsymbol{x}))-A\boldsymbol{x}\quad(\boldsymbol{x}\in V).\tag{72}$$

因为$PA=A$，(71)式说明$P\boldsymbol{\Psi}(\boldsymbol{x})=\boldsymbol{0}$对一切$\boldsymbol{x}\in V$成立，于是$\boldsymbol{\Psi}$是$V$到$Y_2$内的$\mathscr{C}'$映射.

因 V 是开集，显然 $A(V)$是它的值域 $\mathscr{R}(A)=Y_1$ 的开子集.

为了完成定理的证明，即是从(72)式出发得(66)式，必须证明存在着$A(V)$到 Y_2 的 $\mathscr{C}'$映射 φ 它满足

$$\varphi(A\boldsymbol{x}) = \boldsymbol{\Psi}(\boldsymbol{x}) \quad (\boldsymbol{x} \in V). \tag{73}$$

作为走向(73)的第一步，先证：如果 $\boldsymbol{x}_1 \in V$，$\boldsymbol{x}_2 \in V$，$A\boldsymbol{x}_1 = A\boldsymbol{x}_2$，那么

$$\boldsymbol{\Psi}(\boldsymbol{x}_1) = \boldsymbol{\Psi}(\boldsymbol{x}_2). \tag{74}$$

令 $\boldsymbol{\Phi}(\boldsymbol{x})=\boldsymbol{F}(\boldsymbol{H}(\boldsymbol{x}))(\boldsymbol{x}\in V)$. 因为对于每个 $\boldsymbol{x}\in V$，$\boldsymbol{H}'(\boldsymbol{x})$的秩是 n，而对每个 $\boldsymbol{x}\in U$，$\boldsymbol{F}'(\boldsymbol{x})$的秩是 r，必然

$$\boldsymbol{\Phi}'(\boldsymbol{x}) \text{ 的秩} = \boldsymbol{F}'(\boldsymbol{H}(\boldsymbol{x}))\boldsymbol{H}'(\boldsymbol{x}) \text{ 的秩} = r, (\boldsymbol{x} \in V). \tag{75}$$

固定 $\boldsymbol{x}\in V$. 令 M 是 $\boldsymbol{\Phi}'(\boldsymbol{x})$的值域. 那么 $M\subset R^m$，$\dim M=r$. 据(71)，

$$P\boldsymbol{\Phi}'(\boldsymbol{x}) = A. \tag{76}$$

因此，P 把 M 映满 $\mathscr{R}(A)=Y_1$. 因 M 与 Y_1 的维数相同，所以 P(限制在 M 上时)是 1-1 的.

设 $A\boldsymbol{h}=\boldsymbol{0}$. 于是由(76)，$P\Phi'(\boldsymbol{x})\boldsymbol{h}=\boldsymbol{0}$. 但 $\boldsymbol{\Phi}'(\boldsymbol{x})\boldsymbol{h}\in M$，且 P 在 M 上是 1-1 的. 因此，$\boldsymbol{\Phi}'(\boldsymbol{x})\boldsymbol{h}=\boldsymbol{0}$. 看一看(72)式，就知道我们已经证明了：

如果 $\boldsymbol{x}\in V$，且 $A\boldsymbol{h}=\boldsymbol{0}$，那么 $\boldsymbol{\Psi}'(\boldsymbol{x})\boldsymbol{h}=\boldsymbol{0}$.

现在能证(74)式了. 设 $\boldsymbol{x}_1 \in V$，$\boldsymbol{x}_2 \in V$，$A\boldsymbol{x}_1 = A\boldsymbol{x}_2$. 令 $\boldsymbol{h}=\boldsymbol{x}_2-\boldsymbol{x}_1$，并且定义

$$\boldsymbol{g}(t) = \boldsymbol{\Psi}(\boldsymbol{x}_1 + t\boldsymbol{h}) \quad (0 \leqslant t \leqslant 1). \tag{77}$$

V 的凸性说明，对于这些 t 来说，$\boldsymbol{x}_1+t\boldsymbol{h}\in V$. 因此，

$$\boldsymbol{g}'(t) = \boldsymbol{\Psi}'(\boldsymbol{x}_1 + t\boldsymbol{h})\boldsymbol{h} = \boldsymbol{0} \quad (0 \leqslant t \leqslant 1), \tag{78}$$

因此 $\boldsymbol{g}(1)=\boldsymbol{g}(0)$. 但 $\boldsymbol{g}(1)=\boldsymbol{\Psi}(\boldsymbol{x}_2)$，$\boldsymbol{g}(0)=\boldsymbol{\Psi}(\boldsymbol{x}_1)$. (74)式获证.

据(74)式，对于 $x\in V$ 来说，$\Psi(x)$只依赖于 $A\boldsymbol{x}$. 因此，(73)式确实在$A(V)$中确定了 φ. 剩下的只是要证明 $\varphi\in\mathscr{C}'$了.

固定 $\boldsymbol{y}_0\in A(V)$，再固定 $\boldsymbol{x}_0\in V$ 使 $A\boldsymbol{x}_0=\boldsymbol{y}_0$. 因为 V 是开集，$\boldsymbol{y}_0$ 必在 $\boldsymbol{Y}_1$ 中有邻域 W，凡是当 $\boldsymbol{y}\in W$ 时，向量

$$\boldsymbol{x} = \boldsymbol{x}_0 + S(\boldsymbol{y} - \boldsymbol{y}_0) \tag{79}$$

必在 V 内. 由(68)式，

$$A\boldsymbol{x} = A\boldsymbol{x}_0 + \boldsymbol{y} - \boldsymbol{y}_0 = \boldsymbol{y}.$$

于是由(73)及(79)式得到

$$\varphi(\boldsymbol{y}) = \boldsymbol{\Psi}(\boldsymbol{x}_0 - S\boldsymbol{y}_0 + S\boldsymbol{y}) \quad (\boldsymbol{y} \in W). \tag{80}$$

这公式说明，在 W 中 $\varphi\in\mathscr{C}'$，由于 y_0 是在 $A(V)$中任意取的，所以在 $A(V)$中也是 $\varphi\in\mathscr{C}'$.

定理证毕.

现在说一说关于映射 $\boldsymbol{F}$ 的几何，这个定理告诉我们一些什么.

如果 $\boldsymbol{y}\in\boldsymbol{F}(U)$，那么有某个 $\boldsymbol{x}\in V$，使 $\boldsymbol{y}=\boldsymbol{F}(\boldsymbol{H}(\boldsymbol{x}))$，而(66)式说明 $P\boldsymbol{y}=A\boldsymbol{x}$. 所以

$$\boldsymbol{y}=P\boldsymbol{y}+\varphi(P\boldsymbol{y})\quad(\boldsymbol{y}\in\boldsymbol{F}(U)).\tag{81}$$

这就说明 $\boldsymbol{y}$ 被它的射影 $P\boldsymbol{y}$ 所确定，而如果把 P 限制在 $\boldsymbol{F}(U)$内，P 就是把 $\boldsymbol{F}(U)$映满 $A(V)$的 1-1 映射. 因此 $\boldsymbol{F}(U)$是"r 维曲面"，在 $A(V)$的每个点的"上面"，恰好有 $\boldsymbol{F}(U)$的一个点. 也可以把 $\boldsymbol{F}(U)$当成 φ 的图像.

如果像在证明中那样，$\Phi(\boldsymbol{x})=\boldsymbol{F}(\boldsymbol{H}(\boldsymbol{x}))$，那么(66)说明 Φ 的水平集(在这个集上，Φ 的值是一个给定的值)恰好是 A 在 V 中的水平集. 这些集(A 的水平集)都是平坦的，因为它们都是向量空间 $\mathscr{N}(A)$的平移与 V 的交.

注意 $\dim\mathscr{N}(A)=n-r$(习题 25).

$\boldsymbol{F}$ 在 U 中的水平集，是 Φ 在 V 中的平坦水平集在 $\boldsymbol{H}$ 之下的像. 于是它们是 U 中的"$n-r$ 维曲面".

行列式

行列式是与方阵有关的数，因此，与方阵所表示的算子有关. 行列式是 0 的充要条件是相应的算子不可逆. 所以可用它们来断定前面几个定理中的某些假定是否满足. 在第 10 章中，它们甚至要起更重要的作用.

9.33 定义 如果$(j_1,\cdots,j_n)$是正整数的有序 n 元组(有序的 n 个正整数)，定义

$$s(j_1,\cdots,j_n)=\prod_{p<q}\operatorname{sgn}(j_q-j_p),\tag{82}$$

这里，当 $x>0$ 时，$\operatorname{sgn}x=1$，当 $x<0$ 时，$\operatorname{sgn}x=-1$，当 $x=0$ 时，$\operatorname{sgn}x=0$. 于是，$s(j_1,\cdots,j_n)=1$，-1 或 0，如果任意两个 j 交换，它就变号.

设$[A]$是 R^n 上线性算子 A 关于标准基$\{\boldsymbol{e}_1,\cdots,\boldsymbol{e}_n\}$的矩阵，它在第 i 行第 j 列的阵元是 $a(i,j)$. $[A]$的行列式定义为数

$$\det[A]=\sum s(j_1,\cdots,j_n)a(1,j_1)a(2,j_2)\cdots a(n,j_n).\tag{83}$$

(83)中的和遍及整数$(j_1,\cdots,j_n)$的一切有序 n 元组(一切排列法)，其中$1\leqslant j_r\leqslant n$.

$[A]$的列向量 $\boldsymbol{x}_j$ 是

$$\boldsymbol{x}_j=\sum_{i=1}^{n}a(i,j)\boldsymbol{e}_i\quad(1\leqslant j\leqslant n).\tag{84}$$

把 det[A]考虑成是[A]的列向量的函数，将是方便的．如果这样写：

$$\det(\boldsymbol{x}_1,\cdots,\boldsymbol{x}_n)=\det[A],$$

det 就是一个实函数，它的定义域是 R^n 中向量的一切有序 n 元组所组成的集．

9.34 定理

(a) 如果 I 是 R^n 上的恒等算子，那么

$$\det[I]=\det(\boldsymbol{e}_1,\cdots,\boldsymbol{e}_n)=1.$$

(b) 如果除 $\boldsymbol{x}_j$ 外，其他列向量都保持不变，det 便是(每个)向量 $\boldsymbol{x}_j$ 的线性函数．

(c) 如果$[A]_1$ 是把$[A]$的某两列交换而得到的，那么，$\det[A]_1=-\det[A]$.

(d) 如果$[A]$有两列相等，那么，$\det[A]=0$.

证 如果 $A=I$，那么 $a(i,i)=1$，而 $i\neq j$ 时 $a(i,j)=0$．因此，

$$\det[I]=s(1,2,\cdots,n)=1,$$

(a)获证．如果有两个 j 相等，根据(82)式，$s(j_1,\cdots,j_n)=0$.
(83)中余下的 $n!$ 个乘积中，每个乘积刚好包含每一列的一个数作因子．这就证明了(b)．任意两个 j 互相交换时 $s(j_1,\cdots,j_n)$就变号这个事实的直接结果就是(c)，(d)是(c)的推论．

9.35 定理 如果$[A]$及$[B]$都是 $n\times n$ 方阵，那么

$$\det([B][A])=\det[B]\det[A].$$

证 设 $\boldsymbol{x}_1,\cdots,\boldsymbol{x}_n$ 是$[A]$的各列，定义

$$\Delta_B(\boldsymbol{x}_1,\cdots,\boldsymbol{x}_n)=\Delta_B[A]=\det([B][A]). \tag{85}$$

$[B][A]$的各列是向量 $B\boldsymbol{x}_1,\cdots,B\boldsymbol{x}_n$．因此

$$\Delta_B(\boldsymbol{x}_1,\cdots,\boldsymbol{x}_n)=\det(B\boldsymbol{x}_1,\cdots,B\boldsymbol{x}_n). \tag{86}$$

据(86)式及定理 9.34，Δ_B 具有性质(b)—(d)．由(b)及(84)式

$$\Delta_B[A]=\Delta_B\Big(\sum_i a(i,1)\boldsymbol{e}_i,\boldsymbol{x}_2,\cdots,\boldsymbol{x}_n\Big)=\sum_i a(i,1)\Delta_B(\boldsymbol{e}_i,\boldsymbol{x}_2,\cdots,\boldsymbol{x}_n).$$

对于 $\boldsymbol{x}_2,\cdots,\boldsymbol{x}_n$ 重复这种过程，就得到

$$\Delta_B[A]=\sum a(i_1,1)a(i_2,2)\cdots a(i_n,n)\Delta_B(\boldsymbol{e}_{i_1},\cdots,\boldsymbol{e}_{i_n}), \tag{87}$$

求和时遍及一切有序 n 元组$(i_1,\cdots,i_n)$，$1\leqslant i_r\leqslant n$．由(c)及(d)，

$$\Delta_B(\boldsymbol{e}_{i_1},\cdots,\boldsymbol{e}_{i_n})=t(i_1,\cdots,i_n)\Delta_B(\boldsymbol{e}_1,\cdots,\boldsymbol{e}_n), \tag{88}$$

这里的 $t=1$，0 或 -1；因$[B][I]=[B]$，(85)式说明

$$\Delta_B(\mathbf{e}_1,\cdots,\mathbf{e}_n) = \det[B]. \tag{89}$$

将(88)和(89)式代入(87)式，就得到

$$\det([B][A]) = \left\{\sum a(i_1,1)\cdots a(i_n,n)t(i_1,\cdots,i_n)\right\}\det[B],$$

这对一切 $n\times n$ 方阵$[A]$，$[B]$都成立．取 $B=I$，就能看到上面花括号内的和是$\det[A]$.

证毕.

9.36 定理 R^n 上的线性算子 A 可逆的充分且必要条件是 $\det[A]\neq 0$.

证 如果 A 可逆，定理 9.35 说明

$$\det[A]\det[A^{-1}] = \det[AA^{-1}] = \det[I] = 1,$$

所以 $\det[A]\neq 0$.

如果 A 不可逆，$[A]$的列 $\mathbf{x}_1$，…，$\mathbf{x}_n$ 是相关的(定理 9.5)；因此有一列，比如是 $\mathbf{x}_k$，使得

$$\mathbf{x}_k + \sum_{j\neq k} c_j\mathbf{x}_j = 0, \tag{90}$$

c_j 是某些标量．由 9.34(b)及(d)，如果 $j\neq k$，行列式中的 $\mathbf{x}_k$ 可以用 $\mathbf{x}_k+c_j\mathbf{x}_j$ 代换而使行列式(的值)不变．重复这样做下去，就看到 $\mathbf{x}_k$ 可以代以(90)式的左端，即代以 $\mathbf{0}$ 而不改变行列式．但当行列式中有一列是$\mathbf{0}$时，行列式就是 0．因此$\det[A]=0$.

9.37 评注 设$\{\mathbf{e}_1，\cdots，\mathbf{e}_n\}$及$\{\mathbf{u}_1，\cdots，\mathbf{u}_n\}$都是 R^n 的基．R^n 上的每个线性算子 A，能确定两个方阵$[A]$及$[A]_U$，它们的阵元 a_{ij} 及 α_{ij} 由

$$A\mathbf{e}_j = \sum_i a_{ij}\mathbf{e}_i,\quad A\mathbf{u}_j = \sum_i \alpha_{ij}\mathbf{u}_i$$

计算．如果 $\mathbf{u}_j=B\mathbf{e}_j=\sum_i b_{ij}\mathbf{e}_i$，那么 $A\mathbf{u}_j$ 等于

$$\sum_k \alpha_{kj}B\mathbf{e}_k = \sum_k \alpha_{kj}\sum_i b_{ik}\mathbf{e}_i = \sum_i\left(\sum_k b_{ik}\alpha_{kj}\right)\mathbf{e}_i,$$

又等于

$$AB\mathbf{e}_j = A\sum_k b_{kj}\mathbf{e}_k = \sum_i\left(\sum_k a_{ik}b_{kj}\right)\mathbf{e}_i.$$

于是$\sum_k b_{ik}\alpha_{kj}=\sum_k a_{ik}b_{kj}$或

$$[B][A]_U = [A][B]. \tag{91}$$

因 B 可逆，$\det[B]\neq 0$．因此，(91)式结合定理 9.35 说明：

$$\det[A]_U = \det[A]. \tag{92}$$

所以线性算子的矩阵的行列式，与用以构成矩阵的基无关．于是不管基而只谈线性算子的行列式，是有意义的．

9.38 函数行列式 如果 $\mathbf{f}$ 把开集 $E\subset R^n$ 映入 R^n 内，并且 $\mathbf{f}$ 在点 $\mathbf{x}\in E$ 可微，线性算子 $\mathbf{f}'(\mathbf{x})$ 的行列式就叫作 $\mathbf{f}$ 在 $\mathbf{x}$ 的函数行列式．记成

$$J_f(\mathbf{x}) = \det \mathbf{f}'(\mathbf{x}). \tag{93}$$

如果 $(y_1, \cdots, y_n)=\mathbf{f}(x_1, \cdots, x_n)$，我们又用记号

$$\frac{\partial(y_1,\cdots,y_n)}{\partial(x_1,\cdots,x_n)} \tag{94}$$

来记 $J_f(\mathbf{x})$．

在反函数定理中，有决定意义的题设，用函数行列式表示就是 $J_f(\mathbf{a})\neq 0$．(比较定理 9.36)．如果隐函数定理是用诸函数(59)来叙述的，那么，那里对 A 的假定就是

$$\frac{\partial(f_1,\cdots,f_n)}{\partial(x_1,\cdots,x_n)}\neq 0.$$

高阶导数

9.39 定义 设 f 是定义在开集 $E\subset R^n$ 内的实函数，其偏导数是 $D_1 f$，…，$D_n f$．如果诸函数 $D_j f$ 本身也可微，那么 f 的二阶偏导数定义为

$$D_{ij} f = D_i D_j f \quad (i,j = 1,\cdots,n).$$

如果所有这些函数 $D_{ij} f$ 都在 E 内连续，就说 f 在 E 内属于 $\mathscr{C}''$ 类，或 $f\in\mathscr{C}''(E)$．

如果 E 到 R^m 内的映射 $\mathbf{f}$ 的每个分量都是属于 $\mathscr{C}''$ 类的，就说 $\mathbf{f}$ 是属于 $\mathscr{C}''$ 类的．

即使两个导数 $D_{ij} f$ 和 $D_{ji} f$ 都存在，也能够在某个点上出现 $D_{ij} f\neq D_{ji} f$（见习题 27)．但是，下面就要看到，当这些导数都连续时，$D_{ij} f=D_{ji} f$．

为简单起见(但不失普遍性)，我们对二元实函数来叙述下面两条定理．第一条是中值定理．

9.40 定理 设 f 定义在开集 $E\subset R^2$ 中，并且 $D_1 f$ 及 $D_{21} f$ 在 E 的每个点处存在．设 $Q\subset E$ 是闭矩形，它的边与坐标轴平行，并且 (a, b) 及 $(a+h, b+k)$ 是它的对顶($h\neq 0$，$k\neq 0$)．令

$$\Delta(f,Q) = f(a+h,b+k) - f(a+h,b) - f(a,b+k) + f(a,b)$$

那么，在 Q 内存在一点 (x, y)，使

$$\Delta(f,Q) = hk(D_{21} f)(x,y). \tag{95}$$

注意(95)与定理 5.10 间的类似性；Q 的面积是 hk.

证　命 $u(t)=f(t,b+k)-f(t,b)$. 应用定理 5.10 两次，就表明了在 a 与 $a+h$ 之间存在着一个 x，并且 b 与 $b+k$ 之间存在着一个 y，使得

$$\begin{aligned}\Delta(f,Q) &= u(a+h)-u(a)\\ &= hu'(x)\\ &= h[(D_1 f)(x,b+k)-(D_1 f)(x,b)]\\ &= hk(D_{21}f)(x,y).\end{aligned}$$

9.41　定理　设 f 定义在开集 $E\subset R^2$ 上，又设 $D_1 f$，$D_{21}f$ 及 $D_2 f$ 在 E 的每个点上存在，并且 $D_{21}f$ 在某点 $(a,b)\in E$ 上连续.

那么 $D_{12}f$ 在 (a,b) 上存在，并且

$$(D_{12}f)(a,b)=(D_{21}f)(a,b). \tag{96}$$

推论　如果 $f\in\mathscr{C}''(E)$，那么 $D_{21}f=D_{12}f$.

证　设 $A=(D_{21}f)(a,b)$. 任意选定 $\varepsilon>0$. 如果 Q 是像在定理 9.40 中那样的矩形，而 h 及 k 充分小，那么对于一切 $(x,y)\in Q$，就有

$$|A-(D_{21}f)(x,y)|<\varepsilon.$$

于是，由(95)式有

$$\left|\frac{\Delta(f,Q)}{hk}-A\right|<\varepsilon.$$

固定 h 而令 $k\to 0$. 因为 $D_2 f$ 在 E 中存在，由上面这个不等式就推出

$$\left|\frac{(D_2 f)(a+h,b)-(D_2 f)(a,b)}{h}-A\right|\leqslant\varepsilon. \tag{97}$$

因为 ε 是任意的，并且(97)式对于一切足够小的 $h\neq 0$ 都成立，所以 $(D_{12}f)(a,b)=A$. 这就是(96)式.

积分的微分法

设 φ 是二元函数，它对其中一变元可积，而对另一变元可微. 如果把这两种极限过程交换次序，在什么条件下，将会得到同样的结果呢？更确切地说，就是：在 φ 满足什么条件的时候，能证明等式

$$\frac{\mathrm{d}}{\mathrm{d}t}\int_a^b\varphi(x,t)\,\mathrm{d}x=\int_a^b\frac{\partial\varphi}{\partial t}(x,t)\,\mathrm{d}x \tag{98}$$

成立？（习题 28 提供一个反例.）

用下边这种记号将很方便：

$$\varphi^t(x) = \varphi(x,t). \tag{99}$$

于是对于每个 t 来说，$\varphi^t(x)$是一元函数.

9.42 定理 设

(a) 对于 $a\leqslant x\leqslant b$，$c\leqslant t\leqslant d$，$\varphi(x, t)$有定义；

(b) α 是$[a, b]$上的递增函数；

(c) 对于每个 $t\in[c, d]$，$\varphi^t\in\mathscr{R}(\alpha)$；

(d) $c<s<d$，并且对于每个 $\varepsilon>0$ 有 $\delta>0$，使得对于一切 $x\in[a, b]$及一切$t\in(s-\delta, s+\delta)$，

$$|(D_2\varphi)(x,t)-(D_2\varphi)(x,s)|<\varepsilon.$$

定义

$$f(t)=\int_a^b\varphi(x,t)\mathrm{d}\alpha(x)\quad(c\leqslant t\leqslant d). \tag{100}$$

那么，$(D_2\varphi)^s\in\mathscr{R}(\alpha)$，$f'(s)$存在，并且

$$f'(s)=\int_a^b(D_2\varphi)(x,s)\mathrm{d}\alpha(x). \tag{101}$$

注意(c)只是断言积分(100)对一切 $t\in[c, d]$都存在. 再注意，只要 $D_2\varphi$ 在定义 φ 的那个矩形上连续，(d)就一定成立.

证 考虑差商

$$\Psi(x,t)=\frac{\varphi(x,t)-\varphi(x,s)}{t-s},$$

其中 $0<|t-s|<\delta$. 据定理 5.10，对应于每个(x, t)，在 s 与 t 之间有数 u，使得

$$\Psi(x,t)=(D_2\varphi)(x,u).$$

因此，(d)说明

$$|\Psi(x,t)-(D_2\varphi)(x,s)|<\varepsilon\quad(a\leqslant x\leqslant b,\quad 0<|t-s|<\delta). \tag{102}$$

注意

$$\frac{f(t)-f(s)}{t-s}=\int_a^b\Psi(x,t)\mathrm{d}\alpha(x). \tag{103}$$

由(102)式，当 $t\to s$ 时，在$[a, b]$上一致地有 $\Psi^t\to(D_2\varphi)^s$. 因为每个 $\Psi^t\in\mathscr{R}(\alpha)$，从(103)式及定理 7.16 即得到所需要的结论.

9.43 例 当然也能证明把定理 9.42 中的$[a, b]$换成$(-\infty, \infty)$时所得的类似的定理. 我们不来证明这事，只来看个例子.

定义

$$f(t)=\int_{-\infty}^{\infty}e^{-x^2}\cos(xt)\,\mathrm{d}x \tag{104}$$

及

$$g(t)=-\int_{-\infty}^{\infty}xe^{-x^2}\sin(xt)\,\mathrm{d}x, \tag{105}$$

其中$-\infty<t<\infty$. 两个积分都存在(绝对收敛)，因为被积函数的绝对值分别最多是 $\exp(-x^2)$及 $|x|\exp(-x^2)$.

注意 g 是从 f 把被积式对 t 微分得来的，我们断定 f 可微，且

$$f'(t)=g(t)\quad(-\infty<t<\infty). \tag{106}$$

为了证明这件事，首先检查余弦的差商：如果$\beta>0$，那么

$$\frac{\cos(\alpha+\beta)-\cos\alpha}{\beta}+\sin\alpha=\frac{1}{\beta}\int_{\alpha}^{\alpha+\beta}(\sin\alpha-\sin t)\,\mathrm{d}t. \tag{107}$$

因为 $|\sin\alpha-\sin t|\leqslant|t-\alpha|$，(107)式右端的绝对值最大是 $\beta/2$；$\beta<0$ 时，可类似地处理. 于是对于所有 β,

$$\left|\frac{\cos(\alpha+\beta)-\cos\alpha}{\beta}+\sin\alpha\right|\leqslant|\beta| \tag{108}$$

(如果当 $\beta=0$ 时把左端解释成 0).

现在固定 t 且固定 $h\neq0$. 以 $\alpha=xt$，$\beta=xh$，应用(108)式；随之从(104)及(105)式得到

$$\left|\frac{f(t+h)-f(t)}{h}-g(t)\right|\leqslant|h|\int_{-\infty}^{\infty}x^2e^{-x^2}\,\mathrm{d}x.$$

于是当 $h\to0$ 时，就得到(106)式.

让我们再前进一步：把(104)分部积分，就表明

$$f(t)=2\int_{-\infty}^{\infty}xe^{-x^2}\ \frac{\sin(xt)}{t}\mathrm{d}x. \tag{109}$$

于是 $tf(t)=-2g(t)$，而现在由(106)式就推出 f 满足微分方程

$$2f'(t)+tf(t)=0. \tag{110}$$

如果解出这个方程，并用 $f(0)=\sqrt{\pi}$这个事实(见 § 8.21)，就发现

$$f(t)=\sqrt{\pi}\exp\left(-\frac{t^2}{4}\right).$$

于是积分(104)就用显式确定出来了.

习题

1. 设 S 是向量空间 X 的不空子集. 证明(像定义 9.1 中所断定的)S 的生成

是一向量空间.

2. 证明(像定义 9.6 中所断定的)如果 A 及 B 都是线性变换，那么 BA 是线性的.

再证 A^{-1}是线性的并且是可逆的.

3. 假设 $A\in L(X, Y)$，而只有在 $\mathbf{x}=\mathbf{0}$ 时才有 $A\mathbf{x}=\mathbf{0}$. 证明 A 是 1-1 的.

4. 证明(像定义 9.30 所断定的)零空间及线性变换的值域都是线性空间.

5. 设 $A\in L(R^n, R^1)$，证明有唯一的 $\mathbf{y}\in R^n$，合于 $A\mathbf{x}=\mathbf{x}\cdot\mathbf{y}$.

又证 $\|A\|=|\mathbf{y}|$.

提示：Schwarz 不等式在某些条件下等号能成立.

6. 设 $f(0, 0)=0$，而当$(x, y)\neq(0, 0)$时

$$f(x,y)=\frac{xy}{x^2+y^2}.$$

证明虽然 f 在$(0, 0)$不连续，然而$(D_1 f)(x, y)$及$(D_2 f)(x, y)$在 R^2 的每点存在.

7. 设 f 是定义在开集 $E\subset R^n$ 中的实值函数，并且诸偏导数 $D_1 f$，…，$D_n f$ 在 E 内有界. 证明 f 在 E 内连续.

提示：像在定理 9.21 的证明中那样进行.

8. 设 f 是开集 $E\subset R^n$ 上的可微实函数，f 在点 $\mathbf{x}\in E$ 有局部极大. 证明$f'(\mathbf{x})=0$.

9. 设 $\mathbf{f}$ 是连通开集 $E\subset R^n$ 到 R^m 内的可微映射. 并且对于每个 $\mathbf{x}\in E$，$\mathbf{f}'(\mathbf{x})=0$. 证明 $\mathbf{f}$ 在 E 中是常量.

10. 设 f 是定义在凸开集 $E\subset R^n$ 中的实值函数，并且对于每个 $\mathbf{x}\in E$，$(D_1 f)(\mathbf{x})=0$. 证明 $f(\mathbf{x})$只依赖于 x_2，…，x_n.

试说明 E 的凸性能换成较弱的条件. 但有些条件却是必要的. 例如当 $n=2$ 时，如果 E 的形状像个马蹄形，命题就可能不成立.

11. 设 f 及 g 都是 R^n 中的可微实函数，证明

$$\nabla(fg)=f\nabla g+g\nabla f$$

及

$$\nabla(1/f)=-f^{-2}\nabla f,\quad \text{这里 } f\neq 0.$$

12. 固定二实数 a 及 b，$0<a<b$. 由

$$f_1(s,t)=(b+a\cos s)\cos t$$
$$f_2(s,t)=(b+a\cos s)\sin t$$
$$f_3(s,t)=a\sin s$$

定义 R^2 到 R^3 内的映射 $\boldsymbol{f}=(f_1, f_2, f_3)$. 把 $\boldsymbol{f}$ 的值域 K 描述出来(它是 R^3 的某个紧子集).

(a) 证明存在着四个点 $\boldsymbol{p}\in K$，合于

$$(\nabla f_1)(\boldsymbol{f}^{-1}(\boldsymbol{p})) = \boldsymbol{0}.$$

找出这些点来.

(b) 确定合于

$$(\nabla f_3)(\boldsymbol{f}^{-1}(\boldsymbol{q})) = \boldsymbol{0}$$

的一切 $\boldsymbol{q}\in K$.

(c) 证明在(a)中找到的四个点 $\boldsymbol{p}$ 之中，一个对应于 f_1 的局部极大值，一个对应于局部极小，另两个既不对应局部极大，也不对应局部极小(它们叫作“鞍点”).

在(b)中找到的点 $\boldsymbol{q}$ 之中，哪些点对应于极大或极小?

(d) 令 λ 是无理实数. 规定 $\boldsymbol{g}(t)=\boldsymbol{f}(t, \lambda t)$. 证明 g 是把 R^1 映满 K 的某个稠子集的 1-1 映射. 证明

$$|\boldsymbol{g}'(t)|^2 = a^2 + \lambda^2(b + a\cos t)^2.$$

13. 设 $\boldsymbol{f}$ 是 R^1 到 R^3 中，对每个 t 合于 $|\boldsymbol{f}(t)|=1$ 的可微映射. 证明 $\boldsymbol{f}'(t)\boldsymbol{f}(t)=0$.

用几何解释这个结果.

14. 定义 $f(0, 0)=0$，而当 $(x, y)\neq(0, 0)$ 时，

$$f(x,y) = \frac{x^3}{x^2+y^2}.$$

(a) 证明 $D_1 f$ 及 $D_2 f$ 是 R^2 中的有界函数(因之，f 连续).

(b) 令 $\boldsymbol{u}$ 是 R^2 中的任一单位向量. 证明方向导数 $(D_{\boldsymbol{u}} f)(0, 0)$ 存在，并且它的绝对值最大是 1.

(c) 设 γ 是 R^1 到 R^2 中的可微映射(换句话说，γ 是 R^2 中的可微曲线)，$\gamma(0)=(0, 0)$ 且 $|\gamma'(0)|>0$. 令 $g(t)=f(\gamma(t))$，证明 g 对每个 $t\in R^1$ 可微.

如果 $\gamma\in\mathscr{C}'$，证明 $g\in\mathscr{C}'$.

(d) 虽然如此，证明 f 在 $(0, 0)$ 不可微.

提示：公式(40)失效.

15. 定义 $f(0, 0)=0$，而当 $(x, y)\neq(0, 0)$ 时，令

$$f(x,y) = x^2 + y^2 - 2x^2y - \frac{4x^6y^2}{(x^4+y^2)^2}.$$

(a) 证明对一切$(x, y)\in R^2$，

$$4x^4y^2 \leqslant (x^4+y^2)^2.$$

推断 f 连续.

(b) 对于 $0\leqslant\theta\leqslant 2\pi$，$-\infty<t<\infty$，定义

$$g_\theta(t) = f(t\cos\theta, t\sin\theta).$$

证明 $g_\theta(0)=0$，$g'_\theta(0)=0$，$g''_\theta(0)=2$. 所以每个 g_θ 在 $t=0$ 有严格局部极小值.

换句话说，限制 f 在每条过$(0, 0)$的直线时，在$(0, 0)$有严格局部极小值.

(c) 证明$(0, 0)$仍然不是 f 的局部极小值，因为 $f(x, x^2)=-x^4$.

16. 证明在反函数定理中，$\boldsymbol{f}'$在点 $\boldsymbol{a}$ 的连续性是必需的，即使在 $n=1$ 的情况也是如此：如果当 $t\neq 0$ 时

$$f(t) = t+2t^2\sin\left(\frac{1}{t}\right),$$

而 $f(0)=0$，那么，$f'(0)=1$，f'在$(-1, 1)$有界，但在 0 的任何邻域内，f 不是 1-1 的.

17. 令 $\boldsymbol{f}=(f_1, f_2)$为由

$$f_1(x,y) = e^x\cos y, \quad f_2(x,y) = e^x\sin y$$

给出的 R^2 到 R^2 内的映射.

(a) $\boldsymbol{f}$ 的值域是什么？

(b) 证明 $\boldsymbol{f}$ 的函数行列式在 R^2 的任何点上不为零. 于是 R^2 的每个点有邻域，使 $\boldsymbol{f}$ 在其中是 1-1 的. 然而 $\boldsymbol{f}$ 在 R^2 上不是 1-1 的.

(c) 令 $\boldsymbol{a}=(0, \pi/3)$，$\boldsymbol{b}=\boldsymbol{f}(\boldsymbol{a})$，设 $\boldsymbol{g}$ 是在 $\boldsymbol{b}$ 的某邻域内确定的 $\boldsymbol{f}$ 的连续逆，且 $\boldsymbol{g}(\boldsymbol{b})=\boldsymbol{a}$. 求出 $\boldsymbol{g}$ 的显式，计算 $\boldsymbol{f}'(\boldsymbol{a})$及 $\boldsymbol{g}'(\boldsymbol{b})$，并验证公式(52).

(d) 坐标轴的平行线在 $\boldsymbol{f}$ 下的像是什么？

18. 对于由

$$u = x^2-y^2, \quad v = 2xy$$

确定的映射，回答同样的诸问题.

19. 证明方程组

$$\begin{aligned}3x+y-z+u^2&=0\\ x-y+2z+u&=0\\ 2x+2y-3z+2u&=0\end{aligned}$$

能把 x，y，u 用 z 解出；x，z，u 能用 y 解出；y，z，u 能用 x 解出；但不能把 x，y，z 用 u 解出.

20. 在隐函数定理中取 $n=m=1$，用图像来解释这个定理(还有它的证明).

21. 在 R^2 中，由

$$f(x,y)=2x^3-3x^2+2y^3+3y^2$$

确定 f.

(a) 在 R^2 中求四个点，使 f 的梯度在这些点上为零. 证明 f 在 R^2 中正好有一个局部极大和一个局部极小.

(b) 令 S 为使 $f(x, y)=0$ 的一切 $(x, y)\in R^2$ 的集. 在 S 中找出那些点来，在它的任何邻域内，都不能从方程 $f(x, y)=0$，把 y 用 x 解出(或把 x 用 y 解出). 做出 S 的图，能画多精确就多精确.

22. 对

$$f(x,y)=2x^3+6xy^2-3x^2+3y^2$$

做类似的讨论

23. 在 R^3 中，由

$$f(x,y_1,y_2)=x^2y_1+e^x+y_2$$

定义 f. 证明 $f(0, 1, -1)=0$，$(D_1f)(0, 1, -1)\neq 0$，因此在 R^2 中存在着在 $(1, -1)$ 的某邻域中的可微函数 g，合于 $g(1, -1)=0$ 及

$$f(g(y_1,y_2),y_1,y_2)=0.$$

求 $(D_1g)(1, -1)$ 及 $(D_2g)(1, -1)$.

24. 对于 $(x, y)\neq(0, 0)$，用

$$f_1(x,y)=\frac{x^2-y^2}{x^2+y^2},\quad f_2(x,y)=\frac{xy}{x^2+y^2}$$

来定义 $\mathbf{f}=(f_1, f_2)$.

计算 $\mathbf{f}'(x, y)$ 的秩，并求 $\mathbf{f}$ 的值域.

25. 设 $A\in L(R^n, R^m)$，令 A 的秩是 r.

(a) 像在定理 9.32 的证明中那样定义 S. 证明 SA 是 R^n 中的射影，它的零空间是 $\mathcal{N}(A)$，而它的值域是 $\mathcal{R}(S)$. 提示：据(68)，$SASA=SA$.

(b) 用(a)证明

$$\dim\mathcal{N}(A)+\dim\mathcal{R}(A)=n.$$

26. 证明 $D_{12}f$ 的存在性(甚至连续性)并不包含着 D_1f 的存在性. 例如，令 $f(x, y)=g(x)$，这里 g 无处可微.

27. 设 $f(0, 0)=0$，而当 $(x, y)\neq(0, 0)$ 时，

$$f(x,y)=\frac{xy(x^2-y^2)}{x^2+y^2}.$$

证明：

(a) f，$D_1 f$，$D_2 f$ 都在 R^2 中连续；

(b) $D_{12} f$ 及 $D_{21} f$ 在 R^2 的每点存在，并且除了在(0，0)点以外都连续；

(c) $(D_{12} f)(0,\ 0)=1$ 而 $(D_{21} f)(0,\ 0)=-1$.

28. 当 $t\geqslant 0$ 时，令

$$\varphi(x,t)=\begin{cases}x & (0\leqslant x\leqslant\sqrt{t})\\ -x+2\sqrt{t} & (\sqrt{t}\leqslant x\leqslant 2\sqrt{t})\\ 0 & (\text{其他}),\end{cases}$$

而当 $t<0$ 时，令 $\varphi(x,\ t)=-\varphi(x,\ |t|)$.

证明 φ 在 R^2 连续，且对一切 x，

$$(D_2\varphi)(x,0)=0.$$

定义

$$f(t)=\int_{-1}^{1}\varphi(x,t)\mathrm{d}x.$$

证明当 $|t|<\frac{1}{4}$ 时 $f(t)=t$. 因此，

$$f'(0)\neq\int_{-1}^{1}(D_2\varphi)(x,0)\mathrm{d}x.$$

29. 设 E 是 R^n 中的开集. 类 $\mathscr{C}'(E)$ 及 $\mathscr{C}''(E)$ 已在正文中定义了. 对所有正整数 k，能用归纳法定义 $\mathscr{C}^{(k)}(E)$ 如下：$f\in\mathscr{C}^{(k)}(E)$ 表示诸偏导数 $D_1 f$，…，$D_n f$ 属于 $\mathscr{C}^{(k-1)}(E)$.

假定 $f\in\mathscr{C}^{(k)}(E)$，(重复应用定理 9.41)证明 k 阶导数

$$D_{i_1 i_2\cdots i_k} f=D_{i_1} D_{i_2}\cdots D_{i_k} f$$

在下标 i_1，…，i_k 重排时不变.

例如，如果 $n\geqslant 3$，那么对于每个 $f\in\mathscr{C}^{(4)}$，

$$D_{1213} f=D_{3112} f.$$

30. 令 $f\in\mathscr{C}^{(m)}(E)$，这里 E 是 R^n 的开子集. 固定 $\mathbf{a}\in E$，并设 $\mathbf{x}\in R^n$ 与 $\mathbf{0}$ 如此地近，以致只要 $0\leqslant t\leqslant 1$，点

$$\mathbf{p}(t)=\mathbf{a}+t\mathbf{x}$$

就位于 E 内. 对于一切使 $\mathbf{p}(t)\in E$ 的 $t\in R^1$，定义

$$h(t) = f(\boldsymbol{p}(t)).$$

(a) 对 $1 \leqslant k \leqslant m$，(重复应用链导法)证明

$$h^{(k)}(t) = \Sigma(D_{i_1 \cdots i_k} f)(\boldsymbol{p}(t)) x_{i_1} \cdots x_{i_k}.$$

求和符号遍历一切有序 k·-··元组(i_1，…，i_k)，其中每个 i_j 是正整数 1，…，n 之一.

(b) 据 Taylor 定理(5.15)，有某个 $t \in (0, 1)$，使

$$h(1) = \sum_{k=0}^{m-1} \frac{h^{(k)}(0)}{k!} + \frac{h^{(m)}(t)}{m!}.$$

据此说明式子

$$f(\boldsymbol{a} + \boldsymbol{x}) = \sum_{k=0}^{m-1} \frac{1}{k!} \Sigma(D_{i_1 \cdots i_k} f)(\boldsymbol{a}) x_{i_1} \cdots x_{i_k} + r(\boldsymbol{x})$$

把 $f(\boldsymbol{a}+\boldsymbol{x})$表成它的“$m-1$ 次 Taylor 多项式”及满足

$$\lim_{\boldsymbol{x} \to 0} \frac{r(\boldsymbol{x})}{|\boldsymbol{x}|^{m-1}} = 0$$

的余项之和. 然后由此推证 n 个变量的 Taylor 定理.

每个内层和，像(a)那样，遍历一切有序 k-元组(i_1，…，i_k). 照例，f 的零阶导数就是 f，所以 f 在 $\boldsymbol{a}$ 的 Taylor 多项式的常数项就是 $f(\boldsymbol{a})$.

(c) 习题 29 说明，(b)所写的 Taylor 多项式中会有重复. 例如 D_{113}，作为 D_{113}，D_{131}，D_{311} 而出现三次. 相应三项的和能写成

$$3(D_1^2 D_3 f)(\boldsymbol{a}) x_1^2 x_3$$

的形式. 证明(用计算各阶导数出现的次数)在(b)中的 Taylor 多项式能写成

$$\sum \frac{(D_1^{s_1} \cdots D_n^{s_n} f)(\boldsymbol{a})}{s_1! \cdots s_n!} x_1^{s_1} \cdots x_n^{s_n}$$

的形式. 这里求和时遍历一切有序 n-元数组(s_1，…，s_n)，每个 s_i 是非负整数，且 $s_1 + \cdots + s_n \leqslant m-1$.

31. 设在点 $\boldsymbol{a} \in R^2$ 的某邻域内 $f \in \mathscr{C}^{(3)}$，f 的梯度在 $\boldsymbol{a}$ 点是 $\mathbf{0}$，但 f 的诸二阶导数在 $\boldsymbol{a}$ 点不全为零. 说明这时从 f 在 $\boldsymbol{a}$ 的(二次)Taylor 多项式怎样判断，f 在 $\boldsymbol{a}$ 点有局部极大或局部极小，或既没有局部极大又没有局部极小.

把对于 R^2 的这个结果推广到 R^n.

第 10 章　微分形式的积分

积分可以在各种水平上进行研究. 可以说第 6 章是在实轴的子区间上，对于比较“好”的函数阐述了积分理论. 在第 11 章中我们将会遇到积分理论的高度发展，它可以用于很大的几类函数，这些函数的定义域是较为随意的集，不必是 R^n 的子集. 本章致力于积分理论中与欧氏空间的几何紧密相关的各方面，诸如变量替换公式，线积分，微分形式的结构，而微分形式是用来叙述和证明 Stokes 定理的，它是与微积分基本定理相当的 n 维的定理.

积分

10.1　定义　设 I^k 是 R^k 中的 k-方格，它由合于

$$a_i \leqslant x_i \leqslant b_i \quad (i = 1, \cdots, k) \tag{1}$$

的一切

$$\mathbf{x} = (x_1, \cdots, x_k)$$

组成，I^j 是 R^j 中的 j-方格，它由(1)中的前 j 个不等式来确定，f 是 I^k 上的实连续函数.

令 $f=f_k$，而用下式定义 I^{k-1} 上的函数 f_{k-1}：

$$f_{k-1}(x_1, \cdots, x_{k-1}) = \int_{a_k}^{b_k} f_k(x_1, \cdots, x_{k-1}, x_k)\mathrm{d}x_k.$$

f_k 在 I^k 上的一致连续性表明 f_{k-1} 在 I^{k-1} 上连续. 因此，我们能够重复应用这种手续，得到 I^j 上的连续函数 f_j，而 f_{j-1} 是 f_j 关于 x_j 在$[a_j, b_j]$上的积分. 这样做 k 步以后，就能得到一个数 f_0，我们就把这个数叫作 f 在 I^k 上的积分，并写成下面这种形式：

$$\int_{I^k} f(x)\mathrm{d}x \text{ 或} \int_{I^k} f. \tag{2}$$

先验地看来，积分的这个定义与这 k 个积分的计算次序有关. 但是，这只是表面上如此. 为证明这一点，对于积分(2)引入一个暂时的记号 $L(f)$，而用 $L'(f)$来记按另外某个次序求这 k 个积分的结果.

10.2　定理　对每个 $f \in \mathscr{C}(I^k)$，$L(f)=L'(f)$.

证　如果 $h(\mathbf{x})=h_1(x_1)\cdots h_k(x_k)$，$h_j \in \mathscr{C}([a_j, b_j])$，那么

$$L(h) = \prod_{i=1}^{k} \int_{a_i}^{b_i} h_i(x_i)\mathrm{d}x_i = L'(h).$$

设 $\mathscr{A}$ 是这样的函数 h 的一切有限和所组成的集，那么，只要 $g \in \mathscr{A}$，就必定

$L(g)=L'(g)$. $\mathscr{A}$ 又是 I^k 上函数构成的代数，Stone-Weierstrass 定理能用到这些函数上.

置 $V=\prod_{i=1}^{k}(b_i-a_i)$. 如果 $f\in\mathscr{C}(I^k)$，并且 $\varepsilon>0$，必有 $g\in\mathscr{A}$，使 $\| f-g\| <\varepsilon/V$，这里 $\| f\|$ 的定义是 $\max|f(\boldsymbol{x})|$ $(\boldsymbol{x}\in I^k)$. 于是 $|L(f-g)|<\varepsilon$，$|L'(f-g)|<\varepsilon$，又由

$$L(f)-L'(f)=L(f-g)+L'(g-f),$$

推知 $|L(f)-L'(f)|<2\varepsilon$.

习题 2 与这里有联系.

10.3 定义 R^k 上一个(实或复)函数 f 的支集，是使 $f(x)\neq 0$ 的一切点的集的闭包. 如果 f 是带有紧支集的连续函数，令 I^k 是含有 f 的支集的任一 k-方格，并且定义

$$\int_{R^k} f=\int_{I^k} f. \tag{3}$$

这样定义的积分显然与 I^k 的选择无关，只要假定 I^k 包含 f 的支集.

现在试图把在 R^k 上的积分的定义，扩充到带有紧支集的连续函数(在某种意义下)的极限函数上去. 我们不去讨论在什么条件下能这样推广；正当地解决这问题的地方是 Lebesgue 积分. 目前，只描述一个在 Stokes 定理中要用到的极简单的例子.

10.4 例 令 Q^k 是由 R^k 中的合于 $x_1+\cdots+x_k\leqslant 1$ 并且 $x_i>0$ $(i=1, \cdots, k)$ 的一切点 $\boldsymbol{x}=(x_1, \cdots, x_k)$ 组成的 k-单形. 例如，$k=3$ 时，Q^k 是顶点在 $\mathbf{0}$，$\boldsymbol{e}_1$，$\boldsymbol{e}_2$，$\boldsymbol{e}_3$ 的四面体. 如果 $f\in\mathscr{C}(Q^k)$，就令 $f(\boldsymbol{x})$ 在 Q^k 之外为 0 来把 f 扩充成 I^k 上的函数，并且定义

$$\int_{Q^k} f=\int_{I^k} f. \tag{4}$$

这里 I^k 是由

$$0\leqslant x_i\leqslant 1 \quad (1\leqslant i\leqslant k)$$

所确定的“单位立方体”.

因为 f 可能在 I^k 上不连续，所以(4)式右端的积分的存在性，必需证明. 我们还希望证明这个积分与积出其中 k 个单积分的次序无关.

为了做到这一点，假定 $0<\delta<1$. 置

$$\varphi(t)=\begin{cases}1 & (t\leqslant 1-\delta)\\ \dfrac{(1-t)}{\delta} & (1-\delta<t\leqslant 1)\\ 0 & (1<t)\end{cases} \tag{5}$$

而定义

$$F(\mathbf{x}) = \varphi(x_1 + \cdots + x_k) f(\mathbf{x}) \quad (\mathbf{x} \in I^k). \tag{6}$$

于是，$F \in \mathscr{C}(I^k)$.

置 $\mathbf{y} = (x_1, \cdots, x_{k-1})$，$\mathbf{x} = (\mathbf{y}, x_k)$. 对于每个 $\mathbf{y} \in I^{k-1}$ 来说，能使 $F(\mathbf{y}, x_k) \neq f(\mathbf{y}, x_k)$ 的一切 x_k 的集，或者是空集，或者是长度不超过 δ 的开区间. 因为 $0 \leqslant \varphi \leqslant 1$，所以

$$| F_{k-1}(\mathbf{y}) - f_{k-1}(\mathbf{y}) | \leqslant \delta \| f \| \quad (y \in I^{k-1}), \tag{7}$$

这里 $\| f \|$ 的意义与定理 10.2 的证明中所说的相同，而 F_{k-1} 与 f_{k-1} 都是定义 10.1 中那样的.

当 $\delta \to 0$ 时，(7)式表示 f_{k-1} 为连续函数序列的一致极限. 所以 $f_{k-1} \in \mathscr{C}(I^{k-1})$，而再进一步积分没有什么问题了.

这证明了积分(4)是存在的. 此外，(7)式说明

$$\left| \int_{I^k} F(\mathbf{x}) \mathrm{d}\mathbf{x} - \int_{I^k} f(\mathbf{x}) \mathrm{d}x \right| \leqslant \delta \| f \|. \tag{8}$$

注意，不论这 k 个单积分是按什么次序进行的，(8)式总是正确的. 因为 $F \in \mathscr{C}(I^k)$，不论怎样变更积分次序，$\int F$ 不变. 因而(8)式说明 $\int f$ 也是这样.

这就完成了证明.

下一个目标是定理 10.9 中所说的变量替换公式. 为了使证明容易懂，先来讨论所谓本原映射及单位的分割. 本原映射将使我们对于带有可逆导数的 $\mathscr{C}'$ 映射的局部的性状有个清晰的图景，而单位的分割是使我们能在全局中利用局部信息的极为有用的方法.

本原映射

10.5 定义 设 $\mathbf{G}$ 把开集 $E \subset R^n$ 映入 R^n 内，又设有正整数 m 及实函数 g (定义域是 E)，使

$$\mathbf{G}(\mathbf{x}) = \sum_{i \neq m} x_i \mathbf{e}_i + g(\mathbf{x}) \mathbf{e}_m \quad (\mathbf{x} \in E), \tag{9}$$

就把 $\mathbf{G}$ 叫作*本原映射*. 于是本原映射至多改变一个坐标. 注意，(9)式也可写成

$$\mathbf{G}(\mathbf{x}) = \mathbf{x} + [g(\mathbf{x}) - x_m] \mathbf{e}_m \tag{10}$$

的形状.

如果 g 在某点 $\mathbf{a} \in E$ 可微，那么 $\mathbf{G}$ 也是这样. 算子 $\mathbf{G}'(\mathbf{a})$ 的矩阵 $[\alpha_{ij}]$ 的第 m 行是

$$(D_1 g)(\mathbf{a}), \cdots, (D_m g)(\mathbf{a}), \cdots, (D_n g)(\mathbf{a}). \tag{11}$$

当 $j\neq m$ 时，我们有 $\alpha_{jj}=1$，而当 $i\neq j$ 时，$\alpha_{ij}=0$. 于是 $\boldsymbol{G}$ 在 $\boldsymbol{a}$ 处的函数行列式就是

$$J_{\boldsymbol{G}}(\boldsymbol{a}) = \det[\boldsymbol{G}'(\boldsymbol{a})] = (D_m g)(\boldsymbol{a}), \tag{12}$$

我们知道(根据定理 9.36)，当且仅当 $(D_m g)(\boldsymbol{a})\neq 0$ 时，$\boldsymbol{G}'(\boldsymbol{a})$ 可逆.

10.6　定义　在 R^n 上，只把标准基的某一对成员交换，而其他成员不变的线性算子 B 叫作对换.

例如，在 R^4 上，交换 $\boldsymbol{e}_2$ 和 $\boldsymbol{e}_4$ 的对换 B 是

$$B(x_1\boldsymbol{e}_1 + x_2\boldsymbol{e}_2 + x_3\boldsymbol{e}_3 + x_4\boldsymbol{e}_4) = x_1\boldsymbol{e}_1 + x_2\boldsymbol{e}_4 + x_3\boldsymbol{e}_3 + x_4\boldsymbol{e}_2. \tag{13}$$

或者写成

$$B(x_1\boldsymbol{e}_1 + x_2\boldsymbol{e}_2 + x_3\boldsymbol{e}_3 + x_4\boldsymbol{e}_4) = x_1\boldsymbol{e}_1 + x_4\boldsymbol{e}_2 + x_3\boldsymbol{e}_3 + x_2\boldsymbol{e}_4. \tag{14}$$

因此，B 又能看成是交换某两个坐标，而不看成是交换两个基向量.

在后面的证明中，我们要用 R^n 中的射影 P_0，…，P_n，它们的定义是 $P_0\boldsymbol{x}=\boldsymbol{0}$，而当 $1\leqslant m\leqslant n$ 时

$$P_m\boldsymbol{x} = x_1\boldsymbol{e}_1 + \cdots + x_m\boldsymbol{e}_m. \tag{15}$$

于是射影 P_m 的值域和零空间分别由 $\{\boldsymbol{e}_1, \cdots, \boldsymbol{e}_m\}$ 和 $\{\boldsymbol{e}_{m+1}, \cdots, \boldsymbol{e}_n\}$ 生成.

10.7　定理　*设 $\boldsymbol{F}$ 是把开集 $E\subset R^n$ 映入 R^n 内的 $\mathscr{C}'$ 映射，$\boldsymbol{0}\in E$，$\boldsymbol{F}(\boldsymbol{0})=0$，$\boldsymbol{F}'(\boldsymbol{0})$ 可逆.*

那么，在 R^m 中有一个 $\boldsymbol{0}$ 点的邻域，在其中

$$\boldsymbol{F}(\boldsymbol{x}) = B_1\cdots B_{n-1}\boldsymbol{G}_n\circ\cdots\circ\boldsymbol{G}_1(\boldsymbol{x}) \tag{16}$$

这个表示法能成立.

在(16)式中，每个 $\boldsymbol{G}_i$ 是在 $\boldsymbol{0}$ 的某邻域中的本原 $\mathscr{C}'$ 映射；$\boldsymbol{G}_i(\boldsymbol{0})=\boldsymbol{0}$，$\boldsymbol{G}_i'(\boldsymbol{0})$ 可逆，而每个 B_i 或者是个对换，或者是恒等算子.

简短地说，(16)把 $\boldsymbol{F}$ 局部地表成本原映射与对换的复合.

证　令 $\boldsymbol{F}=\boldsymbol{F}_1$. 假设 $1\leqslant m\leqslant n-1$ 而做下面的归纳假定(这假定当 $m=1$ 时显然成立).

V_m 是 $\boldsymbol{0}$ 的邻域，$\boldsymbol{F}_m\in\mathscr{C}'(V_m)$，$\boldsymbol{F}_m(\boldsymbol{0})=\boldsymbol{0}$，$\boldsymbol{F}_m'(\boldsymbol{0})$ 可逆，并且

$$P_{m-1}\boldsymbol{F}_m(\boldsymbol{x}) = P_{m-1}\boldsymbol{x}\quad (\boldsymbol{x}\in V_m). \tag{17}$$

据(17)即有

$$\boldsymbol{F}_m(\boldsymbol{x}) = P_{m-1}\boldsymbol{x} + \sum_{i=m}^{n}\alpha_i(\boldsymbol{x})\boldsymbol{e}_i, \tag{18}$$

这里 α_m，…，α_n 是 V_m 中的实 $\mathscr{C}'$ 函数. 因此，

$$F'_m(\mathbf{0})e_m = \sum_{i=m}^{n}(D_m\alpha_i)(\mathbf{0})e_i. \tag{19}$$

因为 $F'_m(\mathbf{0})$ 可逆，(19)式左端不是 $\mathbf{0}$，所以有一个 k 合于 $m \leqslant k \leqslant n$，使 $(D_m\alpha_k)(\mathbf{0}) \neq 0$.

令 B_m 是交换 m 与这个 k 的对换(如果 $k=m$，那么 B_m 就是恒等算子)并定义

$$G_m(x) = x + [\alpha_k(x) - x_m]e_m \quad (x \in V_m). \tag{20}$$

于是 $G_m \in \mathscr{C}'(V_m)$，$G_m$ 是本原的，并且由于 $(D_m\alpha_k)(\mathbf{0}) \neq 0$，所以 $G'_m(\mathbf{0})$ 可逆.

因此，反函数定理说明，存在着包含 $\mathbf{0}$ 的开集 $U_m \subset V_m$，使得 G_m 是把 U_m 映满 $\mathbf{0}$ 的某邻域 V_{m+1} 的一一映射，在 V_{m+1} 中 G_m^{-1} 连续可微. 按

$$F_{m+1}(y) = B_m F_m \circ G_m^{-1}(y) \quad (y \in V_{m+1}) \tag{21}$$

来定义 F_{m+1}.

于是，$F_{m+1} \in \mathscr{C}'(V_{m+1})$，$F_{m+1}(\mathbf{0}) = \mathbf{0}$并且(由链导法)$F'_{m+1}(\mathbf{0})$可逆. 又，当 $x \in U_m$ 时，

$$\begin{aligned} P_m F_{m+1}(G_m(x)) &= P_m B_m F_m(x) \\ &= P_m[P_{m-1}x + \alpha_k(x)e_m + \cdots] \\ &= P_{m-1}x + \alpha_k(x)e_m \\ &= P_m G_m(x) \end{aligned} \tag{22}$$

因此，

$$P_m F_{m+1}(y) = P_m y \quad (y \in V_{m+1}). \tag{23}$$

所以用 $m+1$ 代替 m 时我们的归纳假定仍然成立.

[在(22)中，先用(21)式，然后用(18)式及 B_m 的定义，再用 P_m 的定义，最后用(20).]

因 $B_m B_m = I$，(21)式由于 $y = G_m(x)$ 而等价于

$$F_m(x) = B_m F_{m+1}(G_m(x)) \quad (x \in U_m). \tag{24}$$

如果取 $m=1, \cdots, n-1$，用这公式相继推演，就能在$\mathbf{0}$的某个邻域内得到

$$\begin{aligned} F = F_1 &= B_1 F_2 \circ G_1 \\ &= B_1 B_2 F_3 \circ G_2 \circ G_1 = \cdots \\ &= B_1 \cdots B_{n-1} F_n \circ G_{n-1} \circ \cdots \circ G_1 \end{aligned}$$

据(18)式，F_n 是本原映射. 定理证毕.

单位的分割

10.8 定理 设 K 是 R^n 的紧子集，$\{V_\alpha\}$是 K 的开覆盖. 那么，必有函数

ψ_1，…，$\psi_s \in \mathscr{C}(R^n)$合于

(a) $0 \leqslant \psi_i \leqslant 1$，$1 \leqslant i \leqslant s$；

(b) 每个 ψ_i 的支集属于某个 V_α；

(c) 对每个 $\mathbf{x} \in K$ 来说，$\psi_1(\mathbf{x}) + \cdots + \psi_s(\mathbf{x}) = 1$.

由(c)的缘故，$\{\psi_i\}$叫作单位的分割，而时常把(b)说成$\{\psi_i\}$是覆盖$\{V_\alpha\}$的从属函数组.

推论 如果 $f \in \mathscr{C}(R^n)$并且 f 的支集位于 K 内，那么

$$f = \sum_{i=1}^{s} \psi_i f. \tag{25}$$

每个 $\psi_i f$ 的支集在某个 V_α 中.

(25)的要点是它把 f 表成了有"小"支集的连续函数 $\psi_i f$ 之和.

证 对每个 $\mathbf{x} \in K$ 联系上一个指标 $\alpha(\mathbf{x})$，使 $\mathbf{x} \in V_{\alpha(\mathbf{x})}$. 于是存在着中心在 $\mathbf{x}$ 的开球 $B(\mathbf{x})$及 $W(\mathbf{x})$，使

$$\overline{B(\mathbf{x})} \subset W(\mathbf{x}) \subset \overline{W(\mathbf{x})} \subset V_{\alpha(\mathbf{x})}. \tag{26}$$

因为 K 紧，所以在 K 中存在着点 $\mathbf{x}_1$，…，$\mathbf{x}_s$，使得

$$K \subset B(\mathbf{x}_1) \cup \cdots \cup B(\mathbf{x}_s). \tag{27}$$

由(26)，存在函数 φ_1，…，$\varphi_s \in \mathscr{C}(R^n)$，使得在 $B(\mathbf{x}_i)$上 $\varphi_i(\mathbf{x}) = 1$，而在 $W(\mathbf{x}_i)$之外 $\varphi(\mathbf{x}_i) = 0$，并且在 R^n 上 $0 \leqslant \varphi_i(\mathbf{x}) \leqslant 1$. 定义 $\psi_1 = \varphi_1$，而当$i = 1$，…，$s-1$时定义

$$\psi_{i+1} = (1 - \varphi_1) \cdots (1 - \varphi_i) \varphi_{i+1}. \tag{28}$$

性质(a)及(b)是显然的. 当 $i=1$ 时，关系

$$\psi_1 + \cdots + \psi_i = 1 - (1 - \varphi_1) \cdots (1 - \varphi_i) \tag{29}$$

当然对. 如果(29)式对某个 $i < s$ 成立，那么，把(28)式加到(29)式上，得到的就是用 $i+1$ 代替 i 时的(29)式. 因此

$$\sum_{i=1}^{s} \psi_i(\mathbf{x}) = 1 - \prod_{i=1}^{s} [1 - \varphi_i(\mathbf{x})] \quad (\mathbf{x} \in R^n). \tag{30}$$

如果 $\mathbf{x} \in K$，那么 $\mathbf{x}$ 属于某个 $B(\mathbf{x}_i)$，因此 $\varphi_i(\mathbf{x}) = 1$，而(30)中的乘积是 0. 这证明了(c).

变量代换

现在我们能够叙述在重积分中变量代换的作用了. 为了简单起见，我们还是仅限于讨论具有紧支集的连续函数；虽然这对于许多应用来说是限制的太多了. 习题 19 至 23 就是限制太多的例证.

10.9 定理 设 T 是把开集 $E\subset R^k$ 映入 R^k 内的 1-1 $\mathscr{C}'$ 映射，并且对于一切 $\boldsymbol{x}\in E$，$J_T(\boldsymbol{x})\neq 0$. 如果 f 是 R^k 上的连续函数，它的支集是紧的并且位于 $T(E)$ 内，那么

$$\int_{R^k} f(\boldsymbol{y})\mathrm{d}\boldsymbol{y} = \int_{R^k} f(T(\boldsymbol{x}))\mid J_T(\boldsymbol{x})\mid \mathrm{d}\boldsymbol{x}. \tag{31}$$

回想一下，J_T 是 T 的函数行列式. 根据反函数定理，由题设 $J_T(\boldsymbol{x})\neq 0$ 推知 T^{-1} 是 $T(E)$ 上的连续函数，这就保证了(31)式右端的被积函数在 E 中取得紧支集(定理 4.14).

(31)式中 $J_T(\boldsymbol{x})$ 的绝对值的出现，要做些解释. 就 $k=1$ 的情况而论，假设 T 是把 R^1 映满 R^1 的 1-1 $\mathscr{C}'$ 映射. 于是 $J_T(x)=T'(x)$；如果 T 是递增的，那么，由定理 6.19 及 6.17 对于具有紧支集的一切连续函数 f，有

$$\int_{R^1} f(y)\mathrm{d}y = \int_{R^1} f(T(x))T'(x)\mathrm{d}x, \tag{32}$$

但是如果 T 递降，那么 $T'(x)<0$；这时如果 f 在它的支集内部是正的话，那么(32)式的左端是正的而右端是负的. 如果在(32)中把 T' 换成 $|T'|$，才会得到正确的等式.

问题在于，我们所考虑的积分是函数在 R^k 的一个子集上的积分，而我们却没有给这些子集配置方向或定向. 等到在曲面上对微分形式积分时，将采用其他的观点.

证 由刚才的评注得知，如果 T 是本原 $\mathscr{C}'$ 映射(见定义 10.5)，那么(31)式正确，而定理 10.2 说明，当 T 是只交换两个坐标的线性映射时，(31)式正确.

如果定理对于变换 P，Q 正确，并且 $S(\boldsymbol{x})=P(Q(\boldsymbol{x}))$，那么

$$\begin{aligned}\int f(\boldsymbol{z})\mathrm{d}\boldsymbol{z} &= \int f(P(\boldsymbol{y}))\mid J_P(\boldsymbol{y})\mid \mathrm{d}\boldsymbol{y}\\ &= \int f(P(Q(\boldsymbol{x})))\mid J_P(Q(\boldsymbol{x}))\mid\mid J_Q(\boldsymbol{x})\mid \mathrm{d}\boldsymbol{x}\\ &= \int f(S(\boldsymbol{x}))\mid J_S(\boldsymbol{x})\mid \mathrm{d}\boldsymbol{x},\end{aligned}$$

因为根据行列式的乘法定理及链导法，可以得到

$$\begin{aligned}J_P(Q(\boldsymbol{x}))J_Q(\boldsymbol{x}) &= \det P'(Q(\boldsymbol{x}))\det Q'(\boldsymbol{x})\\ &= \det P'(Q(\boldsymbol{x}))Q'(\boldsymbol{x})\\ &= \det S'(\boldsymbol{x}) = J_S(\boldsymbol{x}).\end{aligned}$$

所以对于 S 来说，定理也正确.

每个点 $\boldsymbol{a}\in E$ 有邻域 $U\subset E$，在 U 中

$$T(\boldsymbol{x}) = T(\boldsymbol{a}) + B_1\cdots B_{k-1}\boldsymbol{G}_k\circ\boldsymbol{G}_{k-1}\circ\cdots\circ\boldsymbol{G}_1(\boldsymbol{x}-\boldsymbol{a}), \tag{33}$$

这里 $\boldsymbol{G}_i$ 与 B_i 都是像定理 10.7 中那样的. 令 $V=T(U)$，那么就当 f 的支集在 V 中时，(31)式成立. 所以：

每个点 $\boldsymbol{y}\in T(E)$ 必在这样的开集 $V_{\boldsymbol{y}}\subset T(E)$ 里，使得对于支集在 $V_{\boldsymbol{y}}$ 中的一切连续函数 f，(31)式都成立.

现在令 f 是具有紧支集 $K\subset T(E)$ 的连续函数. 因为 $\{V_{\boldsymbol{y}}\}$ 覆盖了 K，定理 10.8 的推论说明 $f=\Sigma\psi_i f$，这里每个 ψ_i 连续，并且每个 ψ_i 的支集在某个 $V_{\boldsymbol{y}}$ 内，这样，对于每个 $\psi_i f$ 来说，(31)式成立，因此对于它们的和 f 来说也成立.

微分形式

现在我们按排一种布局，叙述 n 维的微积分基本定理时需要它. 这个定理通常叫作 Stokes 定理. Stokes 定理的原始形式，起因于向量分析对电磁学的应用，而且是用向量场的环流来叙述的. Green 定理及散度定理是另外的特殊情形. 这些论题，在本章之末有简短的讨论.

Stokes 定理的稀有特色，在于它只有一个难点，那就是叙述这个定理时，必需用到一些定义的精心制做的结构. 这些定义涉及微分形式，它们的导数，边界以及指向. 一旦弄清楚了这些定义，定理的叙述就非常简明，它的证明也困难很少.

直到现在，我们只讨论了开集上定义的多变量函数的导数. 这样做是为了避免在边界点上所遇到的困难. 但是现在在紧集上讨论可微函数才方便. 所以我们采用下面的约定：

说 $\boldsymbol{f}$ 是紧集 $D\subset R^k$ 到 R^n 内的 $\mathscr{C}'$映射(或 $\mathscr{C}''$映射)，就表示存在着开集 $W\subset R^k$ 到 R^n 的 $\mathscr{C}'$映射(或 $\mathscr{C}''$映射)$\boldsymbol{g}$，使得 $D\subset W$ 并且当 $\boldsymbol{x}\in D$ 时 $\boldsymbol{g}(\boldsymbol{x})=\boldsymbol{f}(\boldsymbol{x})$.

10.10 定义 设 E 是 R^n 中的开集. E 中的 k-曲面是从紧集 $D\subset R^k$ 到 E^n 内的 $\mathscr{C}'$映射 Φ.

D 叫作 Φ 的参数域. D 中的点记成 $\boldsymbol{u}=(u_1, \cdots, u_k)$.

我们限定 D 或为 k-方格，或为例题 10.4 中所说的 k-单形 Q^k 这种简单情况. 其中理由是我们以后要在 D 上积分，但是还没有讨论在 R^k 的更复杂的子集上的积分. 我们将看到，对 D 的这个限制(今后不再每次明说)，在微分形式的最后理论中，不会失去重大的一般性.

我们强调，E 中的 k-曲面的定义是到 E 中的映射，而不是 E 的子集. 这与我们早先对于曲线的定义(定义 6.26)是一致的. 其实，1-曲面刚好与连续可微曲线是一样的.

10.11 定义 设 E 是 R^n 中的开集. *E 中的($k\geqslant 1$)次微分形式*(简称为 *E 中的 k-形式*)是一个用和式

$$\omega=\sum a_{i_1}\cdots_{i_k}(\boldsymbol{x})\mathrm{d}x_{i_1}\wedge\cdots\wedge\mathrm{d}x_{i_k} \tag{34}$$

(指标 i_1，…，i_k 各自从 1 到 n 独立变化)作符号表示的函数，它给 E 中的每个 k-曲面 Φ，按照规则

$$\int_{\Phi}\omega=\int_{D}\sum a_{i_1}\cdots_{i_k}(\Phi(\boldsymbol{u}))\frac{\partial(x_{i_1},\ \cdots,\ x_{i_k})}{\partial(u_1,\ \cdots,\ u_k)}\mathrm{d}\boldsymbol{u}, \tag{35}$$

规定一个数 $\omega(\Phi)=\int_{\Phi}\omega$，这里的 D 是 Φ 的参数域.

假定 $a_{i_1}\cdots a_{i_k}$ 都是 E 内的实连续函数. 如果 ϕ_1，…，ϕ_n 是 Φ 的分量，(35)中的函数行列式是由映射

$$(u_1,\cdots,u_k)\to(\phi_{i_1}(\boldsymbol{u}),\cdots,\phi_{i_k}(\boldsymbol{u}))$$

所确定的.

注意，像在定义 10.1 中(或例 10.4 中)所规定的那样，(35)式右端是在 D 上的积分，而(35)式是符号 $\int_{\Phi}\omega$ 的定义.

如果(34)式中的函数 $a_{i_1}\cdots a_{i_k}$ 都属于 $\mathscr{C}'$ 或 $\mathscr{C}''$，那么就说 k-形式 ω 属于 $\mathscr{C}'$ 类或 $\mathscr{C}''$ 类.

E 中的 0-形式规定是 E 中的一个连续函数.

10.12 例

(a) 令 γ 是 R^3 中的 1-曲面($\mathscr{C}'$ 类曲线)，参数域是 $[0,\ 1]$. 用 $(x,\ y,\ z)$ 代替 $(x_1,\ x_2,\ x_3)$，并且置

$$\omega=x\mathrm{d}y+y\mathrm{d}x.$$

那么，

$$\begin{aligned}\int_{\gamma}\omega&=\int_0^1[\gamma_1(t)\gamma_2'(t)+\gamma_2(t)\gamma_1'(t)]\mathrm{d}t\\&=\gamma_1(1)\gamma_2(1)-\gamma_1(0)\gamma_2(0).\end{aligned}$$

注意，在这个例子里，$\int_{\gamma}\omega$ 只依赖于 γ 的始点 $\gamma(0)$ 与终点 $\gamma(1)$. 特别地，如果 γ 是闭曲线，那么 $\int_{\gamma}\omega=0$ (下面就要见到，这对任何恰当 1-形式 ω 都是对的).

1-形式的积分时常叫作线积分.

(b) 固定 $a>0$，$b>0$，定义

$$\gamma(t)=(a\cos t,b\sin t)\quad(0\leqslant t\leqslant 2\pi),$$

于是 γ 是 R^2 中的闭曲线(它的值域是一椭圆). 于是

$$\int_{\gamma} x\,\mathrm{d}y = \int_0^{2\pi} ab\cos^2 t\,\mathrm{d}t = \pi ab,$$

然而

$$\int_{\gamma} y\,\mathrm{d}x = -\int_0^{2\pi} ab\sin^2 t\,\mathrm{d}t = -\pi ab.$$

注意，$\int_{\gamma} x\,\mathrm{d}y$ 是 γ 所界区域的面积. 这是 Green 定理的特殊情形.

(c) 设 D 是由

$$0 \leqslant r \leqslant 1,\quad 0 \leqslant \theta \leqslant \pi,\quad 0 \leqslant \varphi \leqslant 2\pi$$

确定的 3-方格. 定义 $\Phi(r, \theta, \varphi) = (x, y, z)$，这里

$$\begin{aligned} x &= r\sin\theta\cos\varphi, \\ y &= r\sin\theta\sin\varphi, \\ z &= r\cos\theta \end{aligned}$$

于是

$$J_{\Phi}(r,\theta,\varphi) = \frac{\partial(x,y,z)}{\partial(r,\theta,\varphi)} = r^2\sin\theta.$$

因此

$$\int_{\Phi} \mathrm{d}x \wedge \mathrm{d}y \wedge \mathrm{d}z = \int_D J_{\Phi} = \frac{4\pi}{3}. \tag{36}$$

注意，这 Φ 把 D 映满 R^3 的闭单位球，在 D 的内部，这映射是 1-1 的(但是有些边界点要被 Φ 等同起来)，积分(36)等于 $\Phi(D)$ 的体积.

10.13 初等性质 设 ω，ω_1，ω_2 是 E 中的 k-形式. 当且仅当对于 E 中的每个 k-曲面 Φ，$\omega_1(\Phi) = \omega_2(\Phi)$ 时，就写成 $\omega_1 = \omega_2$. 特别地，$\omega = 0$ 就表示对于 E 中的每个 k-曲面 Φ，$\omega(\Phi) = 0$. 设 c 是实数，那么 $c\omega$ 是由

$$\int_{\Phi} c\omega = c\int_{\Phi} \omega \tag{37}$$

确定的 k-形式，而 $\omega = \omega_1 + \omega_2$ 表示对于 E 中的每个 k-曲面 Φ，

$$\int_{\Phi} \omega = \int_{\Phi} \omega_1 + \int_{\Phi} \omega_2 \tag{38}$$

作为(37)式的特殊情况，注意，$-\omega$ 是由

$$\int_{\Phi} (-\omega) = -\int_{\Phi} \mathrm{d}\omega \tag{39}$$

确定的 k-形式.

考虑 k-形式

$$\omega = a(x)\mathrm{d}x_{i_1} \wedge \cdots \wedge \mathrm{d}x_{i_k}, \tag{40}$$

而令 $\bar{\omega}$ 是对调(40)式中的某两个足码所得到的 k-形式. 如果把(35)式及(39)式与"行列式的两列交换，则行列式变号"这件事联系起来，就知道

$$\bar{\omega} = -\omega. \tag{41}$$

作为它的特殊情况，注意，对一切 i 及 j 来说，反换位关系

$$\mathrm{d}x_i \wedge \mathrm{d}x_j = -\mathrm{d}x_j \wedge \mathrm{d}x_i \tag{42}$$

成立. 特别地，

$$\mathrm{d}x_i \wedge \mathrm{d}x_i = 0 \quad (i = 1,\cdots,n). \tag{43}$$

再把(40)式广泛地说一下，假定某个 $r \neq s$ 而 $i_r = i_s$. 如果交换了这两个下标，就有 $\bar{\omega}=\omega$，因此据(41)式，必然 $\omega=0$.

换句话说，如果 ω 是由(40)式表出的，那么，$\omega=0$，除非是下标全不相同.

如果 ω 是像(34)中那样，有重复下标的加项就能略去，而不影响 ω.

因此，如果 $k>n$，那么，在 R^n 的任何开子集中，就只有 0 是 k-形式.

(42)式所表示的反换位性，就是为什么在研究微分形式时，要格外注意减号的根由.

10.14 基本 k-形式 设 i_1，⋯，i_k 都是正整数，$1 \leqslant i_1 < i_2 < \cdots < i_k \leqslant n$，又设 I 是 k 元有序组(简称 k-序组)$\{i_1, \cdots, i_k\}$，那么，我们称 I 为递增 k-指标，并采用简短的记法

$$\mathrm{d}x_I = \mathrm{d}x_{i_1} \wedge \cdots \wedge \mathrm{d}x_{i_k}. \tag{44}$$

这些形式 $\mathrm{d}x_I$ 叫作 R^n 中的基本 k-形式.

不难证明恰好存在着 $n!/k!(n-k)!$ 个基本 k-形式. 然而我们用不着这个事实.

更为重要的是，每个 k-形式能用基本 k-形式来表示. 要想明白这一点，注意每个不同整数的 k-元组$\{j_1, \cdots, j_k\}$，经过有限次两两对换，能变成一个递增 k-指标 J；像在 10.13"初等性质"中已知的那样，每次对换等于乘上个 -1；因之，

$$\mathrm{d}x_{j_1} \wedge \cdots \wedge \mathrm{d}x_{j_k} = \varepsilon(j_1,\cdots,j_k)\mathrm{d}x_J, \tag{45}$$

这里 $\varepsilon(j_1, \cdots, j_k)$是 1 或 -1，全看所需对换的次数而定. 其实，极易知道

$$\varepsilon(j_1,\cdots,j_k) = s(j_1,\cdots,j_k), \tag{46}$$

这里 s 的意义见定义 9.33.

例如，

$$dx_1 \wedge dx_5 \wedge dx_3 \wedge dx_2 = -dx_1 \wedge dx_2 \wedge dx_3 \wedge dx_5$$

而

$$dx_4 \wedge dx_2 \wedge dx_3 = dx_2 \wedge dx_3 \wedge dx_4.$$

如果(34)式中的每个 k-元组变成了递增 k-指标，那么就得到 ω 的标准表示：

$$\omega = \sum_I b_I(\mathbf{x}) dx_I \tag{47}$$

(47)中的和号遍历一切递增 k-指标 I. [当然，每个递增 k-指标是从许多(精确地说是 $k!$ 个)k-元组得来的. 这样，(47)中的每个 b_I 可能是(34)中所遇到的好几个系数的和.]

例如，

$$x_1 dx_2 \wedge dx_1 - x_2 dx_3 \wedge dx_2 + x_3 dx_2 \wedge dx_3 + dx_1 \wedge dx_2$$

是 R^3 中的 2-形式，它的标准表示是

$$(1 - x_1) dx_1 \wedge dx_2 + (x_2 + x_3) dx_2 \wedge dx_3.$$

下面的唯一性定理，是引入 k-形式的标准表示的主要来由之一.

10.15 定理 设

$$\omega = \sum_I b_I(\mathbf{x}) dx_I \tag{48}$$

是开集 $E \subset R^n$ 中的 k-形式 ω 的标准表示. 如果在 E 中 $\omega = 0$，那么，对于每个递增 k-指标 I 以及每个 $\mathbf{x} \in E$，$b_I(\mathbf{x}) = 0$.

注意，对于像(34)式那样的和式来说，这种类似的命题不成立. 因为，例如

$$dx_1 \wedge dx_2 + dx_2 \wedge dx_1 = 0.$$

证 我们假定有某个 $\mathbf{v} \in E$ 及某个递增 k-指标 $J = \{j_1, \cdots, j_k\}$，使 $b_J(\mathbf{v}) > 0$，来达到矛盾. 因为 b_J 连续，所以存在着 $h > 0$，它保证坐标满足 $|x_i - v_i| \leqslant h$ 的一切 $\mathbf{x} \in R^n$ 使 $b_J(\mathbf{x}) > 0$. 令 D 是 R^k 中的这样一个 k-方格：当且仅当 $|u_r| \leqslant h (r = 1, \cdots, k)$ 时，$\mathbf{u} \in D$. 定义

$$\Phi(\mathbf{u}) = \mathbf{v} + \sum_{r=1}^{k} u_r \mathbf{e}_{j_r} \quad (\mathbf{u} \in D). \tag{49}$$

于是 Φ 是 E 中的 k-曲面，它的参数域是 D，并且对于每个 $\mathbf{u} \in D$ 来说，$b_J(\Phi(\mathbf{u})) > 0$.

我们断言

$$\int_\Phi \omega = \int_D b_J(\Phi(\mathbf{u})) d\mathbf{u}. \tag{50}$$

因为(50)式的右端是正的，因此 $\omega(\Phi)\neq 0$. 所以(50)式产生了我们所要的矛盾来.

要证明(50)式，把(35)式用于(48)式，或者更明确点，计算(35)式中的函数行列式. 由(49)式得

$$\frac{\partial(x_{j_1},\cdots,x_{j_k})}{\partial(u_1,\cdots,u_k)}=1.$$

对于其余的递增 k-指标 $I\neq J$ 来说，函数行列式为 0，因为它至少有一列元素都是零.

10.16 基本 k-形式的积 设

$$I=\{i_1,\cdots,i_p\},\quad J=\{j_1,\cdots,j_q\}. \tag{51}$$

这里 $1\leqslant i_1<\cdots<i_p\leqslant n$ 而 $1\leqslant j_1<\cdots<j_q\leqslant n$. R^n 中的与 $\mathrm{d}x_I$，$\mathrm{d}x_J$ 对应的基本形式的积，是 R^n 中的 $(p+q)$-形式，用符号 $\mathrm{d}x_I\wedge\mathrm{d}x_J$ 来记它，而定义为

$$\mathrm{d}x_I\wedge\mathrm{d}x_J=\mathrm{d}x_{i_1}\wedge\cdots\wedge\mathrm{d}x_{i_p}\wedge\mathrm{d}x_{j_1}\wedge\cdots\wedge\mathrm{d}x_{j_q}. \tag{52}$$

如果 I 与 J 有公共元素，那么，10.13 段的讨论说明 $\mathrm{d}x_I\wedge\mathrm{d}x_J=0$.

如果 I 与 J 没有公共元素，把 $I\cup J$ 的成员按递增的顺序排列，而将得到的 $(p+q)$-指标写作 $[I,J]$. 那么 $\mathrm{d}x_{[I,J]}$ 是基本 $(p+q)$-形式. 我们断定

$$\mathrm{d}x_I\wedge\mathrm{d}x_J=(-1)^{\alpha}\mathrm{d}x_{[I,J]}, \tag{53}$$

这里 α 是负差数 j_t-j_s 的个数.（于是正差数的个数是 $pq-\alpha$.）

今证(53)式，对于诸数

$$i_1,\cdots,i_p;\quad j_1,\cdots,j_q \tag{54}$$

施行下面的运算. 把 i_p 一步一步地往右移，直到 i_p 小于它的右邻为止. 右移的步数就是使 $i_p<j_t$ 的下标 t 的个数.（注意，显然也可能是 0 步.）然后对 i_{p-1}，…，i_1，也这样做. 右移的总步数是 α. 得到的最终排列是 $[I,J]$. 每当(52)式右端施行一步，$\mathrm{d}x_I\wedge\mathrm{d}x_J$ 就乘上个 -1. 因此，(53)式成立.

注意，(53)式右端是 $\mathrm{d}x_I\wedge\mathrm{d}x_J$ 的标准表示.

其次，设 $K=\{k_1,\cdots,k_r\}$ 是 $\{1,\cdots,n\}$ 中的递增 r-指标. 今用(53)式证明

$$(\mathrm{d}x_I\wedge\mathrm{d}x_J)\wedge\mathrm{d}x_K=\mathrm{d}x_I\wedge(\mathrm{d}x_J\wedge\mathrm{d}x_K). \tag{55}$$

如果 I，J，K 中任何两个有公共元素，那么，(55)式两边都是 0. 所以它们相等.

因此，我们假定 I，J，K 两两不交. 设从它们的并得到的递增 $(p+q+r)$-指标记作 $[I,J,K]$. 用(53)中给序对 (I,J) 联系上 α 的方法，对于序对 (J,K) 联

系 β，对于(I, K)联系 γ. 那么，把(53)式应用两次，得知(55)式的左端就是

$$(-1)^{\alpha}\mathrm{d}x_{[I,J]} \wedge \mathrm{d}x_K = (-1)^{\alpha}(-1)^{\beta+\gamma}\mathrm{d}x_{[I,J,K]}$$

而右端是

$$(-1)^{\beta}\mathrm{d}x_I \wedge \mathrm{d}x_{[J,K]} = (-1)^{\beta}(-1)^{\alpha+\gamma}\mathrm{d}x_{[I,J,K]}.$$

因此，(55)式正确.

10.17 乘法 设 ω 与 λ 分别是某开集 $E\subset R^n$ 中的 p-形式与 q-形式，它们的标准表示为

$$\omega = \sum_I b_I(\boldsymbol{x})dx_I, \quad \lambda = \sum_J c_J(\boldsymbol{x})dx_J, \tag{56}$$

其中 I 遍历从集$\{1, \cdots, n\}$取得的一切递增 p- 指标，而 J 遍历从集$\{1, \cdots, n\}$取得的一切递增 q- 指标.

它们的乘积记作 $\omega\wedge\lambda$，而定义为

$$\omega \wedge \lambda = \sum_{I,J} b_I(\boldsymbol{x})c_J(\boldsymbol{x})\mathrm{d}x_I \wedge \mathrm{d}x_J. \tag{57}$$

在这个和中，I 与 J 独立地遍历其可能值，而 $\mathrm{d}x_I\wedge\mathrm{d}x_J$ 则是 10.16“基本 k- 形式的积”那样的. 于是 $\omega\wedge\lambda$ 是 E 中的$(p+q)$-形式.

容易知道(证明留作习题)，对于 10.13“初等性质”所定义的加法的分配律

$$(\omega_1 + \omega_2) \wedge \lambda = (\omega_1 \wedge \lambda) + (\omega_2 \wedge \lambda)$$

及

$$\omega \wedge (\lambda_1 + \lambda_2) = (\omega \wedge \lambda_1) + (\omega \wedge \lambda_2)$$

都成立. 如果把这些分配律与(55)式结合起来，就得到对于 E 中的任何形式 ω，λ，σ 的结合律：

$$(\omega \wedge \lambda) \wedge \sigma = \omega \wedge (\lambda \wedge \sigma). \tag{58}$$

在这段讨论中，暗中假定了 $p\geqslant1$，$q\geqslant1$. 至于 0-形式 f 与(56)式中给出的 p-形式的乘积，就简单地定义为下面这个 p-形式：

$$f\omega = \omega f = \sum_I f(\boldsymbol{x})b_I(\boldsymbol{x})\mathrm{d}x_I.$$

当 f 是 0-形式时，习惯上宁愿写成 $f\omega$，而不写成 $f\wedge\omega$.

10.18 微分 设 ω 是某开集 $E\subset R^n$ 中的 $\mathscr{C}'$类 k-形式. 现在定义微分算子 d，它给每个 ω 联系上一个$(k+1)$-形式.

E 中的 $\mathscr{C}'$类的 0-形式，恰好是实函数 $f\in\mathscr{C}'(E)$，我们定义

$$df = \sum_{i=1}^{n} (D_i f)(\boldsymbol{x}) dx_i. \tag{59}$$

如果 $\omega = \Sigma b_I(\boldsymbol{x}) dx_I$ 是 k-形式 ω 的标准表示，而对于每个递增 k-指标 I 来说 $b_I \in \mathscr{C}'(E)$，就定义

$$d\omega = \sum_I (db_I) \wedge dx_I. \tag{60}$$

10.19 例 设 E 是 R^n 中的开集，$f \in \mathscr{C}'(E)$，γ 是 E 中的连续可微曲线，其参数域是[0，1]. 由(59)式及(35)式

$$\int_\gamma df = \int_0^1 \sum_{i=1}^{n} (D_i f)(\gamma(t)) \gamma_i'(t) dt. \tag{61}$$

据链导法，最后的被积式是 $(f \circ \gamma)'(t)$. 因此，

$$\int_\gamma df = f(\gamma(1)) - f(\gamma(0)), \tag{62}$$

于是 $\int_\gamma df$ 对于具有相同始点和相同终点的一切 γ 都是相同的；这和例 10.12(a) 相仿.

因此，与例题 10.12(b) 比较一下就知道，1-形式 $x dy$ 不是任何 0-形式 f 的导数. 因为

$$d(x dy) = dx \wedge dy \neq 0,$$

这事实又可以从下述定理的(b)部分推知.

10.20 定理

(a) 设 ω 与 λ 分别是 E 中的 $\mathscr{C}'$ 类的 k-形式和 m-形式，那么

$$d(\omega \wedge \lambda) = (d\omega) \wedge \lambda + (-1)^k \omega \wedge d\lambda. \tag{63}$$

(b) 如果 ω 在 E 中属于 $\mathscr{C}''$ 类，那么 $d^2\omega = 0$.

当然这里的 $d^2\omega$ 表示 $d(d\omega)$.

证 由(57)式及(60)式，如果(63)式对于

$$\omega = f dx_I, \quad \lambda = g dx_J \tag{64}$$

这种特殊情形成立的话，那么(a)就得证了；这里 f，$g \in \mathscr{C}'(E)$，dx_I 是基本 k-形式，dx_J 是基本 m-形式. [如果 k 或 m 或二者是零，只要把(64)式中的 dx_I 或 dx_J 略去就行了；下面的证明并不受影响.]这时

$$\omega \wedge \lambda = fg\, dx_I \wedge dx_J.$$

假定 I 与 J 没有公共元素. [不然的话，(63)里的三项都是 0.]然后用(53)式就得到

$$d(\omega \wedge \lambda) = d(fg\,dx_I \wedge dx_J) = (-1)^\alpha d(fg\,dx_{[I,J]}).$$

据(59)式，$d(fg)=fdg+gdf$. 因之从(60)式得出

$$\begin{aligned} d(\omega \wedge \lambda) &= (-1)^\alpha (fdg + gdf) \wedge dx_{[I,J]} \\ &= (gdf + fdg) \wedge dx_I \wedge dx_J. \end{aligned}$$

因为 dg 是 1-形式，dx_I 是 k-形式，所以由(42)式，

$$dg \wedge dx_I = (-1)^k dx_I \wedge dg.$$

因此，

$$\begin{aligned} d(\omega \wedge \lambda) &= (df \wedge dx_I) \wedge (g dx_J) + (-1)^k (f dx_I) \wedge (dg \wedge dx_J) \\ &= (d\omega) \wedge \lambda + (-1)^k \omega \wedge d\lambda. \end{aligned}$$

(a) 得证.

注意，结合律(58)的使用是没有条件的.

我们先对 0-形式 $f \in \mathscr{C}''$ 来证(b)：

$$\begin{aligned} d^2 f &= d\Big(\sum_{j=1}^{n} (D_j f)(\mathbf{x}) dx_j\Big) \\ &= \sum_{j=1}^{n} d(D_j f) \wedge dx_j \\ &= \sum_{i,j=1}^{n} (D_{ij} f)(\mathbf{x}) dx_i \wedge dx_j. \end{aligned}$$

因为 $D_{ij}f=D_{ji}f$(定理 9.41)及 $dx_i \wedge dx_j = -dx_j \wedge dx_i$，得知 $d^2 f=0$.

如果像在(64)式中那样，$\omega = f dx_I$，那么 $d\omega = (df) \wedge dx_I$. 据(60)式，$d(dx_I)=0$. 因此，(63)式说明

$$d^2\omega = (d^2 f) \wedge dx_I = 0.$$

10.21 变量代换 设 E 是 R^n 中的开集，T 是 E 到开集 $V \subset R^m$ 内的 $\mathscr{C}'$ 映射，ω 是 V 中的 k-形式，它的标准表示是

$$\omega = \sum_I b_I(\mathbf{y}) dy_I. \tag{65}$$

(我们用 $\mathbf{y}$ 表示 V 中的点，用 $\mathbf{x}$ 表示 E 中的点.)

令 t_1，…，t_m 是 T 的分量. 如果

$$\mathbf{y} = (y_1, \cdots, y_m) = T(\mathbf{x}),$$

那么 $y_i = t_i(\mathbf{x})$. 像(59)式中那样，

$$dt_i = \sum_{j=1}^{n} (D_j t_i)(\boldsymbol{x}) dx_j \quad (1 \leqslant i \leqslant m). \tag{66}$$

这样，每个 dt_i 是 E 中的一个 1-形式.

映射 T 把 ω 变成 E 中的 k-形式 ω_T，它的定义是

$$\omega_T = \sum_I b_I(T(\boldsymbol{x})) dt_{i_1} \wedge \cdots \wedge dt_{i_k}. \tag{67}$$

在(67)中每个被加项的 $I=\{i_1, \cdots, i_k\}$ 是递增 k-指标.

下一个定理说明，前边定义的形式的加、乘及微分运算，都能与变量代换交换次序的.

10.22 定理 用 10.21"变量代换"里的 E 和 T. 令 ω 及 λ 分别为 V 中的 k-形式及 m-形式. 那么

(a) 当 $k=m$ 时，$(\omega+\lambda)_T=\omega_T+\lambda_T$；

(b) $(\omega \wedge \lambda)_T=\omega_T \wedge \lambda_T$；

(c) 当 ω 属于 $\mathscr{C}'$ 类，T 属于 $\mathscr{C}''$ 类时，$d(\omega_T)=(d\omega)_T$.

证 从定义可以直接得到(a). 一旦了解

$$(dy_{i_1} \wedge \cdots \wedge dy_{i_r})_T = dt_{i_1} \wedge \cdots \wedge dt_{i_r} \tag{68}$$

与 $\{i_1, \cdots, i_r\}$ 是否递增无关，(b)差不多就是显然的了. 因为要把(68)式的左、右两端变成递增的排列，需要同样多的负号，所以(68)式成立.

现在证(c). 如果 f 是 V 中的 $\mathscr{C}'$ 类的 0-形式，那么

$$f_T(\boldsymbol{x}) = f(T(\boldsymbol{x})), \quad df = \sum_i (D_i f)(\boldsymbol{y}) dy_i.$$

据链导法得到

$$\begin{aligned} d(f_T) &= \sum_j (D_j f_T)(\boldsymbol{x}) dx_j \\ &= \sum_j \sum_i (D_i f)(T(\boldsymbol{x}))(D_j t_i)(\boldsymbol{x}) dx_j \\ &= \sum_i (D_i f)(T(\boldsymbol{x})) dt_i \\ &= (df)_T. \end{aligned} \tag{69}$$

如果 $dy_I = dy_{i_1} \wedge \cdots \wedge dy_{i_k}$，那么，$(dy_I)_T = dt_{i_1} \wedge \cdots \wedge dt_{i_k}$，而定理 10.20 说明

$$d((dy_I)_T) = 0. \tag{70}$$

(这里用到题设 $T \in \mathscr{C}''$.)

现在假定 $\omega = f dy_I$. 于是

$$\omega_T = f_T(\mathbf{x})(\mathrm{d}y_I)_T,$$

由前面的一些计算结果得到

$$\mathrm{d}(\omega_T) = \mathrm{d}(f_T) \wedge (\mathrm{d}y_I)_T = (\mathrm{d}f)_T \wedge (\mathrm{d}y_I)_T$$
$$= ((\mathrm{d}f) \wedge \mathrm{d}y_I)_T = (\mathrm{d}\omega)_T.$$

这里第一个等式是根据(63)式和(70)式，第二个根据(69)式，第三个根据(b)，最后一个根据 $\mathrm{d}\omega$ 的定义.

从刚证明了的(c)的这种特殊情况，再使用(a)，就得到(c)的一般情况. 这就完成了定理的证明.

下一个目标是定理 10.25. 它将由微分形式的另外两个重要变换性质直接得出来. 现在就来讲这两个性质.

10.23 定理 设 T 是开集 $E \subset R^n$ 到开集 $V \subset R^m$ 内的 $\mathscr{C}'$映射，S 是 V 到开集 $W \subset R^p$ 内的 $\mathscr{C}'$映射，ω 是 W 中的 k-形式. 它使 ω_S 是 V 中的 k-形式，并且 $(\omega_S)_T$ 及 ω_{ST} 都是 E 中的 k-形式，这里 ST 由 $(ST)(\mathbf{x}) = S(T(\mathbf{x}))$ 定义. 那么，

$$(\omega_S)_T = \omega_{ST}. \tag{71}$$

证 如果 ω 及 λ 都是 W 中的形式，定理 10.22 说明

$$((\omega \wedge \lambda)_S)_T = (\omega_S \wedge \lambda_S)_T = (\omega_S)_T \wedge (\lambda_S)_T$$

并且

$$(\omega \wedge \lambda)_{ST} = \omega_{ST} \wedge \lambda_{ST}.$$

于是，如果(71)式对于 ω 及 λ 成立，随之(71)式对 $\omega \wedge \lambda$ 也成立. 因为每个形式能由 0-形式与 1-形式用加法和乘法构成，并且因为(71)式对于 0-形式当然成立，因此，只需对于 $\omega = \mathrm{d}z_q (q = 1, \cdots, p)$ 这种情况来证明(71)式就够了.（我们分别用 $\mathbf{x}$，$\mathbf{y}$，$\mathbf{z}$ 来记 E、V、W 中的点.）

令 $t_1, \cdots, t_m$ 是 T 的分量，$s_1, \cdots, s_p$ 是 S 的分量，$r_1, \cdots, r_p$ 是 ST 的分量. 如果 $\omega = \mathrm{d}z_q$，那么，

$$\omega_S = \mathrm{d}s_q = \sum_j (D_j s_q)(\mathbf{y})\mathrm{d}y_j.$$

所以，链导法表明

$$\begin{aligned}(\omega_S)_T &= \sum_j (D_j s_q)(T(\mathbf{x}))\mathrm{d}t_j \\ &= \sum_j (D_j s_q)(T(\mathbf{x})) \sum_i (D_i t_j)(\mathbf{x})\mathrm{d}x_i \\ &= \sum_i (D_i r_q)(\mathbf{x})\mathrm{d}x_i = \mathrm{d}r_q = \omega_{ST}.\end{aligned}$$

10.24 定理 设 ω 是开集 $E\subset R^n$ 中的 k-形式，Φ 是 E 中的 k-曲面，它的参数域 $D\subset R^k$，Δ 是 R^k 中的参数域为 D 并且是用 $\Delta(\boldsymbol{u})=\boldsymbol{u}(\boldsymbol{u}\in D)$ 确定的 k-曲面，那么，

$$\int_{\Phi}\omega=\int_{\Delta}\omega_{\Phi}.$$

证 只需对

$$\omega=a(\boldsymbol{x})\mathrm{d}x_{i_1}\wedge\cdots\wedge\mathrm{d}x_{i_k}$$

这种情况来证明. 如果 ϕ_1，…，ϕ_n 是 Φ 的分量，那么

$$\omega_{\Phi}=a(\Phi(\boldsymbol{u}))\mathrm{d}\phi_{i_1}\wedge\cdots\wedge\mathrm{d}\phi_{i_k}.$$

要证明本定理，只需能够证明

$$\mathrm{d}\phi_{i_1}\wedge\cdots\wedge\mathrm{d}\phi_{i_k}=J(\boldsymbol{u})\mathrm{d}u_1\wedge\cdots\wedge\mathrm{d}u_k \tag{72}$$

就行了，这里

$$J(\boldsymbol{u})=\frac{\partial(x_{i_1},\cdots,x_{i_k})}{\partial(u_1,\cdots,u_k)},$$

因为由(72)式可以得到

$$\begin{aligned}\int_{\Phi}\omega&=\int_D a(\Phi(\boldsymbol{u}))J(\boldsymbol{u})\mathrm{d}\boldsymbol{u}\\&=\int_{\Delta}a(\Phi(\boldsymbol{u}))J(\boldsymbol{u})\mathrm{d}u_1\wedge\cdots\wedge\mathrm{d}u_k=\int_{\Delta}\omega_{\Phi}.\end{aligned}$$

令[A]是 k 行 k 列的矩阵，它的阵元是

$$\alpha(p,q)=(D_q\phi_{i_p})(\boldsymbol{u})\quad(p,q=1,\cdots,k).$$

那么

$$\mathrm{d}\phi_{i_p}=\sum_q\alpha(p,q)\mathrm{d}u_q,$$

因而

$$\mathrm{d}\phi_{i_1}\wedge\cdots\wedge\mathrm{d}\phi_{i_k}=\sum\alpha(1,q_1)\cdots\alpha(k,q_k)\mathrm{d}u_{q_1}\wedge\cdots\wedge\mathrm{d}u_{q_k}.$$

在最后这个和里，q_1，…，q_k 各自取遍 1，…，k. 由反换位关系(42)可得

$$\mathrm{d}u_{q_1}\wedge\cdots\wedge\mathrm{d}u_{q_k}=s(q_1,\cdots,q_k)\mathrm{d}u_1\wedge\cdots\wedge\mathrm{d}u_k,$$

这里 s 照定义 9.33 那样取，应用这个定义，就知道

$$\mathrm{d}\phi_{i_1}\wedge\cdots\wedge\mathrm{d}\phi_{i_k}=\det[A]\mathrm{d}u_1\wedge\cdots\wedge\mathrm{d}u_k;$$

又因为 $J(\boldsymbol{u})=\det[A]$，(72)式得证.

本节的最后结果，把上面两个定理联系了起来.

10.25 定理 设 T 是开集 $E\subset R^n$ 到开集 $V\subset R^m$ 内的 $\mathscr{C}'$ 映射，Φ 是 E 中的 k-曲面，ω 是 V 中的 k-形式.

那么

$$\int_{T\Phi}\omega=\int_{\Phi}\omega_T.$$

证 设 Φ 的参数域是 D(从而也是 $T\Phi$ 的参数域)，并按定理 10.24 定义 Δ. 于是

$$\int_{T\Phi}\omega=\int_{\Delta}\omega_{T\Phi}=\int_{\Delta}(\omega_T)_{\Phi}=\int_{\Phi}\omega_T.$$

其中第一个等式是在定理 10.24 中用 $T\Phi$ 代替 Φ 得到的. 第二个等式由定理 10.23 得出. 第三个等式是在定理 10.24 中用 ω_T 代替 ω 的结果.

单形与链

10.26 仿射单形 设 $\boldsymbol{f}$ 是把向量空间 X 映入向量空间 Y 的映射. 如果 $\boldsymbol{f}-\boldsymbol{f}(\mathbf{0})$ 是线性的，就称 $\boldsymbol{f}$ 为仿射映射. 换句话说，就是要求存在某个 $A\in L(X, Y)$ 使得

$$\boldsymbol{f}(\boldsymbol{x})=\boldsymbol{f}(\mathbf{0})+A\boldsymbol{x}. \tag{73}$$

如此，要确定 R^k 到 R^n 中的仿射映射，只要知道 $\boldsymbol{f}(\mathbf{0})$ 及 $\boldsymbol{f}(\boldsymbol{e}_i)(1\leqslant i\leqslant k)$ 就行了，这里像通常那样，$\{\boldsymbol{e}_1, \cdots, \boldsymbol{e}_k\}$ 是 R^k 的标准基.

我们定义标准单形 Q^k 为由形如

$$\boldsymbol{u}=\sum_{i=1}^{k}\alpha_i\boldsymbol{e}_i \tag{74}$$

而使 $\alpha_i\geqslant 0(i=1, \cdots, k)$ 并且 $\sum\alpha_i\leqslant 1$ 的一切 $\boldsymbol{u}\in R^k$ 组成的集.

设 $\boldsymbol{p}_0, \boldsymbol{p}_1, \cdots, \boldsymbol{p}_k$ 是 R^n 中的点. 所谓有向仿射 k-单形

$$\sigma=[\boldsymbol{p}_0, \boldsymbol{p}_1, \cdots, \boldsymbol{p}_k] \tag{75}$$

是用 Q^k 作参数域，由仿射映射

$$\sigma(\alpha_1\boldsymbol{e}_1+\cdots+\alpha_k\boldsymbol{e}_k)=\boldsymbol{p}_0+\sum_{i=1}^{k}\alpha_i(\boldsymbol{p}_i-\boldsymbol{p}_0) \tag{76}$$

给出的 R^n 中的 k-曲面. 注意，σ 的本质是

$$\sigma(\mathbf{0})=\boldsymbol{p}_0,\quad \sigma(\boldsymbol{e}_i)=\boldsymbol{p}_i\quad (1\leqslant i\leqslant k) \tag{77}$$

及

$$\sigma(\boldsymbol{u}) = \boldsymbol{p}_0 + A\boldsymbol{u} \quad (\boldsymbol{u} \in Q^k), \tag{78}$$

这里 $A \in L(R^k, R^n)$ 而对于 $1 \leqslant i \leqslant k$，$A\boldsymbol{e}_i = \boldsymbol{p}_i - \boldsymbol{p}_0$.

我们称 σ 为有向的，借以着重考虑顶点 $\boldsymbol{p}_0$，…，$\boldsymbol{p}_k$ 的次序. 如果

$$\bar{\sigma} = [p_{i_0}, p_{i_1}, \cdots, p_{i_k}], \tag{79}$$

这里 $\{i_0, i_1, \cdots, i_k\}$ 是有序集 $\{0, 1, \cdots, k\}$ 的一个排列，我们就采用

$$\bar{\sigma} = s(i_0, i_1, \cdots, i_k)\sigma \tag{80}$$

这种记号，这里的 s 是定义 9.33 中所定义的函数. 这样 $\bar{\sigma} = \pm\sigma$ 在于 $s=1$ 或 $s=-1$. 严格地说，在采用(75)式及(76)式作为 σ 的定义时，除非 $i_0=0$，…，$i_k=k$，我们不应写 $\bar{\sigma}=\sigma$，即使 $s(i_0, \cdots, i_k)=1$ 也是这样；在这里我们得到的只是等价关系，而不是等式. 然而对于我们的目的来说，根据定理 10.27，这种记号还是合适的.

设 $\bar{\sigma}=\varepsilon\sigma$(沿用上面的约定)，如果 $\varepsilon=1$，就说 $\bar{\sigma}$ 与 σ 同向；如果 $\varepsilon=-1$，就说 $\bar{\sigma}$ 与 σ 反向. 注意，我们并没有定义“单形的向”的意义. 我们所定义的只是取同一点集为顶点的两个单形之间的关系，即“同向”的关系.

然而，这里有这么一种情况，单形的方向能按一种自然的方法来定义. 这就是当 $n=k$，并且当诸向量 $\boldsymbol{p}_i - \boldsymbol{p}_0 (1 \leqslant i \leqslant k)$ 无关时的情况. 这时(78)式中的线性变换 A 可逆，它的行列式(即 σ 的函数行列式)不是 0. 于是，如果 $\det A$ 是正的(或负的)，就说 σ 是正向的(或负向的). 特别是 R^k 中由恒等映射给出的单形 $[\boldsymbol{0}, \boldsymbol{e}_1, \cdots, \boldsymbol{e}_k]$ 有正向.

到现在为止，我们一直假定了 $k \geqslant 1$. 有向 0-单形定义为附有正负号的一个点. 我们把它写成 $\sigma = +\boldsymbol{p}_0$ 或 $\sigma = -\boldsymbol{p}_0$. 如果 $\sigma = \varepsilon\boldsymbol{p}_0 (\varepsilon = \pm 1)$ 并且 f 是 0-形式(即实函数)，我们定义

$$\int_\sigma f = \varepsilon f(\boldsymbol{p}_0).$$

10.27 定理 设 σ 是开集 $E \subset R^n$ 中的有向仿射 k-单形，并设 $\bar{\sigma}=\varepsilon\sigma$，那么，对于 E 中的每个 k-形式 ω 来说

$$\int_{\bar{\sigma}} \omega = \varepsilon \int_\sigma \omega. \tag{81}$$

证 对于 $k=0$，(81)式由上面的定义就得到了. 所以我们假定 $k \geqslant 1$，并且假定 σ 是由(75)式给出的.

假设 $1 \leqslant j \leqslant k$，并设 $\bar{\sigma}$ 是从 σ 交换 $\boldsymbol{p}_0$ 与 $\boldsymbol{p}_j$ 得来的. 于是 $\varepsilon=-1$，并且

$$\bar{\sigma}(\boldsymbol{u}) = \boldsymbol{p}_j + B\boldsymbol{u} \quad (\boldsymbol{u} \in Q^k),$$

这里 B 是 R^k 到 R^n 内的线性映射，其中 $Be_j = \boldsymbol{p}_0 - \boldsymbol{p}_j$ 而当 $i \neq j$ 时 $B\boldsymbol{e}_i = \boldsymbol{p}_i - \boldsymbol{p}_j$.

如果借(78)式里的 A，令 $A\mathbf{e}_i=\mathbf{x}_i(1\leqslant i\leqslant k)$，那么 B 的列向量(即向量 $B\mathbf{e}_i$)便是

$$\mathbf{x}_1-\mathbf{x}_j,\cdots,\mathbf{x}_{j-1}-\mathbf{x}_j,-\mathbf{x}_j,\mathbf{x}_{j+1}-\mathbf{x}_j,\cdots,\mathbf{x}_k-\mathbf{x}_j.$$

如果把第 j 列从其余各列减去，那么，(35)式中的行列式，没有一个会受影响，然而我们得到了这些列 $\mathbf{x}_1$，…，$\mathbf{x}_{j-1}$，$-\mathbf{x}_j$，$\mathbf{x}_{j+1}$，…，$\mathbf{x}_k$. 这些列与 A 中各列，只是在第 j 列上差一个符号. 因此，对于这种情况，(81)式成立.

次设 $0<i<j\leqslant k$ 而 $\bar{\sigma}$ 是由 σ 交换 $\mathbf{p}_i$ 与 $\mathbf{p}_j$ 得到的. 那么 $\bar{\sigma}(\mathbf{u})=\mathbf{p}_0+C\mathbf{u}$，这里 C 的各列与 A 的各列，除了第 i 列与第 j 列交换了之外，其余都一样. 这又可推出(81)式成立，因为 $\varepsilon=-1$.

一般的情况随之也成立，因为$\{0,1,\cdots,k\}$的每个排列是上面已经处理过的诸特殊情形的复合.

10.28 仿射链 开集 $E\subset R^n$ 中的仿射 k-链 Γ，是 E 中的有限多个有向仿射 k-单形 σ_1，…，σ_r 的集体. 这些 k-单形不必各不相同；于是，一个 k-单形可以在 Γ 中重复出现.

设 Γ 如上，并设 ω 是 E 中的 k-形式，定义

$$\int_\Gamma\omega=\sum_{i=1}^{r}\int_{\sigma_i}\omega. \tag{82}$$

我们可以把 E 中的 k-曲面 Φ 看成一个函数，它的定义域是 E 中一切 k-形式的集体，并且它给 ω 配置一个数 $\int_\Phi\omega$. 因为实值函数能够相加(像定义 4.3 中那样)，这就使人联想到用记号

$$\Gamma=\sigma_1+\cdots+\sigma_r \tag{83}$$

或写成更紧凑的形式而用

$$\Gamma=\sum_{i=1}^{r}\sigma_i \tag{84}$$

证明(82)式对于 E 中的每个 k-形式成立.

为了避免误解，我们明确指出，(83)式及(80)式所引入的记号必须当心地使用. 要害是在于 R^n 里的每个有向仿射 k-单形 σ，作为函数的途径有两种；它们的定义域不同，值域也不同，于是有两种绝然不同的加法运算. 本来，σ 是定义为 Q^k 上的 R^n-值函数，因此，能够说 $\sigma_1+\sigma_2$ 是给每个 $\mathbf{u}\in Q^k$ 派定向量 $\sigma_1(\mathbf{u})+\sigma_2(\mathbf{u})$的函数 σ. 注意，σ 仍然是 R^n 中的有向仿射 k-单形！这不是(83)式的含意.

例如，像在(80)式中那样，如果 $\sigma_2=-\sigma_1$(就是说 σ_1 与 σ_2 的顶点的集相同但方向相反)并且设 $\Gamma=\sigma_1+\sigma_2$，那么对于一切 ω 有 $\int_\Gamma\omega=0$，并且我们可以把这件

事记成 $\Gamma=0$ 或 $\sigma_1+\sigma_2=0$. 这并不意味着 $\sigma_1(\boldsymbol{u})+\sigma_2(\boldsymbol{u})$ 是 R^n 中的零向量.

10.29 边界 当 $k\geqslant 1$ 时，规定有向仿射 k-单形

$$\sigma=[\boldsymbol{p}_0,\boldsymbol{p}_1,\cdots,\boldsymbol{p}_k]$$

的边界就是仿射 $(k-1)$-链

$$\partial\sigma=\sum_{j=0}^{k}(-1)^j[\boldsymbol{p}_0,\cdots,\boldsymbol{p}_{j-1},\boldsymbol{p}_{j+1},\cdots,\boldsymbol{p}_k]. \tag{85}$$

例如，设 $\sigma=[\boldsymbol{p}_0,\ \boldsymbol{p}_1,\ \boldsymbol{p}_2]$，那么

$$\begin{aligned}\partial\sigma&=[\boldsymbol{p}_1,\boldsymbol{p}_2]-[\boldsymbol{p}_0,\boldsymbol{p}_2]+[\boldsymbol{p}_0,\boldsymbol{p}_1]\\&=[\boldsymbol{p}_0,\boldsymbol{p}_1]+[\boldsymbol{p}_1,\boldsymbol{p}_2]+[\boldsymbol{p}_2,\boldsymbol{p}_0],\end{aligned}$$

这与三角形的有向边界的普通概念一致.

注意，当 $1\leqslant i\leqslant k$ 时，在(85)式中出现的单形 $\sigma_j=[\boldsymbol{p}_0,\ \cdots,\ \boldsymbol{p}_{j-1},\ \boldsymbol{p}_{j+1},\ \cdots,\ \boldsymbol{p}_k]$，以 Q^{k-1} 为参数域，并由

$$\sigma_j(\boldsymbol{u})=\boldsymbol{p}_0+B\boldsymbol{u}\quad(\boldsymbol{u}\in Q^{k-1}) \tag{86}$$

确定，这里的 B 是由

$$\begin{aligned}B\boldsymbol{e}_i&=\boldsymbol{p}_i-\boldsymbol{p}_0\quad(\text{当 }1\leqslant i\leqslant j-1),\\B\boldsymbol{e}_i&=\boldsymbol{p}_{i+1}-\boldsymbol{p}_0\quad(\text{当 }j\leqslant i\leqslant k-1)\end{aligned}$$

确定的从 R^{k-1} 到 R^n 的线性映射.

在(85)式中出现的另一单形

$$\sigma_0=[\boldsymbol{p}_1,\boldsymbol{p}_2,\cdots,\boldsymbol{p}_k]$$

是由映射

$$\sigma_0(\boldsymbol{u})=\boldsymbol{p}_1+B\boldsymbol{u}$$

得出的，这里当 $1\leqslant i\leqslant k-1$ 时，$B\boldsymbol{e}_i=\boldsymbol{p}_{i+1}-\boldsymbol{p}_1$.

10.30 可微单形及可微链 设 T 是开集 $E\subset R^n$ 到开集 $V\subset R^m$ 内的 $\mathscr{C}''$ 映射；T 不必是一一的. 如果 σ 是 E 中的有向仿射 k-单形，那么复合映射 $\Phi=T\circ\sigma$(有时写成较简单的形式 $T\sigma$)是 V 中的以 Q^k 为参数域的 k-曲面. 称 Φ 为 $\mathscr{C}''$ 类的有向 k-单形.

V 中 $\mathscr{C}''$ 类的有向 k-单形 Φ_1，$\cdots$，Φ_r 的有限集 Ψ 叫作 V 中的 $\mathscr{C}''$ 类的 k-链. 设 ω 是 V 中的 k-形式，我们定义

$$\int_{\Psi}\omega=\sum_{i=1}^{r}\int_{\Phi_i}\omega \tag{87}$$

并且应用相应的记号 $\Psi=\sum\Phi_i$.

如果 $\Gamma=\sum\sigma_i$ 是仿射链，并且如果 $\Phi_i=T\circ\sigma_i$，那么又写成 $\Psi=T\circ\Gamma$，或写成

$$T(\sum\sigma_i)=\sum T\sigma_i. \tag{88}$$

有向 k-单形 $\Phi=T\circ\sigma$ 的边界 $\partial\Phi$ 定义为$(k-1)$-链

$$\partial\Phi=T(\partial\sigma). \tag{89}$$

为了说明(89)式是合理的，可以想一想，如果 T 是仿射的，那么 $\Phi=T\circ\sigma$ 是有向仿射 k-单形，这时(89)式就不应该是定义，而应该看作(85)式的推论了. 所以(89)式是推广了这种特殊情况.

如果 Φ 是属于 $\mathscr{C}''$类的，$\partial\Phi$ 就是属于 $\mathscr{C}''$类的. 这可以直接推知.

最后，定义 k-链 $\Psi=\sum\Phi_i$ 的边界 $\partial\Psi$ 为$(k-1)$链.

$$\partial\Psi=\sum\partial\Phi_i. \tag{90}$$

10.31 正向边界 到现在为止，我们已把边界与链联系上了，但还没有与 R^n 的子集联系上. 关于边界的这种看法，对于 Stokes 定理的叙述和证明，是最适当不过了. 然而在应用中，特别是在 R^2 或 R^3 的应用中，谈某些集合的“有向边界”也是很通常和很方便的. 现在简要地谈一下.

设 Q^n 是 R^n 中的标准单形，σ_0 是以 Q^n 为参数域的恒等映射. 在 10.26 段中已知，σ_0 可以看作 R^n 中的正向 n-单形. 它的边界 $\partial\sigma_0$ 是仿射$(n-1)$-链. 这个链叫作集 Q^n 的*正向边界*.

例如 Q^3 的正向边界是

$$[\boldsymbol{e}_1,\boldsymbol{e}_2,\boldsymbol{e}_3]-[0,\boldsymbol{e}_2,\boldsymbol{e}_3]+[0,\boldsymbol{e}_1,\boldsymbol{e}_3]-[0,\boldsymbol{e}_1,\boldsymbol{e}_2].$$

今令 T 为Q^n 到R^n 中的 $\mathscr{C}''$类 1-1 映射，并设它的函数行列式是正的(至少在 Q^n 内部). 设 $E=T(Q^n)$. 由反函数定理，E 是 R^n 中某个开集的闭包. 我们定义集 E 的正向边界为$(n-1)$-链

$$\partial T=T(\partial\sigma_0),$$

并且可以把这个$(n-1)$-链记作 ∂E.

在这里显然会发生这样的疑问：如果 $E=T_1(Q^n)=T_2(Q^n)$，并且如果 T_1 与 T_2 的函数行列式都是正的，是否必然 $\partial T_1=\partial T_2$ 呢？就是说，等式

$$\int_{\partial T_1}\omega=\int_{\partial T_2}\omega$$

是否对于每个$(n-1)$-形式 ω 成立呢？答案是肯定的，但我们打算略去它的证明.（看个例子，把本节的结尾与习题 17 做一对比.）

还可以推进一步. 设

$$\Omega = E_1 \cup \cdots \cup E_r,$$

这里 $E_i = T_i(Q^n)$，每个 T_i 与上面的 T 有同样的性质．并且诸 E_i 的内部两两不交．那么，就把$(n-1)$-链

$$\partial T_1 + \cdots + \partial T_r = \partial \Omega$$

叫作 Ω 的正向边界．

例如，R^2 中的单位正方形 I^2 是 $\sigma_1(Q^2)$与 $\sigma_2(Q^2)$的并，这里

$$\sigma_1(\boldsymbol{u}) = \boldsymbol{u}, \quad \sigma_2(\boldsymbol{u}) = \boldsymbol{e}_1 + \boldsymbol{e}_2 - \boldsymbol{u}.$$

σ_1 及 σ_2 的函数行列式都是 $1>0$．因为

$$\sigma_1 = [\mathbf{0}, \boldsymbol{e}_1, \boldsymbol{e}_2], \quad \sigma_2 = [\boldsymbol{e}_1 + \boldsymbol{e}_2, \boldsymbol{e}_2, \boldsymbol{e}_1],$$

所以

$$\begin{aligned} \partial\sigma_1 &= [\boldsymbol{e}_1, \boldsymbol{e}_2] - [\mathbf{0}, \boldsymbol{e}_2] + [\mathbf{0}, \boldsymbol{e}_1], \\ \partial\sigma_2 &= [\boldsymbol{e}_2, \boldsymbol{e}_1] - [\boldsymbol{e}_1 + \boldsymbol{e}_2, \boldsymbol{e}_1] + [\boldsymbol{e}_1 + \boldsymbol{e}_2, \boldsymbol{e}_2]; \end{aligned}$$

这两个边界之和为

$$\partial I^2 = [\mathbf{0}, \boldsymbol{e}_1] + [\boldsymbol{e}_1, \boldsymbol{e}_1 + \boldsymbol{e}_2] + [\boldsymbol{e}_1 + \boldsymbol{e}_2, \boldsymbol{e}_2] + [\boldsymbol{e}_2, \mathbf{0}],$$

即是 I^2 的正向边界．注意$[\boldsymbol{e}_1, \boldsymbol{e}_2]$抵消了$[\boldsymbol{e}_2, \boldsymbol{e}_1]$．

如果 Φ 是 R^m 中以 I^2 为参数域的 2-曲面，那么 Φ(当作 2-形式上的函数)与 2-链

$$\Phi \circ \sigma_1 + \Phi \circ \sigma_2$$

相同．于是

$$\partial\Phi = \partial(\Phi \circ \sigma_1) + \partial(\Phi \circ \sigma_2) = \Phi(\partial\sigma_1) + \Phi(\partial\sigma_2) = \Phi(\partial I^2).$$

换句话说，如果 Φ 的参数域是正方形 I^2，我们不必回到单形 Q^2，而可以直接从 ∂I^2 得到 $\partial\Phi$．

其他例子可在习题 17～19 中找到．

10.32　例　对于 $0 \leqslant u \leqslant \pi$，$0 \leqslant v \leqslant 2\pi$，定义

$$\Sigma(u, v) = (\sin u \cos v, \sin u \sin v, \cos u).$$

于是Σ是 R^3 中的 2-曲面，它的参数域是长方形 $D \subset R^2$，它的值域是 R^3 中的单位球．它的边界是

$$\partial\Sigma = \Sigma(\partial D) = \gamma_1 + \gamma_2 + \gamma_3 + \gamma_4,$$

这里的

$$\gamma_1(u)=\Sigma(u,0)=(\sin u,0,\cos u),$$
$$\gamma_2(v)=\Sigma(\pi,v)=(0,0,-1),$$
$$\gamma_3(u)=\Sigma(\pi-u,2\pi)=(\sin u,0,-\cos u),$$
$$\gamma_4(v)=\Sigma(0,2\pi-v)=(0,0,1),$$

u，v 的参数区间为$[0,\pi]$，$[0,2\pi]$.

因为 γ_2 及 γ_4 是常量，它们的导数是 0，因此任何 1-形式在 γ_2 或 γ_4 上的积分是 0[见例 10.12(a)].

因 $\gamma_3(u)=\gamma_1(\pi-u)$，直接应用(35)式，就能证明

$$\int_{\gamma_3}\omega=-\int_{\gamma_1}\omega$$

对于任何 1-形式 ω 成立；于是 $\int_{\partial\Sigma}\omega=0$，进而推知 $\partial\Sigma=0$.

（按照地理学的术语，$\partial\Sigma$ 从北极 N 出发，沿子午线跑到南极 S，在 S 停一下，沿同一子午线回到 N，最后停在 N. 沿子午线的这两段路方向相反. 所以相应的两个线积分彼此消掉. 在习题 32 中也有一条曲线，它在边界上出现两次，但是没有消掉.）

Stokes 定理

10.33 定理 *设 Ψ 是开集 $V\subset R^m$ 中的 $\mathscr{C}''$ 类 k-链，ω 是 V 中的 $\mathscr{C}'$ 类$(k-1)$-形式，那么*

$$\int_{\Psi}d\omega=\int_{\partial\Psi}\omega. \tag{91}$$

$k=m=1$ 时，这不过是微积分基本定理(加一个可微性的假定). $k=m=2$ 的情形就是 Green 定理. $k=m=3$ 时得出所谓 Gauss“散度定理”. $k=2$，$m=3$ 的情况，是由 Stokes 最先发现的(Spivak 的书描述了一些历史背景). 这些特殊情况将在本章末进一步讨论.

证 只要对 V 中 $\mathscr{C}''$类的每个有向 k-单形 Φ 证明

$$\int_{\Phi}d\omega=\int_{\partial\Phi}\omega \tag{92}$$

就够了. 因为，如果证明了(92)式，再如果 $\Psi=\sum\Phi_i$，那么，由(87)及(90)就可推出(91)式.

固定这样一个 Φ，并且令

$$\sigma=[\mathbf{0},\mathbf{e}_1,\cdots,\mathbf{e}_k]. \tag{93}$$

这样，σ 是以 Q^k 为参数域而由恒等映射所确定的有向仿射 k-单形. 因 Φ 又

是定义在 Q^k 上的(看定义 10.30)并且 $\Phi\in\mathscr{C}''$，所以存在着包含 Q^k 的开集$E\subset R^k$，并且存在着 E 到 V 内并使得 $\Phi=T\circ\sigma$ 的 $\mathscr{C}''$映射 T. 由定理 10.25 及 10.22(c)，(92)式的左端等于

$$\int_{T\sigma}\mathrm{d}\omega=\int_{\sigma}(\mathrm{d}\omega)_T=\int_{\sigma}\mathrm{d}(\omega_T).$$

再用一次定理 10.25，并根据(89)式就知道(92)式的右端是

$$\int_{\partial(T\sigma)}\omega=\int_{T(\partial\sigma)}\omega=\int_{\partial\sigma}\omega_T.$$

因为 ω_T 是 E 中的$(k-1)$-形式，所以为了证明(92)式，只要对于特殊的单形(93)，及 E 中的每个 $\mathscr{C}'$类$(k-1)$-形式λ 来证

$$\int_{\sigma}\mathrm{d}\lambda=\int_{\partial\sigma}\lambda. \tag{94}$$

如果 $k=1$，有向 0-单形的定义说明，(94)式只不过是说，对于$[0,1]$上的每个连续可微函数 f 有关系式

$$\int_0^1 f'(u)\mathrm{d}u=f(1)-f(0), \tag{95}$$

而由微积分基本定理，这当然是正确的.

从现在起，我们假定 $k>1$，固定了整数 $r(1\leqslant r\leqslant k)$，并且选定 $f\in\mathscr{C}'(E)$. 我们说，只要对于

$$\lambda=f(\boldsymbol{x})\mathrm{d}x_1\wedge\cdots\wedge\mathrm{d}x_{r-1}\wedge\mathrm{d}x_{r+1}\wedge\cdots\wedge\mathrm{d}x_k \tag{96}$$

这种情形来证(94)式就够了，这是因为任何$(k-1)$-形式，一定是如(96)这样一些特殊的$(k-1)$-形式之和，其中 $r=1,\cdots,k$.

据(85)式，单形(93)的边界是

$$\partial\sigma=[\boldsymbol{e}_1,\cdots,\boldsymbol{e}_k]+\sum_{i=1}^{k}(-1)^i\tau_i,$$

这里

$$\tau_i=[\mathbf{0},\boldsymbol{e}_1,\cdots,\boldsymbol{e}_{i-1},\boldsymbol{e}_{i+1},\cdots,\boldsymbol{e}_k],$$

$i=1,\cdots,k$. 令

$$\tau_0=[\boldsymbol{e}_r,\boldsymbol{e}_1,\cdots,\boldsymbol{e}_{r-1},\boldsymbol{e}_{r+1},\cdots,\boldsymbol{e}_k].$$

注意 τ_0 是由$[\boldsymbol{e}_1,\cdots,\boldsymbol{e}_k]$将 $\boldsymbol{e}_r$ 与其左邻逐次交换 $r-1$ 次得到的. 所以

$$\partial\sigma=(-1)^{r-1}\tau_0+\sum_{i=1}^{k}(-1)^i\tau_i, \tag{97}$$

每个 τ_i 以 Q^{k-1} 为参数域.

如果 $\boldsymbol{x}=\tau_0(\boldsymbol{u})$ 并且 $\boldsymbol{u}\in Q^{k-1}$，那么

$$x_j=\begin{cases}u_j & (1\leqslant j<r),\\ 1-(u_1+\cdots+u_{k-1}) & (j=r),\\ u_{j-1} & (r<j\leqslant k).\end{cases} \tag{98}$$

如果 $1\leqslant i\leqslant k$，$\boldsymbol{u}\in Q^{k-1}$ 且 $\boldsymbol{x}=\tau_i(\boldsymbol{u})$，那么，

$$x_j=\begin{cases}u_j & (1\leqslant j<i),\\ 0 & (j=i),\\ u_{j-1} & (i<j\leqslant k).\end{cases} \tag{99}$$

对于 $0\leqslant i\leqslant k$，令 J_i 为由 τ_i 诱导出来的映射

$$(u_1,\cdots,u_{k-1})\rightarrow(x_1,\cdots,x_{r-1},x_{r+1},\cdots,x_k) \tag{100}$$

的函数行列式. 当 $i=0$ 及 $i=r$ 时，(98)式及(99)式说明，(100)式是恒等映射. 所以 $J_0=1$，$J_r=1$. 对于其他的 i 来说，在(99)中的 $x_i=0$ 说明，J_i 有一行全是 0，因之 $J_i=0$. 这样，由(35)式及(96)式得到

$$\int_{\tau_i}\lambda=0\quad(i\neq 0,\ i\neq r). \tag{101}$$

结果，从(97)式推知

$$\begin{aligned}\int_{\partial\sigma}\lambda&=(-1)^{r-1}\int_{\tau_0}\lambda+(-1)^r\int_{\tau_r}\lambda\\&=(-1)^{r-1}\int[f(\tau_0(\boldsymbol{u}))-f(\tau_r(\boldsymbol{u}))]\mathrm{d}\boldsymbol{u}.\end{aligned} \tag{102}$$

另一方面，

$$\begin{aligned}\mathrm{d}\lambda&=(D_rf)(\boldsymbol{x})\mathrm{d}x_r\wedge\mathrm{d}x_1\wedge\cdots\wedge\mathrm{d}x_{r-1}\wedge\mathrm{d}x_{r+1}\wedge\cdots\wedge\mathrm{d}x_k\\&=(-1)^{r-1}(D_rf)(\boldsymbol{x})\mathrm{d}x_1\wedge\cdots\wedge\mathrm{d}x_k,\end{aligned}$$

所以

$$\int_\sigma\mathrm{d}\lambda=(-1)^{r-1}\int_{Q^k}(D_rf)(\boldsymbol{x})\mathrm{d}\boldsymbol{x}. \tag{103}$$

我们先对 x_r 在闭区间

$$[0,1-(x_1+\cdots+x_{r-1}+x_{r+1}+\cdots+x_k)]$$

上积分以求(103)式的值. 令$(x_1,\ \cdots,\ x_{r-1},\ x_{r+1},\ \cdots,\ x_k)=(u_1,\ \cdots,\ u_{k-1})$并借助(98)式，可以知道(103)式中在 Q^k 上的积分，等于(102)式中在 Q^{k-1} 上的积

分. 这就是说(94)式成立，而定理证完.

闭形式与恰当形式

10.34 定义 设 ω 是开集 $E\subset R^n$ 上的 k-形式. 如果存在着 E 中的 $(k-1)$-形式 λ，适合 $\omega=\mathrm{d}\lambda$，那么就说 ω 在 E 中是恰当的.

如果 ω 属于 $\mathscr{C}'$ 类并且 $\mathrm{d}\omega=0$，那么 ω 叫作闭的.

定理 10.20(b)说明，$\mathscr{C}'$类的每个恰当形式是闭形式.

在某些集 E，例如在凸集上，逆命题正确；这就是定理 10.39(通常称为 Poincaré 引理)及定理 10.40 的内容. 然而，例 10.36 及 10.37 要提出非恰当的闭形式.

10.35 评注

(a) 要判定一个已知 k-形式是否是闭的，只要把 ω 的标准表示中的系数微一下分就行了. 例如，开集 $E\subset R^n$ 上的 $f_i\in\mathscr{C}'(E)$时，1-形式

$$\omega=\sum_{i=1}^{n}f_i(\boldsymbol{x})\mathrm{d}x_i \tag{104}$$

是闭的当且仅当对于$\{1,\ \cdots,\ n\}$中的一切 i，j 及一切 $\boldsymbol{x}\in E$，诸等式

$$(D_jf_i)(\boldsymbol{x})=(D_if_j)(\boldsymbol{x}) \tag{105}$$

成立.

注意，(105)式是“点态”条件；它并不蕴含那种依赖于 E 的形状的整体性质.

另一方面，要想证明 ω 在 E 中是恰当的，必须证明存在着 E 上的形式λ，合于 $\mathrm{d}\lambda=\omega$. 这就等于在整个 E 中，而不是局部的，解一组偏微分方程. 例如为了证明(104)式在集 E 中是恰当的，就必需求一函数(或 0-形式)$g\in\mathscr{C}'(E)$，要它合于

$$(D_ig)(\boldsymbol{x})=f_i(\boldsymbol{x})\quad(\boldsymbol{x}\in E,1\leqslant i\leqslant n). \tag{106}$$

当然，(105)式是(106)式可解的必要条件.

(b) 设 ω 是 E 中的恰当 k-形式. 于是存在着 E 中的$(k-1)$-形式 λ 使 $\mathrm{d}\lambda=\omega$，而 Stokes 定理断定，对于 E 中的每个 $\mathscr{C}''$类 k-链 Ψ，

$$\int_{\Psi}\omega=\int_{\Psi}\mathrm{d}\lambda=\int_{\partial\Psi}\lambda. \tag{107}$$

如果 Ψ_1 及 Ψ_2 都是这样的链，并且它们有相同的边界，那么

$$\int_{\Psi_1}\omega=\int_{\Psi_2}\omega.$$

特别在 E 中的每个边界为 0 的 k-链上，E 中的恰当 k-形式的积分为 0.

作为这件事的一个重要的特殊情况，注意 E 中的恰当 1-形式在 E 中的闭(可微)曲线上的积分为 0.

(c) 设 ω 是 E 中的闭 k-形式. 于是 $d\omega=0$，并且 Stokes 定理断定，对于 E 中属于 $\mathscr{C}''$ 类的每个 $(k+1)$-链 Ψ，

$$\int_{\partial\Psi}\omega=\int_{\Psi}d\omega=0. \tag{108}$$

换句话说，E 中的闭 k-形式，在作为 E 中 $(k+1)$-链的边界这样的 k-链上，积分为 0.

(d) 设 Ψ 是 E 中的 $(k+1)$-链，λ 是 E 中的 $(k-1)$-形式，二者都属于 $\mathscr{C}''$ 类. 因为 $d^2\lambda=0$，把 Stokes 定理使用两次就知道

$$\int_{\partial\partial\Psi}\lambda=\int_{\partial\Psi}d\lambda=\int_{\Psi}d^2\lambda=0. \tag{109}$$

由此推知 $\partial^2\Psi=0$. 换句话说，边界的边界是 0.

关于这一点的更直接的证明见习题 16.

10.36 例 令 $E=R^2-\{\mathbf{0}\}$ 为去掉原点的平面. 1-形式

$$\eta=\frac{x\,dy-y\,dx}{x^2+y^2} \tag{110}$$

在 $R^2-\{\mathbf{0}\}$ 中是闭的. 这极易用微分验证. 固定 $r>0$，并定义

$$\gamma(t)=(r\cos t, r\sin t)\quad(0\leqslant t\leqslant 2\pi). \tag{111}$$

于是 γ 是 $R^2-\{\mathbf{0}\}$ 中的曲线("有向 1-单形"). 因为 $\gamma(0)=\gamma(2\pi)$，所以

$$\partial\gamma=0. \tag{112}$$

直接计算就知道

$$\int_{\gamma}\eta=2\pi\neq 0. \tag{113}$$

评注 10.35(b)及(c)的讨论说明，从(113)式能得到两个结论：

第一，η 在 $R^2-\{\mathbf{0}\}$ 中不是恰当微分，因若不然，(112)式就必然使(113)式为 0 了.

第二，γ 不是 $R^2-\{\mathbf{0}\}$ 中任何($\mathscr{C}''$ 类)2-链的边界，因若不然，由于 η 是闭的，必然使得积分(113)式为 0 了.

10.37 例 令 $E=R^3-\{\mathbf{0}\}$ 是去掉原点的三维空间. 定义

$$\zeta=\frac{x\,dy\wedge dz+y\,dz\wedge dx+z\,dx\wedge dy}{(x^2+y^2+z^2)^{3/2}}. \tag{114}$$

这里已将 (x_1, x_2, x_3) 换写成了 (x, y, z). 直接微分就知道 $d\zeta=0$，所以 ζ 是

$R^3-\{\mathbf{0}\}$中的闭 2 - 形式.

令 Σ 是例 10.32 中所构造的在 $R^3-\{\mathbf{0}\}$中的 2 - 链；请回想一下，Σ 是 R^3 中单位球的参数表示. 用例 10.32 的矩形 D 作为参数域，很容易算出

$$\int_\Sigma \zeta = \int_D \sin u \, \mathrm{d}u \mathrm{d}v = 4\pi \neq 0. \tag{115}$$

像上面的例题那样，能够推断 ζ 不是 $R^3-\{\mathbf{0}\}$中的恰当微分(因为如例 10.32 所证 $\partial\Sigma=0$)，并且虽然 $\partial\Sigma=0$，球 Σ 也不能是 $R^3-\{\mathbf{0}\}$中任何($\mathscr{C}''$类)3 - 链的边界.

下一个结果在定理 10.39 的证明中将要用到.

10.38 定理 设 E 是 R^n 中的凸开集，$f\in\mathscr{C}'(E)$，p 是整数，$1\leqslant p\leqslant n$，且

$$(D_j f)(\mathbf{x}) = 0 \quad (p < j \leqslant n, \quad \mathbf{x} \in E). \tag{116}$$

于是存在 $F\in\mathscr{C}'(E)$使得

$$(D_p F)(\mathbf{x}) = f(\mathbf{x}), (D_j F)(\mathbf{x}) = 0 \quad (p < j \leqslant n, \quad \mathbf{x} \in E). \tag{117}$$

证 把 $\mathbf{x}$ 写成 $\mathbf{x}=(\mathbf{x}', x_p, \mathbf{x}'')$，这里

$$\mathbf{x}' = (x_1, \cdots, x_{p-1}), \quad \mathbf{x}'' = (x_{p+1}, \cdots, x_n).$$

(当 $p=1$ 时，缺 $\mathbf{x}'$，当 $p=n$ 时，缺 $\mathbf{x}''$.)设 V 是能与某个 $\mathbf{x}''$拼成$(\mathbf{x}', x_p, \mathbf{x}'')\in E$ 的一切$(\mathbf{x}', x_p)\in R^p$ 的集. V 是 E 的射影，必为 R^p 中的凸开集. 因为 E 是凸集并且(116)式成立，$f(\mathbf{x})$就与 $\mathbf{x}''$无关. 因此存在以 V 为定义域的函数 φ，对一切 $\mathbf{x}\in E$ 合于

$$f(\mathbf{x}) = \varphi(\mathbf{x}', x_p).$$

如果 $p=1$，V 是 R^1 中的开区间(可能无界). 取 $c\in V$ 并且定义

$$F(\mathbf{x}) = \int_c^{x_1} \varphi(t) \mathrm{d}t \quad (\mathbf{x} \in E).$$

如果 $p>1$，令 U 是能够对于某个 x_p 使得$(\mathbf{x}', x_p)\in V$ 的所有 $\mathbf{x}'\in R^{p-1}$ 的集. 于是 U 是 R^{p-1}的凸开集，并且存在函数 $\alpha\in\mathscr{C}'(U)$，它对每个 $\mathbf{x}'\in U$ 合于$(\mathbf{x}', \alpha(\mathbf{x}'))\in V$. 换句话说，$\alpha$ 的图像在 V 中(习题 29). 定义

$$F(\mathbf{x}) = \int_{\alpha(\mathbf{x}')}^{x_p} \varphi(\mathbf{x}', t) \mathrm{d}t \quad (\mathbf{x} \in E).$$

不论在哪种情况，F 满足(117)式.

(注意：如果 $b<a$，一般约定 $\int_a^b$ 的意义是 $-\int_b^a$.)

10.39 定理 设 $E\subset R^n$ 是凸开集，$k\geqslant 1$，ω 是 E 中的 $\mathscr{C}'$类 k- 形式且 $\mathrm{d}\omega=0$，那么 E 中必有一个$(k-1)$ - 形式 λ，合于 $\omega=\mathrm{d}\lambda$.

简单地说，凸集中的闭形式是恰当的.

证 当 $p=1$，…，n 时，用 Y_p 表示由 E 中的合于以下条件的一切 k-形式 ω 构成的集：ω 属于 $\mathscr{C}'$类，标准表示

$$\omega = \sum_I f_I(\boldsymbol{x})\mathrm{d}x_I \tag{118}$$

中不含 $\mathrm{d}x_{p+1}$，…，$\mathrm{d}x_n$. 换句话说，如果有某个 $\boldsymbol{x}\in E$ 使 $f_I(\boldsymbol{x})\neq 0$，就会 $I\subset\{1,\cdots,p\}$.

现在对 p 应用归纳法.

首先假定 $\omega\in Y_1$. 于是 $\omega=f(\boldsymbol{x})\mathrm{d}x_1$. 因为 $\mathrm{d}\omega=0$，对于 $1<j\leqslant n$，$\boldsymbol{x}\in E$ 有 $(D_jf)(\boldsymbol{x})=0$. 由定理 10.38，存在着一个 $F\in\mathscr{C}'(E)$使得 $D_1F=f$ 而对 $1<j\leqslant n$ 有 $D_jF=0$. 因此

$$\mathrm{d}F = (D_1F)(\boldsymbol{x})\mathrm{d}x_1 = f(\boldsymbol{x})\mathrm{d}x_1 = \omega.$$

现在取 $p>1$，并做如下的归纳假定：*属于 Y_{p-1} 的每个闭 k-形式是 E 中的恰当形式.*

选 $\omega\in Y_p$ 使 $\mathrm{d}\omega=0$. 据(118)式，

$$\sum_I\sum_{j=1}^n (D_jf_I)(\boldsymbol{x})\mathrm{d}x_j \wedge \mathrm{d}x_I = \mathrm{d}\omega = 0. \tag{119}$$

考虑合于 $p<j\leqslant n$ 的一个固定的 j. 在(118)式中出现的每个 I 在$\{1,\cdots,p\}$中. 如果 I_1，I_2 是两个这样的 k-指标. 并且设 $I_1\neq I_2$，那么$(k+1)$-指标(I_1,j)与(I_2,j)就不同，所以不能抵消，而由(119)式推知(118)中的每个系数满足

$$(D_jf_I)(\boldsymbol{x}) = 0 \quad (\boldsymbol{x}\in E, p<j\leqslant n). \tag{120}$$

现在在(118)式中把含 $\mathrm{d}x_p$ 的项集中到一起，并把 ω 写成

$$\omega = \alpha + \sum_{I_0} f_I(\boldsymbol{x})\mathrm{d}x_{I_0} \wedge \mathrm{d}x_p \tag{121}$$

的形式，其中 $\alpha\in Y_{p-1}$，每个 I_0 是$\{1,\cdots,p-1\}$中的递增$(k-1)$-指标，并且 $I=(I_0,p)$. 据(120)式，定理 10.38 可以提供合于

$$D_pF_I = f_I,\quad D_jF_I = 0 \quad (p<j\leqslant n) \tag{122}$$

的函数 $F_I\in\mathscr{C}'(E)$.

令

$$\beta = \sum_{I_0} F_I(\boldsymbol{x})\mathrm{d}x_{I_0} \tag{123}$$

并定义 $\gamma=\omega-(-1)^{k-1}\mathrm{d}\beta$. 因为 β 是 $(k-1)$-形式，从而

$$\gamma=\omega-\sum_{I_0}\sum_{j=1}^{p}(D_jF_I)(\boldsymbol{x})\mathrm{d}x_{I_0}\wedge\mathrm{d}x_j$$

$$=\alpha-\sum_{I_0}\sum_{j=1}^{p-1}(D_jF_I)(\boldsymbol{x})\mathrm{d}x_{I_0}\wedge\mathrm{d}x_j,$$

它显然在 Y_{p-1} 中. 因为 $\mathrm{d}\omega=0$，$\mathrm{d}^2\beta=0$，所以必然 $\mathrm{d}\gamma=0$. 因此，由归纳假定知道，在 E 中有某个 $(k-1)$-形式 μ，它使 $\gamma=\mathrm{d}\mu$. 如果令 $\lambda=\mu+(-1)^{k-1}\beta$，就得到 $\omega=\mathrm{d}\lambda$.

这就由归纳法完成了证明.

10.40 定理 固定 k，$1\leqslant k\leqslant n$. 令 $E\subset R^n$ 是开集，其中每个闭 k-形式是恰当的. 再令 T 是把 E 映满开集 $U\subset R^n$ 的 1-1 $\mathscr{C}''$ 映射，它的逆 S 又属于 $\mathscr{C}''$.

那么 U 中的每个闭 k-形式是 U 中的恰当形式.

注意，由定理 10.39，每个凸开集 E 满足本定理的题设. E 和 U 之间的关系可以说成是它们 $\mathscr{C}''$-等价.

于是在与凸开集 $\mathscr{C}''$-等价的任意集中，每个闭形式是恰当形式.

证 令 ω 是 U 中的 k-形式且 $\mathrm{d}\omega=0$. 由定理 10.22(c)，ω_T 是 E 中的 k-形式且 $\mathrm{d}(\omega_T)=0$. 因此 $\omega_T=\mathrm{d}\lambda$，$\lambda$ 是 E 中的 $(k-1)$-形式. 由定理 10.23 及再一次使用定理 10.22(c)，得到

$$\omega=(\omega_T)_S=(\mathrm{d}\lambda)_S=\mathrm{d}(\lambda_S).$$

因 λ_S 是 U 中的 $(k-1)$-形式，所以 ω 是 U 中的恰当形式.

10.41 评注 在应用中，方格(看定义 2.17)时常是比单形更方便的参数域. 如果我们的全部论述都基于方格，而不基于单形的话，Stokes 定理的证明中出现的计算将会简单些(在 Spivak 的书中就是这样做的). 我们宁愿要单形的理由是，有向单形边界的定义，看来是比方格边界的定义容易些也自然些(见习题 19). 又把集分割成单形(称为“三角割分”)在拓扑学中起着重要作用. 而在拓扑学的某些方面与微分形式之间，又存在着密切的联系. 这些在评注 10.35 中曾暗示过. Singer 及 Thorpe 的书对于这个论题有很好的介绍.

因为每个方格能被三角剖分，所以可以当作链. 在二维的情形，这已在例 10.32 中做了；对于三维的情况，见习题 18.

Poincaré 引理(定理 10.39)有许多证明的方法. 例如可参看 Spivak 书的第 94 页，或 Fleming 书的 280 页. 对一些特殊情况的两种简单证法，在习题 24 及习题 27 中指出来了.

向量分析

在本章行将结束时，我们把前面的材料，对 R^3 中有关向量分析的定理，作

一点应用. 这些定理是关于微分形式定理的一些特殊情况，但又时常是以不同的术语来叙述的. 所以我们面对的任务是把一种说法翻译成另外的说法.

10.42 向量场 令 $\boldsymbol{F}=F_1\boldsymbol{e}_1+F_2\boldsymbol{e}_2+F_3\boldsymbol{e}_3$ 为开集 $E\subset R^3$ 到 R^3 内的连续映射. 因为 $\boldsymbol{F}$ 给 E 的每个点联系上一个向量，所以有时把 $\boldsymbol{F}$ 叫作向量场，特别在物理中是如此. 联系着每个这样的 $\boldsymbol{F}$，有一个 1-形式

$$\lambda_{\boldsymbol{F}}=F_1\mathrm{d}x+F_2\mathrm{d}y+F_3\mathrm{d}z \tag{124}$$

及一个 2-形式

$$\omega_{\boldsymbol{F}}=F_1\mathrm{d}y\wedge\mathrm{d}z+F_2\mathrm{d}z\wedge\mathrm{d}x+F_3\mathrm{d}x\wedge\mathrm{d}y. \tag{125}$$

这里以及本章下余各处，都用惯用的记法(x, y, z)代替(x_1, x_2, x_3).

反之，显然 E 中的每个 1-形式λ，必定是 E 中某个向量场 $\boldsymbol{F}$ 的 $\lambda_{\boldsymbol{F}}$，并且每个 2-形式，必是某个 $\boldsymbol{F}$ 的 $\omega_{\boldsymbol{F}}$. 因此，在 R^3 中 1-形式及 2-形式的研究，就是这样与向量场的研究共同发展的.

如果 $u\in\mathscr{C}'(E)$是实函数，那么，它的梯度

$$\nabla u=(D_1u)\boldsymbol{e}_1+(D_2u)\boldsymbol{e}_2+(D_3u)\boldsymbol{e}_3$$

是 E 中向量场的一个例子.

今设 $\boldsymbol{F}$ 是 E 中的 $\mathscr{C}'$类的向量场. 它的旋度$\nabla\times\boldsymbol{F}$ 是在 E 中由

$$\begin{aligned}\nabla\times\boldsymbol{F}=&(D_2F_3-D_3F_2)\boldsymbol{e}_1+(D_3F_1-D_1F_3)\boldsymbol{e}_2\\&+(D_1F_2-D_2F_1)\boldsymbol{e}_3\end{aligned}$$

定义的向量场，而它的散度$\nabla\cdot\boldsymbol{F}$ 是在 E 中由

$$\nabla\cdot\boldsymbol{F}=D_1F_1+D_2F_2+D_3F_3$$

定义的实函数.

这些量有各种物理解释. 至于它们的细节，介绍大家去看 O. D. Kellogg 的书.

下面是梯度、散度和旋度之间的某些联系.

10.43 定理 设 E 是 R^3 中的开集，$u\in\mathscr{C}''(E)$，$\boldsymbol{G}$ 是 E 中 $\mathscr{C}''$类的向量场.

(a) 如果 $\boldsymbol{F}=\nabla u$，那么$\nabla\times\boldsymbol{F}=\boldsymbol{0}$.

(b) 如果 $\boldsymbol{F}=\nabla\times\boldsymbol{G}$，那么$\nabla\cdot\boldsymbol{F}=0$.

此外，如 E 能 $\mathscr{C}''$等价于凸集，那么(a)及(b)的逆命题也成立，其中要假定 $\boldsymbol{F}$ 是 E 中的 $\mathscr{C}'$类的向量场.

(a′) 如果$\nabla\times\boldsymbol{F}=\boldsymbol{0}$，那么 $\boldsymbol{F}$ 是某个 $u\in\mathscr{C}''(E)$的梯度：$\boldsymbol{F}=\nabla u$.

(b′) 如果$\nabla\cdot\boldsymbol{F}=0$，那么 $\boldsymbol{F}$ 是 E 中某个 $\mathscr{C}''$类向量场 $\boldsymbol{G}$ 的旋度：$\boldsymbol{F}=\nabla\times\boldsymbol{G}$.

证 如果把∇u，$\nabla\times\boldsymbol{F}$ 及$\nabla\cdot\boldsymbol{F}$ 的定义与(124)式及(125)式所给的微分形式 $\lambda_{\boldsymbol{F}}$ 及 $\omega_{\boldsymbol{F}}$相比较，就得到下面的四个命题：

$\boldsymbol{F}=\nabla u$ 当且仅当 $\lambda_{\boldsymbol{F}}=\mathrm{d}u$；

$\nabla \times \boldsymbol{F}=\boldsymbol{0}$ 当且仅当 $\mathrm{d}\lambda_F=0$；

$\boldsymbol{F}=\nabla \times \boldsymbol{G}$ 当且仅当 $\omega_F=\mathrm{d}\lambda_G$；

$\nabla \cdot \boldsymbol{F}=0$ 当且仅当 $\mathrm{d}\omega_F=0$.

现在，如果 $\boldsymbol{F}=\nabla u$，那么 $\lambda_F=\mathrm{d}u$，所以 $\mathrm{d}\lambda_F=\mathrm{d}^2 u=0$（定理 10.20），这表示 $\nabla \times \boldsymbol{F}=\boldsymbol{0}$. 于是 (a) 获证.

至于 (a′)，题设等于说在 E 中 $\mathrm{d}\lambda_F=0$. 据定理 10.40，有某个 0 - 形式 u，使 $\lambda_F=\mathrm{d}u$. 因此，$\boldsymbol{F}=\nabla u$.

(b) 和 (b′) 的证明顺着完全一样的模式进行.

10.44 体积元素 k - 形式

$$\mathrm{d}x_1 \wedge \cdots \wedge \mathrm{d}x_k$$

叫作 R^k 中的体积元素. 体积元素时常记作 $\mathrm{d}V$（如果希望明显地指出维数时，就记成 $\mathrm{d}V_k$），当 Φ 是 R^k 中的正向 k - 曲面，而 f 是 Φ 的值域上的连续函数时，便用

$$\int_\Phi f(\boldsymbol{x})\mathrm{d}x_1 \wedge \cdots \wedge \mathrm{d}x_k = \int_\Phi f \mathrm{d}V \tag{126}$$

这个记号.

用这个术语的理由非常简单：设 D 是 R^k 中的参数域，如果 Φ 是 D 到 R^k 中的 $1\text{-}1\mathscr{C}'$ 映射，并带有正的函数行列式 J_Φ，那么，据 (35) 式及定理 10.9，(126) 式的左端就是

$$\int_D f(\Phi(\boldsymbol{u}))J_\Phi(\boldsymbol{u})\mathrm{d}\boldsymbol{u} = \int_{\Phi(D)} f(\boldsymbol{x})\mathrm{d}\boldsymbol{x}.$$

特别当 $f=1$ 时，(126) 式便确定 Φ 的体积. 我们在 (36) 式中已经见过它的一个特殊情形.

关于 $\mathrm{d}V_2$，常用记号 $\mathrm{d}A$.

10.45 Green 定理 设 E 是 R^2 中的开集，$\alpha \in \mathscr{C}'(E)$，$\beta \in \mathscr{C}'(E)$，$\Omega$ 是 E 的闭子集，并且 Ω 有 10.31 段中所说的正向边界 $\partial\Omega$. 那么

$$\int_{\partial\Omega}(\alpha\mathrm{d}x + \beta\mathrm{d}y) = \int_\Omega \left(\frac{\partial\beta}{\partial x} - \frac{\partial\alpha}{\partial y}\right)\mathrm{d}A. \tag{127}$$

证 令 $\lambda=\alpha\mathrm{d}x + \beta\mathrm{d}y$，于是

$$\begin{aligned}\mathrm{d}\lambda &= (D_2\alpha)\mathrm{d}y \wedge \mathrm{d}x + (D_1\beta)\mathrm{d}x \wedge \mathrm{d}y \\ &= (D_1\beta - D_2\alpha)\mathrm{d}A.\end{aligned}$$

所以 (127) 式无异于

$$\int_{\partial\Omega}\lambda = \int_\Omega \mathrm{d}\lambda.$$

据定理 10.33，上式成立.

取 $\alpha(x, y)=-y$ 而 $\beta(x, y)=x$，(127)式就变成 Ω 的面积

$$\frac{1}{2}\int_{\partial\Omega}(x\mathrm{d}y-y\mathrm{d}x)=A(\Omega). \tag{128}$$

取 $\alpha=0$，$\beta=x$，就得一个类似的公式. 例 10.12(b)含有它的一个特殊情况.

10.46 $\boldsymbol{R}^3$ 中的面积元素 令 Φ 是 R^3 中的 $\mathscr{C}'$ 类 2-曲面，其参数域 $D\subset R^2$. 给每点 $(u, v)\in D$ 结合一个向量

$$\boldsymbol{N}(u,v)=\frac{\partial(y,z)}{\partial(u,v)}\boldsymbol{e}_1+\frac{\partial(z,x)}{\partial(u,v)}\boldsymbol{e}_2+\frac{\partial(x,y)}{\partial(u,v)}\boldsymbol{e}_3. \tag{129}$$

(129)式中的诸函数行列式与方程

$$(x,y,z)=\Phi(u,v) \tag{130}$$

相对应.

如果 f 是 $\Phi(D)$ 上的连续函数，f 在 Φ 上的面积分就定义为

$$\int_{\Phi} f\,\mathrm{d}A=\int_D f(\Phi(u,v))\mid\boldsymbol{N}(u,v)\mid\mathrm{d}u\mathrm{d}v. \tag{131}$$

特别当 $f=1$ 时就得到 Φ 的面积，即

$$A(\Phi)=\int_D\mid\boldsymbol{N}(u,v)\mid\mathrm{d}u\mathrm{d}v. \tag{132}$$

下面的讨论，说明(131)式及其特殊情况(132)式是合理的定义. 它又刻画了向量 $\boldsymbol{N}$ 的几何特征.

设 $\Phi=\varphi_1\boldsymbol{e}_1+\varphi_2\boldsymbol{e}_2+\varphi_3\boldsymbol{e}_3$，固定一点 $\boldsymbol{p}_0=(u_0, v_0)\in D$，令 $\boldsymbol{N}=\boldsymbol{N}(\boldsymbol{p}_0)$，并令

$$\alpha_i=(D_1\varphi_i)(\boldsymbol{p}_0),\quad \beta_i=(D_2\varphi_i)(\boldsymbol{p}_0)\quad (i=1,2,3). \tag{133}$$

然后让 $T\in L(R^2, R^3)$是由

$$T(u,v)=\sum_{i=1}^{3}(\alpha_i u+\beta_i v)\boldsymbol{e}_i \tag{134}$$

给出的线性变换. 注意，按照定义 9.11，$T=\Phi'(\boldsymbol{p}_0)$.

现在假定 T 的秩是 2(如果 T 的秩是 1 或 0，那么 $\boldsymbol{N}=\boldsymbol{0}$，下面提到的切平面就退化为一条线或一个点了)，于是仿射映射

$$(u,v)\rightarrow\Phi(\boldsymbol{p}_0)+T(u,v)$$

的值域是一个平面 Π，叫作 Φ 在 $\boldsymbol{p}_0$ 的切平面[有人爱把 Π 叫作在 $\Phi(\boldsymbol{p}_0)$的切平面，而不说在 $\boldsymbol{p}_0$ 的切平面；如果 Φ 不是一对一的，这就要陷入困难了].

把(133)式用于(129)式中，就得到

$$\mathbf{N} = (\alpha_2\beta_3 - \alpha_3\beta_2)\mathbf{e}_1 + (\alpha_3\beta_1 - \alpha_1\beta_3)\mathbf{e}_2 + (\alpha_1\beta_2 - \alpha_2\beta_1)\mathbf{e}_3. \tag{135}$$

而(134)说明

$$T\mathbf{e}_1 = \sum_{i=1}^{3}\alpha_i\mathbf{e}_i, \quad T\mathbf{e}_2 = \sum_{i=1}^{3}\beta_i\mathbf{e}_i. \tag{136}$$

直接计算就得到

$$\mathbf{N}\cdot(T\mathbf{e}_1) = 0 = \mathbf{N}\cdot(T\mathbf{e}_2). \tag{137}$$

因此 $\mathbf{N}$ 垂直于Ⅱ. 所以把它叫作 Φ 在 $\mathbf{p}_0$ 的法线.

再据(135)式及(136)式进行直接计算，能证明 $\mathbf{N}$ 的第二个性质：R^3 中把 $\{\mathbf{e}_1, \mathbf{e}_2, \mathbf{e}_3\}$变成$\{T\mathbf{e}_1, T\mathbf{e}_2, \mathbf{N}\}$的线性变换的行列式是 $|\mathbf{N}|^2>0$(习题 30). 于是 3-单形

$$[\mathbf{0}, T\mathbf{e}_1, T\mathbf{e}_2, \mathbf{N}] \tag{138}$$

是正向的.

下面用到 $\mathbf{N}$ 的第三个性质，它是前两性质的推论：上面所提到的以 $|\mathbf{N}|^2$ 为值的行列式，是用$[\mathbf{0}, T\mathbf{e}_1]$，$[\mathbf{0}, T\mathbf{e}_2]$，$[\mathbf{0}, \mathbf{N}]$作棱的平行六面体的体积. 由(137)，$[\mathbf{0}, \mathbf{N}]$垂直于其他两棱. 所以，以

$$\mathbf{0}, T\mathbf{e}_1, T\mathbf{e}_2, T(\mathbf{e}_1+\mathbf{e}_2) \tag{139}$$

为顶点的平行四边形的面积是 $|\mathbf{N}|$.

这个平行四边形是 R^2 中单位正方形在 T 之下的象. 如果 E 是 R^2 中的矩形，(由 T 的线性)能推知平行四边形 $T(E)$的面积是

$$A(T(E)) = |\mathbf{N}|A(E) = \int_E |\mathbf{N}(u_0, v_0)|\,\mathrm{d}u\mathrm{d}v. \tag{140}$$

我们断定，当 Φ 是仿射映射时，(132)式正确. 为了证明定义(132)在一般情况下正确，把 D 分成许多小矩形，在每个小矩形中取一点(u_0, v_0)，并在每个矩形内用相应的切平面代替 Φ. 通过(140)所得到的诸平行四边形面积之和，就是 $A(\Phi)$的一个近似值. 最后，能够从(132)式，用阶跃函数逼近 f 的办法来证明(131)式的正确性.

10.47 例 设 $0<a<b$，a，b 都是固定的. K 是由

$$0\leqslant t\leqslant a, \quad 0\leqslant u\leqslant 2\pi, \quad 0\leqslant v\leqslant 2\pi$$

确定的 3-方格. 方程

$$x = t\cos u$$
$$y = (b + t\sin u)\cos v$$

$$z = (b + t\sin u)\sin v \tag{141}$$

描写的是把 R^3 映到 R^3 内的映射 Ψ，它在 K 的内部是 1-1 的，因此 $\Psi(K)$是个实心环，它的函数行列式是

$$J_\Psi = \frac{\partial(x,y,z)}{\partial(t,u,v)} = t(b + t\sin u),$$

它在 K 上取正值，除非是在面 $t=0$ 上. 如果在 K 上将 J_Ψ 积分，就得到实心环的体积

$$\mathrm{vol}(\Psi(K)) = 2\pi^2 a^2 b.$$

今考虑 2-链 $\Phi = \partial\Psi$(看习题 19)，Ψ 把 K 的两个面 $u=0$ 及 $u=2\pi$ 映满同一个柱面带，但指向相反. Ψ 把面 $v=0$ 及 $v=2\pi$ 映满同一个圆盘，但指向相反. Ψ 把面 $t=0$ 映满一个圆，这圆要把 0 算成 2-链 $\partial\Psi$ 的一部分.（相应的函数行列式为 0）. 所以 Φ 只不过是当在(141)中令 $t=a$ 时，以正方域 $0\leqslant u\leqslant 2\pi$，$0\leqslant v\leqslant 2\pi$ 为参数域 D，所得到的 2-曲面.

按照(129)及(141)，Φ 在$(u, v)\in D$ 的法线是向量

$$\boldsymbol{N}(u,v) = a(b + a\sin u)\boldsymbol{n}(u,v),$$

这里

$$\boldsymbol{n}(u,v) = (\cos u)\boldsymbol{e}_1 + (\sin u\cos v)\boldsymbol{e}_2 + (\sin u\sin v)\boldsymbol{e}_3.$$

因为 $|\boldsymbol{n}(u, v)|=1$，所以得到 $|\boldsymbol{N}(u, v)|=a(b+a\sin u)$，如果把它在 D 上积分，(131)式就给出了环面的面积

$$A(\Phi) = 4\pi^2 ab.$$

如果把 $\boldsymbol{N}=\boldsymbol{N}(u, v)$看成是从 $\Phi(u, v)$指向 $\Phi(u, v)+\boldsymbol{N}(u, v)$的一个有向线段，那么 $\boldsymbol{N}$ 指向外，这就是说，从 $\Psi(K)$离去. 当 $t=a$ 时也如此，因为 $J_\Psi>0$.

例如，取 $u=v=\dfrac{\pi}{2}$，$t=a$. 这给出 z 在 $\Psi(K)$上的最大值，而对于这样选取的(u, v)，$\boldsymbol{N}=a(b+a)\boldsymbol{e}_3$ 指向上方.

10.48 R^3 中 1-形式的积分 令 γ 是开集 $E\subset R^3$ 中的 $\mathscr{C}'$ 曲线，其参数闭区间为[0, 1]，就如 10.42“向量场”中那样，$\boldsymbol{F}$ 是 E 中的向量场，再按(124)式定义 λ_F. λ_F在 γ 上的积分能按确定的方式写出. 我们现在就来描述这种方式.

对于任何 $u\in[0, 1]$，

$$\gamma'(u) = \gamma_1'(u)\boldsymbol{e}_1 + \gamma_2'(u)\boldsymbol{e}_2 + \gamma_3'(u)\boldsymbol{e}_3$$

叫作 γ 在 u 的切向量. 定义 $\boldsymbol{t}=\boldsymbol{t}(u)$为 $\gamma'(u)$方向上的单位向量. 于是

$$\gamma'(u) = |\gamma'(u)|\,\boldsymbol{t}(u).$$

[如果对某个 u，$\gamma'(u)=\mathbf{0}$，则令 $\boldsymbol{t}(u)=\boldsymbol{e}_1$；选用其他的也可以.]据(35)式，

$$\begin{aligned}\int_{\gamma}\lambda_{\boldsymbol{F}} &= \sum_{i=1}^{3}\int_0^1 F_i(\gamma(u))\gamma_i'(u)\mathrm{d}u \\ &= \int_0^1 \boldsymbol{F}(\gamma(u))\cdot\gamma'(u)\mathrm{d}u \\ &= \int_0^1 \boldsymbol{F}(\gamma(u))\cdot\boldsymbol{t}(u)\mid\gamma'(u)\mid\mathrm{d}u. \end{aligned}\tag{142}$$

定理 6.27 使得有理由把 $|\gamma'(u)|\,\mathrm{d}u$ 叫作沿着 γ 的**弧长元素**. 习惯上把它记作 $\mathrm{d}s$，而(142)式也就写成

$$\int_{\gamma}\lambda_{\boldsymbol{F}}=\int\gamma(\boldsymbol{F}\cdot\boldsymbol{t})\mathrm{d}s \tag{143}$$

的形式.

因为 $\boldsymbol{t}$ 是 γ 的单位切向量，$\boldsymbol{F}\cdot\boldsymbol{t}$ 叫作 $\boldsymbol{F}$ 沿着 γ 的切线分量.

(143)式的右端应该当作(142)式最后一个积分的缩写. 关键是 $\boldsymbol{F}$ 在 γ 的值域上定义，但 $\boldsymbol{t}$ 在$[0,1]$上定义；所以 $\boldsymbol{F}\cdot\boldsymbol{t}$ 必须做适当的解释. 当然，当 γ 是1-1的时候，$\boldsymbol{t}(u)$能换成 $\boldsymbol{t}(\gamma(u))$，而这种困难也就不出现了.

10.49 R^3 中 2-形式的积分 设 Φ 是开集 $E\subset R^3$ 中的 $\mathscr{C}'$类 2-曲面，其参数域 $D\subset R^2$. $\boldsymbol{F}$ 为 E 中的向量场，并由(125)式定义 $\omega_{\boldsymbol{F}}$. 像在上一段中那样，我们要给 $\omega_{\boldsymbol{F}}$在 Φ 上的积分另找一个表示法.

由(35)式及(129)式，

$$\begin{aligned}\int_{\Phi}\omega_{\boldsymbol{F}} &= \int_{\Phi}(F_1\mathrm{d}y\wedge\mathrm{d}z+F_2\mathrm{d}z\wedge\mathrm{d}x+F_3\mathrm{d}x\wedge\mathrm{d}y) \\ &= \int_D\left\{(F_1\circ\Phi)\frac{\partial(y,z)}{\partial(u,v)}+(F_2\circ\Phi)\frac{\partial(z,x)}{\partial(u,v)}\right. \\ &\qquad\left.+(F_3\circ\Phi)\frac{\partial(x,y)}{\partial(u,v)}\right\}\mathrm{d}u\mathrm{d}v \\ &= \int_D\boldsymbol{F}(\Phi(u,v))\cdot\boldsymbol{N}(u,v)\mathrm{d}u\mathrm{d}v. \end{aligned}$$

今令 $\boldsymbol{n}=\boldsymbol{n}(u,v)$是 $\boldsymbol{N}(u,v)$方向上的单位向量. [如果对于某个$(u,v)\in D$ 有 $\boldsymbol{N}(u,v)=0$，取 $\boldsymbol{n}(u,v)=\boldsymbol{e}_1$.]于是 $\boldsymbol{N}=|\boldsymbol{N}|\boldsymbol{n}$，因此上边最后这个积分变成

$$\int_D\boldsymbol{F}(\Phi(u,v))\cdot\boldsymbol{n}(u,v)\mid\boldsymbol{N}(u,v)\mid\mathrm{d}u\mathrm{d}v.$$

据(131)式，我们最后能把它写成

$$\int_{\Phi}\omega_{\boldsymbol{F}}=\int_{\Phi}(F\cdot\boldsymbol{n})\mathrm{d}A \tag{144}$$

的形式．至于 $\boldsymbol{F}\cdot\boldsymbol{n}$ 的意义，10.48 的评注在这里依然适用．

现在我们能够叙述 Stokes 定理的最原始的形式了．

10.50 *Stokes* 公式 设 $\boldsymbol{F}$ 是开集 $E\subset R^3$ 中的 $\mathscr{C}'$ 类向量场，Φ 是 E 中的 $\mathscr{C}''$ 类 2-曲面，那么

$$\int_{\Phi}(\nabla\times\boldsymbol{F})\cdot\boldsymbol{n}\mathrm{d}A=\int_{\partial\Phi}(\boldsymbol{F}\cdot\boldsymbol{t})\mathrm{d}s. \tag{145}$$

证 令 $\boldsymbol{H}=\nabla\times\boldsymbol{F}$．那么，像定理 10.43 的证明中那样，得到

$$\omega_{\boldsymbol{H}}=\mathrm{d}\lambda_{\boldsymbol{F}}. \tag{146}$$

因此，

$$\begin{aligned}\int_{\Phi}(\nabla\times\boldsymbol{F})\cdot\boldsymbol{n}\mathrm{d}A&=\int_{\Phi}(\boldsymbol{H}\cdot\boldsymbol{n})\mathrm{d}A=\int_{\Phi}\omega_{\boldsymbol{H}}\\&=\int_{\Phi}\mathrm{d}\lambda_{\boldsymbol{F}}=\int_{\partial\Phi}\lambda_{\boldsymbol{F}}=\int_{\partial\Phi}(\boldsymbol{F}\cdot\boldsymbol{t})\mathrm{d}s.\end{aligned}$$

这里先用了 $\boldsymbol{H}$ 的定义，再用到(144)式，其中的 $\boldsymbol{F}$ 换作 $\boldsymbol{H}$，再用(146)式，然后主要的一步用定理 10.33，最后用到按照明显的方式从曲线推广到 1-链的(143)式．

10.51 散度定理 设 $\boldsymbol{F}$ 是开集 $E\subset R^3$ 中的 $\mathscr{C}'$ 类向量场，Ω 是 E 的带有正向边界 $\partial\Omega$(见 10.31"正向边界")的闭子集．那么

$$\int_{\Omega}(\nabla\cdot\boldsymbol{F})\mathrm{d}V=\int_{\partial\Omega}(\boldsymbol{F}\cdot\boldsymbol{n})\mathrm{d}A. \tag{147}$$

证 由(125)式

$$\mathrm{d}\omega_{\boldsymbol{F}}=(\nabla\cdot\boldsymbol{F})\mathrm{d}x\wedge\mathrm{d}y\wedge\mathrm{d}z=(\nabla\cdot\boldsymbol{F})\mathrm{d}V.$$

因此，根据定理 10.33，把它用于 2-形式 $\omega_{\boldsymbol{F}}$，再根据(144)式得到

$$\int_{\Omega}(\nabla\cdot\boldsymbol{F})\mathrm{d}V=\int_{\Omega}\mathrm{d}\omega_{\boldsymbol{F}}=\int_{\partial\Omega}\omega_{\boldsymbol{F}}=\int_{\partial\Omega}(\boldsymbol{F}\cdot\boldsymbol{n})\mathrm{d}A.$$

习题

1. 设 H 是 R^k 中的紧凸集且其内部不空，$f\in\mathscr{C}(H)$，在 H 的余集中令 $f(\boldsymbol{x})=0$，按定义 10.3 定义 $\int_H f$．

证明 $\int_H f$ 与其中 k 个积分的施行次序无关．

提示：像在例 10.4 中那样，将 f 用 R^k 上的连续函数来逼近，要这些连续函

数的支集在 H 内.

2. 设 $\varphi_i \in \mathscr{C}(R^1)$的支集在$(2^{-i},\ 2^{1-i})$内，$\int \varphi_i = 1, i = 1,2,3,\cdots$ 令

$$f(x,y) = \sum_{i=1}^{\infty} [\varphi_i(x) - \varphi_{i+1}(x)]\varphi_i(y),$$

那么 f 在 R^2 上有紧支集，除了在$(0,\ 0)$以外，f 连续并且

$$\int \mathrm{d}y \int f(x,y)\mathrm{d}x = 0 \quad 而 \int \mathrm{d}x \int f(x,y)\mathrm{d}y = 1.$$

注意，f 在$(0,\ 0)$的每个邻域无界.

3. (a) 设 $\boldsymbol{F}$ 是定理 10.7 所说的，令 $\boldsymbol{A}=\boldsymbol{F}'(\boldsymbol{0})$，$\boldsymbol{F}_1(\boldsymbol{x})=\boldsymbol{A}^{-1}\boldsymbol{F}(\boldsymbol{x})$. 那么 $\boldsymbol{F}_1'(\boldsymbol{0})=I$. 试证在 $\boldsymbol{0}$ 的某邻域内，对某些本原映射 $\boldsymbol{G}_1$，…，$\boldsymbol{G}_n$.

$$\boldsymbol{F}_1(\boldsymbol{x}) = \boldsymbol{G}_n \circ \boldsymbol{G}_{n-1} \circ \cdots \circ \boldsymbol{G}_1(\boldsymbol{x}).$$

这可以产生定理 10.7 的另一种叙述法：

$$\boldsymbol{F}(\boldsymbol{x}) = \boldsymbol{F}'(\boldsymbol{0})\boldsymbol{G}_n \circ \boldsymbol{G}_{n-1} \circ \cdots \circ \boldsymbol{G}_1(\boldsymbol{x}).$$

(b) 证明把 R^2 映满 R^2 的映射$(x,\ y)\to(y,\ x)$，在原点的任何邻域内不能是任何两个本原映射的复合(这说明这些对换 B_i 不能从定理 10.7 的叙述中略去).

4. 对于$(x,\ y)\in R^2$，定义

$$\boldsymbol{F}(x,y) = (e^x\cos y - 1, e^x\sin y).$$

试证 $\boldsymbol{F}=\boldsymbol{G}_2\circ\boldsymbol{G}_1$，这里

$$\boldsymbol{G}_1(x,y) = (e^x\cos y - 1, y)$$
$$\boldsymbol{G}_2(u,v) = (u, (1+u)\tan v)$$

在$(0,\ 0)$的某邻域内是本原映射.

计算 $\boldsymbol{G}_1$，$\boldsymbol{G}_2$，$\boldsymbol{F}$ 在$(0,\ 0)$的函数行列式. 定义

$$H_2(x,y) = (x, e^x\sin y),$$

而求

$$H_1(u,v) = (h(u,v), v)$$

使得在$(0,\ 0)$的某邻域内 $\boldsymbol{F}_1=\boldsymbol{H}_1\circ\boldsymbol{H}_2$.

5. 设 K 是任意度量空间的紧子集，叙述并证明与定理 10.8 类似的定理(把定理 10.8 的证明中出现的函数 φ_i 换成第 4 章习题 22 中所构造的那种函数).

6. 证明定理 10.8 中的函数 ψ_i 能被换成可微的，甚至是无穷次可微的，借以加强定理 10.8 的结论. (在构造辅助函数 φ_i 时用第 8 章习题 1.)

7. (a) 证明单形 Q^k 是 R^k 的含有 $\boldsymbol{0}$，$\boldsymbol{e}_1\cdots$，$\boldsymbol{e}_k$ 的最小凸子集.

(b) 证明仿射映射把凸集变为凸集.

8. 设 H 是 R^2 中以(1, 1), (3, 2), (4, 5), (2, 4)为顶点的平行四边形. 求把(0, 0)变为(1, 1), (1, 0)变为(3, 2), (0, 1)变为(2, 4)的仿射变换 T. 证明 $J_T=5$. 用 T 把积分

$$\alpha = \int_{H} e^{x-y}\mathrm{d}x\mathrm{d}y$$

变成 I^2 上的积分以求 α.

9. 在矩形

$$0 \leqslant r \leqslant a, \quad 0 \leqslant \theta \leqslant 2\pi$$

上用方程

$$x = r\cos\theta, \quad y = r\sin\theta$$

定义$(x, y)=T(r, \theta)$. 证明 T 把这个矩形映满以(0, 0)为中心, 以 a 为半径的闭圆盘 D, T 在矩形内部是 1-1 的, $J_T(r, \theta)=r$. 如果 $f\in\mathscr{C}(D)$, 证明在极坐标下积分的公式是:

$$\int_D f(x,y)\mathrm{d}x\mathrm{d}y = \int_0^a\int_0^{2\pi} f(T(r,\theta))r\mathrm{d}r\mathrm{d}\theta.$$

提示: 设 D_0 为 D 的内部减去从(0, 0)到(0, a)这段闭区间. 就这样情形, 定理 10.9 便能用于支集在 D_0 内的连续函数 f. 再像例 10.4 那样把这个限制去掉.

10. 在习题 9 中令 $a\to\infty$, 证明: 对于 $|x|+|y|\to\infty$ 时下降得足够快的连续函数 f 来说,

$$\int_{R^2} f(x,y)\mathrm{d}x\mathrm{d}y = \int_0^\infty\int_0^{2\pi} f(T(r,\theta))r\mathrm{d}r\mathrm{d}\theta,$$

(做出更精确的阐述.)把这个公式用于函数

$$f(x,y) = \exp(-x^2-y^2)$$

以导出第 8 章的公式(101).

11. 在带形区域

$$0 < s < \infty, \quad 0 < t < 1$$

上, 令 $u=s-st$, $v=st$ 来定义$(u, v)=T(s, t)$. 证明 T 是把这带形区域映满 R^2 中正象限(即 $u>0$, $v>0$)Q 的 1-1 映射. 证明 $J_T(s, t)=s$.

对于 $x>0$, $y>0$, 在 Q 上积分 $u^{x-1}e^{-u}v^{y-1}e^{-v}$,

用定理 10.9 把这个积分变成带形区域上的积分, 再按这种方法导出第 8 章的公式(96).

（为了这里的应用，必须把定理 10.9 推广到能包括某些广义积分. 请读者先做这项推广.）

12. 令 I^k 是一切合于 $0\leqslant u_i\leqslant 1(i=1,\cdots,k)$ 的 $\boldsymbol{u}=(u_1,\cdots,u_k)\in R^k$ 的集；Q^k 是合于 $x_i\geqslant 0$，$\Sigma x_i\leqslant 1$ 的一切 $\boldsymbol{x}=(x_1,\cdots,x_k)\in R^k$ 的集.（I^k 是单位立方体；Q^k 是 R^k 中的标准单形）. 用

$$\begin{aligned} x_1 &= u_1 \\ x_2 &= (1-u_1)u_2 \\ &\vdots \\ x_k &= (1-u_1)\cdots(1-u_{k-1})u_k \end{aligned}$$

定义 $\boldsymbol{x}=T(\boldsymbol{u})$. 证明

$$\sum_{i=1}^{k} x_i = 1-\prod_{i=1}^{k}(1-u_i).$$

证明 T 把 I^k 映满 Q^k，T 在 I^k 内部是 1-1 的，它的逆 S 定义在 Q^k 内部，而由 $u_1=x_1$ 及

$$u_i = \frac{x_i}{1-x_1-\cdots-x_{i-1}}(i=2,\cdots,k)$$

确定. 证明

$$J_T(u) = (1-u_1)^{k-1}(1-u_2)^{k-2}\cdots(1-u_{k-1}),$$

及

$$J_S(\boldsymbol{x}) = [(1-x_1)(1-x_1-x_2)\cdots(1-x_1-\cdots-x_{k-1})]^{-1}.$$

13. 设 $r_1,\cdots,r_k$ 为非负整数，证明

$$\int_{Q^k} x_1^{r_1}\cdots x_k^{r_k}\,\mathrm{d}x = \frac{r_1!\cdots r_k!}{(k+r_1+\cdots+r_k)!}.$$

提示：用习题 12，定理 10.9 及 8.20.

注意，特殊情况 $r_1=\cdots=r_k=0$ 表示 Q^k 的体积是 $1/k!$.

14. 证明公式(46).

15. 设 ω 及 λ 分别为 k-形式及 m-形式. 证明

$$\omega\wedge\lambda = (-1)^{km}\lambda\wedge\omega.$$

16. 设 $k\geqslant 2$，$\sigma=[\boldsymbol{p}_0,\boldsymbol{p}_1,\cdots\boldsymbol{p}_k]$是有向仿射 k-单形，直接从边界算子 ∂ 的定义证明 $\partial^2\sigma=0$. 由此推证对每个链 Ψ 必然 $\partial^2\Psi=0$.

提示：首先对 $k=2$，$k=3$ 定向. 一般来说，如果 $i<j$，令 σ_{ij} 为从 σ 中删去 $\boldsymbol{p}_i$ 及 $\boldsymbol{p}_j$ 所得的$(k-2)$-单形. 证明每个 σ_{ij} 在 $\partial^2\sigma$ 中出现两次，且符号相反.

17. 令 $J^2=\tau_1+\tau_2$，这里

$$\tau_1=[\mathbf{0},\boldsymbol{e}_1,\boldsymbol{e}_1+\boldsymbol{e}_2],\quad \tau_2=-[\mathbf{0},\boldsymbol{e}_2,\boldsymbol{e}_2+\boldsymbol{e}_1].$$

阐明为什么把 J^2 叫作 R^2 中的正向单位正方形是合理的．证明 ∂J^2 是四个仿射 1-单形的和．找出这些 1-单形来．$\partial(\tau_1-\tau_2)$是什么？

18．考虑 R^3 中的有向仿射 3-单形

$$\sigma_1=[\mathbf{0},\boldsymbol{e}_1,\boldsymbol{e}_1+\boldsymbol{e}_2,\boldsymbol{e}_1+\boldsymbol{e}_2+\boldsymbol{e}_3],$$

证明 σ_1（当作线性变换）的行列式是 1．于是 σ_1 是正向的．

令 σ_2，…，σ_6 是如下得到的五个另外的有向 3-单形：除去(1，2，3)以外 1，2，3 还有五种不同的排列$(i_1，i_2，i_3)$．每个$(i_1，i_2，i_3)$联系一个单形

$$s(i_1,i_2,i_3)[\mathbf{0},\boldsymbol{e}_{i1},\boldsymbol{e}_{i1}+\boldsymbol{e}_{i2},\boldsymbol{e}_{i1}+\boldsymbol{e}_{i2}+\boldsymbol{e}_{i3}],$$

这里 s 是在行列式定义里出现的符号（这就是在习题 17 中怎样从 τ_1 得到 τ_2 的）．

证明 σ_2，…，σ_6 是正向的

令 $J^3=\sigma_1+\cdots+\sigma_6$，那么可以把 J^3 叫作 R^3 中的正向单位立方体．

证明 ∂J^3 是 12 个有向仿射 2-单形之和（这些是覆盖单位立方体 I^3 曲面的 12 个三角形）．

证明 $\boldsymbol{x}=(x_1，x_2，x_3)$在 σ_1 的值域中当且仅当 $0\leqslant x_3\leqslant x_2\leqslant x_1\leqslant 1$．

证明 σ_1，…，σ_6 的值域内部不交，而它们的并能够覆盖 I^3（与习题 13 比较；注意 $3!=6$）．

19．令 J^2 及 J^3 的定义如习题 17 及 18 中那样．定义

$$\begin{aligned}
B_{01}(u,v)&=(0,u,v),\quad B_{11}u,v=(1,u,v),\\
B_{02}(u,v)&=(u,0,v),\quad B_{12}u,v=(u,1,v),\\
B_{03}(u,v)&=(u,v,0),\quad B_{13}u,v=(u,v,1).
\end{aligned}$$

这些都是仿射映射，并把 R^2 映入 R^3 内．

令 $\beta_{ri}=B_{ri}(J^2)$，其中 $r=0，1，i=1，2，3$．每个 β_{ri} 是一个仿射有向 2-链（看 10.30 段）．试证

$$\partial J^3=\sum_{i=1}^{3}(-1)^i(\beta_{0i}-\beta_{1i}),$$

与习题 18 一致．

20．说明公式

$$\int_\Phi f\mathrm{d}\omega=\int_{\partial\Phi}f\omega-\int_\Phi(\mathrm{d}f)\wedge\omega$$

成立的条件，并证明它推广了分部积分公式．

提示：$\mathrm{d}(f\omega)=(\mathrm{d}f)\wedge\omega+f\mathrm{d}\omega$．

21．像在例 10.36 中那样，考虑 $R^2-\{\mathbf{0}\}$中的 1-形式

$$\eta = \frac{x\mathrm{d}y - y\mathrm{d}x}{x^2 + y^2}.$$

(a) 施行导出(113)式的计算，并证明 $\mathrm{d}\eta=0$.

(b) 令 $\gamma(t)=(r\cos t, r\sin t)$，$r$ 是某个大于 0 的数，又令 Γ 是在$R^2-\{\mathbf{0}\}$中的以$[0, 2\pi]$为参数域并且使 $\Gamma(0)=\Gamma(2\pi)$的 $\mathscr{C}''$曲线，又使闭区间$[r(t), \Gamma(t)]$对任何 $t\in[0, 2\pi]$不包含 $\mathbf{0}$. 证明

$$\int_\Gamma \eta = 2\pi.$$

提示：对于 $0\leqslant t\leqslant 2\pi$，$0\leqslant u\leqslant 1$，定义

$$\Phi(t,u) = (1-u)\Gamma(t) + u\gamma(t).$$

于是 Φ 的 $R^2-\{\mathbf{0}\}$中的 2-曲面. 它的参数域是上面指出的矩形. 由于抵消(像例 10.32 中那样)，

$$\partial\Phi = \Gamma - \gamma.$$

因 $\mathrm{d}\eta=0$，用 Stokes 定理推出

$$\int_\Gamma \eta = \int_\gamma \eta.$$

(c) 取 $\Gamma(t)=(a\cos t, b\sin t)$，其中正数 a，b 是固定的. 用(b)证明

$$\int_0^{2\pi} \frac{ab}{a^2\cos^2 t + b^2\sin^2 t}\mathrm{d}t = 2\pi.$$

(d) 证明在 $x\neq 0$ 的任意凸开集中

$$\eta = \mathrm{d}\left(\arctan\frac{y}{x}\right),$$

而在 $y\neq 0$ 的任意凸开集中

$$\eta = \mathrm{d}\left(-\arctan\frac{x}{y}\right).$$

阐明为什么虽然 η 在 $R^2-\{\mathbf{0}\}$中不是恰当的，但这还能说明记号 $\eta=\mathrm{d}\theta$ 是合理的.

(e) 证明(b)能由(d)导出.

(f) 设 Γ 是 $R^2-\{\mathbf{0}\}$中的任意闭 $\mathscr{C}'$-曲线，证明

$$\frac{1}{2\pi}\int_\Gamma \eta = \mathrm{Ind}(\Gamma).$$

(曲线的指标的定义见第 8 章习题 23.)

22. 像在例 10.37 中那样，在 $R^3-\{\mathbf{0}\}$中用

$$\zeta=\frac{x\mathrm{d}y\wedge\mathrm{d}z+y\mathrm{d}z\wedge\mathrm{d}x+z\mathrm{d}x\wedge\mathrm{d}y}{r^3}$$

来定义 ζ，这里 $r=(x^2+y^2+z^2)^{\frac{1}{2}}$，设 D 为矩形域 $0\leqslant u\leqslant\pi$，$0\leqslant v\leqslant 2\pi$. 又令 Σ 是 R^3 中以 D 为参数域的 2 - 曲面.

$$x=\sin u\cos v,\quad y=\sin u\sin v,\quad z=\cos u.$$

(a) 证明在 $R^3-\{\mathbf{0}\}$中 $\mathrm{d}\zeta=0$.

(b) 令参数域为 $E\subset D$，那么曲面 S 只是 Σ 的一部分，叫作 Σ 的约束. 证明

$$\int_S\zeta=\int_E\sin u\mathrm{d}u\mathrm{d}v=A(S),$$

像定理 10.43 那样，这里的 A 指的是面积. 注意，这就把(115)式作为特殊情况包含了进来.

(c) 设 g，h_1，h_2，h_3 是$[0,1]$上的 $\mathscr{C}''$函数，$g>0$，令$(x,y,z)=\Phi(s,t)$是以 I^2 为参数域而由

$$x=g(t)h_1(s),\quad y=g(t)h_2(s),\quad z=g(t)h_3(s).$$

定义的 2 - 曲面 Φ. 直接从(35)式证明

$$\int_\Phi\zeta=0.$$

注意，Φ 的值域的形状：对固定的 s，$\Phi(s,t)$历经通过 $\mathbf{0}$ 的某直线上的一个开区间. 因此 Φ 的值域在以原点为顶点的一个“锥”上.

(d) 令 E 为 D 中的闭矩形，它的边与 D 的边平行. 假定 $f\in\mathscr{C}''(D)$，$f>0$. 令 Ω 是以 E 为参数域，而由

$$\Omega(u,v)=f(u,v)\Sigma(u,v)$$

确定的二曲面. 像在(b)中那样定义 S，证明

$$\int_\Omega\zeta=\int_S\zeta=A(S).$$

(因 S 是 Ω 到单位球内的“径向射影”，这从结果来看，把 $\int_\Omega\zeta$ 叫作 Ω 的值域在原点所对的“立体角”是合理的.)

提示：考虑由

$$\Psi(t,u,v)=[1-t+tf(u,v)]\Sigma(u,v)$$

定出的 3-曲面 Ψ，这里的 $(u, v)\in E$，$0\leqslant t\leqslant 1$. 对于固定的 v，映射

$$(t,u)\to\Psi(t,u,v)$$

是 2-曲面 Φ，(c)可以用于 Φ，这样来证明 $\int_{\Phi}\zeta=0$. u 固定时也是这样. 由(a)及 Stokes 定理

$$\int_{\partial\Psi}\zeta=\int_{\Psi}\mathrm{d}\zeta=0.$$

(e) 如习题 21，取

$$\eta=\frac{x\mathrm{d}y-y\mathrm{d}x}{x^2+y^2},$$

令 $\lambda=-(z/r)\eta$. 于是 λ 是开集 $V\subset R^3$ 中的 1-形式，V 中 $x^2+y^2>0$. 证明

$$\zeta=\mathrm{d}\lambda.$$

借以证明 ζ 在 V 中是恰当的.

(f) 不要用(c)，从(e)导出(d).

提示：首先假定在 E 上 $0<u<\pi$. 由(e)

$$\int_{\Omega}\zeta=\int_{\partial\Omega}\lambda\quad\text{且}\int_{S}\zeta=\int_{\partial S}\lambda.$$

用习题 21(d)，并注意 z/r 在 $\Sigma(u, v)$ 与 $\Omega(u, v)$ 上相同，以证明 λ 的这两个积分相等.

(g) 是否在过原点的每条直线的余集中 ζ 都是恰当的?

23. 固定 n. 对 $1\leqslant k\leqslant n$ 定义 $r_k=(x_1^2+\cdots+x_k^2)^{\frac{1}{2}}$，令 E_k 是使 $r_k>0$ 的一切 $\mathbf{x}\in R^n$ 的集，又令 ω_k 是 E_k 中由

$$\omega_k=(r_k)^{-k}\sum_{i=1}^{k}(-1)^{i-1}x_i\mathrm{d}x_1\wedge\cdots\wedge\mathrm{d}x_{i-1}\wedge\mathrm{d}x_{i+1}\wedge\cdots\wedge\mathrm{d}x_k$$

确定的 $(k-1)$-形式.

注意，按习题 21 及习题 22 的名词来说，$\omega_2=\eta$，$\omega_3=\zeta$. 再注意

$$E_1\subset E_2\subset\cdots\subset E_n=R^n-\{\mathbf{0}\}.$$

(a) 证明在 E_k 中 $\mathrm{d}\omega_k=0$.

(b) 对于 $k=2, \cdots, n$，证明

$$\omega_k=\mathrm{d}(f_k\omega_{k-1})=(\mathrm{d}f_k)\wedge\omega_{k-1},$$

然后借此证明 ω_k 在 E_{k-1} 中是恰当的，这里的 $f_k(\mathbf{x})=(-1)^k g_k(x_k/r_k)$ 而

$$g_k(t)=\int_{-1}^{t}(1-s^2)^{(k-3)/2}\mathrm{d}s\quad(-1<t<1).$$

提示：f_k 满足微分方程

$$\mathbf{x} \cdot (\nabla f_k)(\mathbf{x}) = 0$$

且

$$(D_k f_k)(\mathbf{x}) = \frac{(-1)^k (r_{k-1})^{k-1}}{(r_k)^k}.$$

(c) ω_n 在 E_n 中是否为恰当的.

(d) 注意，(b)是习题 22(e)的推广. 试把习题 21 及习题 22 中一些其他的论断推广到 ω_n，n 是任意的.

24. 令 $\omega = \sum a_i(\mathbf{x})\mathrm{d}x_i$ 是凸开集 $E \subset R^n$ 中的 $\mathscr{C}''$ 类 1-形式. 假设 $\mathrm{d}\omega = 0$，而按照下面的提纲证明 ω 在 E 中是恰当的：

固定 $\mathbf{p} \in E$. 定义

$$f(\mathbf{x}) = \int_{[\mathbf{p},\mathbf{x}]} \omega \quad (\mathbf{x} \in E),$$

把 Stokes 定理用于 E 中的仿射-有向 2-单形$[\mathbf{p}, \mathbf{x}, \mathbf{y}]$. 对于 $\mathbf{x} \in E$，$\mathbf{y} \in E$ 导出

$$f(\mathbf{y}) - f(\mathbf{x}) = \sum_{i=1}^{n} (y_i - x_i) \int_0^1 a_i((1-t)\mathbf{x} + t\mathbf{y}) \mathrm{d}t.$$

因之$(D_i f)(\mathbf{x}) = a_i(\mathbf{x})$.

25. 假定 ω 是开集 $E \subset R^n$ 中的，能使 E 中的每个闭曲线 γ 合于

$$\int_\gamma \omega = 0$$

的 $\mathscr{C}'$类的 1-形式. 模仿习题 24 中草拟的部分论证，来证明 ω 在 E 内恰当.

26. 假定 ω 是$R^3 - \{\mathbf{0}\}$中的 $\mathscr{C}'$类 1-形式且 $\mathrm{d}\omega = 0$. 证明 ω 在$R^3 - \{\mathbf{0}\}$中是恰当的.

提示：$R^3 - \{\mathbf{0}\}$中的每个闭连续可微曲线是 $R^3 - \{\mathbf{0}\}$的某个 2-曲面的边界. 应用 Stokes 定理及习题 25.

27. 令 E 是 R^3 中的开 3-方格，它的棱与坐标轴平行. 设$(a, b, c) \in E$，而对 $i = 1, 2, 3$，$f_i \in \mathscr{C}'(E)$，

$$\omega = f_1 \mathrm{d}y \wedge \mathrm{d}z + f_2 \mathrm{d}z \wedge \mathrm{d}x + f_3 \mathrm{d}x \wedge \mathrm{d}y,$$

并假定在 E 中 $\mathrm{d}\omega = 0$. 定义

$$\lambda = g_1 \mathrm{d}x + g_2 \mathrm{d}y,$$

这里当$(x, y, z) \in E$ 时，

$$g_1(x,y,z) = \int_c^z f_2(x,y,s)\mathrm{d}s - \int_b^y f_3(x,t,c)\mathrm{d}t,$$

$$g_2(x,y,z)=-\int_c^z f_1(x,y,s)\mathrm{d}s.$$

证明在 E 中 $\mathrm{d}\lambda=\omega$.

计算当 $\omega=\zeta$ 时的这些积分值，因而求出习题 22(e)中出现的形式 λ.

28. 固定 $b>a>0$，对 $a\leqslant r\leqslant b$，$0\leqslant\theta\leqslant 2\pi$ 定义

$$\Phi(r,\theta)=(r\cos\theta,r\sin\theta).$$

(Φ 的值域是 R^2 中的圆环.)令 $\omega=x^3\mathrm{d}y$，计算

$$\int_\Phi \mathrm{d}\omega \text{ 及} \int_{\partial\Phi}\omega$$

来验证它们相等.

29. 证明存在函数 α，它有定理 10.38 证明中用到的那些性质，并证明所得函数 F 是 $\mathscr{C}'$类的.（如果 E 是开方格或开球，这些论断就都是无关紧要的了. 因为 α 可取作常数. 参考定理 9.42.）

30. 设 $\mathbf{N}$ 是由(135)式给出的向量. 证明

$$\det\begin{bmatrix}\alpha_1 & \beta_1 & \alpha_2\beta_3-\alpha_3\beta_2\\ \alpha_2 & \beta_2 & \alpha_3\beta_1-\alpha_1\beta_3\\ \alpha_3 & \beta_3 & \alpha_1\beta_2-\alpha_2\beta_1\end{bmatrix}=|\mathbf{N}|^2.$$

再验证方程(137).

31. 令 $E\subset R^3$ 是开集，假定 $g\in\mathscr{C}''(E)$，$h\in\mathscr{C}''(E)$，并考虑向量场

$$\boldsymbol{F}=g\nabla h.$$

(a) 证明

$$\nabla\cdot\boldsymbol{F}=g\nabla^2 h+(\nabla g)\cdot(\nabla h),$$

这里$\nabla^2 h=\nabla\cdot(\nabla h)=\sum\partial^2 h/\partial x_i^2$ 是 h 的所谓“Laplace 算子”.

(b) 如果 Ω 是 E 的闭子集且有正向边界 $\partial\Omega$(如定理 10.51)证明

$$\int_\Omega[g\nabla^2 h+(\nabla g)\cdot(\nabla h)]\mathrm{d}V=\int_{\partial\Omega}g\,\frac{\partial h}{\partial n}\mathrm{d}A.$$

这里(按照习惯)我们已经把$(\Delta h)\cdot\boldsymbol{n}$ 写成了$\dfrac{\partial h}{\partial n}$(如此，$\partial h/\partial n$ 是 h 在 $\partial\Omega$的外法线方向的方向导数，即所谓 h 的法向导数). 将 g 与 h 的位置互换得到式子

$$\int_\Omega[h\nabla^2 g+(\nabla h)\cdot(\nabla g)]\mathrm{d}V=\int_{\partial\Omega}h\,\frac{\partial g}{\partial n}\mathrm{d}A,$$

再从第一式中减去它，得

$$\int_{\Omega}(g\nabla^2 h - h\nabla^2 g)\mathrm{d}V = \int_{\partial\Omega}\left(g\frac{\partial h}{\partial n} - h\frac{\partial g}{\partial n}\right)\mathrm{d}A.$$

这两个公式通常叫作 Green 恒等式.

(c) 假定 h 在 E 中是调和的，这指的是$\nabla^2 h=0$. 取 $g=1$ 便推知

$$\int_{\partial\Omega}\frac{\partial h}{\partial n}\mathrm{d}A = 0.$$

取 $g=h$，便推知：在 $\partial\Omega$ 上 $h=0$ 时，在 Ω 内就也 $h=0$.

(d) 证明 Green 恒等式在 R^2 中也成立.

32. 固定δ，$0<\delta<1$. 令 D 是合于 $0\leqslant\theta\leqslant\pi$，$-\delta\leqslant t\leqslant\delta$ 的一切$(\theta, t)\in R^2$ 的集. 又令 Φ 是 R^3 中以 D 为参数域，而由

$$x = (1 - t\sin\theta)\cos 2\theta$$
$$y = (1 - t\sin\theta)\sin 2\theta$$
$$z = t\cos\theta$$

给出的 2-曲面，这里$(x, y, z)=\Phi(\theta, t)$. 注意 $\Phi(\pi, t)=\Phi(0, -t)$，而在 D 的其余部分上，Φ 是 1-1 的.

Φ 的值域 $M=\Phi(D)$是著名的 Möbius 带. 它是不可定向曲面的最简单的例子.

证明下面所述各种论断：置 $\boldsymbol{p}_1=(0, -\delta)$，$\boldsymbol{p}_2=(\pi, -\delta)$，$\boldsymbol{p}_3=(\pi, \delta)$，$\boldsymbol{p}_4=(0, \delta)$，$\boldsymbol{p}_5=\boldsymbol{p}_1$. 设 $\gamma_i=[\boldsymbol{p}_i, \boldsymbol{p}_{i+1}]$，$i=1, \cdots, 4$，而 $\Gamma_i=\Phi\circ\gamma_i$. 于是

$$\partial\Phi = \Gamma_1 + \Gamma_2 + \Gamma_3 + \Gamma_4.$$

令 $\boldsymbol{a}=(1, 0, -\delta)$，$\boldsymbol{b}=(1, 0, \delta)$. 那么

$$\Phi(\boldsymbol{p}_1) = \Phi(\boldsymbol{p}_3) = \boldsymbol{a},\quad \Phi(\boldsymbol{p}_2) = \Phi(\boldsymbol{p}_4) = \boldsymbol{b},$$

而 $\partial\Phi$ 可描述如下：

Γ_1 从 $\boldsymbol{a}$ 到 $\boldsymbol{b}$ 螺旋上升；它在(x, y)-平面上的射影绕原点$+1$圈(参看第 8 章习题 23).

$\Gamma_2=[\boldsymbol{b}, \boldsymbol{a}]$.

Γ_3 从 $\boldsymbol{a}$ 到 $\boldsymbol{b}$ 螺旋上升，它在(x, y)-平面上的射影绕原点-1圈

$\Gamma_4=[\boldsymbol{b}, \boldsymbol{a}]$.

因此，$\partial\Phi=\Gamma_1+\Gamma_3+2\Gamma_2$.

如果我们从 $\boldsymbol{a}$ 沿 Γ_1 到 $\boldsymbol{b}$，再继续沿 M 的“边缘”前进最后回到 $\boldsymbol{a}$ 处，所描出的曲线是

$$\Gamma = \Gamma_1 - \Gamma_3.$$

这曲线又可在参数区间$[0, 2\pi]$上用方程

$$x = (1+\delta\sin\theta)\cos 2\theta$$
$$y = (1+\delta\sin\theta)\sin 2\theta$$
$$z = -\delta\cos\theta$$

来表示.

应当强调 $\Gamma \neq \partial\Phi$：令 η 是习题 21 及 22 中所讨论的 1-形式. 因 $d\eta = 0$，Stokes 定理说明

$$\int_{\partial\Phi} \eta = 0.$$

然而，尽管 Γ 是 M 的“几何”边界，却有

$$\int_{\Gamma} \eta = 4\pi.$$

为了避开这种混乱的可能来源，Stokes 公式(定理 10.50)每只对于可定向曲面 Φ 来叙述.

第 11 章 Lebesgue 理论

本章目的是讲 Lebesgue 的测度和积分理论的基本概念，在相当广泛的条件下证明某些关键的定理，务使发展的主要线索不致被大量的相对说来无关紧要的细节所掩盖. 所以只有若干情形作了简略的证明，而有些容易的命题则述而不证. 然而，凡是熟悉前几章中所用的证明技巧的读者，肯定不难把略去的步骤补上.

Lebesgue 积分的理论可以从几种不同途径展开. 这里只讨论其中之一，关于另外的方法，我们推荐一些积分论的专著，列在后面的书目中.

集函数

如果 A 与 B 是任意两集，我们把满足 $x\in A$，$x\notin B$ 的一切 x 之集记为 $A-B$. 这个记号并不意味着 $B\subset A$，我们用 0 表示空集，如果 $A\cap B=0$，就说 A 与 B 不相交.

11.1 定义 设 $\mathscr{R}$ 是由集构成的一个类，并且由 $A\in\mathscr{R}$，$B\in\mathscr{R}$ 能推出

$$A\cup B\in\mathscr{R},\quad A-B\in\mathscr{R}. \tag{1}$$

就称 $\mathscr{R}$ 是环.

由于 $A\cap B=A-(A-B)$，所以当 $\mathscr{R}$ 的环时，必然有 $A\cap B\in\mathscr{R}$.

如果一旦 $A_n\in\mathscr{R}$，$n=1, 2, 3, \cdots$，就有

$$\bigcup_{n=1}^{\infty} A_n\in\mathscr{R}, \tag{2}$$

$\mathscr{R}$ 便叫作 σ-环.

由于 $\bigcap\limits_{n=1}^{\infty} A_n = A_1-\bigcup\limits_{n=1}^{\infty}(A_1-A_n)$，因而如果 $\mathscr{R}$ 是 σ-环，必然 $\bigcap\limits_{n=1}^{\infty} A_n\in\mathscr{R}$.

11.2 定义 如果 ϕ 能给每个 $A\in\mathscr{R}$ 指派扩大实数系内的一个数 $\phi(A)$，便说 ϕ 是定义在 $\mathscr{R}$ 上的集函数. 如果能从 $A\cap B=0$ 得出

$$\phi(A\cup B)=\phi(A)+\phi(B), \tag{3}$$

ϕ 便是可加的. 如果能从 $A_i\cap A_j=0(i\neq j)$ 得出

$$\phi\left(\bigcup_{n=1}^{\infty} A_n\right)=\sum_{n=1}^{\infty}\phi(A_n). \tag{4}$$

ϕ 便是可数可加的.

以下一概假定 ϕ 的值域不能同时包含 $+\infty$ 及 $-\infty$；因为这会使(3)的右端变得无意义. 此外，我们还排除只以 $+\infty$ 或 $-\infty$ 为值的集函数.

有趣的是，(4)的左端与 A_n 的排列次序无关. 因此，重排定理表明，(4)的

右端只要收敛就绝对收敛；如果不收敛，那么它的部分和就趋于$+\infty$或$-\infty$.

如果ϕ是可加的，下列性质容易验证：

$$\phi(0)=0. \tag{5}$$

如果凡当$i\neq j$时，$A_i\cap A_j=0$，必然

$$\phi(A_1\cup\cdots\cup A_n)=\phi(A_1)+\cdots+\phi(A_n). \tag{6}$$

$$\phi(A_1\cup A_2)+\phi(A_1\cap A_2)=\phi(A_1)+\phi(A_2). \tag{7}$$

如果对于一切A，$\phi(A)\geqslant 0$，并且$A_1\subset A_2$，那么

$$\phi(A_1)\leqslant\phi(A_2). \tag{8}$$

由于(8)，非负的可加集函数常常称为单调的.

如果$B\subset A$且$|\phi(B)|<+\infty$，那么

$$\phi(A-B)=\phi(A)-\phi(B). \tag{9}$$

11.3 定理 假定ϕ在环$\mathscr{R}$上可数可加，并且$A_n\in\mathscr{R}$，$(n=1, 2, 3, \cdots.)$，$A_1\subset A_2\subset\cdots\subset A_n\subset\cdots$，$A\in\mathscr{R}$，而

$$A=\bigcup_{n=1}^{\infty}A_n.$$

那么，当$n\to\infty$时，

$$\phi(A_n)\to\phi(A).$$

证 置$B_1=A_1$，$B_n=A_n-A_{n-1}$，$n=2, 3, \cdots$，那么，当$i\neq j$时，$B_i\cap B_j=0$. $A_n=B_1\cup\cdots\cup B_n$，且$A=\bigcup B_n$. 所以

$$\phi(A_n)=\sum_{i=1}^{n}\phi(B_i),$$

于是

$$\phi(A)=\sum_{i=1}^{\infty}\phi(B_i).$$

Lebesgue 测度的建立

11.4 定义 令R^p表示p维欧氏空间. R^p中的区间指的是满足

$$a_i\leqslant x_i\leqslant b_i \quad (i=1,\cdots,p) \tag{10}$$

的点$x=(x_1, \cdots, x_p)$的集；或是把(10)内任何或全部符号$\leqslant$改为$<$所划定的点集. 对于任何i不排除$a_i=b_i$的可能. 尤其是，空集也在区间之列.

若A是有限个区间的并，便称A为*初等集*.

如果 I 是区间，不论(10)中的那些不等式包括或不包括等号，都定义

$$m(I)=\prod_{i=1}^{p}(b_i-a_i).$$

如果 $A=I_1\cup\cdots\cup I_n$，并且这些区间两两不相交，我们便令

$$m(A)=m(I_1)+\cdots+m(I_n). \tag{11}$$

我们用 $\mathscr{E}$ 表示 R^p 的所有初等子集的类.

在这里需要验证下列性质：

$\mathscr{E}$ 是环，但不是 σ-环. (12)

如果 $A\in\mathscr{E}$，那么 A 必是有限个不相交的区间的并. (13)

如果 $A\in\mathscr{E}$，$m(A)$便由(11)完全确定；即是 A 分解为两种不同的互不相交的区间的并时，用这两种分解从(11)得出相同的数值 $m(A)$. (14)

m 在 $\mathscr{E}$ 上可加. (15)

当 $p=1$，2，3 时，m 分别是长度，面积和体积.

11.5 定义 设 ϕ 是在 $\mathscr{E}$ 上定义的非负可加的集函数. 如果对于每个 $A\in\mathscr{E}$ 和 $\varepsilon>0$，存在着闭集 $F\in\mathscr{E}$ 和开集 $G\in\mathscr{E}$，满足 $F\subset A\subset G$，并且

$$\phi(G)-\varepsilon\leqslant\phi(A)\leqslant\phi(F)+\varepsilon, \tag{16}$$

便称 ϕ 是正规的.

11.6 例

(a) 集函数 m 是正规的.

如果 A 是一个区间，那么它显然满足定义 11.5 的要求. 一般情形可由(13)导出.

(b) 取 $R^p=R^1$，并且令 α 是对一切实 x 有定义的单调增函数. 置

$$\mu([a,b))=\alpha(b-)-\alpha(a-),$$
$$\mu([a,b])=\alpha(b+)-\alpha(a-),$$
$$\mu((a,b])=\alpha(b+)-\alpha(a+),$$
$$\mu((a,b))=\alpha(b-)-\alpha(a+).$$

这里$[a,b)$是集 $a\leqslant x<b$，等等. 由于 α 可能间断，区分这些情况是必要的. 如果 μ 像(11)中那样是对于若干初等集定义的，μ 在 $\mathscr{E}$ 上是正规的. 证明和(a)相同.

下一个目标是证明 $\mathscr{E}$ 上的每个正规集函数可以推广成可数可加的集函数，后者定义在包含 $\mathscr{E}$ 的 σ-环上.

11.7 定义 设 μ 在 $\mathscr{E}$ 上可加，正规，非负并且有限. E 是 R^p 中的任何集. 考虑由初等开集 A_n 组成的 E 的覆盖：

$$E\subset\bigcup_{n=1}^{\infty}A_n.$$

定义

$$\mu^*(E)=\inf\sum_{n=1}^{\infty}\mu(A_n),\tag{17}$$

此处的下确界是对 E 的一切由初等开集组成的可数覆盖来取的. $\mu^*(E)$叫作 E 的对应于 μ 的外测度.

显然对于所有的 E，$\mu^*(E)\geqslant 0$，而且当 $E_1\subset E_2$ 时，

$$\mu^*(E_1)\leqslant\mu^*(E_2).\tag{18}$$

11.8 定理

(a) 对于每个 $A\in\mathscr{E}$，$\mu^*(A)=\mu(A)$.

(b) $E=\bigcup_1^{\infty}E_n$ 时，

$$\mu^*(E)\leqslant\sum_{n=1}^{\infty}\mu^*(E_n).\tag{19}$$

注意(a)断言 μ^* 是 μ 从 $\mathscr{E}$ 到 R^p 的一切子集的类上的推广. 性质(19)叫作次加性.

证 选取 $A\in\mathscr{E}$ 以及 $\varepsilon>0$.

μ 的正规性表明 A 包含在一个初等开集 G 之内，而 $\mu(G)\leqslant\mu(A)+\varepsilon$. 由于 $\mu^*(A)\leqslant\mu(G)$并且 ε 是任意的，我们得到

$$\mu^*(A)\leqslant\mu(A).\tag{20}$$

μ^* 的定义说明有一列初等开集$\{A_n\}$，它们的并包含着 A，而且

$$\sum_{n=1}^{\infty}\mu(A_n)\leqslant\mu^*(A)+\varepsilon.$$

μ 的正规性表明 A 包含着一个初等闭集 F，合于 $\mu(F)\geqslant\mu(A)-\varepsilon$；又由于 F 是紧的，一定有某个 N，使得

$$F\subset A_1\cup\cdots\cup A_N,$$

所以

$$\begin{aligned}\mu(A)&\leqslant\mu(F)+\varepsilon\leqslant\mu(A_1\cup\cdots\cup A_N)+\varepsilon\\&\leqslant\sum_{1}^{N}\mu(A_n)+\varepsilon\leqslant\mu^*(A)+2\varepsilon.\end{aligned}$$

这与(20)结合起来就证明了(a).

其次，设 $E=\bigcup E_n$，再设 $\mu^*(E_n)<+\infty$对一切 n 成立. 给了 $\varepsilon>0$，各 E_n 总

有用初等开集造成的覆盖$\{A_{nk}\}$，$k=1, 2, 3, \cdots$，使得

$$\sum_{k=1}^{\infty}\mu(A_{nk}) \leqslant \mu^*(E_n) + 2^{-n}\varepsilon. \tag{21}$$

于是

$$\mu^*(E) \leqslant \sum_{n=1}^{\infty}\sum_{k=1}^{\infty}\mu(A_{nk}) \leqslant \sum_{n=1}^{\infty}\mu^*(E_n) + \varepsilon,$$

从而得到(19). 在排除了的情形，即是对于某些 n，$\mu^*(E_n)=+\infty$时，(19)是当然的.

11.9 定义 对于任意的 $A\subset R^p$，$B\subset R^p$，定义

$$S(A,B) = (A-B)\cup(B-A), \tag{22}$$

$$d(A,B) = \mu^*(S(A,B)). \tag{23}$$

如果$\lim\limits_{n\to\infty}d(A, A_n)=0$，就记作 $A_n\to A$.

倘若有一列初等集$\{A_n\}$满足 $A_n\to A$，便称 A 为有限 μ 可测集，记作$A\in\mathfrak{M}_F(\mu)$.

倘若 A 是可数多个有限μ 可测集的并，便称 A 为μ 可测集，并且记作 $A\in\mathfrak{M}(\mu)$.

$S(A, B)$是 A 与 B 的所谓“对称差”. 马上就会知道，$d(A, B)$实质上是一个距离函数.

下列定理能使我们对于μ得到所希望的推广.

11.10 定理 $\mathfrak{M}(\mu)$是σ-环，μ^*在$\mathfrak{M}(\mu)$上可数可加.

在证明本定理之前，我们先列出 $S(A, B)$与 $d(A, B)$的一些性质，设有

$$S(A,B) = S(B,A), \quad S(A,A) = 0. \tag{24}$$

$$S(A,B) \subset S(A,C)\cup S(C,B). \tag{25}$$

$$\left.\begin{array}{l} S(A_1\cup A_2, B_1\cup B_2) \\ S(A_1\cap A_2, B_1\cap B_2) \\ S(A_1 - A_2, B_1 - B_2) \end{array}\right\} \subset S(A_1,B_1)\cup S(A_2,B_2). \tag{26}$$

(24)显然. (25)来自

$$(A-B)\subset(A-C)\cup(C-B), (B-A)\subset(C-A)\cup(B-C).$$

(26)的第一式得自

$$(A_1\cup A_2)-(B_1\cup B_2)\subset(A_1-B_1)\cup(A_2-B_2).$$

下一步，用 E^c 表示 E 的余集，我们就推得

$$S(A_1\cap A_2, B_1\cap B_2) = S(A_1^c\cup A_2^c, B_1^c\cup B_2^c)$$

$$\subset S(A_1^c, B_1^c) \cup S(A_2^c, B_2^c) = S(A_1, B_1) \cup S(A_2, B_2);$$

如果我们注意到

$$A_1 - A_2 = A_1 \cap A_2^c,$$

便能得到(26)的最后一式.

由(23)，(19)，(18)知道 $S(A, B)$的这些性质包含着

$$d(A,B) = d(B,A), \quad d(A,A) = 0, \tag{27}$$

$$d(A,B) \leqslant d(A,C) + d(C,B), \tag{28}$$

$$\left.\begin{array}{l} d(A_1 \cup A_2, B_1 \cup B_2) \\ d(A_1 \cap A_2, B_1 \cap B_2) \\ d(A_1 - A_2, B_1 - B_2) \end{array}\right\} \leqslant d(A_1, B_1) + d(A_2, B_2) \tag{29}$$

(27)和(28)两关系式表明 $d(A, B)$满足定义 2.15 的要求，仅有一点例外是 $d(A, B)=0$ 时并不能推出 $A=B$. 比如，$\mu=m$，A 可数，B 是空集时，

$$d(A,B) = m^*(A) = 0;$$

为了明白这一点，可以用满足条件

$$m(I_n) < 2^{-n}\varepsilon$$

的区间 I_n 把 A 的第 n 个点盖住.

但是，如果我们规定 $d(A, B)=0$ 时，算作 A、B 两集等价，便可以把 R^p 的子集分成等价类，而 $d(A, B)$就把这些等价类的集转化成度量空间. $\mathfrak{M}_F(\mu)$ 就可以做为 $\mathscr{E}$ 的闭包而得到. 这个解释对于证明并不重要，然而它能说明背后的想法.

我们还需要 $d(A, B)$的一个性质，这就是如果 $\mu^*(A)$，$\mu^*(B)$中至少有一个是有限的，必然

$$|\mu^*(A) - \mu^*(B)| \leqslant d(A,B). \tag{30}$$

因为假如 $0 \leqslant \mu^*(B) \leqslant \mu^*(A)$的话，那么(28)就表明

$$d(A,0) \leqslant d(A,B) + d(B,0),$$

即是

$$\mu^*(A) \leqslant d(A,B) + \mu^*(B).$$

由于 $\mu^*(B)$有限，所以

$$\mu^*(A) - \mu^*(B) \leqslant d(A,B).$$

定理 11.10 的证明： 设 $A \in \mathfrak{M}_F(\mu)$，$B \in \mathfrak{M}_F(\mu)$. 选择$\{A_n\}$，$\{B_n\}$使 $A_n \in \mathscr{E}$，$B_n \in \mathscr{E}$，$A_n \to A$，$B_n \to B$，那么(29)和(30)说明

$$A_n \cup B_n \to A \cup B, \tag{31}$$

$$A_n \cap B_n \to A \cap B, \tag{32}$$

$$A_n - B_n \to A - B, \tag{33}$$

$$\mu^*(A_n) \to \mu^*(A), \tag{34}$$

并且由 $d(A_n, A)\to 0$ 知道 $\mu^*(A)<+\infty$. 由(31)及(33)知道 $\mathfrak{M}_F(\mu)$是环.

由(7),

$$\mu(A_n)+\mu(B_n)=\mu(A_n\cup B_n)+\mu(A_n\cap B_n).$$

令 $n\to\infty$, 由(34)和定理 11.8(a)得

$$\mu^*(A)+\mu^*(B)=\mu^*(A\cup B)+\mu^*(A\cap B).$$

如果 $A\cap B=0$, 那么 $\mu^*(A\cap B)=0$.

由此知道 μ^* 在 $\mathfrak{M}_F(\mu)$上可加.

现在设 $A\in\mathfrak{M}(\mu)$. 那么 A 可以表示为 $\mathfrak{M}_F(\mu)$的可数个不相交的集的并. 这因为若是 $A=\bigcup A'_n$, $A'_n\in\mathfrak{M}_F(\mu)$, 令 $A_1=A'_1$, 再令

$$A_n=(A'_1\cup\cdots\cup A'_n)-(A'_n\cup\cdots\cup A'_{n-1}),(n=2,3,4,\cdots).$$

那么

$$A=\bigcup_{n=1}^{\infty}A_n \tag{35}$$

是所求的表示法. 由(19)知道

$$\mu^*(A)\leqslant\sum_{n=1}^{\infty}\mu^*(A_n). \tag{36}$$

另一方面, $A\supset A_1\cup\cdots\cup A_n$, 再由 $\mathfrak{M}_F(\mu)$上 μ^* 的可加性, 我们得到

$$\mu^*(A)\geqslant\mu^*(A_1\cup\cdots\cup A_n)=\mu^*(A_1)+\cdots+\mu^*(A_n). \tag{37}$$

由等式(36)与(37)得出

$$\mu^*(A)=\sum_{n=1}^{\infty}\mu^*(A_n). \tag{38}$$

假定 $\mu^*(A)$有限. 置 $B_n=A_1\cup\cdots\cup A_n$, 那么(38)表明当 $n\to\infty$时,

$$d(A,B_n)=\mu^*(\bigcup_{i=n+1}^{\infty}A_i)=\sum_{i=n+1}^{\infty}\mu^*(A_i)\to 0$$

所以 $B_n\to A$; 并且由于 $B_n\in\mathfrak{M}_F(\mu)$, 易见 $A\in\mathfrak{M}_F(\mu)$,

这样就证明了 $A\in\mathfrak{M}(\mu)$而且 $\mu^*(A)<+\infty$时 $A\in\mathfrak{M}_F(\mu)$.

现在 μ^* 显然在 $\mathfrak{M}(\mu)$上是可数可加的了. 这因为假若 $A=\bigcup A_n$, 这里$\{A_n\}$

是 $\mathfrak{M}(\mu)$内的一列不相交的集，我们已经证明了：如果对于每个 n，$\mu^*(A_n)<+\infty$，那么$[A_n\in\mathfrak{M}_F(\mu)]$，(38)成立．在其他情形，(38)是显然的．

最后，我们还需证明 $\mathfrak{M}(\mu)$是 σ-环．如果 $A_n\in\mathfrak{M}(\mu)$，$n=1$，2，3，…，很明显$\bigcup A_n\in\mathfrak{M}(\mu)$(定理 2.12)．假定 $A\in\mathfrak{M}(\mu)$，$B\in\mathfrak{M}(\mu)$，A_n，$B_n\in\mathfrak{M}_F(\mu)$，并且

$$A=\bigcup_{n=1}^{\infty}A_n,\quad B=\bigcup_{n=1}^{\infty}B_n,$$

那么$(A_n\cap B_i\in\mathfrak{M}_F(\mu))$，恒等式

$$A_n\cap B=\bigcup_{i=1}^{\infty}(A_n\cap B_i)$$

说明 $A_n\cap B\in\mathfrak{M}(\mu)$；并且由于

$$\mu^*(A_n\cap B)\leqslant\mu^*(A_n)<+\infty,$$

而 $A_n\cap B\in\mathfrak{M}_F(\mu)$．因此 $A_n-B\in\mathfrak{M}_F(\mu)$，并且因为

$$A-B=\bigcup_{n=1}^{\infty}(A_n-B)$$

而 $A-B\in\mathfrak{M}(\mu)$．

现在如果 $A\in\mathfrak{M}(\mu)$的话，我们便迳直用 $\mu(A)$代替 $\mu^*(A)$．这样就把原来只定义在 $\mathscr{E}$ 上的 μ 推广成 σ-环 $\mathfrak{M}(\mu)$上的可数可加集函数了．这个推广了的集函数叫作一个测度．$\mu=m$ 的特殊情形叫作 R^p 上的 Lebesgue 测度．

11.11 评注

(a) 假若 A 是开的，那么 $A\in\mathfrak{M}(\mu)$．这因为 R^p 内每个开集是可数个开区间的并．想要明白这一点，只须构造一个可数基使其成员都是开区间即可．

通过取余集，可以知道每个闭集在 $\mathfrak{M}(\mu)$内．

(b) 如果 $A\in\mathfrak{M}(\mu)$而 $\varepsilon>0$，那么存在着闭集 F 与开集 G，满足

$$F\subset A\subset G,$$

并且

$$\mu(G-A)<\varepsilon,\quad \mu(A-F)<\varepsilon. \tag{39}$$

第一个不等式成立是因为 μ^* 是用初等开集覆盖来定义的．而通过取余集就可以推出第二个不等式来．

(c) 如果从开集出发，通过可数次运算而得到 E，其中每次运算是取并，取交或取余，就说 E 是 Borel 集——B 集．R^p 内一切 B 集的类 $\mathscr{B}$ 是 σ-环；实际这是包括一切开集的最小 σ-环．根据评注(a)，$E\in\mathscr{B}$ 时 $E\in\mathfrak{M}(\mu)$．

(d) 如果 $A\in\mathfrak{M}(\mu)$，那么存在着 B 集 F 与 G，满足 $F\subset A\subset G$ 并且

$$\mu(G-A)=\mu(A-F)=0. \tag{40}$$

这可以由(b)推导出来，只须取 $\varepsilon=1/n$，并且令 $n\to\infty$.

由于 $A=F\cup(A-F)$，我们可以看到每个 $A\in\mathfrak{M}(\mu)$，是一个 B 集与零测度集的并.

B 集对于每个 μ 都 μ 可测. 然而零测度的集(即是 $\mu^*(E)=0$ 的集 E)可以因 μ 之不同而不同.

(e) 对每个 μ，零测度的集构成一个 σ-环.

(f) 若是 Lebesgue 测度的话，每个可数集的测度是零. 但是还有不可数的(实际上是完备的)零测度集，Cantor 集可以作为一例. 使用 2.44“Cantor 集”的符号，容易看出

$$m(E_n)=(2/3)^n,\quad (n=1,2,3,\cdots).$$

又因为 $P=\bigcap E_n$，对每个 n，$P\subset E_n$，因而 $m(P)=0$.

测度空间

11.12 定义 假定 X 是一个集，它不必是欧氏空间或者甚至任何度量空间的子集. 如果存在 X 的子集(称它们为可测集)组成的 σ-环 $\mathfrak{M}$，以及定义在 $\mathfrak{M}$ 上的一个非负可数可加集函数 μ(称为测度)，就说 X 是测度空间.

此外，假如还有 $X\in\mathfrak{M}$，那么 X 称为可测空间.

比如，可以取 $X=R^p$，$\mathfrak{M}$ 是 R^p 的所有勒贝格可测子集的类，μ 是 Lebesgue 测度.

或者令 X 是一切正整数的集，$\mathfrak{M}$ 是 X 的一切子集的类，而 $\mu(E)$ 是 E 的元素的个数.

另一个例子是由概率论所提供的，事件可以看成是集，而事件发生的概率是可加(或可数可加)集函数.

以下各节一概考虑可测空间. 必须强调指出，即使牺牲掉已经达到的普遍性而局限于实数轴上的区间的 Lebesgue 测度，我们行将讨论的积分理论在任何方面也不会变得简单. 其实，按照更一般的情况提出这项理论的主要特点，就会更加明确. 在那里将会看清楚，每件事情都仅仅与 μ 在 σ-环上的可数可加性有关.

为方便起见，我们将引用符号

$$\{x\mid P\}\tag{41}$$

代表具有性质 P 的一切元素 x 之集.

可测函数

11.13 定义 设 f 是定义在可测空间 X 上的函数，在扩大的实数系内取值. 如果集

$$\{x\mid f(x)>a\}\tag{42}$$

对于每个实数 a 都可测，就说函数 f 是可测的.

11.14 例 如果 $X=R^p$，$\mathfrak{M}=\mathfrak{M}(\mu)$ 即是定义 11.9 所定义的，那么每个连续函数可测，因为这时(42)是一开集.

11.15 定理 下面四个条件的每一个都可推出另外三个：

对于每个实数 a，$\{x \mid f(x)>a\}$ 可测. (43)

对于每个实数 a，$\{x \mid f(x)\geqslant a\}$ 可测. (44)

对于每个实数 a，$\{x \mid f(x)<a\}$ 可测. (45)

对于每个实数 a，$\{x \mid f(x)\leqslant a\}$ 可测. (46)

证 关系式

$$\{x \mid f(x) \geqslant a\} = \bigcap_{n=1}^{\infty} \left\{x \mid f(x) > a - \frac{1}{n}\right\},$$

$$\{x \mid f(x) < a\} = X - \{x \mid f(x) \geqslant a\},$$

$$\{x \mid f(x) \leqslant a\} = \bigcap_{n=1}^{\infty} \left\{x \mid f(x) < a + \frac{1}{n}\right\},$$

$$\{x \mid f(x) > a\} = X - \{x \mid f(x) \leqslant a\}$$

相继表明：由(43)可得出(44)，由(44)可得出(45)，由(45)可得出(46)，由(46)可得出(43).

因此可以用这些条件中的任一条代替(42)来定义可测性.

11.16 定理 如果 f 可测，那么 $|f|$ 可测.

证

$$\{x \mid |f(x)| < a\} = \{x \mid f(x) < a\} \cap \{x \mid f(x) > -a\}.$$

11.17 定理 设 $\{f_n\}$ 是一列可测函数. 当 $x \in X$ 时，置

$$g(x) = \sup f_n(x), \quad (n = 1,2,3,\cdots),$$

$$h(x) = \limsup_{n\to\infty} f_n(x).$$

那么 g 与 h 可测.

对于 inf 与 lim inf，同样的结论自然也成立.

证

$$\{x \mid g(x) > a\} = \bigcup_{n=1}^{\infty} \{x \mid f_n(x) > a\},$$

$$h(x) = \inf g_m(x),$$

这里 $g_m(x) = \sup f_n(x)$，$(n \geqslant m)$.

推论

(a) 假若 f，g 可测，那么 $\max(f, g)$ 与 $\min(f, g)$ 可测. 如果

$$f^+ = \max(f,0), \quad f^- = -\min(f,0), \tag{47}$$

那么特别地 f^+ 与 f^- 都可测.

(b) 可测函数序列的极限函数是可测函数.

11.18 定理 设 f 与 g 是定义在 X 上的可测实值函数，而 F 是 R^2 上的实连续函数，置

$$h(x) = F(f(x),g(x)) \quad (x \in X).$$

那么 h 可测.

特别地，$f+g$ 与 fg 可测.

证 设

$$G_a = \{(u,v) \mid F(u,v) > a\}.$$

那么 G_a 是 R^2 的开集，于是可以认为

$$G_a = \bigcup_{n=1}^{\infty} I_n,$$

这里$\{I_n\}$是一列开区间：

$$I_n = \{(u,v) \mid a_n < u < b_n, c_n < v < d_n\}.$$

由于

$$\{x \mid a_n < f(x) < b_n\} = \{x \mid f(x) > a_n\} \cap \{x \mid f(x) < b_n\}$$

可测，必然

$$\{x \mid (f(x),g(x)) \in I_n\} = \{x \mid a_n < f(x) < b_n\} \cap \{x \mid c_n < g(x) < d_n\}$$

是可测集. 因而

$$\{x \mid h(x) > a\} = \{x \mid (f(x),g(x)) \in G_a\} = \bigcup_{n=1}^{\infty} \{x \mid (f(x),g(x)) \in I_n\}$$

同样也可测.

总而言之，把分析里的所有普通运算，包括极限运算在内，用于可测函数时，仍然得到可测函数. 或者说，寻常遇到的函数都可测.

然而这仅仅是一种粗略的说法，这一点有下列例题(基于实数轴上的 Lebesgue 测度)为证：如果 $h(x)=f(g(x))$，这里的 f 可测而 g 连续，这时 h 未必可测(详见 McShane，第 241 页).

读者可能注意到了，在我们讨论可测函数时未曾提及测度. 实际上，X 上的可测函数类仅仅与 σ-环 $\mathfrak{M}$(使用定义 11.12 的记号)有关. 比如，我们可以谈论 R^p 上的 Borel 可测函数，也就是使

$$\{x \mid f(x) > a\}$$

总是 Borel 集的函数 f，而不涉及任何特定的测度.

简单函数

11.19 定义 设 s 是定义在 X 上的实值函数. 如果 s 的值域是有限的(集)，便称 s 为简单函数.

设 $E \subset X$，再令

$$K_E(x) = \begin{cases} 1 & (x \in E), \\ 0 & (x \notin E). \end{cases} \tag{48}$$

K_E 称为 E 的特征函数.

假定 s 的值域由不同的数 c_1，…，c_n 组成. 设

$$E_i = \{x \mid s(x) = c_i\} \quad (i = 1, \cdots, n).$$

那么

$$s = \sum_{n=1}^{n} c_i K_{E_i}, \tag{49}$$

这说明每个简单函数是特征函数的有限线性组合. 很明显，s 可测当且仅当集 E_1，…，E_n 可测.

使我们感兴趣的是，每个函数能用简单函数来逼近.

11.20 定理 设 f 为 X 上的实函数. 那么存在一列简单函数 $\{s_n\}$，对于每个 $x \in X$ 当 $n \to \infty$ 时 $s_n(x) \to f(x)$. 若 f 可测，可以选 $\{s_n\}$ 为可测函数序列. 若 $f \geqslant 0$，可以选 $\{s_n\}$ 为单调增序列.

证 设 $f \geqslant 0$，对于 $n=1$，2，3，…，$i=1$，2，…，$n2^n$，规定

$$E_{ni} = \left\{ x \,\middle|\, \frac{i-1}{2^n} \leqslant f(x) < \frac{i}{2^n} \right\}, \quad F_n = \{x \mid f(x) \geqslant n\}.$$

置

$$s_n = \sum_{i=1}^{n2^n} \frac{i-1}{2^n} K_{Eni} + nK_{F_n}. \tag{50}$$

一般情况，令 $f = f^+ - f^-$，再将前面的推断施行于 f^+ 与 f^-.

注意，(50)所写的序列 $\{s_n\}$，当 f 有界时，一致收敛于 f.

积分

我们把积分定义在可测空间 X 上，在这里 $\mathfrak{M}$ 是可测集的 σ-环，而 μ 是测度. 愿意把情况想像得具体些的读者可以把 X 设想成实数轴，或者一个区间，而把 μ 设想为 Lebesgue 测度 m.

11.21 定义 设

$$s(x)=\sum_{i=1}^{n}c_iK_{E_i}(x)\quad(x\in X,c_i>0)\tag{51}$$

可测，而且 $E\in\mathfrak{M}$. 我们定义

$$I_E(s)=\sum_{i=1}^{n}c_i\mu(E\cap E_i).\tag{52}$$

如果 f 可测且为非负的，我们定义

$$\int_E f\mathrm{d}\mu=\sup I_E(s),\tag{53}$$

此处 sup 是对于所有满足 $0\leqslant s\leqslant f$ 的简单函数 s 而取的.

(53)的左端叫作 f 关于测度 μ 在集 E 上的 Lebesgue *积分*. 应该注意，积分可以取 $+\infty$ 为值.

对于每个非负可测简单函数 s，容易验证

$$\int_E s\mathrm{d}\mu=I_E(s).\tag{54}$$

11.22 定义 设 f 为可测函数，考虑两积分

$$\int_E f^+\mathrm{d}\mu,\int_E f^-\mathrm{d}\mu,\tag{55}$$

此外 f^+ 与 f^- 是(47)所定义的.

如果(55)的积分中至少有一个是有限的，我们定义

$$\int_E f\mathrm{d}\mu=\int_E f^+\mathrm{d}\mu-\int_E f^-\mathrm{d}\mu.\tag{56}$$

若(55)的两个积分都有限，那么(56)有限，就说 f 在 E 上对 μ 按 Lebesgue 意义是*可积的*(或*可求和的*)，并且写作：在 E 上 $f\in\mathscr{L}(\mu)$. 若 $\mu=m$，通常的写法是：在 E 上 $f\in\mathscr{L}$.

这命名法可能有一点混乱，如果(56)是 $+\infty$ 或 $-\infty$，那么 f 在 E 上的积分是确定的，然而在上述的字义下 f 不可积；只有当它在 E 上的积分有限时 f 在 E 上才是可积的.

以后我们主要关心于可测函数，尽管偶而也希望讨论较为一般的情形.

11.23 评注 下列性质是明显的：

(a) 若 f 在 E 上有界可测，而且 $\mu(E)<+\infty$，那么在 E 上 $f\in\mathscr{L}(\mu)$.

(b) 如果 $x\in E$ 时 $a\leqslant f(x)\leqslant b$，而且 $\mu(E)<+\infty$，那么

$$a\mu(E)\leqslant\int_E f\mathrm{d}\mu\leqslant b\mu(E).$$

(c) 如果在 E 上 f 与 $g\in\mathscr{L}(\mu)$，而且当 $x\in E$ 时 $f(x)\leqslant g(x)$，那么

$$\int_E f\,\mathrm{d}\mu\leqslant\int_E g\,\mathrm{d}\mu.$$

(d) 如果在 E 上 $f\in\mathscr{L}(\mu)$，那么对于每个有限常数 c，在 E 上 $cf\in\mathscr{L}(\mu)$，而且

$$\int_E cf\,\mathrm{d}\mu=c\int_E f\,\mathrm{d}\mu.$$

(e) 如果 $\mu(E)=0$，而 f 可测，那么 $\int_E f\,\mathrm{d}\mu=0$.

(f) 如果在 E 上 $f\in\mathscr{L}(\mu)$，$A\in\mathfrak{M}$，且 $A\subset E$，那么在 A 上 $f\in\mathscr{L}(\mu)$.

11.24 定理

(a) 设在 X 上 f 非负可测. 若 $A\in\mathfrak{M}$，定义

$$\phi(A)=\int_A f\,\mathrm{d}\mu,\tag{57}$$

那么 ϕ 在 $\mathfrak{M}$ 上可数可加.

(b) 如果在 X 上 $f\in\mathscr{L}(\mu)$，这结论也成立.

证 显然(b)可以从(a)推来，只需认为 $f=f^+-f^-$ 而把(a)用于 f^+ 与 f^- 就成了.

要证(a)，我们需要证明

$$\phi(A)=\sum_{n=1}^{\infty}\phi(A_n).\tag{58}$$

这里，$A_n\in\mathfrak{M}(n=1,2,3,\cdots)$，$i\neq j$ 时 $A_i\cap A_j=0$，而且 $A=\bigcup\limits_1^{\infty}A_n$.

若 f 是特征函数，那么 ϕ 的可数可加性与 μ 的可数可加性完全是一回事，这因为

$$\int_A K_E\,\mathrm{d}\mu=\mu(A\cap E).$$

若 f 是简单函数，那么 f 的形状是(51)那样的；结论仍正确.

在一般情况下，对于每个可测的简单函数 s，若能满足 $0\leqslant s\leqslant f$，必然

$$\int_A s\,\mathrm{d}\mu=\sum_{n=1}^{\infty}\int_{A_n}s\,\mathrm{d}\mu\leqslant\sum_{n=1}^{\infty}\phi(A_n).$$

所以由(53)得

$$\phi(A)\leqslant\sum_{n=1}^{\infty}\phi(A_n).\tag{59}$$

现在假若有某 n 使 $\phi(A_n)=+\infty$，因为 $\phi(A)\geqslant\phi(A_n)$，那么(58)是当然的.

假定每个 n 使 $\phi(A_n)<+\infty$.

给定 $\varepsilon>0$，我们可以选一个可测函数 s 使 $0\leqslant s\leqslant f$ 并且

$$\int_{A_1} s\mathrm{d}\mu \geqslant \int_{A_1} f\mathrm{d}\mu-\varepsilon, \int_{A_2} s\mathrm{d}\mu \geqslant \int_{A_2} f\mathrm{d}\mu-\varepsilon. \tag{60}$$

于是

$$\begin{aligned}\phi(A_1 \cup A_2) &\geqslant \int A_1 \cup A_2 s\mathrm{d}\mu = \int_{A_1} s\mathrm{d}\mu + \int_{A_2} s\mathrm{d}\mu \\ &\geqslant \phi(A_1)+\phi(A_2)-2\varepsilon,\end{aligned}$$

由此推出

$$\phi(A_1 \cup A_2) \geqslant \phi(A_1)+\phi(A_2).$$

从而对于每个 n

$$\phi(A_1 \cup \cdots \cup A_n) \geqslant \phi(A_1)+\cdots+\phi(A_n). \tag{61}$$

由于 $A\supset A_1\cup\cdots\cup A_n$，由(61)可以得出

$$\phi(A) \geqslant \sum_{n=1}^{\infty} \phi(A_n), \tag{62}$$

于是(58)是(59)及(62)的应有结果.

推论 若 $A\in\mathfrak{M}$，$B\subset A$，而且 $\mu(A-B)=0$，那么

$$\int_A f\mathrm{d}\mu = \int_B f\mathrm{d}\mu.$$

由于 $A=B\cup(A-B)$，这可以从评注 10.23(e)推出来.

11.25 评注 上述推论说明，零测度集在积分时可以忽略.

若集 $\{x \mid f(x)\neq g(x)\}\cap E$ 是零测度的，就写作：在 E 上 $f\sim g$.

这样，$f\sim f$；$f\sim g$ 意味着 $g\sim f$；由 $f\sim g$，$g\sim h$ 能推出 $f\sim h$. 这就是说，关系～是等价关系.

若在 E 上 $f\sim g$，显然可得

$$\int_A f\mathrm{d}\mu = \int_A g\mathrm{d}\mu,$$

只要这些积分对每个可测子集 $A\subset E$ 存在.

若一性质 P 对于每个点 $x\in E-A$ 成立，并且 $\mu(A)=0$，习惯上说 P 几乎对于一切 $x\in E$ 成立，或 P 在 E 上几乎处处成立.（“几乎处处”这个概念自然依赖于所考虑的特定测度. 在文献中，除非有什么别的附笔，一般指的是 Lebesgue 测度.）

若在 E 上 $f\in\mathscr{L}(\mu)$，显然 $f(x)$必然在 E 上几乎处处有限. 所以在大部分情

形下如果我们从开始便假定所设函数是有限值的，并不会丧失一般性.

11.26 定理 若在 E 上 $f\in\mathscr{L}(\mu)$，那么在 E 上 $|f|\in\mathscr{L}(\mu)$，而且

$$\left|\int_E f\,\mathrm{d}\mu\right|\leqslant\int_E |f|\,\mathrm{d}\mu. \tag{63}$$

证 记 $E=A\cup B$，在 A 上 $f(x)\geqslant 0$，而在 B 上 $f(x)<0$. 由定理 11.24，

$$\begin{aligned}\int_E |f|\,\mathrm{d}\mu &= \int_A |f|\,\mathrm{d}\mu+\int_B |f|\,\mathrm{d}\mu\\ &=\int_A f^+\,\mathrm{d}\mu+\int_B f^-\,\mathrm{d}\mu<+\infty,\end{aligned}$$

所以 $|f|\in\mathscr{L}(\mu)$. 从 $f\leqslant|f|$ 及 $-f\leqslant|f|$，知道

$$\int_E f\,\mathrm{d}\mu\leqslant\int_E |f|\,\mathrm{d}\mu,\ -\int_E f\,\mathrm{d}\mu\leqslant\int_E |f|\,\mathrm{d}\mu,$$

由此即得(63).

因为 f 的可积性包含着 $|f|$ 的可积性，所以 Lebesgue 积分常常被称为绝对收敛积分. 自然还可以定义非绝对收敛的积分，而且在处理某些问题时这样做是重要的. 但是这种积分缺乏勒贝格积分的某些最有用的性质，在分析中起的作用比较次要些.

11.27 定理 设 f 在 E 上可测，$|f|\leqslant g$，并且在 E 上 $g\in\mathscr{L}(\mu)$. 那么在 E 上 $f\in\mathscr{L}(\mu)$.

证 $f^+\leqslant g$ 且 $f^-\leqslant g$.

11.28 *Lebesgue* 单调收敛定理 假设 $E\in\mathfrak{M}$，$\{f_n\}$ 是可测函数序列，满足条件

$$0\leqslant f_1(x)\leqslant f_2(x)\leqslant\cdots\quad(x\in E). \tag{64}$$

$n\to\infty$ 时，用

$$f_n(x)\to f(x)\quad(x\in E) \tag{65}$$

来定义 f. 那么

$$\int_E f_n\,\mathrm{d}\mu\to\int_E f\,\mathrm{d}\mu\quad(n\to\infty). \tag{66}$$

证 由(64)显见，当 $n\to\infty$ 时

$$\int_E f_n\,\mathrm{d}\mu\to\alpha \tag{67}$$

对某个 α 成立；又因为 $\int f_n\leqslant\int f$，那么

$$\alpha \leqslant \int_E f \, d\mu. \tag{68}$$

选择 c 合于 $0<c<1$，再设 s 是合于 $0 \leqslant s \leqslant f$ 的可测简单函数. 置

$$E_n = \{x \mid f_n(x) \geqslant cs(x)\}, \quad n = 1,2,3,\cdots.$$

由(64)，$E_1 \subset E_2 \subset E_3 \subset \cdots$，又由(65)，

$$E = \bigcup_{n=1}^{\infty} E_n. \tag{69}$$

对于每个 n

$$\int_E f_n d\mu \geqslant \int_{E_n} f_n d\mu \geqslant c\int_{E_n} s \, d\mu. \tag{70}$$

在(70)中让 $n \to \infty$. 由于积分是可数可加集函数(定理 11.24)，(69)表明我们可以将定理 11.3 用于(70)内的最后积分，从而得到

$$\alpha \geqslant c\int_E s \, d\mu. \tag{71}$$

令 $c \to 1$，得

$$\alpha \geqslant \int_E s \, d\mu,$$

而(53)蕴含着

$$\alpha \geqslant \int_E f \, d\mu. \tag{72}$$

这定理是(67)，(68)，(72)的应有结果.

11.29 定理 *假设 $f = f_1 + f_2$，在 E 上 $f_i \in \mathscr{L}(\mu)(i=1, 2)$，那么在 E 上 $f \in \mathscr{L}(\mu)$，并且*

$$\int_E f d\mu = \int_E f_1 d\mu + \int_E f_2 d\mu. \tag{73}$$

证 首先，假设 $f_1 \geqslant 0$，$f_2 \geqslant 0$. 如果 f_1，f_2 都是简单函数，(73)可以由(52)与(54)轻而易举地推出来. 不然的话，选择非负的可测简单函数的单调增序列 $\{s'_n\}$，$\{s''_n\}$，使它们各收敛于 f_1，f_2. 定理 11.20 说明这是可能的. 置 $s_n = s'_n + s''_n$，那么

$$\int_E s_n d\mu = \int_E s'_n d\mu + \int_E s''_n d\mu,$$

如果令 $n \to \infty$ 并且应用定理 11.28，(73)就推出来了.

其次，假设 $f_1 \geqslant 0$，$f_2 \leqslant 0$ 置

$$A = \{x \mid f(x) \geqslant 0\}, B = \{x \mid f(x) < 0\}.$$

那么 f，f_1，$-f_2$ 在 A 上非负．因此

$$\int_A f_1 \mathrm{d}\mu = \int_A f \mathrm{d}\mu + \int_A (-f_2) \mathrm{d}\mu = \int_A f \mathrm{d}\mu - \int_A f_2 \mathrm{d}\mu. \quad (74)$$

同样，$-f$，f_1，$-f_2$ 在 B 上非负，因此

$$\int_B (-f_2) \mathrm{d}\mu = \int_B f_1 \mathrm{d}\mu + \int_B (-f) \mathrm{d}\mu,$$

或

$$\int_B f_1 \mathrm{d}\mu = \int_B f \mathrm{d}\mu - \int_B f_2 \mathrm{d}\mu, \quad (75)$$

把(74)与(75)相加，即得(73)．

一般情形，E 可以分成四个集 E_i，在每个 E_i 上 $f_1(x)$ 与 $f_2(x)$ 各有一定的符号．由已经证过的两种情形可得

$$\int_{E_i} f \mathrm{d}\mu = \int_{E_i} f_1 \mathrm{d}\mu + \int_{E_i} f_2 \mathrm{d}\mu \quad (i = 1,2,3,4),$$

把这四个等式相加即得(73)．

现在可以对级数把定理 11.28 重述一遍．

11.30 定理 假设 $E \in \mathfrak{M}$，$\{f_n\}$ 是非负可测函数序列，并且

$$f(x) = \sum_{n=1}^{\infty} f_n(x), \quad (x \in E), \quad (76)$$

那么

$$\int_E f \mathrm{d}\mu = \sum_{n=1}^{\infty} \int_E f_n \mathrm{d}\mu.$$

证 (76)的部分和组成单调序列．

11.31 *Fatou* 定理 假设 $E \in \mathfrak{M}$，若 $\{f_n\}$ 是非负可测函数序列，并且

$$f(x) = \liminf_{n \to \infty} f_n(x) \quad (x \in E),$$

那么

$$\int_E f \mathrm{d}\mu \leqslant \liminf_{n \to \infty} \int_E f_n \mathrm{d}\mu. \quad (77)$$

在(77)内会有严格的不等式成立．在习题 5 中有一个例子．

证 对于 $n=1,2,3,\cdots$，以及 $x \in E$ 置

$$g_n(x) = \inf f_i(x) \quad (i \geqslant n),$$

那么 $g_n(x)$ 在 E 上可测，并且

$$0 \leqslant g_1(x) \leqslant g_2(x) \leqslant \cdots, \quad (78)$$

$$g_n(x) \leqslant f_n(x), \tag{79}$$

$$g_n(x) \to f(x) \quad (n \to \infty). \tag{80}$$

由(78)，(80)以及定理 11.28，知道

$$\int_E g_n \mathrm{d}\mu \to \int_E f \mathrm{d}\mu, \tag{81}$$

因此，(77)是(79)与(81)的应有结果.

11.32 Lebesgue 控制收敛定理 假设 $E \in \mathfrak{M}$，$\{f_n\}$ 是可测函数序列，当 $n \to \infty$ 时

$$f_n(x) \to f(x) \quad (x \in E), \tag{82}$$

如果在 E 上有函数 $g \in \mathscr{L}(\mu)$，使

$$| f_n(x) | \leqslant g(x) \quad (n = 1,2,3,\cdots, x \in E), \tag{83}$$

那么

$$\lim_{n\to\infty} \int_E f_n \mathrm{d}\mu = \int_E f \mathrm{d}\mu. \tag{84}$$

由于(83)的关系，才说 $\{f_n\}$ 受 g 的控制，然后我们讲到控制收敛. 根据评注 11.25，如果(82)在 E 上几乎处处成立，结论仍然相同.

证 首先，由(83)和定理 11.27 能推出 $f_n \in \mathscr{L}(\mu)$ 以及在 E 上 $f \in \mathscr{L}(\mu)$.

由于 $f_n + g \geqslant 0$，Fatou 定理表明

$$\int_E (f + g) \mathrm{d}\mu \leqslant \liminf_{n\to\infty} \int_E (f_n + g) \mathrm{d}\mu$$

或

$$\int_E f \mathrm{d}\mu \leqslant \liminf_{n\to\infty} \int_E f_n \mathrm{d}\mu. \tag{85}$$

因为 $g - f_n \geqslant 0$，同样地知道

$$\int_E (g - f) \mathrm{d}\mu \leqslant \liminf_{n\to\infty} \int_E (g - f_n) \mathrm{d}\mu,$$

所以

$$-\int_E f \mathrm{d}\mu \leqslant \liminf_{n\to\infty} \left[-\int_E f_n \mathrm{d}\mu \right],$$

这无异于

$$\int_E f \mathrm{d}\mu \geqslant \limsup_{n\to\infty} \int_E f \mathrm{d}\mu. \tag{86}$$

(84)内极限的存在以及(84)所说的等式现在来看是(85)与(86)的直接结果.

推论 若 $\mu(E) < +\infty$，$\{f_n\}$ 在 E 上一致有界，且在 E 上 $f_n(x) \to f(x)$，必

然(84)成立.

一致有界收敛序列常常被称为有界收敛序列.

与 Riemann 积分的比较

下一条定理将要证明，一个区间上的每个 Riemann 可积函数一定也 Lebesgue 可积，并且 Riemann 可积函数要服从更严密的连续条件. 因此且莫说 Lebesgue 理论可以将广泛得多的一类函数类进行积分，而其最大优点或许在于使许多极限运算变得容易掌握，从这个观点来看，Lebesgue 的收敛定理完全可以认为是 Lebesgue 理论的核心.

Riemann 理论遇到的困难之一，是 Riemann 可积函数(甚至连续函数)的极限可以不是 Riemann 可积的. 现在，因为可测函数的极限一定可测，所以这个困难几乎消除了.

令可测空间 X 是实轴上的区间$[a, b]$，取 $\mu=m$(Lebesgue 测度)，并且 $\mathfrak{M}$ 是$[a, b]$的 Lebesgue 可测子集之类. 习惯上采用熟悉的符号

$$\int_a^b f\,\mathrm{d}x$$

代替 $\int_X f\,\mathrm{d}m$，来表示 f 在$[a, b]$上的 Lebesgue 积分. 为了区别 Riemann 积分与 Lebesgue 积分，我们现在把前者表示为

$$\mathscr{R}\int_a^b f\,\mathrm{d}x.$$

11.33 定理

(a) 如果在$[a, b]$上 $f\in\mathscr{R}$，必然在$[a, b]$上 $f\in\mathscr{L}$ 而且

$$\int_a^b f\,\mathrm{d}x=\mathscr{R}\int_a^b f\,\mathrm{d}x. \tag{87}$$

(b) 假定 f 在$[a, b]$上有界，那么在$[a, b]$上 $f\in\mathscr{R}$，当且仅当 f 在$[a, b]$上几乎处处连续.

证 假设 f 有界，根据定义 6.1 与定理 6.4，存在着$[a, b]$的一列分割$\{P_k\}$，其中 P_{k+1} 是 P_k 的加细，而 P_k 中相邻两点的距离都小于 $1/k$，而且

$$\lim_{k\to\infty}L(P_k, f)=\mathscr{R}\underline{\int} f\,\mathrm{d}x,\quad \lim_{k\to\infty}U(P_k, f)=\mathscr{R}\overline{\int} f\,\mathrm{d}x. \tag{88}$$

(本证明中所有积分都是在$[a, b]$上取的.)

如果 $P_k=\{x_0, x_1, \cdots, x_n\}$，其中 $x_0=a$，$x_n=b$，规定

$$U_k(a)=L_k(a)=f(a);$$

采用定义 6.1 所介绍的符号，对于 $1\leqslant i\leqslant n$，当 $x_{i-1}<x<x_i$ 时，令 $U_k(x)=M_i$，$L_k(x)=m_i$，这时

$$L(P_k,f)=\int L_k\mathrm{d}x,\quad U(P_k,f)=\int U_k\mathrm{d}x, \tag{89}$$

并且因为 P_{k+1} 加细了 P_k，那么对于一切 $x\in[a,b]$，

$$L_1(x)\leqslant L_2(x)\leqslant\cdots\leqslant f(x)\leqslant\cdots\leqslant U_2(x)\leqslant U_1(x). \tag{90}$$

根据(90)，必然存在着

$$L(x)=\lim_{k\to\infty}L_k(x),\quad U(x)=\lim_{k\to\infty}U_k(x). \tag{91}$$

留心 L 与 U 都是$[a,b]$上的有界可测函数，注意

$$L(x)\leqslant f(x)\leqslant U(x)\quad(a\leqslant x\leqslant b), \tag{92}$$

而且根据(88)与(90)和单调收敛定理，知道

$$\int L\mathrm{d}x=\mathscr{R}\underline{\int}f\mathrm{d}x,\quad\int U\mathrm{d}x=\mathscr{R}\overline{\int}f\mathrm{d}x. \tag{93}$$

一直到现在，除去假设 f 是$[a,b]$上的有界实函数而外，关于 f 没有作别的假设.

要把证明完成，注意 $f\in\mathscr{R}$ 当且仅当它的上下 Riemann 积分相等，从而当且仅当

$$\int L\mathrm{d}x=\int U\mathrm{d}x; \tag{94}$$

因为 $L\leqslant U$，(94)实现当且仅当对于几乎所有 $x\in[a,b]$，$L(x)=U(x)$(习题 1).

在那时候，就能由(92)推出在$[a,b]$上几乎处处

$$L(x)=f(x)=U(x), \tag{95}$$

所以 f 可测，而(87)是(93)与(95)的必然结果.

此外如果 x 不属于任何 P_k，便十分容易知道 $U(x)=L(x)$ 当且仅当 f 在 x 点连续. 因为 P_k 各集的并可数，它的测度是 0，于是可以断定 f 在$[a,b]$上几乎处处连续当且仅当几乎处处 $L(x)=U(x)$，从而当且仅当 $f\in\mathscr{R}$(犹如上边见到的).

这就把证明完成了.

积分和微分之间常见的联系，大部可以转入 Lebesgue 理论中来. 若在$[a,b]$上 $f\in\mathscr{L}$，并且

$$F(x)=\int_a^x f\,\mathrm{d}t \quad (a\leqslant x\leqslant b), \tag{96}$$

那么在$[a, b]$上几乎处处 $F'(x)=f(x)$.

反之，若 F 在$[a, b]$的每一点处可微，(“几乎处处”在这里是不够的!)并且在$[a, b]$上 $F'\in\mathscr{L}$，则

$$F(x)-F(a)=\int_a^x F'(t) \quad (a\leqslant x\leqslant b).$$

关于这两条定理的证明，建议读者阅览参考书目里开列的任何关于积分的书.

复函数的积分

假设 f 是定义在测度空间 X 上的复值函数，$f=u+iv$，u，v 都是实的. 当且仅当 u，v 都是可测函数时我们称 f 是可测的.

容易验证，复可测函数的和与积仍然可测.

由于

$$|f|=\sqrt{u^2+v^2},$$

定理 11.18 说明对于每个复可测函数 f，$|f|$ 是可测的.

假设 μ 是 X 上的测度，E 是 X 的可测子集，f 是 X 上的复值函数. 当 f 可测，并且

$$\int_E |f|\,\mathrm{d}\mu<+\infty, \tag{97}$$

就说在 E 上 $f\in\mathscr{L}(\mu)$，而且当(97)成立时，定义

$$\int_E f\,\mathrm{d}\mu=\int_E u\,\mathrm{d}\mu+i\int_E v\,\mathrm{d}\mu,$$

由于 $|u|\leqslant|f|$，$|v|\leqslant|f|$，并且 $|f|\leqslant|u|+|v|$，显然，当且仅当在 E 上 $u\in\mathscr{L}(\mu)$以及 $v\in\mathscr{L}(\mu)$时(97)成立.

定理 11.23(a)，(d)，(e)，(f)，11.24(b)，11.26，11.27，11.29，以及 11.32 现在都可以推广到复函数的 Lebesgue 积分. 证明都很简单. 只有定理 11.26 的证明有一点趣味：

如果在 E 上 $f\in\mathscr{L}(u)$，存在一复数 c，$|c|=1$ 使

$$c\int_E f\,\mathrm{d}\mu\geqslant 0.$$

置 $g=cf=u+iv$，u、v 是实的，那么

$$\left|\int_E f\,\mathrm{d}\mu\right| = c\int_E f\,\mathrm{d}\mu = \int_E g\,\mathrm{d}\mu = \int_E u\,\mathrm{d}\mu \leqslant \int_E |f|\,\mathrm{d}\mu.$$

上列等式中的第三个成立，是因为前面的等式表明 $\int g\mathrm{d}\mu$ 是实数.

$\mathscr{L}^2$类的函数

作为 Lebesgue 理论的一个应用我们现在推广 Parseval 定理(在第 8 章只对于 Riemann 可积的函数证过)，并且对于函数的正规正交集(orthonormal set)证明 Riesz-Fischer 定理.

11.34 定义 设 X 是可测空间. 如果复函数 f 可测并且

$$\int_X |f|^2\mathrm{d}\mu < +\infty,$$

就说在 X 上 $f\in\mathscr{L}^2(\mu)$. 如果 μ 是 Lebesgue 测度，就说 $f\in\mathscr{L}^2$. 当 $f\in\mathscr{L}^2(\mu)$时(从现在起，省略"在 X 上"三个字)，定义

$$\|f\| = \left\{\int_X |f|^2\mathrm{d}\mu\right\}^{\frac{1}{2}},$$

而把 $\|f\|$ 叫作 f 的 $\mathscr{L}^2(\mu)$范数.

11.35 定理 *假设 $f\in\mathscr{L}^2(\mu)$，$g\in\mathscr{L}^2(\mu)$. 那么 $fg\in\mathscr{L}(\mu)$，并且*

$$\int_X |fg|\,\mathrm{d}\mu \leqslant \|f\|\,\|g\|. \tag{98}$$

这是我们在级数和 Riemann 积分中已经遇到的 Schwarz 不等式. 它是不等式

$$0 \leqslant \int_X (|f| + \lambda|g|)^2\mathrm{d}\mu = \|f\|^2 + 2\lambda\int_X |fg|\,\mathrm{d}\mu + \lambda^2\|g\|^2$$

的直接结果，这不等式对于每个实数 λ 成立.

11.36 定理 *如果 $f\in\mathscr{L}^2(\mu)$，$g\in\mathscr{L}^2(\mu)$，那么 $f+g\in\mathscr{L}^2(\mu)$，而且*

$$\|f+g\| \leqslant \|f\| + \|g\|.$$

证 Schwarz 不等式说明

$$\begin{aligned}\|f+g\|^2 &= \int |f|^2 + \int f\bar{g} + \int \bar{f}g + \int |g|^2 \\ &\leqslant \|f\|^2 + 2\|f\|\,\|g\| + \|g\|^2 \\ &= (\|f\| + \|g\|)^2.\end{aligned}$$

11.37 评注 如果我们把 $\mathscr{L}^2(\mu)$内两函数 f 与 g 间的距离定义为 $\|f-g\|$，可以知道定义 2.15 的条件都能满足，仅有的例外是 $\|f-g\|=0$ 并不意味着

$f(x)=g(x)$对一切 x 成立，而只是几乎对一切 x 成立. 所以如果把只在一个零测度集上不相同的函数等同起来，$\mathscr{L}^2(\mu)$便是一个度量空间.

现在我们在实轴的一个区间上对于 Lebesgue 测度来考虑 $\mathscr{L}^2$.

11.38 定理 连续函数在$[a, b]$上构成 $\mathscr{L}^2$ 的一个稠子集.

更明确地说，这里的意思是：对于$[a, b]$上的任何 $f\in\mathscr{L}^2$，和任何 $\varepsilon>0$，总有$[a, b]$上的连续函数 g，使得

$$\| f-g \| = \left\{\int_a^b |f-g|^2 \mathrm{d}x\right\}^{\frac{1}{2}} < \varepsilon.$$

证 说 f 在 $\mathscr{L}^2$ 内被序列$\{g_n\}$逼近，就是说 $n\to\infty$时 $\|f-g_n\|\to 0$.

设 A 是$[a, b]$的闭子集，K_A 是它的特征函数. 置

$$t(x) = \inf |x-y| \quad (y\in A),$$

再令

$$g_n(x) = \frac{1}{1+nt(x)} \quad (n=1,2,3,\cdots),$$

那么 g_n 在$[a, b]$上连续，在 A 上 $g_n(x)=1$，在 $B=[a, b]-A$ 上 $g_n(x)\to 0$. 因此根据定理 11.32

$$\| g_n - K_A \| = \left\{\int_B g_n^2 \mathrm{d}x\right\}^{\frac{1}{2}} \to 0.$$

由此可见，闭集的特征函数可以在 $\mathscr{L}^2$ 内用连续函数逼近.

由(39)知道，对于任意可测集的特征函数有同样的结果，因而对于可测简单函数也如此.

若 $f\geqslant 0$ 且 $f\in\mathscr{L}^2$，令$\{s_n\}$为非负可测简单函数的单调增序列，它满足 $s_n(x)\to f(x)$. 由于 $|f-s_n|^2\leqslant f^2$，定理 11.32 说明 $\|f-s_n\|\to 0$.

一般情形随之而来.

11.39 定义 我们说复函数序列$\{\phi_n\}$是可测空间 X 上函数的*正规正交系*，就是要求

$$\int_X \phi_n \bar{\phi}_n \mathrm{d}\mu = \begin{cases} 0 & (n\neq m), \\ 1 & (n=m). \end{cases}$$

特别地，我们必有 $\phi_n\in\mathscr{L}^2(\mu)$. 若是 $f\in\mathscr{L}^2(\mu)$而且

$$c_n = \int_x f\bar{\phi}_n \mathrm{d}u \quad (n=1,2,3,\cdots),$$

便照定义 8.10 那样，写成

$$f \sim \sum_{n=1}^{\infty} c_n \phi_n.$$

三角 Fourier 级数的定义同样可以在$[-\pi, \pi]$上扩充到 $\mathscr{L}^2$(或甚至扩充到 $\mathscr{L}$). 定理 8.11 与 8.12(Bessel 不等式)对任何 $f\in\mathscr{L}^2(\mu)$成立. 证明逐字逐句地相同.

我们现在可以证 Parseval 定理了.

11.40 定理 假设在$[-\pi, \pi]$上 $f\in\mathscr{L}^2$,

$$f(x)\sim\sum_{-\infty}^{\infty}c_n e^{inx}, \tag{99}$$

令 s_n 是(99)的第 n 个部分和. 那么

$$\lim_{n\to\infty}\|f-s_n\|=0, \tag{100}$$

$$\sum_{-\infty}^{\infty}|c_n|^2=\frac{1}{2\pi}\int_{-\pi}^{\pi}|f|^2\mathrm{d}x. \tag{101}$$

证 给定 $\varepsilon>0$. 由定理 11.38, 存在连续函数 g, 使得

$$\|f-g\|<\frac{\varepsilon}{2}.$$

进一步容易知道, 我们可以安排得 $g(\pi)=g(-\pi)$. 那么 $g(x)$可以拓展成周期连续函数. 由定理 8.16, 有一个三角多项式 T, 比如说是 N 阶的, 使得

$$\|g-T\|<\frac{\varepsilon}{2}.$$

由此, 根据定理 8.11(扩充到 $\mathscr{L}^2$), 当 $n\geqslant N$ 时

$$\|s_n-f\|\leqslant\|T-f\|\leqslant\varepsilon,$$

从而(100)成立. 照定理 8.16 的证明中所做过的那样, 可以从(100)推得等式(101).

推论 若在$[-\pi, \pi]$上 $f\in\mathscr{L}^2$, 且若

$$\int_{-\pi}^{\pi}f(x)e^{-inx}\mathrm{d}x=0\quad(n=0,\pm1,\pm2,\cdots),$$

必然 $\|f\|=0$.

这样一来, 如果 $\mathscr{L}^2$里的两个函数能取得相同的 Fourier 级数, 那么它们至多在一个零测度集上不相同.

11.41 定义 设 f 与 $f_n\in\mathscr{L}^2(\mu)(n=1, 2, 3, \cdots)$. 如果 $\|f_n-f\|\to0$, 就说$\{f_n\}$在 $\mathscr{L}^2(\mu)$内收敛于 f. 如果对于任意的 $\varepsilon>0$ 有一个正整数 N 使得当$n\geqslant N$ 与 $m\geqslant N$ 时, $\|f_n-f_m\|\leqslant\varepsilon$, 就说$\{f_n\}$是 $\mathscr{L}^2(\mu)$内的 Cauchy 序列.

11.42 定理 假若$\{f_n\}$是 $\mathscr{L}^2(\mu)$内的 Cauchy 序列, 必然存在着一个函数 $f\in\mathscr{L}^2(\mu)$, 使$\{f_n\}$在 $\mathscr{L}^2(\mu)$内收敛于 f.

换言之，这是说 $\mathscr{L}^2(\mu)$是完备度量空间.

证 由于 $\{f_n\}$是 Cauchy 序列，我们可以找到一个序列 $\{n_k\}$，$k=1$，2，3，…使

$$\| f_{n_k} - f_{n_{k+1}} \| < \frac{1}{2^k} \quad (k = 1,2,3,\cdots).$$

选一个函数 $g\in\mathscr{L}^2(\mu)$. 根据 Schwarz 不等式，得

$$\int_X | g(f_{n_k} - f_{n_{k+1}}) | \mathrm{d}\mu \leqslant \frac{\| g \|}{2^k}.$$

由此得

$$\sum_{k=1}^{\infty}\int_X | g(f_{n_k} - f_{n_{k+1}}) | \mathrm{d}\mu \leqslant \| g \|. \tag{102}$$

由定理 11.30，在(102)内可以交换求和与积分的次序，从而在 X 上几乎处处

$$| g(x) | \sum_{k=1}^{\infty} | f_{n_k}(x) - f_{n_{k+1}}(x) | < +\infty, \tag{103}$$

所以在 X 上几乎处处

$$\sum_{k=1}^{\infty} | f_{n_{k+1}}(x) - f_{n_k}(x) | < +\infty. \tag{104}$$

因为，倘若(104)的级数在一个正测度集 E 上发散，我们便可以使 $g(x)$在 E 的一个正测度子集上非零，这就与(103)矛盾了.

由于在 X 上几乎处处收敛的级数

$$\sum_{k=1}^{\infty} (f_{n_{k+1}}(x) - f_{n_k}(x))$$

的第 k 个部分和是 $f_{n_{k+1}}(x)-f_{n_1}(x)$，可见等式

$$f(x) = \lim_{k\to\infty} f_{n_k}(x)$$

能对于几乎一切 $x\in X$ 确定函数 $f(x)$，而在 X 的其余点上 $f(x)$如何定义就无关紧要了.

现在我们来证明这个函数 f 具有所要求的性质. 给定了 $\varepsilon>0$，再照定义 11.41 所指示的选择 N，若 $n_k>N$，Fatou 定理表明

$$\| f - f_{n_k} \| \leqslant \liminf_{i\to\infty} \| f_{n_i} - f_{n_k} \| \leqslant \varepsilon.$$

所以 $f-f_{n_k}\in\mathscr{L}^2(\mu)$，又由于 $f=(f-f_{n_k})+f_{n_k}$，知道 $f\in\mathscr{L}^2(\mu)$. 再由于 ε 的任意性，

$$\lim_{k\to\infty} \| f - f_{n_k} \| = 0.$$

最后，不等式

$$\| f - f_n \| \leqslant \| f - f_{n_k} \| + \| f_{n_k} - f_n \| \tag{105}$$

说明$\{f_n\}$在$\mathscr{L}^2(\mu)$内收敛于f；这因为如果我们取得n与n_k相当大，(105)右端的两项都可以弄得任意小.

11.43 Riesz-Fischer 定理 设$\{\phi_n\}$是X上的正规正交系. 假定$\sum |c_n|^2$收敛，再设$s_n = c_1\phi_1 + \cdots + c_n\phi_n$，必然存在一个函数$f \in \mathscr{L}^2(\mu)$，使$\{s_n\}$在$\mathscr{L}^2(\mu)$内收敛于$f$，并且

$$f \sim \sum_{n=1}^{\infty} c_n \phi_n.$$

证 当$n > m$时，

$$\| s_n - s_m \|^2 = | c_{m+1} |^2 + \cdots + | c_n |^2,$$

所以$\{s_n\}$是$\mathscr{L}^2(\mu)$内的 Cauchy 序列. 由定理 11.42，有一个函数$f \in \mathscr{L}^2(\mu)$使

$$\lim_{n \to \infty} \| f - s_n \| = 0.$$

但是当$n > k$时，

$$\int_X f \bar{\phi}_k \,\mathrm{d}\mu - c_k = \int_X f \bar{\phi}_k \,\mathrm{d}\mu - \int_X s_n \bar{\phi}_k \,\mathrm{d}\mu,$$

所以

$$\left| \int_X f \bar{\phi}_k \,\mathrm{d}\mu - c_k \right| \leqslant \| f - s_n \| \cdot \| \phi_k \| + \| f - s_n \|.$$

令$n \to \infty$，得

$$c_k = \int_X f \bar{\phi}_k \,\mathrm{d}\mu \quad (k = 1, 2, 3, \cdots).$$

证完.

11.44 定义 $\{\phi_n\}$是正规正交集，$f \in \mathscr{L}^2(\mu)$. 如果由等式

$$\int_X f \bar{\phi}_k \,\mathrm{d}\mu = 0 \quad (n = 1, 2, 3, \cdots)$$

能推出$\| f \| = 0$，就说$\{\phi_n\}$是完备的.

在定理 11.40 的推论内我们从 Parseval 等式(101)导出了三角系的完备性. 反之，Parseval 等式对于每个完备正规正交集成立.

11.45 定理 设$\{\phi_n\}$是完备正规正交系. 如果$f \in \mathscr{L}^2(\mu)$，并且

$$f \sim \sum_{n=1}^{\infty} c_n \phi_n, \tag{106}$$

必然

$$\int_X |f|^2 d\mu = \sum_{n=1}^{\infty} |c_n|^2. \tag{107}$$

证 根据 Bessel 不等式，知道 $\sum |c_n|^2$ 收敛. 令

$$s_n = c_1\phi_1 + \cdots + c_n\phi_n,$$

Riesz-Fischer 定理表明，有一个函数 $g \in \mathscr{L}^2(\mu)$ 合于

$$g \sim \sum_{n=1}^{\infty} c_n\phi_n, \tag{108}$$

并且 $\| g - s_n \| \to 0$. 从而 $\| s_n \| \to \| g \|$，因为

$$\| s_n \|^2 = |c_1|^2 + \cdots + |c_n|^2,$$

我们得到

$$\int_X |g|^2 d\mu = \sum_{n=1}^{\infty} |c_n|^2. \tag{109}$$

现在(106)，(108)以及 $\{\phi_n\}$ 的完备性可以说明 $\| f - g \| = 0$，因此能由(109)得出(107).

把定理 11.34 与 11.45 合并起来，我们得到一个非常有趣的结论，这就是每个完备正规正交系能在一切函数 $f \in \mathscr{L}^2(\mu)$(把几乎处处相等的函数等同起来)，与一切使 $\sum |c_n|^2$ 收敛的序列 $\{c_n\}$ 之间，建立一一对应. 表达式

$$f \sim \sum_{n=1}^{\infty} c_n\phi_n,$$

以及 Parseval 等式合在一起表明 $\mathscr{L}^2(\mu)$ 可以被看成一个无限维的欧氏空间(所谓 Hilbert 空间)，在其中点 f 的坐标是 c_n，而函数 ϕ_n 是坐标向量.

习题

1. 若 $f \geqslant 0$ 且 $\int_E f d\mu = 0$，求证在 E 上几乎处处 $f(x) = 0$. 提示：令 E_n 是 E 的子集，在它上面 $f(x) > \frac{1}{n}$. 认为 $A = \bigcup E_n$，那么 $\mu(A) = 0$ 当且仅当对每个 n，$\mu(E_n) = 0$.

2. 如果对于可测集 E 的每个可测子集 A，$\int_A f d\mu = 0$，那么在 E 上几乎处处 $f(x) = 0$.

3. 若 $\{f_n\}$ 是一列可测函数，求证 $\{f_n(x)\}$ 的收敛点集是可测的.

4. 若在 E 上 $f \in \mathscr{L}(\mu)$，又 g 在 E 上有界可测，那么在 E 上 $fg \in \mathscr{L}(\mu)$.

5. 置

$$g(x)=\begin{cases}0 & \left(0\leqslant x\leqslant \frac{1}{2}\right),\\ 1 & \left(\frac{1}{2}<x\leqslant 1\right),\end{cases}$$

$$f_{2k}(x)=g(x)\quad(0\leqslant x\leqslant 1),$$

$$f_{2k+1}(x)=g(1-x)\quad(0\leqslant x\leqslant 1).$$

求证

$$\liminf_{n\to\infty} f_n(x)=0\quad(0\leqslant x\leqslant 1),$$

但是

$$\int_0^1 f_n(x)\mathrm{d}x=\frac{1}{2}.$$

[与(77)对比.]

6. 设

$$f_n(x)=\begin{cases}\frac{1}{n} & (|x|\leqslant n),\\ 0 & (|x|>n).\end{cases}$$

必然 $f_n(x)\to 0$ 在 R^1 上一致成立，但是

$$\int_{-\infty}^{\infty} f_n\mathrm{d}x=2\quad(n=1,2,3,\cdots)$$

(用 $\int_{-\infty}^{\infty}$ 代替了 $\int_{R1}$.)可见一致收敛并不包含定理 11.32 意义下的控制收敛. 然而，在有限测度的集上，有界函数的一致收敛序列确实满足定理 11.32.

7. 找出在 $[a,b]$ 上 $f\in\mathscr{R}(\alpha)$ 的一个充分必要条件. 提示：考虑例 11.6(b)和定理 11.33.

8. 若在 $[a,b]$ 上 $f\in\mathscr{R}$，又若 $F(x)=\int_a^x f(t)\mathrm{d}t$；求证 $F'(x)=f(x)$ 在 $[a,b]$ 上几乎处处成立.

9. 求证(96)里给出的函数 F 在 $[a,b]$ 上连续.

10. 若 $\mu(X)<+\infty$，并且在 X 上 $f\in\mathscr{L}^2(\mu)$，求证在 X 上 $f\in\mathscr{L}(\mu)$. 若 $\mu(X)=+\infty$，此事不成立. 例如，

$$f(x)=\frac{1}{1+|x|}$$

时，在 R^1 上 $f\in\mathscr{L}^2$，但在 R^1 上 $f\notin\mathscr{L}$.

11. 若在 X 上 $f,\ g\in\mathscr{L}(\mu)$，定义 f 与 g 间的距离为

$$\int_X |f-g|\,\mathrm{d}\mu,$$

求证 $\mathscr{L}(\mu)$ 是完备度量空间.

12. 假定

(a) 当 $0\leqslant x\leqslant 1$，　$0\leqslant y\leqslant 1$ 时，$|f(x, y)|\leqslant 1$，

(b) 当 x 固定时，$f(x, y)$是 y 的连续函数，

(c) 当 y 固定时，$f(x, y)$是 x 的连续函数.

置

$$g(x)=\int_0^1 f(x,y)\mathrm{d}y \quad (0\leqslant x\leqslant 1),$$

g 是连续的吗？

13. 认为函数

$$f_n(x)=\sin nx \quad (n=1,2,3,\cdots,-\pi\leqslant x\leqslant \pi)$$

是 $\mathscr{L}^2$ 里的点. 证明这个点集是闭的有界集，但不是紧集.

14. 证明复值函数 f 可测，当且仅当对于平面上的每个开集 V，$f^{-1}(V)$ 可测.

15. 设 $\mathscr{R}$ 是$(0, 1]$的一切初等子集构成的环，如果 $0<a\leqslant b\leqslant 1$，定义

$$\begin{aligned}\phi([a,b])=\phi([a,b))&=\phi((a,b])\\&=\phi((a,b))=b-a,\end{aligned}$$

但如果 $0<b\leqslant 1$，便定义

$$\phi((0,b))=\phi((0,b])=1+b.$$

证明 ϕ 是 $\mathscr{R}$ 上的一个可加集函数，它不是正规的，并且不能延拓为 σ-环上的可数可加集函数.

16. 假定$\{n_k\}$是正整数的增序列，并且 E 是$(-\pi, \pi)$内一切使$\{\sin n_k x\}$收敛的点 x 的集. 求证 $m(E)=0$.

提示：对于每个 $A\subset E$，当 $k\to\infty$ 时

$$\int_A \sin n_k x\,\mathrm{d}x\to 0,$$

并且

$$2\int_A(\sin n_k x)^2\mathrm{d}x=\int_A(1-\cos 2n_k x)\mathrm{d}x\to m(A).$$

17. 假定 $E\subset(-\pi, \pi)$，$m(E)>0$，$\delta>0$. 应用 Bessel 不等式证明至多有有限个整数 n 能使 $\sin nx\geqslant\delta$ 对一切 $x\in E$ 成立.

18. 假定 $f\in\mathscr{L}^2(\mu)$，$g\in\mathscr{L}^2(\mu)$. 求证

$$\left|\int f\bar{g}\,\mathrm{d}\mu\right|^2=\int|f|^2\mathrm{d}\mu\int|g|^2\mathrm{d}\mu$$

当且仅当有一个常数 c 使 $g(x)=cf(x)$几乎处处成立.（与定理 10.35 对比.）

参考书目

ARTIN, E. *The Gamma Function*. New York: Holt, Rinehart and Winston, Inc., 1964

BOAS, R. P. *A Primer of Real Functions*. Carus Mathematical Monograph No. 13. New York: John Wiley & Sons, Inc., 1960

BUCK, R. C. (ed.) *Studies in Modern Analysis*. Prentice-Hall, Inc., Englewood Cliffs, N. J., 1962

——: *Advanced Calculus*, *2d ed*. New York: McGraw-Hill Book Company, 1965

BURKILL, J. C. *The Lebesgue Integral*. New York: Cambridge University Press, 1951

DIEUDONN Ĝ, J. *Foundations of Modern Analysis*. New York: Academic Press, Inc., 1960

FLEMING, W. H. *Functions of Several Variables*. Addison-Wesley Publishing Company, Inc., Reading, Mass., 1965

GRAVES, L. M. *The Theory of Functions of Real Variables*, *2d ed*. New York: McGraw-Hill Book Company, 1956

HALMOS, P. R. *Measure Theory*. D. Van Nostrand Company, Inc., Princeton, N. J., 1950

——*Finite-dimensional Vector Spaces*, *2d ed*. D. Van Nostrand Company, Inc., Princeton, N. J., 1958

HARDY, G. H. *Pure Mathematics*, *9th ed*. New York: Cambridge University Press, 1947

——and ROGOSINSKI, W. *Fourier Series*, *2d ed*. New York: Cambridge University Press, 1950

HERSTEIN, I. N. *Topics in Algebra*. New York: Blaisdell Publishing Company, 1964

HEWITT, E., and STROMBERG, K. Real and Abstract Analysis. New York: Springer Publishing Co., Inc., 1965

KELLOGG, O. D. *Foundations of Potential Theory*. New York: Frederick Ungar Publishing Co., 1940

KNOPP, K. *Theory and Application of Infinite Series*. Glasgow: Blackie & Son, Ltd., 1928

LANDAU, E. G. H. *Foundations of Analysis*. New York: Chelsea Publishing Company, 1951

MCSHANE, E. J. *Integration*. Princeton University Press, Princeton, N, J., 1944

NIVEN, I. M. *Irrational Numbers*, Carus Mathematical Monograph No. 11. New York: John Wiley & Sons, Inc., 1956

ROYDEN, H. L. *Real Analysis*. New York: The Macmillan Company, 1963

RUDIN, W. *Real and Complex Analysis*, *2d ed*. New York: McGraw-Hill Book Company, 1974

SIMMONS, G. F. *Topology and Modern Analysis*. New York: McGraw-Hill Book Company, 1963

SINGER, I. M., and THORPE, J. A. *Lecture Notes on Elementary Topology and*

Geometry. Scott, Foresman and Company, Glenview, Ill., 1967

SMITH, K. T. *Primer of Modern Analysis*. Bogden and Quigley, Tarrytown-on-Hudson, N. Y., 1971

SPIVAK, M. *Calculus on Manifolds*. New York: W. A. Benjamin, Inc., 1965

THURSTON, H. A. *The Number System*. *London-Glasgow*: Blackie & Son, Ltd., 1956

推荐阅读

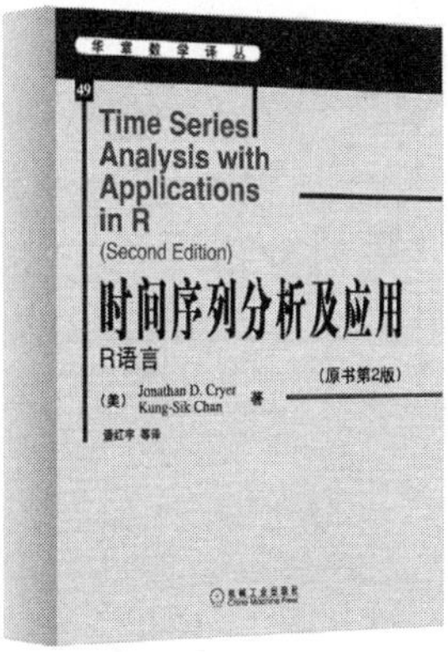

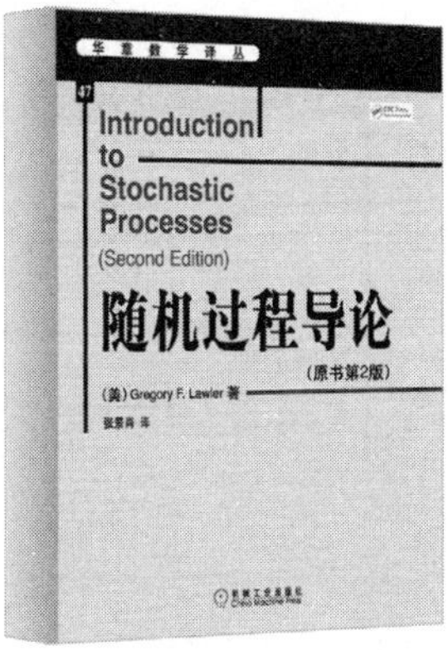

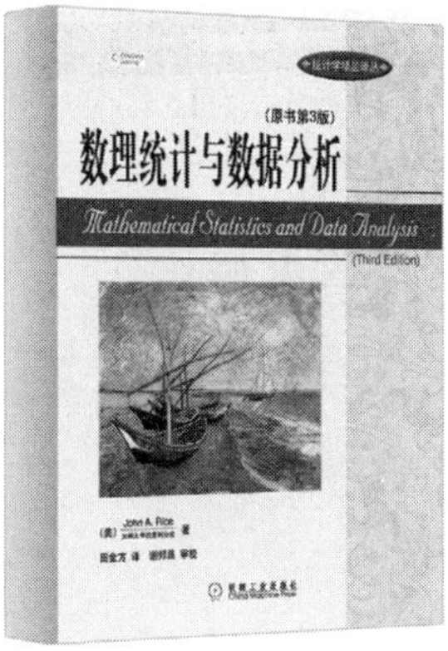

时间序列分析及应用：R语言（原书第2版）

作者：Jonathan D. Cryer Kung-Sik Chan

ISBN：978-7-111-32572-7

定价：48.00元

随机过程导论（原书第2版）

作者：Gregory F. Lawler

ISBN：978-7-111-31544-5

定价：36.00元

泛函分析（原书第2版）

作者：Walter Rudin

ISBN：978-7-111-14405-8

定价：35.00元

实分析与复分析（原书第3版）

作者：Walter Rudin

ISBN：978-7-111-17103-9

定价：42.00元

数理统计与数据分析（原书第3版）

作者：John A. Rice

ISBN：978-7-111-33646-4

定价：85.00元

统计模型：理论和实践（原书第2版）

作者：David A. Freedman

ISBN：978-7-111-30989-5

定价：45.00元

推荐阅读

华章数学译丛
52
Matrix Analysis
(Second Edition)
矩阵分析
(原书第2版)
(美) Roger A. Horn Charles R. Johnson 著

华章数学译丛
53
A First Course in Mathematical Modeling
(Fifth Edition)
数学建模
(原书第5版)
Frank R. Giordano
(美) William P. Fox 著
Steven B. Horton

华章数学译丛
54
Numerical Analysis
(Second Edition)
数值分析
(原书第2版)
(美) Timothy Sauer 著

华章数学译丛
55
Algebra
(Second Edition)
代 数
(原书第2版)
(美) Michael Artin 著

华章数学译丛
58
A Friendly Introduction to Number Theory
(Fourth Edition)
数论概论
(原书第4版)

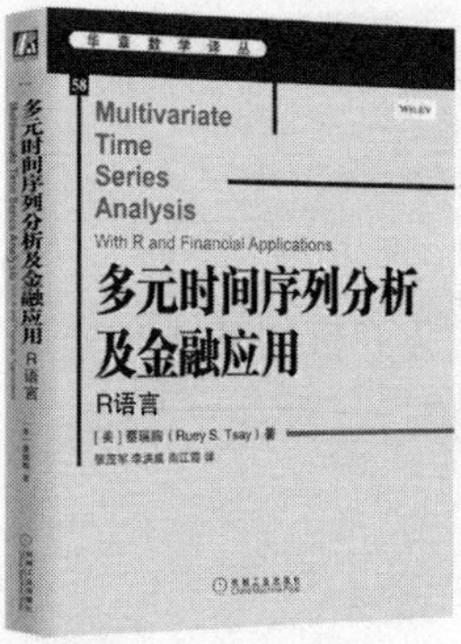
华章数学译丛
58
Multivariate Time Series Analysis
With R and Financial Applications
多元时间序列分析及金融应用
R语言

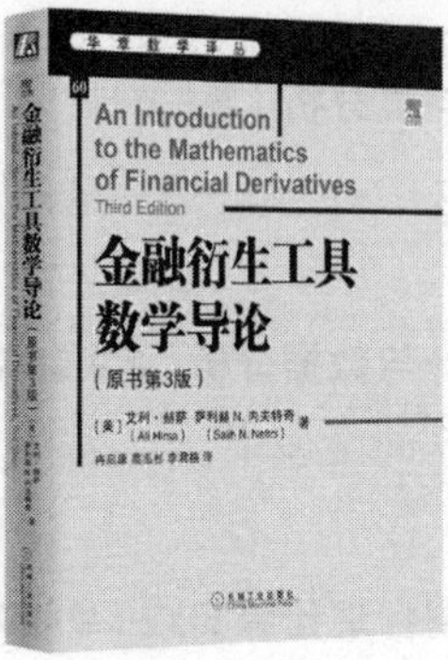
华章数学译丛
60
An Introduction to the Mathematics of Financial Derivatives
Third Edition
金融衍生工具数学导论
(原书第3版)

华章数学译丛
50
An Elementary Introduction to Mathematical Finance
(Third Edition)
数理金融初步
(原书第3版)
(美) Sheldon M. Ross 著

华章数学译丛
56
Algebraic Combinatorics
Walks, Trees, Tableaux, and More
代数组合论
游动、树、表及其他